전자회로실습응용

남상엽 · 신종렬 · 박정석 공저

도서출판 상 학 당

Preface

유비쿼터스 시대에 전기전자, 의료전자, 통신, 계측제어, 스마트그리드 전기제어, 신재생에너지 등 다양한 응용 분야에 기초적인 반도체 및 전자회로의 기초적인 기술력이 필요해짐에 따라 《다기능 실험실습장비를 이용한 전자회로실습응용》을 이론과 사례 중심으로 구성하여 발간하게 되었다.

전기전자 실험실습 및 연구개발에 필요한 필수 계측장비와 실험용 각종 소자들을 통합하여 제공하는 다기능 실험실습장비는 1대의 장비로 디지털 및 아날로그, LabVIEW 실험실습과 함께 전기전자, 의료전자, 통신, 계측제어, 스마트그리드 전기제어, 신재생에너지 등 모든 전기전자 학습에 기본적으로 필요한 장비이다.

다기능 실험실습장비(ED-2110)의 특징은 다음과 같다.

① 별도의 계측 시스템 없이 단독 실험실습

Function Generator, POWER SUPPLY, Frequency Counter, DMM외 측정지원 등을 제공하여 별도의 계측 시스템 없이 단독으로 실험실습이 가능하다.

② 프로그래밍이 가능한 R&C 소자값 제공

Programmable Resistor & Capacitor 기능으로 사용자가 원하는 R&C 소자값을 설정할 수 있다.

③ 브레드보드를 이용한 응용회로 조립 및 실험

전기전자, 의료전자, 통신, 계측제어, 스마트그리드 전기제어, 신재생에너지, 로직 등 다양한 분야의 회로조립 및 실험이 가능하다.

④ LabVIEW 프로그램 실습

LabVIEW 프로그램을 이용하여 계측제어, 데이터 모니터링 및 GUI 프로그램 실습이 가능하다.

⑤ 70여 가지의 다양한 실험실습

24Experimental Module, 50 Experimental Circuit를 이용한 다양한 실험실습이 가능하다.

⑥ 회로실습을 위한 부품 모듈 제공

회로실습에 용이하도록 각종 Switch 및 Relay, FND, Buzzer, Speaker 등을 제공한다.

⑦ TFT Touch LCD 제공

장비에 부착된 LCD 화면에서 계측값을 바로 확인하고 제어할 수 있으며 Tilt 방식으로 사용자의 시선 위치에 맞게 기울기 조절이 가능하며 미사용시에는 접어서 안전하게 보관할 수 있다.

⑧ 미려한 GUI 제공

TFT LCD를 이용하여 사용할 계측기를 제어하거나 소자값을 선택하기 위한 화면으로 계측기 제어, 포트 설정, 소자값 선택 및 변경이 가능하며 측정한 데이터와 선택한 값을 실시간으로 모니터링이 가능하다.

이 교재에서는 다기능 실험실습 장비(ED-2011)에서 가능한 24Experimental Module, 50Experimental Circuit 중에서 기존 반도체 및 전자회로 교재를 참고하여 필수 실험인 반도체 11개 실험실습과 전자회로 16개 실험실습을 실험실습 항목을 선정하였다.

특히, 각 과정의 핵심적인 기본이론을 숙지하고 기초적인 반도체 및 전자회로 및 환경설정은 이해를 통하여 이론을 바탕으로 실험을 검증하는 데 주안점을 두었다.

또한 컴퓨터, 전기전자, 계측제어, 반도체, 통신, 신재생에너지, 스마트그리드, 의료전자, 자동차제어, 메카트로닉스, 생산자동화 분야 등의 관련 학생 및 초보 개발자를 대상으로 반도체 및 전자회로에 대한 기본학습을 위한 교재로서 처음 반도체 및 전자회로를 접하는 학생에게 쉽고 빠르게 접근할 수 있도록 하는 데 초점을 맞추어 편찬되었다.

따라서 전기전자, 의료전자, 통신, 계측제어, 스마트그리드 전기제어, 신재생에너지 등 응용 및 환경구축에 대한 이론 및 실험을 통해 반도체 소자 및 전자회로의 작동원리에 대한 이해와 감각을 키우는 데 부족함이 없을 것이라 생각된다.

단지 전반적인 이해를 위하여 반도체 및 전자회로의 기초 및 응용실습을 통해 시스템의 구현과 응용을 접목해 보면 보다 많은 이해 및 능력향상에 도움이 될 것으로 판단된다.

이 교재의 주요 구성은 다음과 같다.

제1장 반도체 실험으로써 반도체 다이오드의 특성실험, 반도체 다이오드 실험, 제너 다이오드 실험, NPN, PNP 트랜지스터의 실험, 이미터 접지 트랜지스터의 특성실험, 접합 FET 특성실험, 절연 게이트 FET의 특성실험, 사이리스터의 특성 실험, 단일접합 트랜지스터의 특성실험, 광트랜지스터의 특성실험, 발광 다이오드의 특성실험으로 구성되어 있다.

제2장은 전자회로 실험으로써 이미터 접지 증폭기의 특성, 직류 증폭기, 상보 대칭형 전력 증폭기, 차동 증폭기, 연산 증폭기의 소개, 반전 및 비반전 증폭기, 능동 여파기, 정전압 실험, Tank 회로실험, LC 발진기, 크리스탈 발진기, 윈 브릿지 발진기, Wave shaping, 구형파 발진기, RAMP GENERATOR, 진폭변조 실험으로 구성되어 있다.

끝으로 이 책을 집필하는 데 많은 도움을 주신 (주)ED의 박용후 사장님과 임원 등 관계자 여러분과 도서출판 상학당의 관계자 여러분에게 감사의 마음을 전한다.

이 교재를 집필하면서 반도체 및 전자회로 관련 기존 도서를 출판하신 교수님들, 기존 반도체 및 전자통신 관계자 여러분 및 반도체 및 전자통신 관련 분야의 전문가의 조언과 자료제공에 대하여 깊이 감사드린다. 이 교재는 보다 많은 반도체 및 전자회로 관련된 인력 양성에 힘이 되어주기 바란다.

저 자 씀

Contents

1장 반도체 실험 / 7

2장 전자회로 실험 / 97

1장 반도체 실험

01 반도체 다이오드의 특성실험

1. 목 적

반도체 다이오드의 대표적인 게르마늄(germanium)과 실리콘(silicon) 다이오드의 특성에 대해 조사한다.

2. 서 론

반도체 다이오드는 한쪽 방향으로는 전류를 잘 통과시키지만 반대 방향으로는 거의 전류를 통과시키지 않는다. 이것은 순방향 저항은 낮은 반면에 역방향 저항은 매우 높기 때문이다. 모든 반도체 다이오드는 대체적으로 단향적 특성을 가지고 있다.

그러나 이와 같은 다이오드는 독특한 광범위한 특성을 가지고 있다. 이 실험에서는 대표적인 게르마늄과 실리콘 다이오드에 대한 전류 대 전압의 곡선(I-V 곡선)을 그려가며 구체적으로 그 특성을 조사한다.

➡ 필요 부품 및 기기

- ED-2110 : 1대
- 실리콘 다이오드 : 1개
- 게르마늄 다이오드 : 1개

3. 실험순서

1 ED-2110의 전원이 꺼져 있는가를 확인한 다음 전원 플러그를 꽂는다.

2 그림 1-1의 회로를 ED-2110에 그림 1-2와 같이 배선한다. 다이오드를 ED-2110에 접속시킬 때는 그림 1-2에서와 같이 극성에 주의해야 한다.

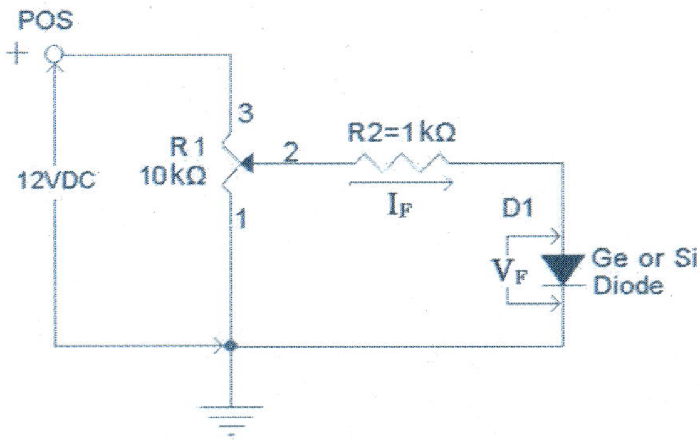

그림 1-1 ‹‹‹ 다이오드 실험회로

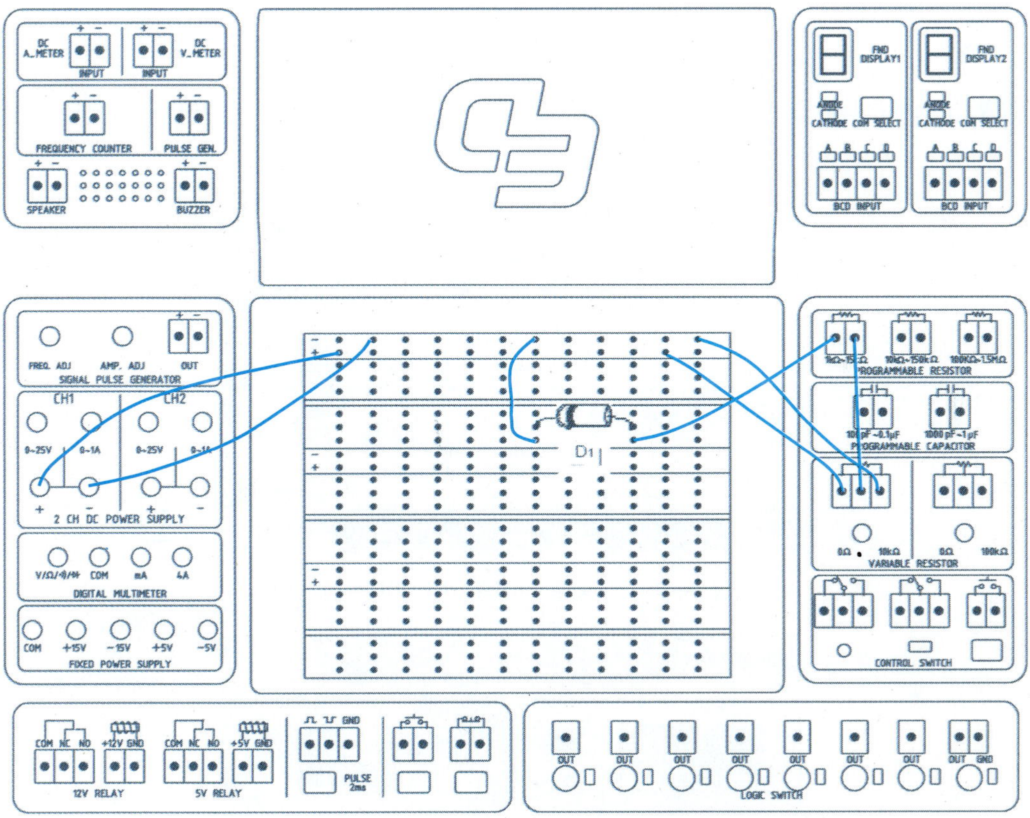

그림 1-2 ‹‹‹ 다이오드 실험회로 배선도

3 ED-2110의 전원 스위치를 켜고 LCD 화면에 구성된 아이콘에서 'Measuring Instrument'를 클릭한다.

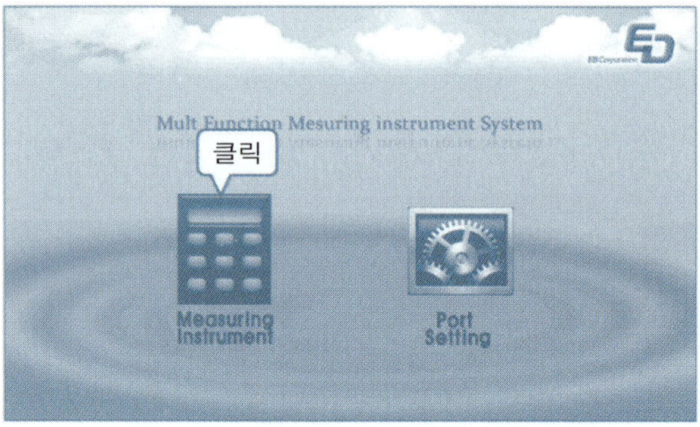

그림 1-3 ‹‹‹ 'Measuring Instrument'를 클릭

4 LCD 화면에서 'Programmable RC' 아이콘을 선택한 후 실험에 사용될 값에 해당되는 범위의 화면을 클릭한다.

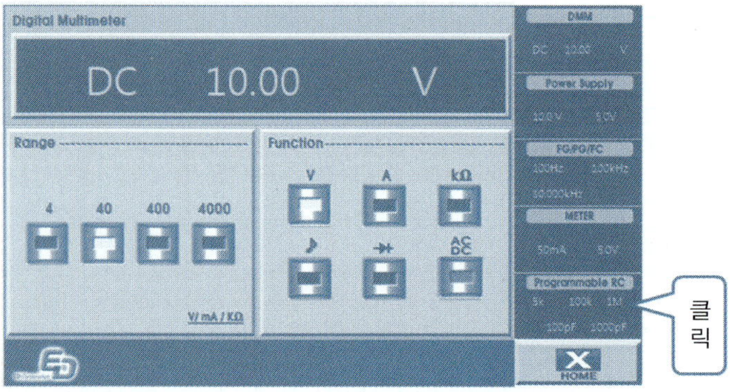

그림 1-4 ‹‹‹ 'Programmable RC' 아이콘을 선택

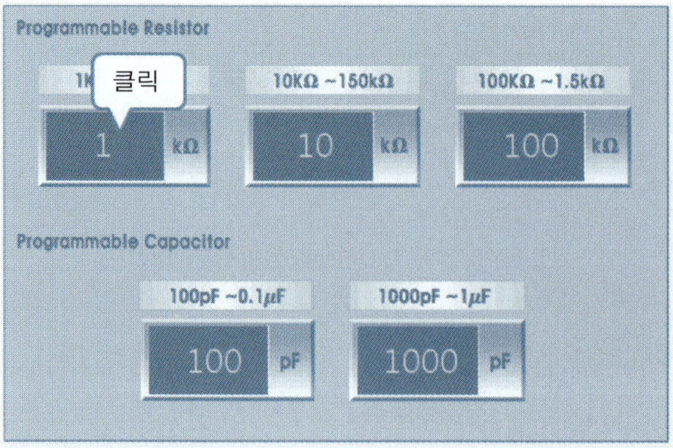

그림 1-5 ‹‹‹ 실험에 사용된 저항값(1kΩ)을 설정

5 LCD 화면에서 실험에 사용된 저항값(1kΩ)을 설정한 후 OK 버튼을 클릭한다. 설정값은 BCD 방식을 이용하여 설정한다.

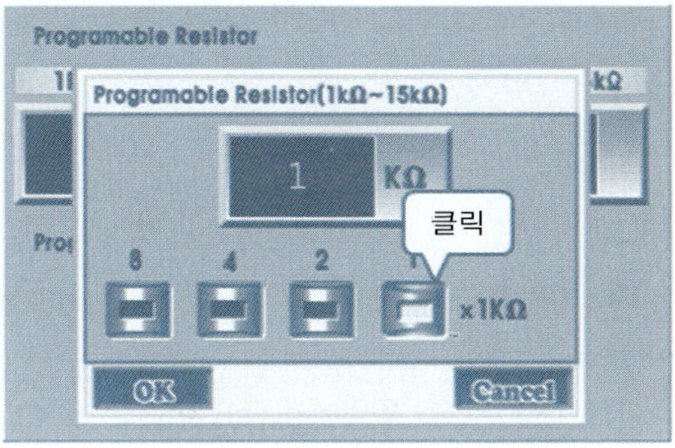

그림 1-6 ‹‹‹ 설정값은 BCD 방식을 이용하여 설정

6 LCD 화면에서 'Power Supply' 아이콘을 선택한 후 패널 좌측 '2CH DC POWER SUPPLY'에서 0~25V 전압조정 볼륨을 이용해서 Power Supply 표시값이 12V가 되도록 조절하고, LCD 화면에서 OUT 버튼을 클릭한다.

이 때 ED-2110의 1kΩ의 VR(Variable Resistor)은 다이오드 D_1과 저항 R_2에 가해지는 전압을 조정하게 된다. 전압이 다이오드 D_1에 인가되면 가변 전압은 다이오드의 순방향 바이어스 전압이 되며, 저항 R_2는 D_1에 흐르는 순방향 전류를 안전 전류로 제한하는 역할을 한다.

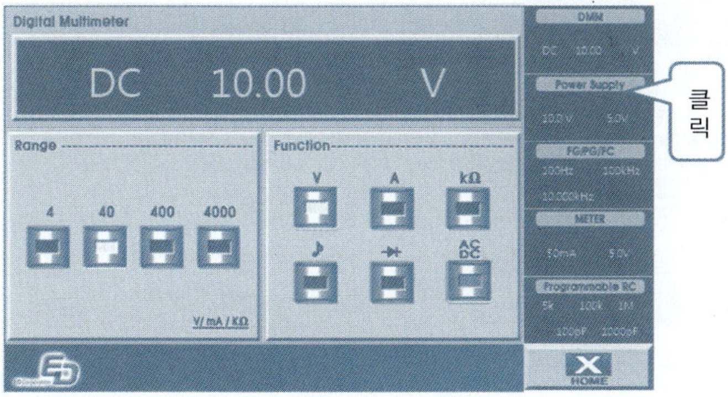

그림 1-7 ‹‹‹ 'Power Supply' 아이콘을 선택

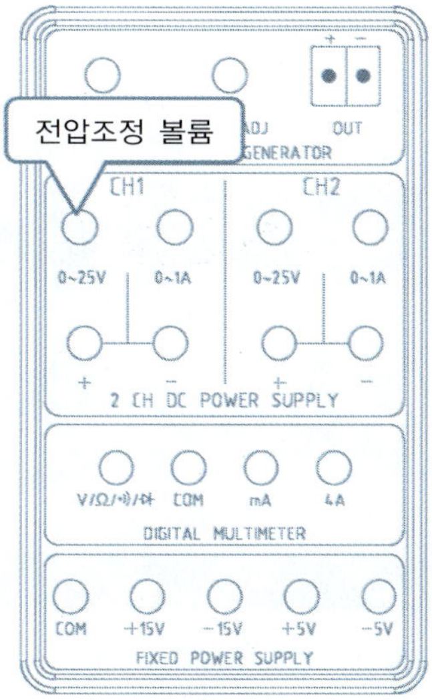

그림 1-8 ‹‹‹ Power Supply 표시값이 12V가 되도록 조절

1장

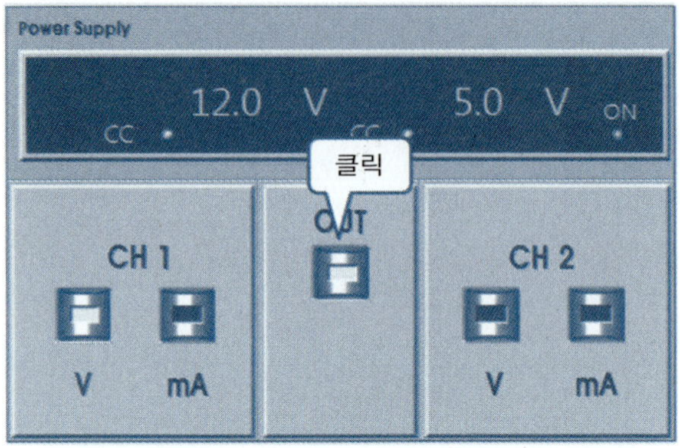

그림 1-9 ‹‹‹ LCD 화면에서 OUT 버튼을 클릭

7 LCD 화면에서 'DMM' 아이콘을 선택 후 Function－V, DC Range－4로 선택한 후 테스터 리드봉을 V/Ω 단자에 적색, COM 단자에 흑색 리드봉을 연결한 후 R_2양단에 접속하고(Programmable Resistor 양단), R_1을 조절하여 R_2양단 전압이 0.1V가 되게 하여 다이오드의 순방향 전류가 0.1mA가 흐르게 한다. 이와 같은 현상은 다음과 같이 설명할 수가 있다. 만약에 R_2(1kΩ) 저항에 0.1V의 전압강하가 생겼다면 옴의 법칙에 의해서 I = 0.1mA가 되어 즉 전압계의 눈금은 등가적으로 회로의 전류를 mA로 나타내는 결과가 된다.

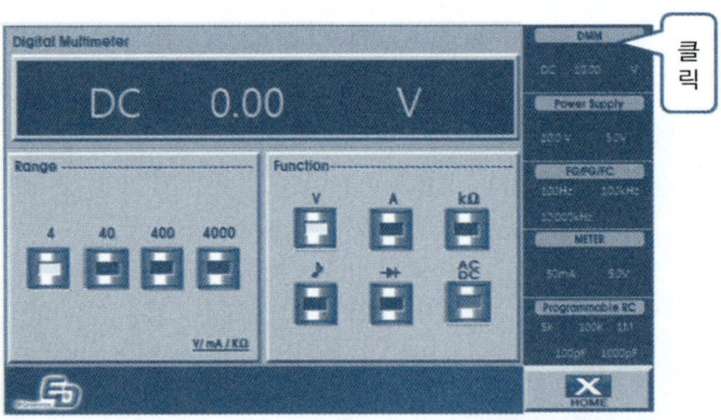

그림 1-10 ‹‹‹ 'DMM' 아이콘을 선택 후 Function – V, DC Range–4로 선택

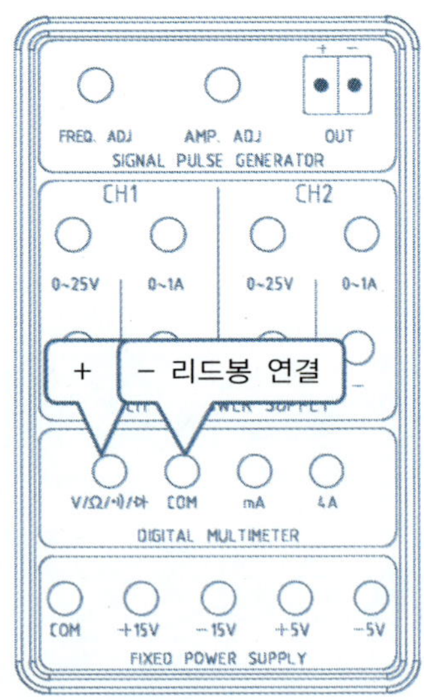

그림 1-11 ‹‹‹ R_2양단에 접속하고 R_1을 조절

8 DMM으로 D_1양단의 전압을 그림 1-2에서와 같이 측정하여 표 1-1의 해당 I_F 란의 V_F-G_e(게르마늄 다이오드인 경우)란에 기입한다.

표 1-1 ‹‹‹ I-V(전류-전압) 기록표

I_F(mA)	0.1	0.2	0.3	0.4	0.5	1.0	2.0	3.0	4.0	5.0	6.0
V_F(V) G_e											
V_F(V) S_i											

9 실험순서 7 및 8에서와 같은 방법으로 표 1-1에 기재된 I_F의 각 전류값에 대하여 V_F-S_i(실리콘 다이오드인 경우)를 구하여 표를 완성하라.

10 실험순서 9에서 완성한 표로서 그래프에 다이오드의 순방향 전류와 순방향 바이어스 전압과의 관계를 나타내는 I-V 곡선을 그림 1-12에 작성하라.

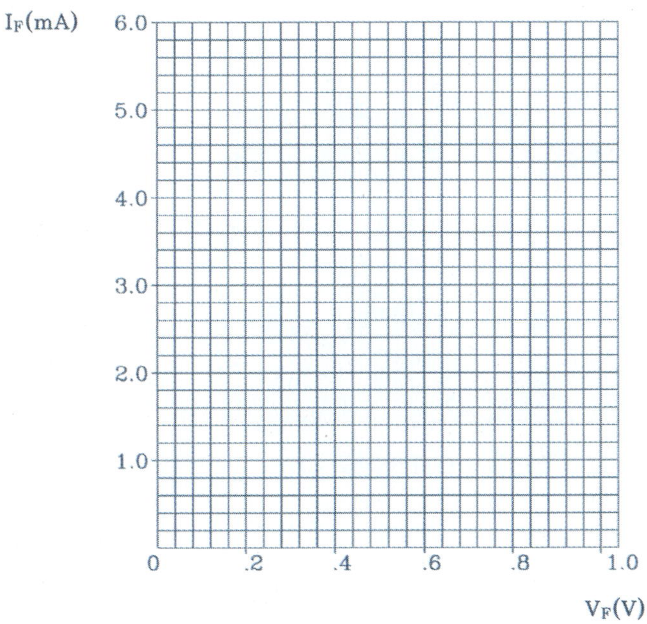

그림 1-12 ‹‹‹ I-V 곡선

1장

⑪ ED-2110의 LCD 화면에서 'Power Supply' 아이콘을 선택한 후 Power Supply OUT 버튼을 클릭하여 출력을 OFF한 후 D_1의 극성을 반대로 돌려서 ED-2110에 다시 배선한다. 또 저항 R_2를 100kΩ으로 바꾸고(저항 부분의 배선 또한 바꾼다), 여기서 회로구성은 그림 1-2와 같고 D_1의 극성이 바뀌어졌으므로 B_1의 바이어스 전압은 역방향이 되어 R_2(100kΩ으로 바뀌었음)를 통과하여 가하여진다.

⑫ LCD 화면에서 'Power Supply' 아이콘을 선택한 후 패널 좌측 '2CH DC POWER SUPPLY'에서 0~25V 전압조정 볼륨을 이용해서 Power Supply 표시값이 최대가 되도록 시계방향으로 최대한 조정한 후 LCD 화면에서 OUT 버튼을 클릭한다. LCD 화면에서 'DMM' 아이콘을 선택한 후 D_1양단의 역바이어스 전압(V_R)을 측정해 본다. DMM을 그림 1-1에서와 같이 D_1양단에 접속하고 R_1을 서서히 시계방향으로 돌려가면서 다이오드 역바이어스 전압이 12V가 될 때까지 돌린다.

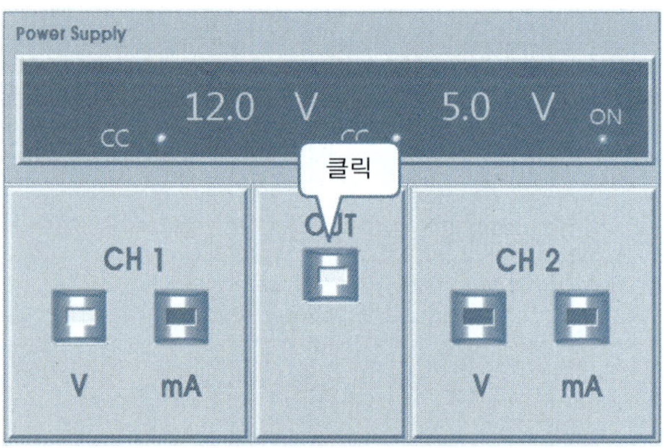

그림 1-13 ‹‹‹ LCD 화면에서 OUT 버튼을 클릭

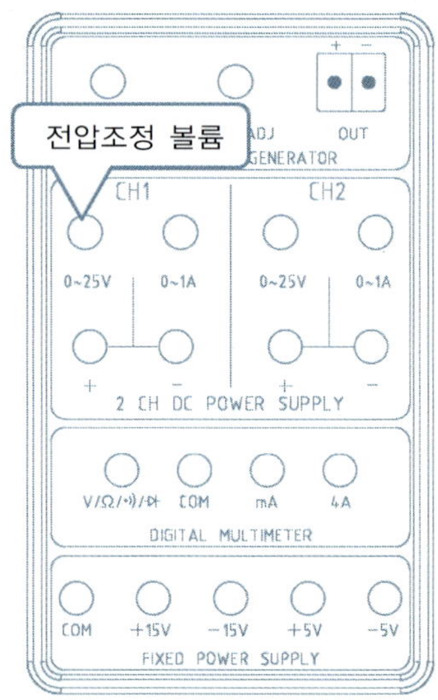

그림 1-14 ‹‹‹ Power Supply 표시값이 최대가 되도록 시계방향으로 최대한 조정

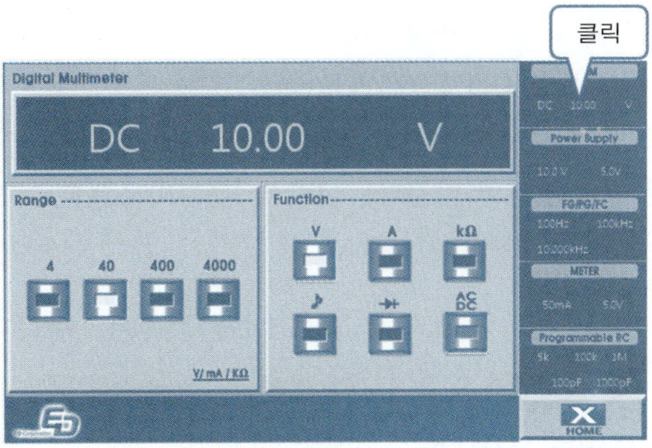

그림 1-15 ‹‹‹ 'DMM' 아이콘을 선택한 후 D_1양단의 역바이어스 전압(V_R)을 측정

표 1-2 ‹‹‹ 실험순서 11 및 12의 기록표

$V_R = 12V$	
$I_R(\mu A)$ Ge	
$I_R(nA)$ Si	

13 그림 1-2에서 보인 것과 같이 DMM으로 R_2양단의 전압을 측정하여 옴의 법칙으로 전류를 계산한다.

$$I = \frac{V_{R2}}{R_2} = \frac{V_{R2}}{100000}$$

여기서 R_2와 D_1이 직렬로 되어 있고 D_1에 역바이어스 전압이 걸려 있으므로 계산된 값은 D_1을 통하여 흐르는 역방향 전류를 나타낸다. 여기서 산출된 전류를 표 1-2에 기록하여라.

표 1-3에 기록된 전류는 V_R 전압이 12V가 되었을 때 D_1에 흐르는 역방향 전류를 나타낸다. 이 역방향 전류는 매우 적어서 특히 Si 다이오드에서는 측정하는데 곤란하다.

표 1-3 ‹‹‹ 실험순서 12 및 13의 기록표

$V_R = 12V$	
$I_R(\mu A)$ Ge	
$I_R(nA)$ Si	

1장

14 ED-2110의 LCD 화면에서 'Power Supply' 아이콘을 선택한 후 Power Supply OUT 버튼을 클릭하여 출력을 OFF한 후 게르마늄 다이오드(D_1)를 회로에서 떼어낸 후에 실리콘 다이오드를 회로에 연결하고 100kΩ 저항 대신에 1kΩ 저항으로 값을 바꾸어 준다(저항 부분의 배선 또한 바꾼다). 이렇게 되면 회로는 다시 그림 1-1과 같이 되고 회로구성은 그림 1-2와 같이 된다.

15 다시 실험순서 6에서 13까지를 게르마늄 다이오드 대신 실리콘 다이오드에 대해서 실험해 보자. 이때 실험결과를 표 1-3의 해당 빈 칸(실리콘)에 기록한다. 실험실습이 종료된 후 ED-2110의 POWER 스위치를 OFF한다.

4. 요점정리(실험순서 1~15)

지금까지의 실험에서 처음은 게르마늄 다이오드에 대해서 다음에는 실리콘 다이오드에 대해서 순방향 바이어스 전압을 여러 가지로 가하여 전류를 0.1mA에서 6mA범위로 조정하였다. 여기서 구한 전압과 전류의 관계를 표에 그려 게르마늄 및 실리콘 다이오드에 관한 특성곡선을 구하였다.

이 곡선은 또한 다이오드 양단의 순방향 바이어스가 증가함에 따라서 순방향 전류(I_F)가 서서히 증가하다가 어느 점에 와서는 급격히 직선적으로 비례하여 증가함을 볼 수 있다. 여기서 전류가 급격히 증가하기 시작하는 점을 곡선의 무릎(knee of curve)이라고 한다.

이 곡선의 무릎점은 게르마늄 다이오드에서는 0.3~0.4V정도이고 실리콘 다이오드에서는 0.6~0.7V정도가 된다. 무릎점 이하에서의 각 다이오드의 V-1 곡선에서 전류 및 전압의 관계는 비직선적이지만 무릎점 이상에서는 전류가 순방향 바이어스 전압에 정비례함을 알 수 있다.

그림 1-12에서 그린 곡선을 관찰하여 보면 같은 전류에 대해서 게르마늄 다이오드가 실리콘 다이오드보다 전압이 뚜렷이 적음을 알 수 있다.

또한 순방향 전압이 고정되어 있지 않고 순방향 전류에 비례하여 변화하고 있으며 이 변화분은 광범위한 전류 변화에 비하여 극히 적은 순방향 전압이 변화하고 있음을 알 수 있다. 그렇기 때문에 대부분의 응용 분야에서는 순방향 전압을 일정하게 보고 있다.

다음 실험에서는 게르마늄 다이오드와 실리콘 다이오드의 역방향 전압에 대해서 실험을 하여 이들 다이오드의 역방향 및 누설전류를 측정하였다. 여기서 게르마늄 다이오드의 역방향 누설전류는 실리콘 다이오드보다 큼을 알 수 있다.

02 반도체 다이오드 실험

1. 목 적

반도체 다이오드의 시험방법을 숙달한다.

2. 서 론

반도체 다이오드는 여러 가지 방법으로 시험할 수 있다. 오실로스코프를 이용한 특성곡선 트레이서나 특별히 제작된 트랜지스터 시험기를 이용하여 다이오드의 특성 및 상태를 결정할 수 있다. 그러나 대부분의 경우 1차적으로 다이오드의 특성을 알기 이전에 이들 다이오드의 양호한가 불량인가를 간단히 알 필요가 있다. 그러므로 다이오드의 양호한가 불량인가를 빠르고 쉽게 분별하기 위하여 표준형 저항계를 이용하면 이들 다이오드의 양호한가 불량인가를 알 수 있다. 이 실험에서는 이와 같은 방법에 대해서 이론과 시험을 해 본다.

필요 부품 및 기기

- ED-2110 : 1대
- 게르마늄 다이오드 : 1개
- 실리콘 다이오드 : 1개

3. 실험순서

1. ED-2110의 전원이 꺼져 있는가를 확인한 다음 전원 플러그를 꽂는다. 이 실험에서는 ED-2110을 사용하여 게르마늄 다이오드를 시험한다.
2. ED-2110의 전원 스위치를 켜고 LCD 화면에 구성된 아이콘에서 'Measuring Instrument'를 클릭한다.

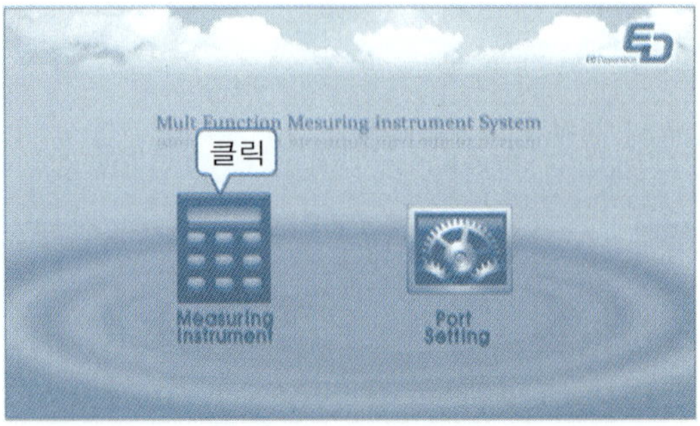

그림 2-1 ‹‹‹ 'Measuring Instrument'를 클릭

3 LCD 화면에서 'DMM' 아이콘을 선택한 후 실험에 사용될 값에 해당되는 범위의 화면을 클릭한다.

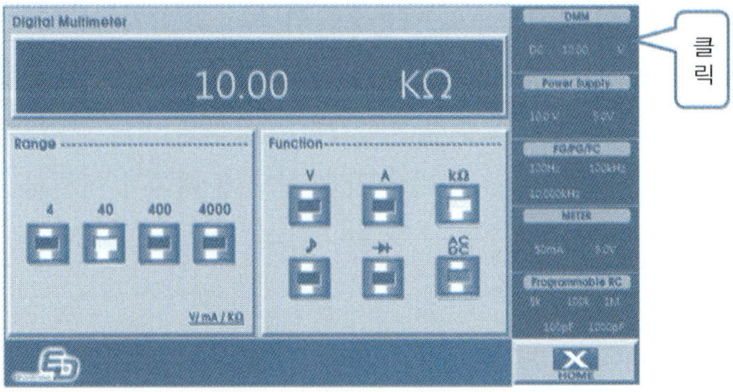

그림 2-2 ‹‹‹ 'DMM' 아이콘을 선택

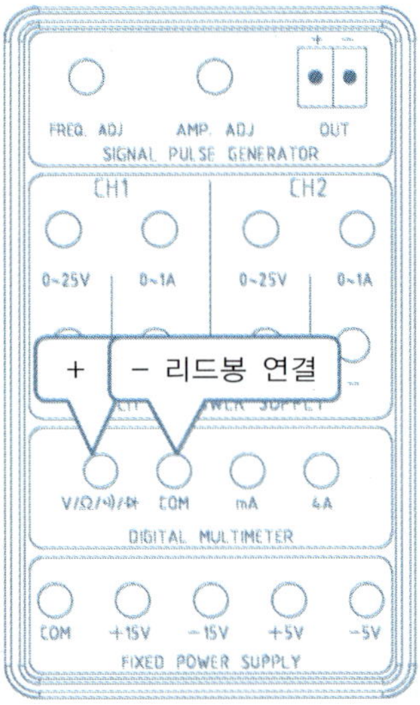

그림 2-3 ‹‹‹ DMM 측정상태를 Function−kΩ, Range−4로 설정

DMM 측정 상태를 Function−kΩ, Range−4로 설정한 후 DMM 리드봉을 그림 2-4와 같이 다이오드 양단에 배선한다. 여기서 검은색 리드는 다이오드 캐소드(Cathode) 쪽에, 빨간색 리드는 애노드(Anode) 쪽에 접속시켜서 다이오드의 순방향 저항(R_F)을 측정하게 된다. 이때 ED-2110의 값이 "OFF"가 표시되면 ED-2110의 저항 측정 범위를 한 단계(Range 40)올려서 LCD의 표시된 저항값을 표 2-1에 기록한다.

(a) (b)

그림 2-4 ‹‹‹ 다이오드의 순방향 및 역방향 저항측정법

4 이번에는 ED-2110의 저항 측정범위를 Range 40 또는 Range 400에 놓고 DMM을 그림 2-4(b)와 같이 다이오드에 배선한다. 여기서 저항의 각 리드의 접속은 실험순서 3의 반대가 되어 다이오드의 역방향 저항(R_R)을 측정하게 된다. 여기서 ED-2110의 값이 너무 높거나 낮을 경우 저항의 측정범위를 낮추거나 높여서 LCD의 표시된 저항값을 표 2-1에 기록하라.

5 실험순서 3 및 4를 실리콘 다이오드에 대해서 행하고 순방향 저항(R_F) 및 역방향 저항(R_R)을 표 2-1에 기록하라.

6 표 2-1에 기록된 각 다이오드의 순방향 및 역방향 저항비(R_R/R_F)를 산출하여 표 2-1에 기록하라.

표 2-1 ‹‹‹ 다이오드의 순방향 및 역방향 저항측정표

DIODE	R_F	R_R	R_R / R_F
G_e			
S_i			

4. 요점정리(실험순서 1~6)

지금까지의 실험에서 게르마늄 다이오드의 순방향 저항은 대단히 낮아서 그 값은 수 Ω에서 수백 Ω 정도가 된다. 그러나 역방향 저항은 대단히 높아서 100kΩ이상이고 높을수록 수 MΩ이나 된다. 또 다음 실험에서 실리콘 다이오드의 순방향 저항은 게르마늄 보다 높지만 수백 Ω에 지나지 않고 역방향 저항은 게르마늄 다이오드 보다 아주 높아서

계기상으로는 거의 무한대의 저항값을 지시하게 된다.

역방향대 순방향 저항비(R_R/R_F)는 다이오드가 얼마나 순방향으로 전류를 잘 흐르게 해 주고 또 역방향으로 얼마나 전류를 차단하는가를 나타낸다.

역방향대 순방향 저항비가 높을수록 좋은 다이오드이다. 실험순서에서 실리콘 다이오드의 저항비가 게르마늄 다이오드의 저항비보다 훨씬 높으며 그 이유는 게르마늄 다이오드에서는 많은 누설전류가 흐르기 때문이다. 또한 다이오드의 어느 방향의 저항값도 저항계의 측정범위의 위치에 따라 저항값이 달라진다.

그림 2-5(a)는 다이오드의 순방향 저항측정시 등가회로이며 여기서 저항계의 －리드선이 다이오드의 캐소드에 연결되고 ＋리드는 다이오드의 애노드에 연결되어 있음을 알 수 있다. 저항계에는 그림에서와 같이 그 내부에 저항회로와 전지가 연결되어 있으며 여기서 전지는 다이오드와 내부저항에 적은 양의 순방향 전류를 흐르게 한다.

만약 저항계에서 다른 측정범위를 사용하면 계기내의 내부저항값이 변화하며 따라서 다이오드에 흐르는 전류도 변하게 되어 저항계의 측정범위에 따라 각기 다른 다이오드의 순방향 저항값을 나타내게 되고 또 다른 저항계를 사용해도 다른 순방향 저항값을 갖게 된다. 이와 같은 현상은 그림 2-5(b)와 같이 다이오드의 역방향 저항측정에서도 일어난다.

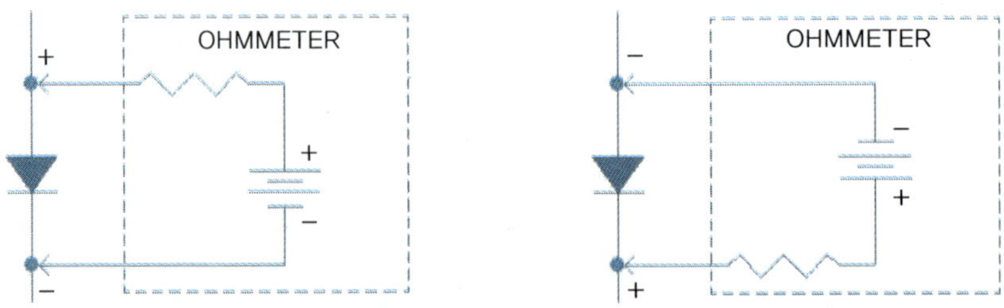

(a) 다이오드의 순방향 저항측정시 등가회로 (b) 다이오드의 역방향 저항측정

그림 2-5 ‹‹‹ 저항계의 등가회로

그림 2-5에서와 같이 저항계의 검은색 리드는 저항계의 내부 전지의 －쪽에 연결되어 있고 적색 리드는 내부 전지의 ＋쪽에 연결되어 있다.

그러나 대개의 경우 검은색 리드는 ＋가 되고 적색 리드는 －가 되어 그림 2-4에서 리드에 다이오드의 연결이 반대로 되게 하면 된다. 정확한 다이오드 시험은 저항계의 내부회로에 관계없이 어떤 저항계로도 할 수 있다.

03 제너 다이오드 실험

1. 목 적

제너 다이오드의 특성에 대하여 관찰하고 또한 제너 다이오드의 전압안정기로서 응용해 보고자 한다.

2. 서 론

이 실험에서는 일반적인 저전력 제너 다이오드에 관해 그 동작특성을 실험하고 순방향 및 역방향 바이어스 상태에서 기능을 관찰한다.

다음에는 이 다이오드를 전압안정기로서 사용하는 실험을 한다. 또한 입력전압과 부하 변화에 대한 보상회로의 기능을 보여준다.

필요 부품 및 기기

- ED-2110 : 1대
- 저항 100Ω, 1/4W 5% : 1개
- 저항 200Ω, 1/4W 5% : 2개
- 저항 470Ω, 1/4W 5% : 1개
- 제너 다이오드 6V ±10% : 1개

3. 실험순서

1 ED-2110의 전원이 꺼져 있는가를 확인한 다음 전원 플러그를 꽂는다. 그림 3-1의 회로를 그림 3-2와 같이 ED-2110에 배선한다(R_2저항을 ED-2110 Programmable Resistor를 사용해도 된다).

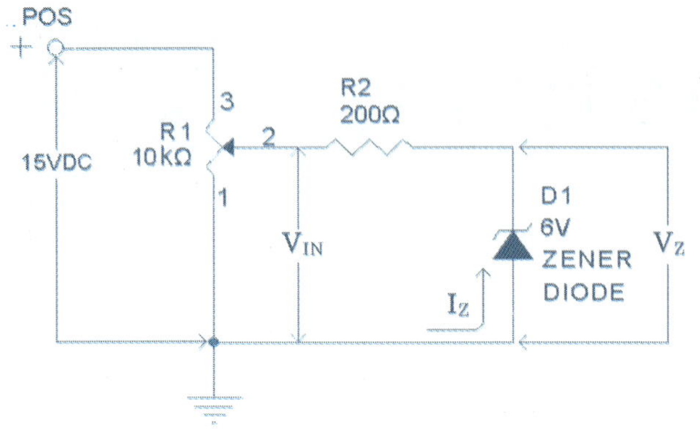

그림 3-1 ‹‹‹ 실험회로

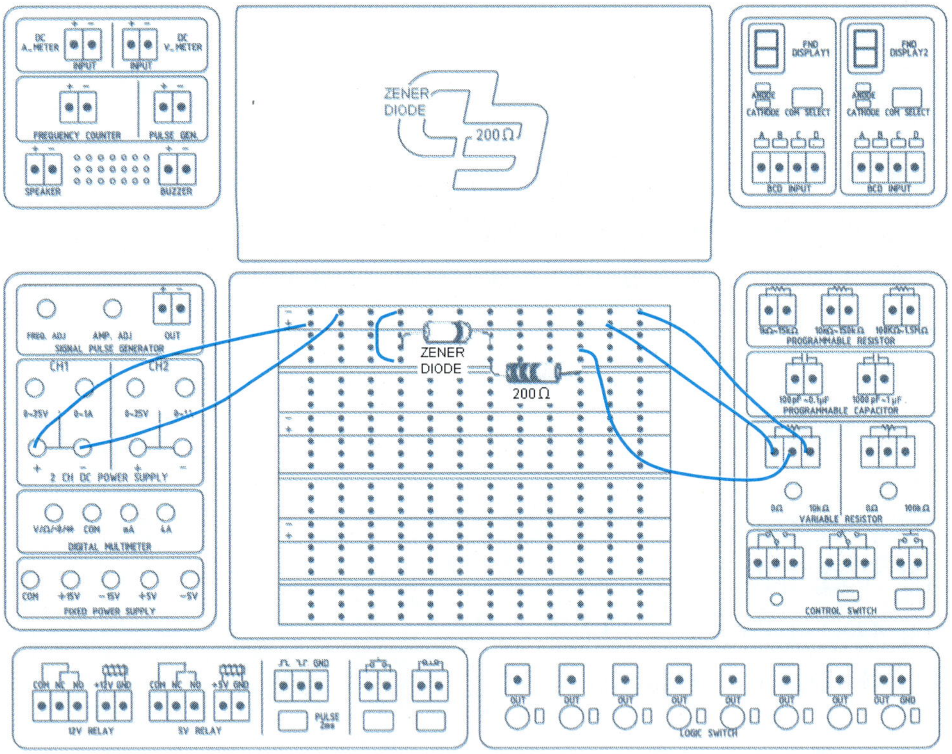

그림 3-2 ‹‹‹ 실험회로 구성도

2 ED-2110의 전원 스위치를 켜고 LCD 화면에 구성된 아이콘에서 'Measuring Instrument'를 클릭한다.

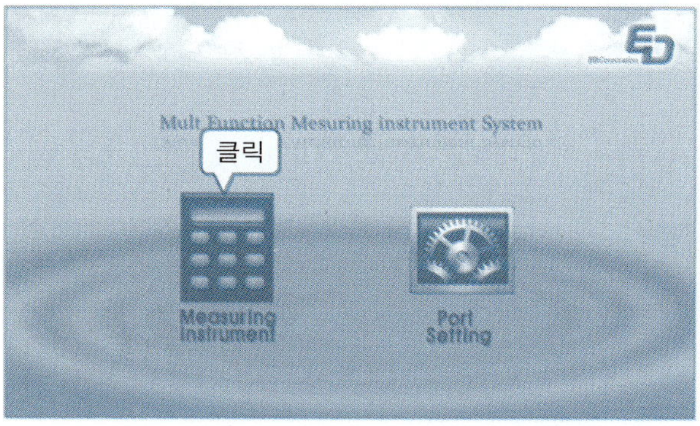

그림 3-3 ‹‹‹ 'Measuring Instrument'를 클릭

3 LCD 화면에서 'Power Supply' 아이콘을 선택한 후 패널 좌측 '2CH DC POWER SUPPLY'에서 0~25V 전압조정 볼륨을 이용해서 Power Supply 표시값이 15V가 되도록 조절하고, LCD 화면에서 OUT 버튼을 클릭한다. 15V의 +전압이 ED-2110의 1kΩ의 VR(Variable Resistor)에 걸리게 된다. 이 VR은 직렬로 되어 있는 200Ω 저항과 제너 다이오드의 인가전압조정용으로 사용된다.

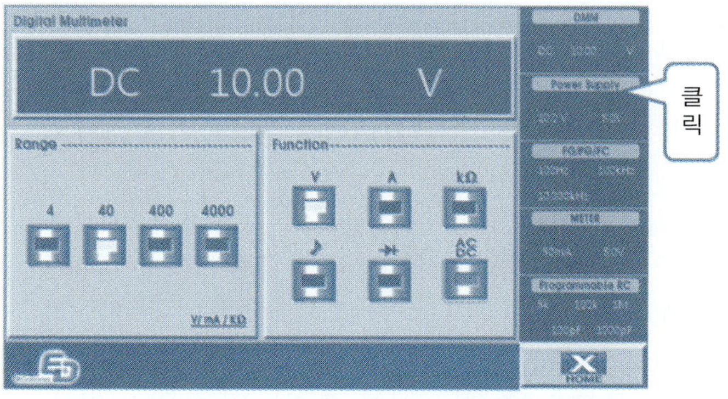

그림 3-4 ‹‹‹ 'Power Supply' 아이콘을 선택

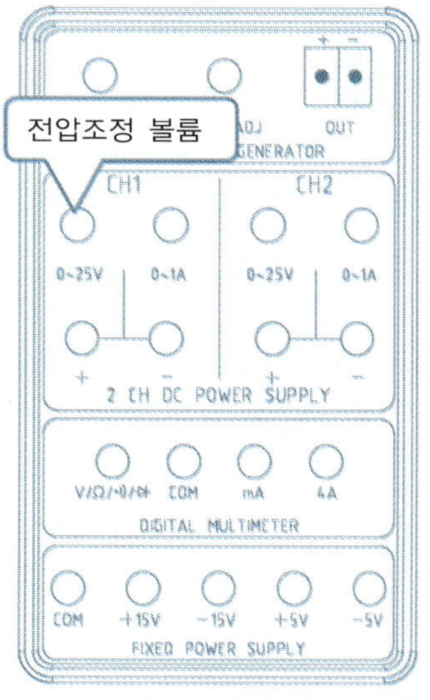

그림 3-5 ‹‹‹ Power Supply 표시값이 15V가 되도록 조절

1장

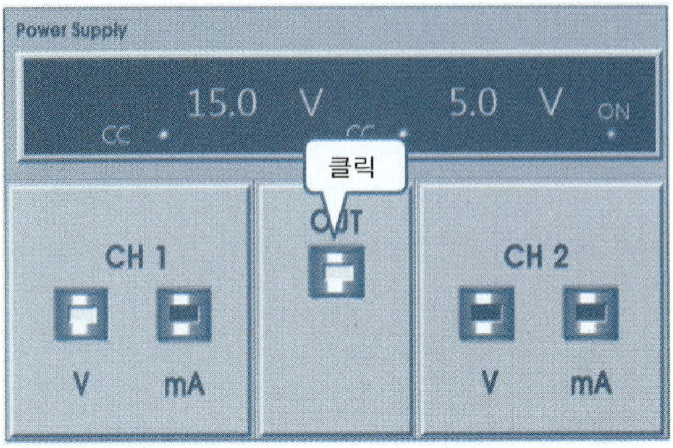

그림 3-6 ‹‹‹ LCD 화면에서 OUT 버튼을 클릭

4 그림 3-1에서 제너에 인가된 전압의 극성을 관찰하여 순방향 또는 역방향 바이어스 중 어느 것인가 생각해 보라.

5 VR(1kΩ)의 노브를 반시계방향으로 끝까지 돌린다. 그림 3-2에서와 같이 D_1양단에 ED-2110 DMM 단자를 접속시킨 다음 1kΩ의 노브를 시계방향으로 천천히 돌려 가면서 D_1양단의 전압증가를 ED-2110에서 관찰한다. 계속해서 D_1양단 전압의 값이 천천히 상승하다가 더 이상 증가하지 않고 일정한 전압 표시를 할 때까지 VR의 노브를 시계방향으로 돌린다. 이때 다이오드의 전압을 가능한 정확히 측정하여 표 3-1의 위쪽의 다이오드 전압란에 기록하라.

6 다음에는 ED-2110으로 R_2양단의 전압을 측정하라. 여기서 측정된 R_2(200Ω) 양단의 전압으로 옴의 법칙$\left(I = \frac{V}{R}\right)$을 이용하여 회로에 흐르는 전류를 산출하여 표 3-1의 위쪽의 다이오드 전류란에 기록한다. 여기서 산출된 전류는 R_2와 D_1을 통하여 흐르는 전류가 된다.

7 1kΩ VR의 접속단자 1과 2간의 회로인가 입력전압(V_{IN})을 그림 3-1에서와 같이 측정하여 표 3-1의 위쪽의 입력전압란에 기록하라.

8 이번에는 1kΩ의 VR의 노브를 시계방향으로 끝까지 돌려놓은 다음 D_1양단 전압, 입력전압(V_{IN}) 및 R_2(200Ω) 양단 전압을 측정하라. 이때 주의할 것은 다이오드가 열을 받아 파손될 우려가 있으므로 모든 측정을 신속히 한 다음 ED-2110의 전원 스위치를 끄도록 한다.

9 먼저 D_1전압을 측정하여 표 3-1의 아래쪽 다이오드 전압란에 기록하고 다음은 입력 전압(V_{IN})을 측정하여 표 3-1의 아래쪽의 입력전압(V_{IN})란에 기록하고 마지막으로 R_2(200Ω)양단의 전압을 측정하여 이 전압으로 옴의 법칙을 이용하여 회로에 흐르는 전류를 산출하여 표 3-1의 아래쪽 다이오드 전류란에 기록하라.

표 3-1 ‹‹‹ 다이오드 전압-전류 기록표

R_1의 위치	DIODE VOLTAGE	DIODE CURRENT	INPUT VOLTAGE
실험순서 4의 R_1위치			
시계방향 끝			

4. 요점정리(실험순서 1~9)

이 실험에서는 제너 다이오드를 주제로 하여 여러 가지 역전압에 대해서 다이오드 양단의 전압 및 전류를 측정하였다. 여기서 캐소드는 애노드에 대해 (+)전압으로 되어 역전압을 다이오드에 인가하였다.

표 3-1의 위쪽란에 측정 기록된 전압 및 전류는 제너의 항복(break down) 영역을 의미한다. 이때 제너 전압 레벨은 일정한 전압값에서 벗어나서 전류가 급속도로 증가하기 시작하는 점이다. 위의 실험에서 다이오드 전압은 제너 전압 6V에서 벗어나기 시작하는 전압이 된다. 그렇지만 위의 실험에서 측정된 제너 전압은 제너 다이오드의 허용오차가 10%이므로 0.5V까지 높거나 낮을 수가 있다. 또 위의 실험에서 측정기록된 전류는 다이오드를 거쳐 흐르는 전류가 항복점에 도달되기 이전의 것이기 때문에 다소 낮게 기록되어 그 값은 2mA에서 5mA중간의 값이 된다. 이때 입력전압(V_{IN})은 약 6.5V에서 7V이내가 된다.

다음 실험에서는 1kΩ VR의 노브를 시계방향으로 끝까지 돌려서 입력전압을 최대로 하였다. 이때 D_1 및 R_2를 통하는 전류는 더욱 많이 흐르게 되었고 D_1양단 전압은 아주 적게 증가하였다(0.1 또는 0.2V정도 증가함). 그렇기 때문에 표 3-1에 기록된 다이오드 전압은 모두 거의 같지만 입력전압을 최대로 하였을 때 측정한 전류는 처음 측정한 전류보다는 훨씬 많이 흐르게 된다. 여기서 측정된 전류는 40mA에서 45mA정도가 되고 이때 제너는 규정 전력소모의 한계점에서 동작하게 된다. 그리고 이때의 입력전압은 약 15V가 된다.

표 3-1에서 제너의 전류와 전압을 비교해 보면 제너 다이오드의 적은 전압 변화에 대해서 전류 변화는 제너 영역에서 광범위하게 변화하고 있음을 알 수 있다. 여기서 입력전압과 제너 전압을 비교해 보면 입력전압이 거의 7V에서 15V까지 변화하여도 제너 전압은 0.2V에서 0.3V정도밖에 변하지 않았다. 이와 같은 현상은 제너 다이오드가 입력전압변화를 보상하는데 이용가치가 있음을 보여준다.

5. 실험계속

10 이번에는 앞에서의 실험회로를 이용하여 6V 정전압을 여러 가지 저항성 부하에 인가 하여 본다. 부하저항이 제너 다이오드 양단에 연결되면 이 회로는 간단한 정전압 회로가 된다. 여기서 실험할 회로는 앞에서 이미 실험한 회로로서 모든 부품의 값도 같으며 그렇기 때문에 이 회로는 9V에서 12V까지의 입력전압과 0에서 30mA까지의 부하전류를 흐르게 할 수가 있다. 이 실험에서는 회로의 입력전압을 9V에서부터 시작하여 출력 정전압과 여러 가지 부하에 대한 전류를 관찰한다.

11 (+)전압 조정손잡이가 시계방향 끝까지 돌려져 있는가를 확인한 후 전압계를 1kΩ VR의 단자 2와 D_1의 애노드(R_2와 D_1양단) 간에 접속하고서 이 VR의 노브를 돌려 정확히 9V가 되게 한다. 이때 이 9V는 R_2와 D_1의 인가전압이 된다.

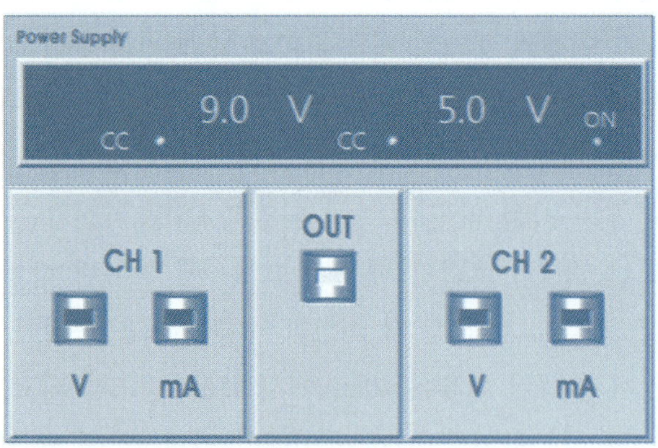

그림 3-7 ‹‹‹ 회로의 입력전압을 9V에서부터 시작하여 출력 정전압과 여러 가지 부하에 대한 전류를 관찰

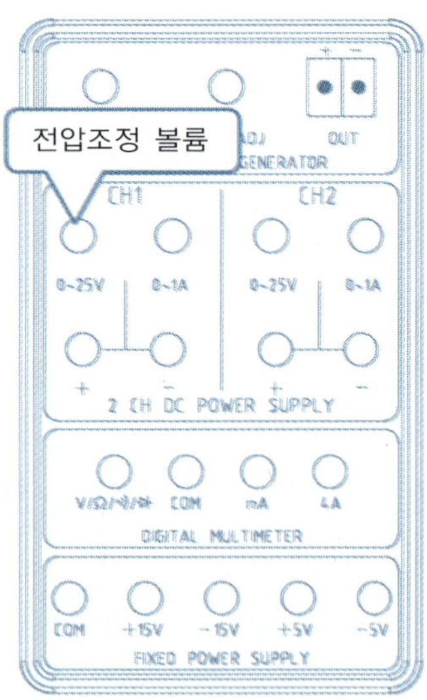

그림 3-8 ‹‹‹ VR의 노브를 돌려 정확히 9V가 되게 한다

표 3-2 ‹‹‹ 부하변화에 대한 출력전압 기록표

부하저항(Ω)	대체적인 부하전류(mA)	출력전압(V)
OPEN (NO LOAD)	0	
1000	6	
470	12.7	
220	21.4(27.3)	
100	30(60)	

※ ( )안은 출력전압이 6V 정상으로 가정한 경우

12 회로에서 부하저항이 D_1양단에 접속되어 있지 않은 상태에서 D_1양단 전압을 측정하여 표 3-2의 출력전압란에 기록하라.

13 이번에는 다이오드 D_1양단에 1kΩ 저항을 접속하여 부하저항으로 이용한다. 이때 부하저항에는 6V출력전압에 대해 약 6mA의 전류가 흐르게 된다. D_1양단의 출력전압을 측정하여 표 3-2의 1000Ω에 해당되는 출력전압란에 기입하라.

14 실험순서 13에서와 같은 방법으로 470, 220 및 100Ω의 부하저항에 대한 출력전압을 D_1양단에서 측정하여 표 3-2의 해당 출력전압란에 기록하라. 이때 위의 각 부하저항에 대해 12.7mA, 27.3mA 및 60mA의 전류가 출력전압이 6V로 가정되었을 때 부하에 흐르게 된다. ED-2110의 전원 스위치를 OFF한 다음 기록된 표에서 비정상 전압변화에 대해 설명해 보라.

6. 요점정리(실험순서 10~14)

이 실험에서는 제너 다이오드가 여러 가지 부하 조건에 대하여 얼마만한 정전압효과를 갖는가를 실험하였다. 이 실험에서 측정된 D_1양단의 전압은 무부하에서나 또는 1000Ω 및 470Ω에 각각 6V(±10%)정도의 전압이 측정되어야 한다. 그러나 100Ω의 부하저항이 접속되었을 때는 출력전압은 6V이하로 떨어져 약 3V이하로 측정된다.

이와 같은 전압강하는 100Ω의 저항이 6V출력전압에 대하여 60mA의 전류가 흐르게 되어 200Ω에서 그만큼 전압강하가 크게 되기 때문이다. 이와 같은 과전류 현상은 정전압회로의 입력전압이 최대 9V일 때 최대 부하전류는 15mA가 흐르도록 설계되었기 때문이다.

지금까지의 실험은 입력전압 9V, 안정회로를 실제로 과부하한 100Ω의 저항으로 행하였고 따라서 출력전압이 강하하게 되었다. 100Ω의 부하가 접속되었을 때 실제로 어떤 현상이 일어날까? 제너 안정기의 부하저항이 감소하면 부하전류는 비례하여 증가하여 제너 전류를 그 결과 비례한 양만큼 감소한다.

제너 전류가 충분하게 유지되는 한 항복범위에서 동작이 계속되고 상대적인 일정한 부하전압을 공급한다.

04 NPN · PNP 트랜지스터의 실험

1. 목 적

NPN과 PNP형 트랜지스터의 실험방법을 배우고자 한다.

2. 서 론

이 실험에서 저항계가 이용되며 저항 측정범위는 R×1에서 R×1M정도이다.

필요 부품 및 기기

- ED-2110 : 1대
- NPN 실리콘 트랜지스터 : 1개
- PNP 게르마늄 트랜지스터 : 1개

3. 실험순서

1 NPN형 트랜지스터를 놓고 그림 4-1(a)에 보인 것처럼 측면을 평탄하게 한다. 트랜지스터의 이미터 리드를 그림처럼 왼편으로 놓고 베이스 리드는 중앙, 컬렉터는 오른쪽으로 놓고 리드를 접속할 때 합선되지 않도록 트랜지스터의 리드를 벌린다. 그림 4-1(b)은 밑에서 본 리드의 위치이다.

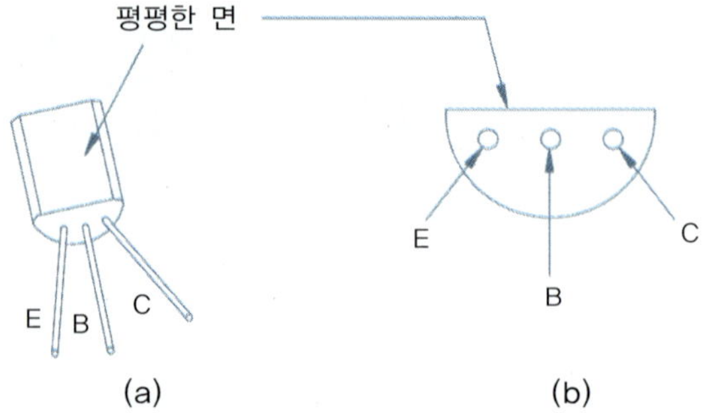

(a) (b)

(Transistor에 따라 E, B, C의 위치가 다를 수 있다)

그림 4-1 ‹‹‹ 리드의 위치

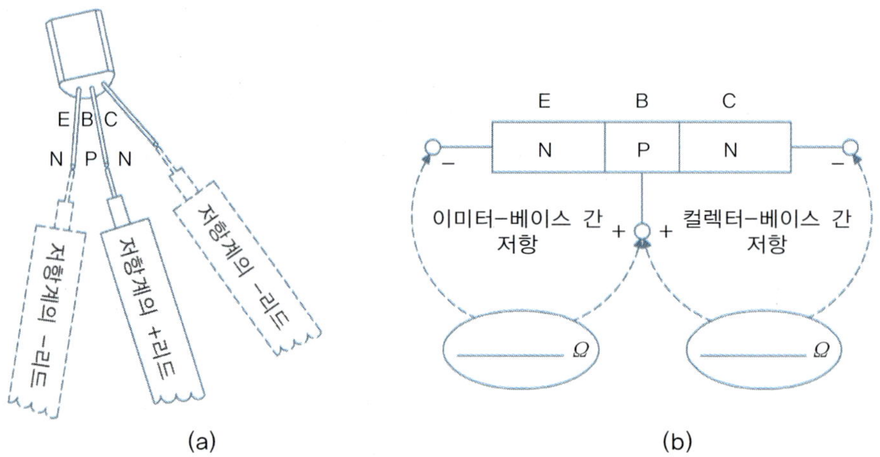

(a) (b)

그림 4-2 ‹‹‹ NPN형의 순방향 저항의 점검방법

2 ED-2110의 전원 스위치를 켜고 LCD 화면에 구성된 아이콘에서 'Measuring Instrument'를 클릭한다.

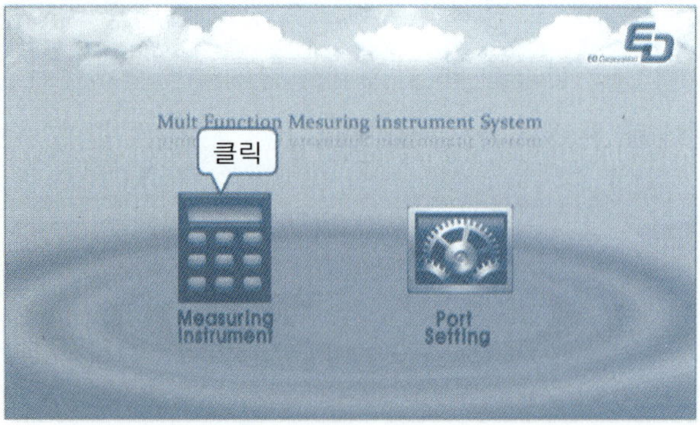

그림 4-3 ‹‹‹ 'Measuring Instrument'를 클릭

3 LCD 화면에서 'DMM' 아이콘을 선택한 후 실험에 사용될 값에 해당되는 범위의 화면을 클릭한다.

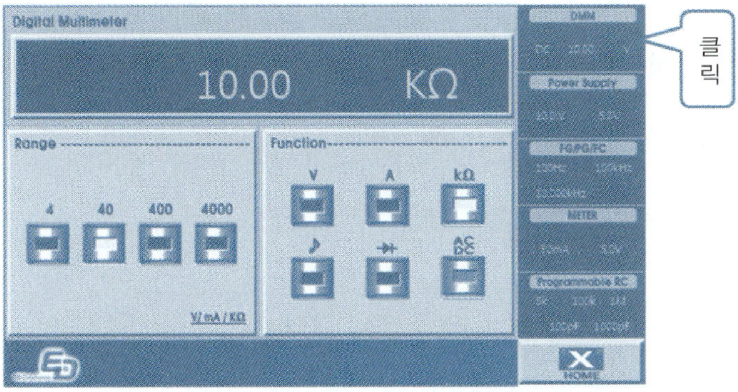

그림 4–4 ‹‹‹ LCD 화면에서 'DMM' 아이콘을 선택

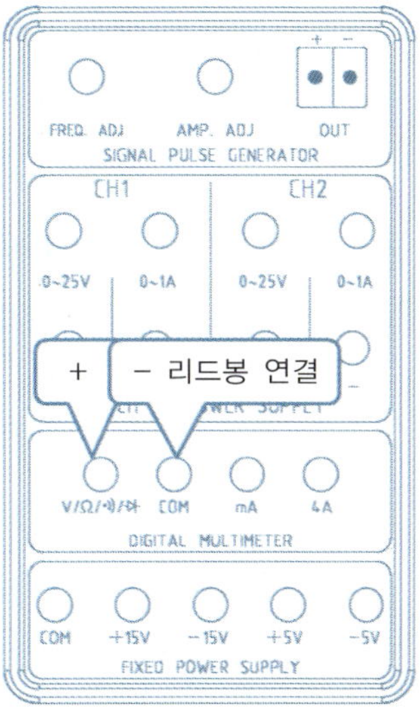

그림 4–5 ‹‹‹ DMM 리드봉을 이용하여 이미터–베이스와 컬렉터–베이스 간의 순방향 저항을 측정

4 DMM 리드봉을 이용하여 이미터-베이스와 컬렉터-베이스 간의 순방향 저항을 측정한다. 이때 Range을 40이나 400으로 한다. 그림 4-2(a)와 같이 베이스 리드에 정(+)의 리드봉(대개 붉은 색)을 접하고 이미터와 컬렉터 리드에 부(−)의 리드봉을 번갈아 접속한다. 각 접합에 대한 순방향 저항을 주시하고, 그림 4-2(b)의 빈 칸에 두 값을 기록하라. 부(−)의 리드봉이 N형 이미터에 접속할 때 정(+)의 리드봉은 P형의 베이스에 접속되도록 주의한다.

5 다음은 DMM의 저항 측정범위를 Range 40이나 Range 400에 놓고 이미터-베이스와 컬렉터-베이스 간의 역방향 저항을 측정한다. 부(−)의 리드봉을 베이스에 접속하고 정(+)의 리드봉은 그림 4-6(a)와 같이 이미터와 컬렉터에 번갈아 접속한다. 각 저항의 역방향 저항을 주시하고 그림 4-6(b)의 빈 칸에 그 값을 기록하라.

1장

4. 요점정리(실험순서 1~5)

이 실험에서 NPN형 트랜지스터의 이미터-베이스와 컬렉터-베이스 접합 간의 순방향과 역방향 저항을 측정하여 PN 접합 다이오드의 작용과 같이 각 접합의 순방향 저항은 역방향 저항보다 훨씬 낮다는 것을 알았다.

순방향 저항을 Range 400에서 측정하였다면 수백 Ω정도이고 Range 40였다면 이보다 낮게 측정됐을 것이다. 그러나 역방향 저항은 (거의 무한대의 값) 매우 높았을 것이다.

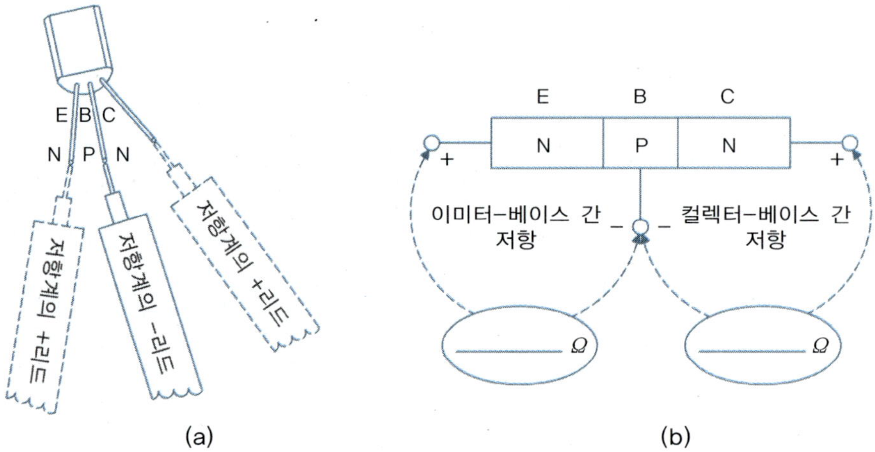

그림 4-6 NPN형의 역방향 저항측정

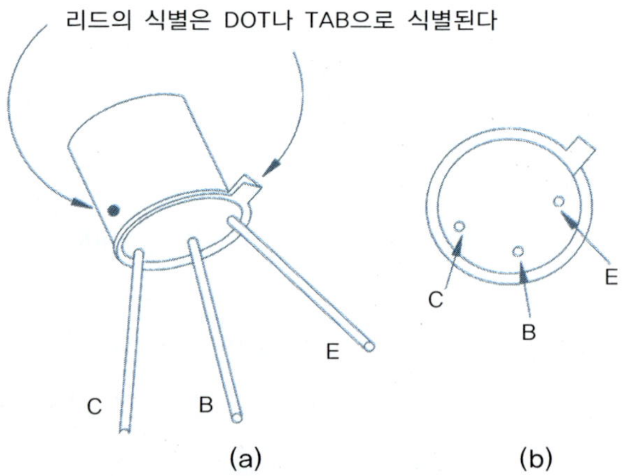

그림 4-7 이미터, 베이스 및 컬렉터 위치

실험에서 얻는 정확한 값은 두 취득값의 차이만큼 중요하지는 않다. 트랜지스터의 성능이 양호하다면 취득의 값은 상대적으로 낮고 매우 높아야 한다. 다만 각 부의 접합이 단락되었거나 개방되었다면 양쪽 방향의 저항이 매우 낮거나 높게 될 것이다. NPN형 트랜지스터가 실리콘으로 만들어져 있으므로 역바이어스에서 각 전압 간에 흐르는 누설전류가 극히 적다. 이것은 역저항이 매우 높기 때문이다.

5. 실험계속

6 PNP형 트랜지스터를 그림 4-10(a)와 같이 놓고 이미터, 베이스 및 컬렉터 리드의 위치에 주의한다.

7 계기의 범위를 Range 40이나 Range 400에서 이미터-베이스와 컬렉터-베이스 접합 순방향 저항을 측정한다. 그림 4-10(a)처럼 테스터 리드를 번갈아 접속하고 그림 4-10(b)의 빈 칸에 그 값을 기록하라.

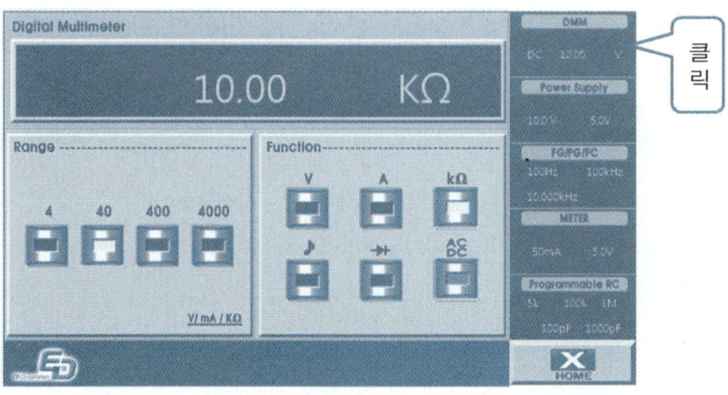

그림 4-8 ‹‹‹ 계기의 범위를 Range 40이나 Range 400

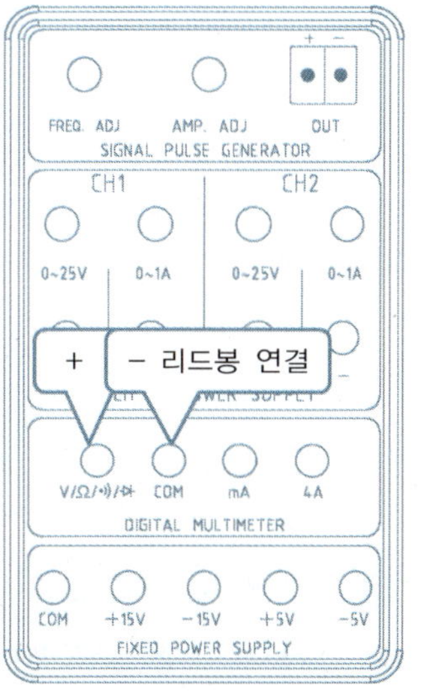

그림 4-9 ‹‹‹ 이미터-베이스와 컬렉터-베이스 접합 순방향 저항을 측정

정(+)의 테스트 리드가 P형의 이미터나 컬렉터에 접속되어 있을 때 부(+)의 테스트 리드를 N형 베이스에 접속해야 한다.

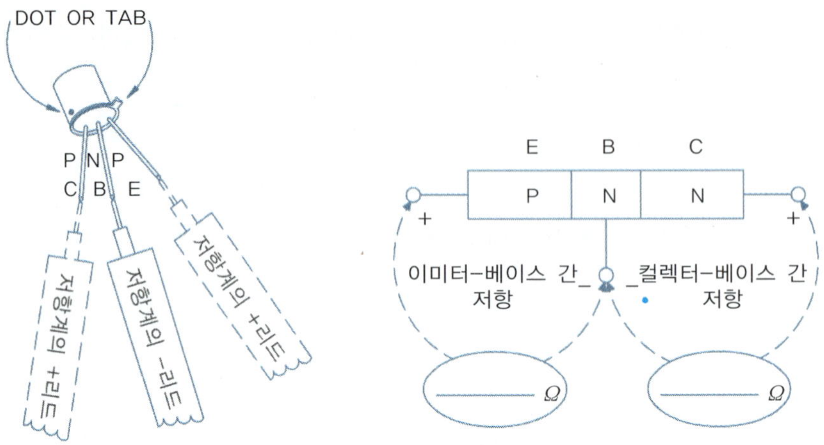

(a) (b)

그림 4-10 ‹‹‹ PNP형의 순방향 저항측정

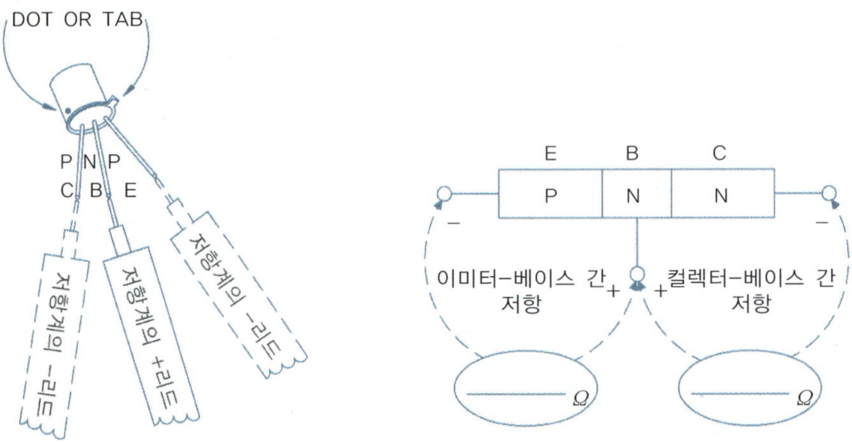

(a) (b)

그림 4-11 ‹‹‹ PNP형의 역방향 저항측정

8 다음은 계기를 Range 40나 Range 100의 범위로 놓고 각 접합의 역방향 저항을 측정하며 이때 그림 4-11(a)처럼 접속한다. 그리고 측정값을 그림 4-11(b)의 빈 칸에 기록하라.

6. 요점정리(실험순서 6~8)

이상으로 PNP형 트랜지스터의 순방향과 역방향 저항을 측정하였다. 그 결과 NPN형보다 낮은 순방향과 역방향 저항의 값임을 알았다. 그러나 순방향과 역방향 간의 저항의 비는 역시 매우 높았을 것이다.

순방향 저항의 취득은 Range 400에서 100이나 200Ω정도로 낮고 Range 40의 범위에서는 더 낮았을 것이며 역방향 저항값은 매우 높았을 것이다(수백 kΩ보다 더 높은 값). 그러나 이 값은 앞의 실험에서 얻었던 역저항보다 상당히 낮다. 그 이유는 게르마늄으로 만들어졌기 때문이다(PNP 소자로 되어 있기 때문은 아님). 게르마늄 트랜지스터는 실리콘으로 된 것보다 항상 접합저항이 낮음을 알 수 있다.

05 이미터 접지 트랜지스터의 특성실험

1. 목 적

이미터 접지 트랜지스터의 동작원리를 배우고 중요한 전기적 특성을 관찰하고 측정하기 위함.

2. 서 론

이미터 접지는 전압 · 전류 · 전력의 증폭률이 커서 베이스나 컬렉터 접지보다 더 많이 사용된다. 그러므로 이미터 접지에 대한 기본 전기적 특성을 이해하는 것은 매우 중요하다. 이 실험에서 베이스, 컬렉터 전류관계와 컬렉터와 이미터 전압관계를 관찰하고 측정을 하며 컬렉터 특성곡선을 그리고 그 특성곡선에서 소자의 전류이득을 얻는다.

필요 부품 및 기기

- ED-2110 : 1대
- NPN 트랜지스터 : 1개

3. 실험순서

1 ED-2110의 전원 스위치가 꺼져 있음을 확인하고서 ED-2110을 전원에 꽂는다. 그림 5-1의 회로를 그림 5-2와 같이 ED-2110에 배선한다.

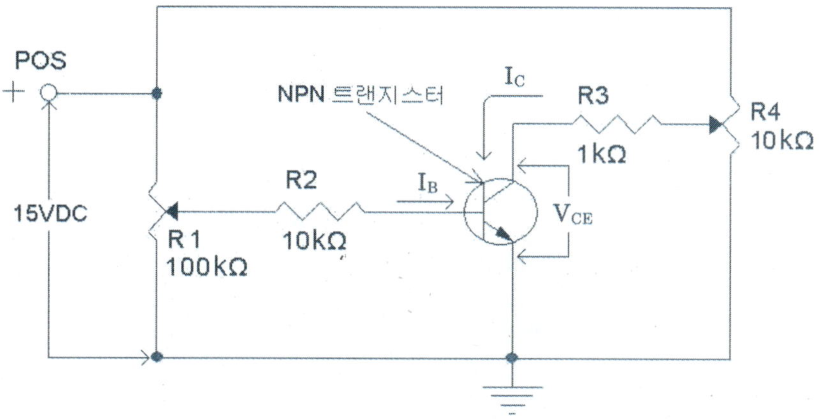

그림 5-1 ‹‹‹ 실험회로

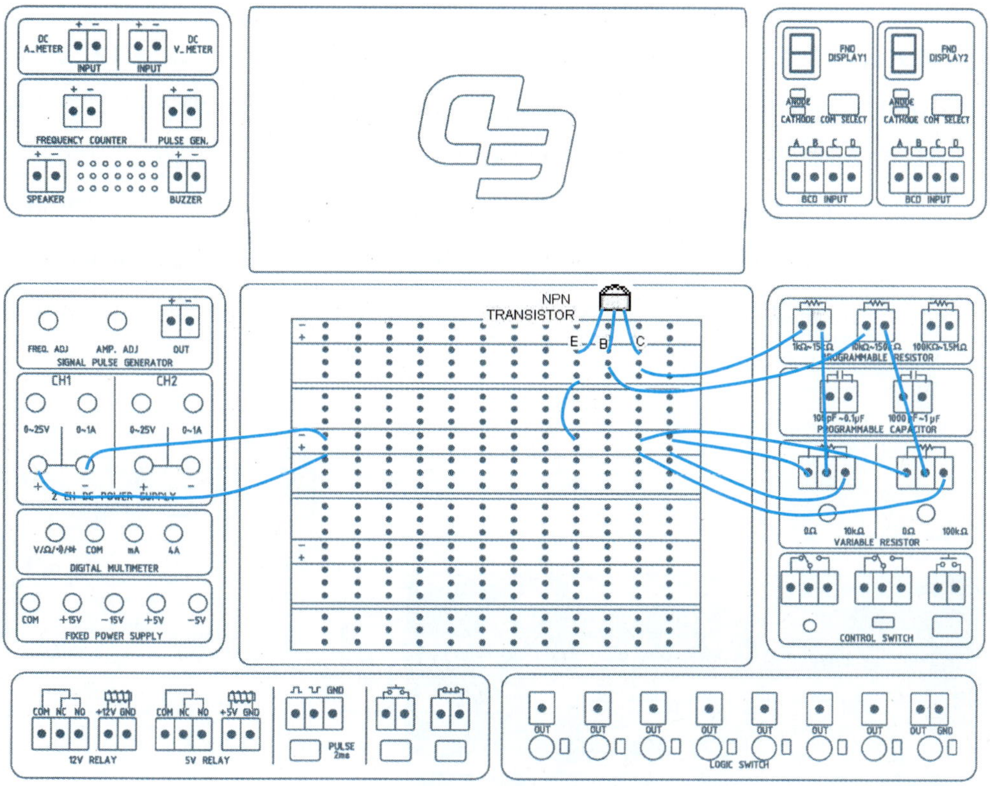

그림 5-2 ‹‹‹ 실험회로 구성도

2 ED-2110의 전원 스위치를 켜고 LCD 화면에 구성된 아이콘에서 'Measuring Instrument'를 클릭한다.

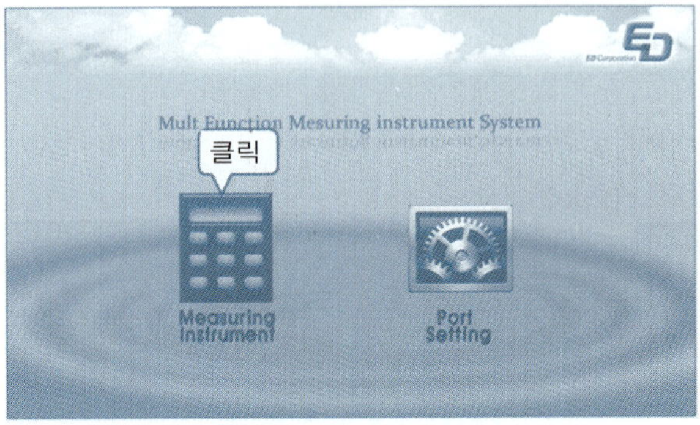

그림 5-3 ‹‹‹ 'Measuring Instrument'를 클릭

3 LCD 화면에서 'Power Supply' 아이콘을 선택한 후 패널 좌측 '2CH DC POWER SUPPLY'에서 0~25V 전압조정 볼륨을 이용해서 Power Supply 표시값이 15V가 되도록 조절하고, LCD 화면에서 OUT 버튼을 클릭한다.

ED-2110의 +15V 전원을 1kΩ의 VR과 100kΩ의 VR에 공동으로 인가하여 100kΩ VR(R_1)은 NPN 트랜지스터의 베이스 전류(I_B)조정용으로 또한 1kΩ VR(R_4)는 컬렉터-이미터 전압(V_{CE}) 조정용으로 사용한다. 회로에서 R_2와 R_3은 트랜지스터의 안전 전류제한용으로 사용한다.

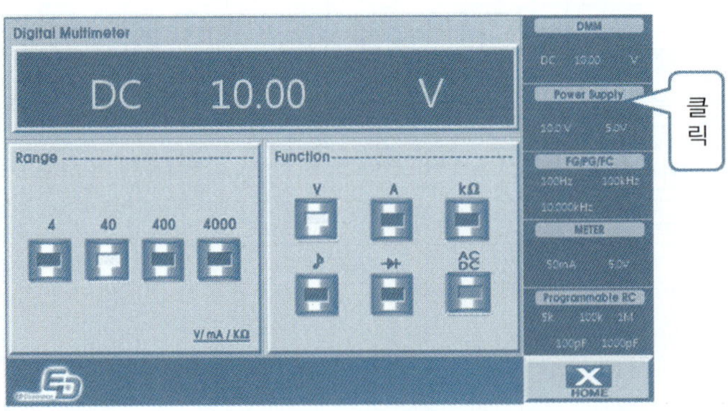

그림 5-4 ‹‹‹ 'Power Supply' 아이콘을 선택

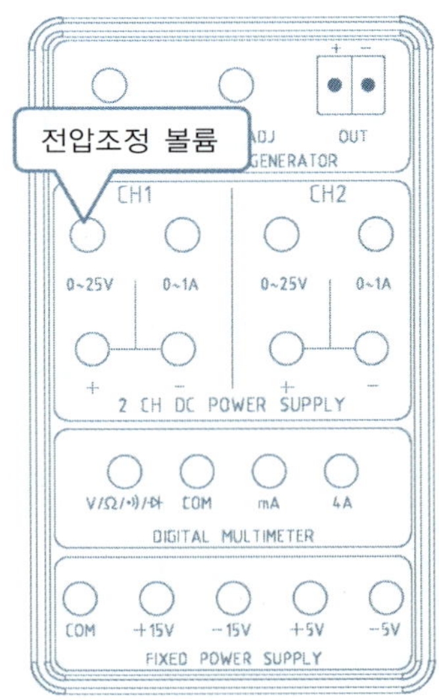

그림 5-5 ‹‹‹ Power Supply 표시값이 15V가 되도록 조절

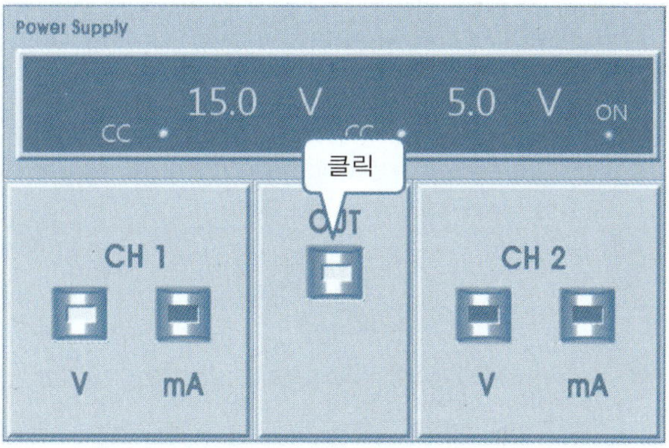

그림 5-6 <<< LCD 화면에서 OUT 버튼을 클릭

4 LCD 화면에서 'Programmable RC' 아이콘을 선택한 후 실험에 사용될 값에 해당하는 범위의 화면을 클릭한다.

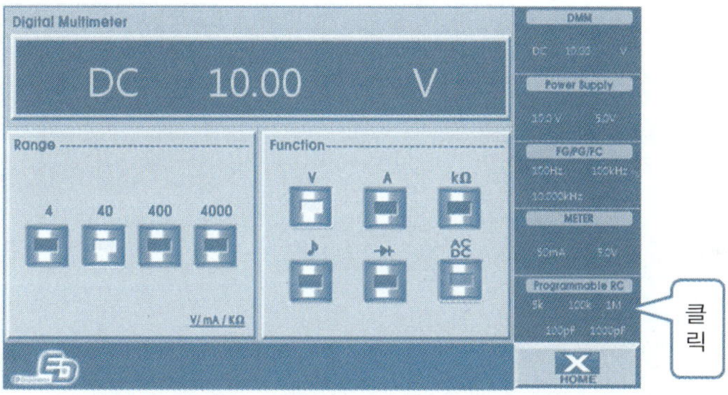

그림 5-7 <<< 'Programmable RC' 아이콘을 선택

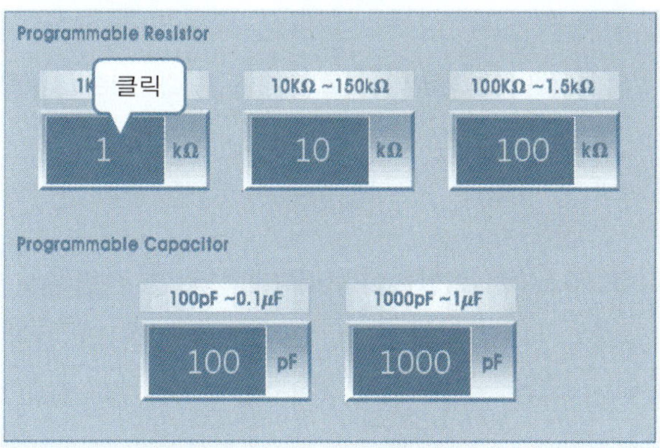

그림 5-8 <<< 실험에 사용될 값에 해당하는 범위의 화면을 클릭

5 LCD 화면에서 실험에 사용된 저항값(1kΩ)을 설정한 후 OK 버튼을 클릭한다. 설정값은 BCD 방식을 이용하여 설정한다.

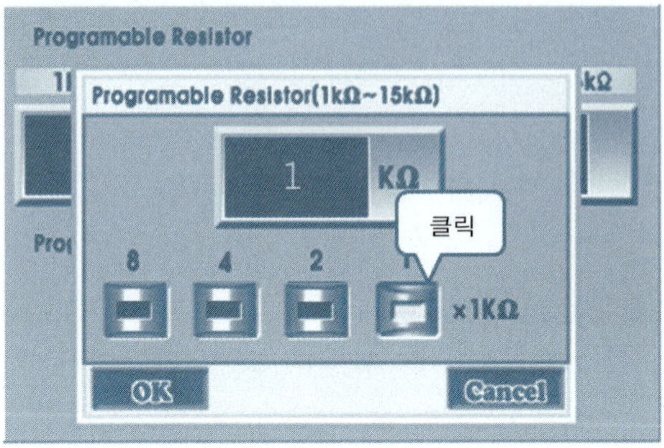

그림 5-9 ‹‹‹ 저항값(1kΩ)을 설정한 후 OK 버튼을 클릭

6 동일한 방법을 이용하여 실험에 사용된 저항값(10kΩ)을 설정한 후 OK버튼을 클릭한다.

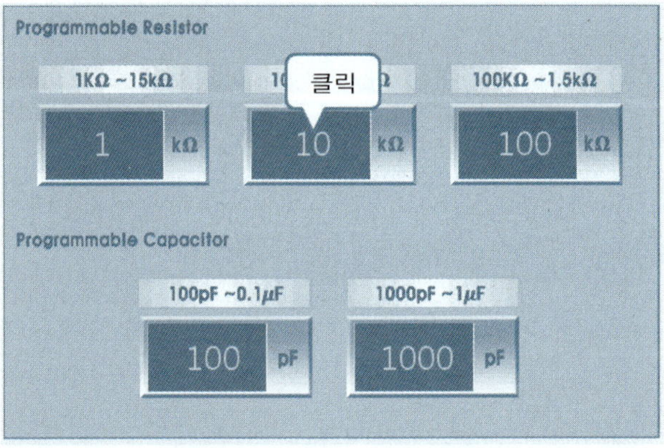

그림 5-10 ‹‹‹ 저항값(10kΩ)을 설정한 후 OK 버튼을 클릭

7 반시계방향 끝까지 R_1 VR의 노브를 돌리고 R_4를 중간 위치에 놓는다.

8 베이스 전류(I_B)를 10μA로 조절한다. 이렇게 하려면 전위차계 R_1의 노브를 천천히 시계방향으로 돌려야 하며, 이때 R_2(이 전압을 측정함)의 전압강하가 0.1V가 되면 옴의 법칙에서 R_2를 통한 전류가 10μA가 되기 위해서는 10kΩ양단 전압은 0.1V가 되어야 하므로 I_B는 10μA가 된다.

표 5-1 ‹‹‹ 실험순서 5, 6, 7, 8 I_C 기록표

$I_B = 10\mu A$						
V_{CE}(V)	1	2	3	4	5	6
I_C(mA)						

9 R_1을 그대로 고정한 채 이미터 대 컬렉터의 전압(DMM 전압계로 측정한다)이 1V가 될 때까지 전위차계 R_4를 조정한다.

10 R_3에 강하되는 전압을 측정하고 옴의 법칙으로 R_3에 흐르는 전류를 계산한다. R_3가 컬렉터에 접속되어 있으므로 계산된 전류값은 또한 트랜지스터를 통하여 흐른 컬렉터 전류(I_C)를 나타낸다. V_{CE}의 값이 1V가 될 때 I_C의 값을 구하여 표 5-1에 기록하라.

11 이번에는 표 5-1에 표시된 V_{CE}의 각각의 값에 대해서 I_C의 값을 실험순서 6과 7에서와 같은 방법으로 구하여 해당란에 기록하라. 이와 같이 표 5-1의 기록이 완료되면 이 표는 I_B를 $10\mu A$로 고정시킨 상태에서 V_{CE}와 I_C의 변화 관계를 나타낸 것이 된다.

12 이제 베이스 전류 I_B를 $20\mu A$로 조정한다. 이렇게 하려면 R_2의 강하전압(DMM 전압계로 측정)이 0.2V로 될 때까지 R_1의 노브를 시계방향으로 천천히 조정하면 된다.

13 R_1을 그대로 고정하고 이미터 대 컬렉터의 전압(DMM 전압계로 측정)이 1V가 될 때까지 R_4를 조정한다.

14 이제 R_3의 양단 전압을 측정하고 옴의 법칙(실험순서 10에서와 같이)으로 R_3에 흐르는 전류를 계산한다.

표 5-2 ‹‹‹ 실험순서 9, 10, 11, 12 I_C 기록표

$I_B = 20\mu A$						
V_{CE}(V)	1	2	3	4	5	6
I_C(mA)						

15 지시된 값이 유지하도록 조정한 V_{CE}와 이에 상당한 I_C의 값을 기록하여 표 5-2를 완성한다. 이렇게 하려면 지시된 V_{CE}의 값에 따라 실험순서 13과 14의 절차를 반복한다. 완성된 표는 I_B가 $20\mu A$일 때 광범위한 V_{CE}에서 어떻게 I_C가 달라지는가를 알 수 있다.

16 베이스 전류(I_B)를 30μA로 조정한다. 이렇게 하려면 R_2양단의 전압(DMM 전압계로 측정)이 0.3V가 될 때까지 R_1을 시계방향으로 돌린다.

17 R_1을 고정한 상태에서 이미터 대 컬렉터의 전압이(DMM 전압계로 측정) 1V가 되도록 R_4의 노브를 시계방향으로 조정한다.

18 이제 R_3의 양단 전압을 측정하여 실험순서 10에서와 같이 옴의 법칙에 의하여 R_3에 흐르는 전류가 계산되며 이 전류는 컬렉터 전류가 된다. 표 5-3에 V_{CE} 1V에서는 I_C의 값을 기록하라.

표 5-3 ‹‹‹ 실험순서 13, 14, 15, 16의 I_C기록표

$I_B = 30\mu A$						
V_{CE}(V)	1	2	3	4	5	6
I_C(mA)						

19 지시된 값이 유지되도록 V_{CE}를 조정하고 I_C의 상당한 값을 기록하여 표 5-3을 완성하라. 이렇게 하려면 지시된 V_{CE}의 각 값에 대하여 18, 19를 반복한다. 완성된 표는 I_B 30μA에서 V_{CE}에 따른 I_C의 값이다.

20 이제 그림 5-11의 그래프에서 컬렉터 특성곡선을 그리는데 표 5-1에 기록한 I_C 와 V_{CE}의 상당한 값을 이용한다. 이것은 I_B = 10μA일 때의 곡선이다.

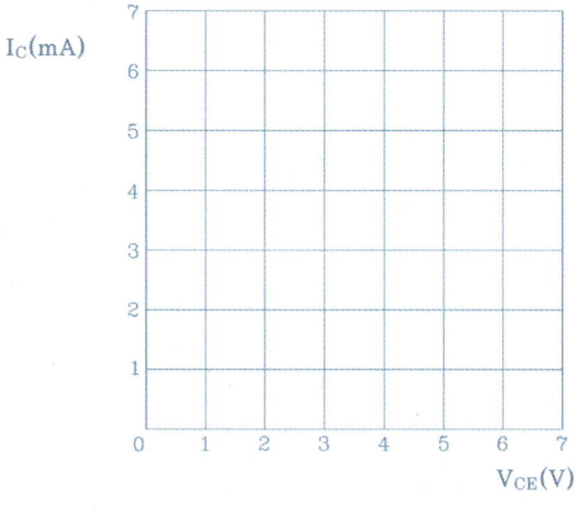

그림 5-11 ‹‹‹ V_{CE} 및 I_C 곡선

21 그림 5-11의 그래프에 두 번째 곡선을 그리기 위하여 표 5-2의 I_C와 V_{CE}의 값을 쓴다. 이것은 $I_B = 20\mu A$의 곡선이다. 표 5-3의 I_C와 V_{CE}의 값으로 그림 5-11의 그래프에 또 하나의 곡선을 그린다. 이 곡선은 $I_B = 30\mu A$의 것이 된다.

22 이제 트랜지스터의 컬렉터 특성곡선을 이용하여 β를 구해 보자. 첫째 V_{CE}(4V이상)의 정수값을 택하고 I_B의 근소량 변화에 따른 I_C의 변화를 주시한다. 아래 보인 β에 대한 식을 이용하여 트랜지스터의 β값을 구해보자.

$$\beta = \frac{\Delta I_C}{\Delta I_B} = \underline{\qquad\qquad\qquad}$$

23 트랜지스터 α의 값을 결정하는데 앞의 절차에서 구한 β의 값을 쓴다. 주어진 관계식으로 아래의 빈 칸에서 α의 값을 구하여 기록하라.

$$\alpha = \frac{\beta}{\beta+1} = \underline{\qquad\qquad\qquad}$$

24 ED-2110의 전원을 끈다.

4. 요점정리(실험순서 1~24)

이제까지의 실험에서 이미터 접지 트랜지스터의 I_C, I_B 및 V_{CE}의 상호관계에 대하여 관찰하였다. 여기서 I_B를 몇 개의 특정값으로 정하여 놓은 다음 V_{CE}의 여러 가지 전압변화 범위 내에서 I_C의 변화를 기록하여 그래프에 컬렉터 특성곡선을 그렸다. 이 곡선은 일반적으로 그림 5-12의 것과 거의 비슷한 곡선군을 나타낼 것이다.

그렇지만 위에서 구한 곡선에서는 아주 낮은 V_{CE}전압(0에서 1V사이)에서는 곡선을 그릴 수가 없었다. 그렇기 때문에 각 곡선은 I_C전류의 처음 상승부분은 그리지 않았고 다만 I_C전류의 정상값(무릎점)에서부터 I_C와 V_{CE}의 관계 곡선을 그렸다. 그러므로 위에서 그린 각 곡선은 V_{CE}의 증가분에 대하여 거의 일정한 상태로 보인다. 그렇지만 이 I_C의 변화분은 I_B의 값에 비하여 많은 변화를 나타낸다.

다음 실험에서는 컬렉터 특성곡선을 이용하여 트랜지스터의 β의 값은 100이상의 값에서 200정도의 값까지 될 수 있다. 이 값은 이 트랜지스터가 높은 전류이득을 가지고 있음을 나타낸다. 여기서 정확한 β의 값은 트랜지스터가 같더라도 그 β의 값은 각각 다르기 때문에 그리 중요하지 않다.

다음의 실험에서는 위에서 구한 β의 값으로 α의 값을 구하였다. 여기서 구한 α의 값은 β의 값이 충분히 크기 때문에 대부분 0.99이상이 된다. 이 값은 이 트랜지스터의 전류이득이 1에 가까움을 의미한다(베이스 접지의 경우).

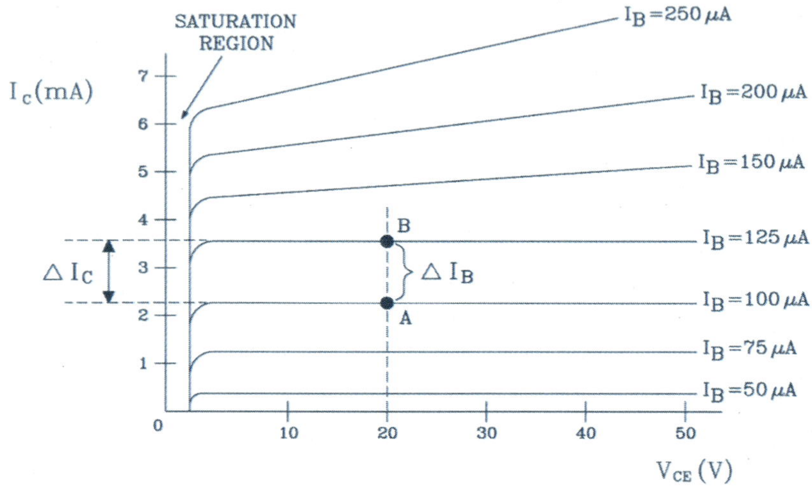

그림 5-12 ‹‹‹ 전형적인 이미터 접지 컬렉터 특성곡선

06 접합 FET 특성실험

1. 목 적

접합(junction) FET의 동작을 실험하고 전달특성을 구하기 위한 것이다.

2. 서 론

이제 N채널 접합 FET의 드레인 대 소오스 전압(V_{DS}) 간의 관계를 실험한다.

첫째 V_{GS}, I_D와 V_{DS}에 상당한 값을 측정하고 기록하여 드레인 특성곡선을 이 값으로 그린다. 이러한 곡선으로부터 FET의 전달 콘덕턴스(transconductance)를 구하게 된다.

필요 부품 및 기기

- ED-2110 : 1대
- N채널 J-FET : 1개
- 저항 100Ω, 1/4W 5% : 1개
- 저항 1kΩ, 1/4W 5% : 1개

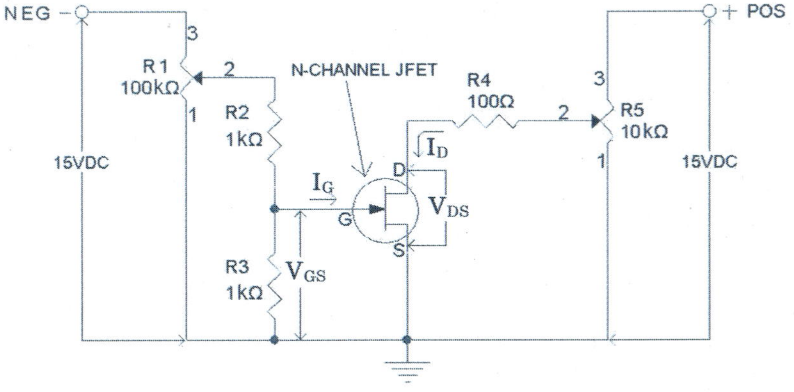

그림 6–1 ‹‹‹ 실험회로

3. 실험순서

1 ED-2110의 전원이 꺼져 있는가를 확인한 다음 전원 플러그를 꽂는다. 그림 6-1의 회로를 그림 6-2같이 ED-2110에 배선한다. 실험할 N채널 접합 FET의 리드는 그림 6-2에서 식별한다.

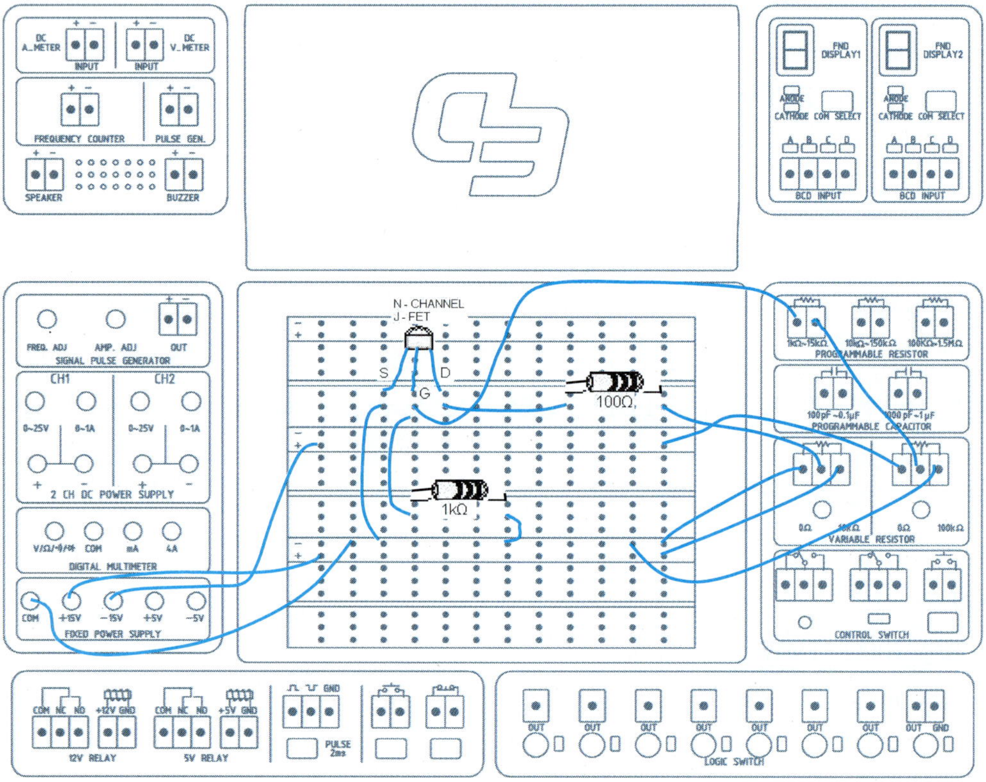

그림 6-2 ‹‹‹ 실험회로 구성도

2 ED-2110의 전원 스위치를 켜고 LCD 화면에 구성된 아이콘에서 'Measuring Instrument'를 클릭한다.

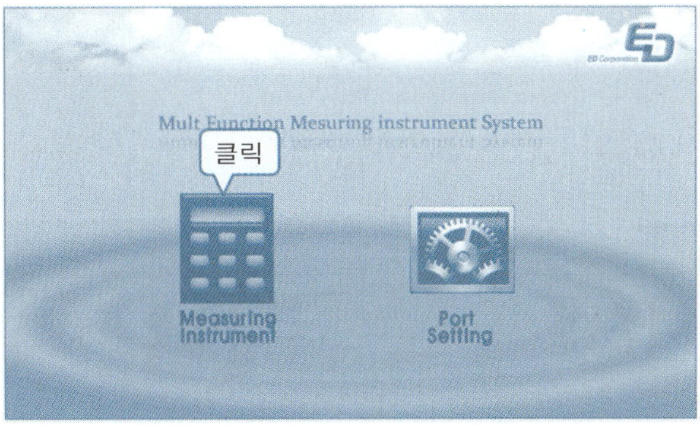

그림 6-3 ‹‹‹ 'Measuring Instrument'를 클릭

3 LCD 화면에서 'Programmable RC' 아이콘을 선택한 후 실험에 사용될 값에 해당하는 범위의 화면을 클릭한다.

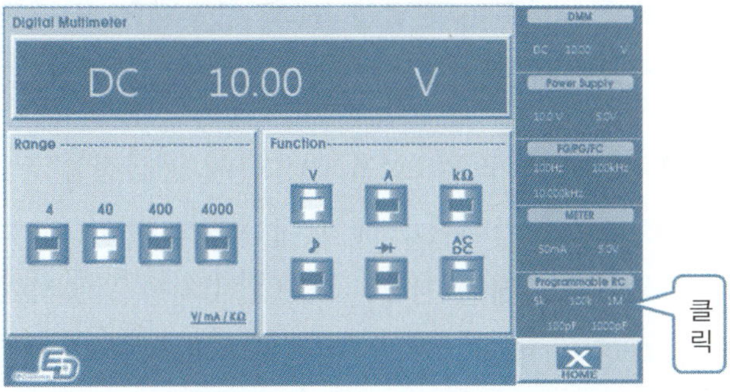

그림 6-4 ‹‹‹ 'Programmable RC' 아이콘을 선택

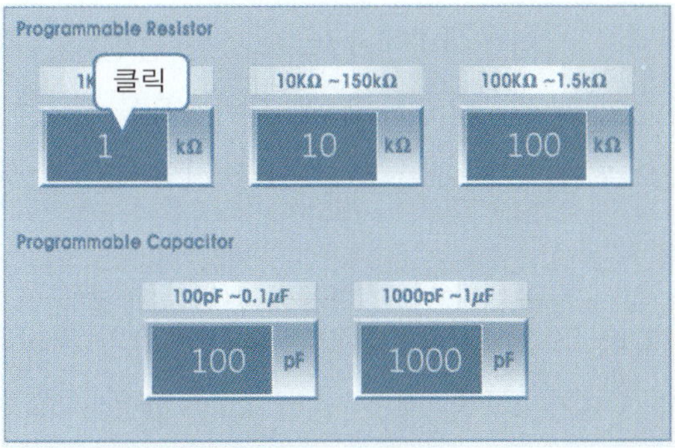

그림 6-5 ‹‹‹ 실험에 사용될 값에 해당하는 범위의 화면을 클릭

4 LCD 화면에서 실험에 사용된 저항값(1kΩ)을 설정한 후 OK 버튼을 클릭한다. 설정값은 BCD 방식을 이용하여 설정한다.

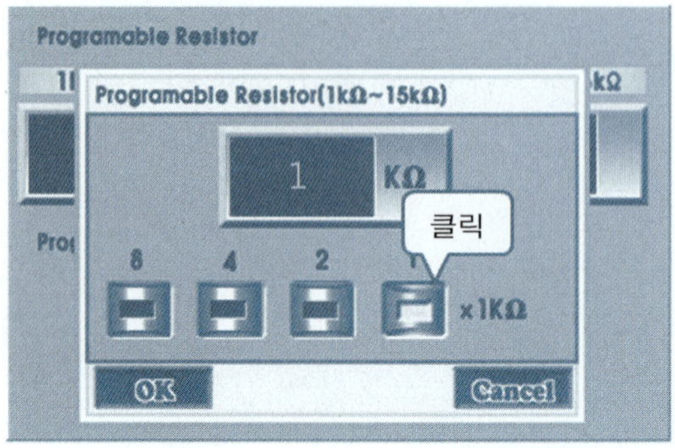

그림 6-6 ‹‹‹ 저항값(1kΩ)을 설정한 후 OK 버튼을 클릭

5 FIXED POWER SUPPLY를 이용하여 −15V 전압을 VR(R_1) 100kΩ에 공급한다. 직렬로 연결된 2개의 1kΩ저항 (R_2와 R_3)에 인가된 전압을 조정하는데 이 VR를 쓴다. 이 두 개의 저항은 R_1으로부터의 전압을 1/2로 분할한다. R_3 양단에 나타난 감쇠된 전압은 게이트 대 소오스의 바이어스 전압(V_{GS})으로 가해진다.

6 마찬가지로 FIXED POWER SUPPLY를 이용하여 공급전압 +15V를 VR(R_5) 1kΩ에 공급되도록 한다. FET에 가해진 드레인 대 소오스 전압(V_{DS})은 이 VR로 조정한다. FET를 통하여 흐르는 드레인 전류는 100Ω(R_4)저항을 통하여 흐르므로 이 전류가 드레인(I_D) 전류가 되며 옴의 법칙을 이용하면 R_4양단의 전압으로 I_D를 구할 수 있다. 이러한 I_D의 값은 실험을 하면서 R_4양단 전압을 주기적으로 측정하여 옴의 법칙으로 I_D를 계산한다.

7 VR R_1과 R_5를 완전히 시계반대방향으로 노브를 돌린다. FET에 공급될 게이트와 소오스 간 전압(V_{GS})이 OV가 되도록 R_1의 전위 VR을 완전히 반시계방향으로 하여 둔다. 드레인과 소오스 전압(V_{DS})이 1V(DMM 전압계로 측정한다)가 될 때까지 전위 VR(R_5)을 조정한다.

8 이제 R_4의 양단 전압을 측정하고 이 전압과 R_4(100Ω)의 저항비로 드레인 전류(I_D)를 계산하여 표 6-1에 V_{DS}가 1V일 때 계산된 I_D의 값을 기록하라.

표 6-1 ‹‹‹ V_{GS} = 0일 때 $V_{DS}-I_D$

$V_{GS}=0V$								
V_{DS} (V)	1	2	3	4	5	6	7	8
I_D (mA)								

9 이제 실험순서 7 및 8과 같은 방법으로 V_{DS}의 나머지 여러 값에 대한 I_D를 측정하여 표 6-1을 완성한다. 표가 완성되면 V_{GS}가 0일 때 V_{DS}의 여러 값의 범위에서 I_D값을 기록한 표가 된다.

10 V_{GS}가 −0.25V(DMM 전압계로 측정)가 되게 전위차계 R_1을 조정한다.

11 R_1을 고정해 두고 V_{DS}가 1V(DMM 전압계로 측정)가 되도록 전위차계 R_5를 조절한다.

12 R_4의 양단 전압을 측정하고 이 값과 저항 R_4(100Ω)의 값으로 I_D를 계산한다. 표 6-2에 1V의 V_{DS}의 값에서 계산된 I_D의 값을 기록하라.

표 6-2 ‹‹‹ V_{GS} = −0.25일 때 $V_{DS}-I_D$

$V_{GS}=-0.25V$								
V_{DS} (V)	1	2	3	4	5	6	7	8
I_D (mA)								

13 실험순서 12 및 13과 같은 방법으로 V_{DS}의 나머지 값을 측정하여 여러 값에 대한 I_D를 구하여 표 6-2를 완성하라. 표 6-2가 완성되면 V_{GS}가 −0.25V에서 V_{DS}의 여러 범위에 대한 I_D의 값을 기록한 표가 된다. 부의 기호는 게이트가 소오스에 대하여 부로 되므로 지시한 값 앞에 놓는다.

14 V_{GS}가 −0.5V(DMM 전압계로 측정)가 되도록 전위차계 R_1을 조정한다.

15 R_1을 그대로 둔 채 V_{DS}가 1V(DMM 전압계로 측정)가 되도록 전위차계 R_5를 조정한다.

16 R_4의 양단 전압을 측정하고 이 전압과 저항 R_4(100Ω)로서 옴의 법칙에 따라 I_D를 계산한다. 표 6-3에 V_{DS}가 1V에서의 I_D의 값을 계산하여 기록하라.

표 6-3 ‹‹‹ V_{GS} = −0.5일 때 $V_{DS}-I_D$

V_{GS} = −0.5 V								
V_{DS} (V)	1	2	3	4	5	6	7	8
I_D (mA)								

17 실험순서 15 및 16과 같은 방법으로 V_{DS}의 나머지 여러 값에 대한 I_D의 값을 구하여 표를 완성하라. 이 표는 V_{GS}가 −0.5V에서 V_{DS}의 여러 값에 대한 I_D의 값을 기록한 표가 된다.

18 V_{GS}가 −0.75V(DMM 전압계로 측정)가 되도록 전위차계 R_1을 조정한다.

19 R_1을 고정하여 둔 채 V_{DS}가 1V(DMM 전압계로 측정)가 되도록 전위차계 R_5를 조정한다.

20 R_4양단의 전압을 측정하고 이 값과 저항 R_4(100Ω)로서 옴의 법칙으로 I_D를 계산한다. 표 6-4에서 1V의 V_{DS}의 값에 대한 I_D의 전류를 계산하여 구하라.

표 6-4 ‹‹‹ V_{GS} = −0.75일 때 $V_{DS}-I_D$

V_{GS} = −0.75 V								
V_{DS} (V)	1	2	3	4	5	6	7	8
I_D (mA)								

21 실험순서 19 및 20과 같은 방법으로 V_{DS}의 나머지 여러 값에 대한 I_D의 값을 구하여 표를 완성하라. 이 표는 V_{GS}가 −0.75V일 때 V_{DS}의 여러 값에 대한 I_D 값을 기록한 표가 된다.

22 이제 그림 6-7의 그래프에 드레인의 특성곡선을 그리는데 표 6-1에 기록된 V_{DS}와 I_D의 상당한 값을 사용한다. 이때 변화하는 점들을 연결하여 계속된 곡선의 모양을 그린다. 이것은 V_{GS}가 0일 때의 곡선이다.

23 그림 6-7의 그래프에서 제 2 곡선을 그리는데 표 6-2의 V_{DS}와 I_D의 상당한 값을 이용한다. 이것은 V_{GS}가 −0.25V일 때의 곡선이다.

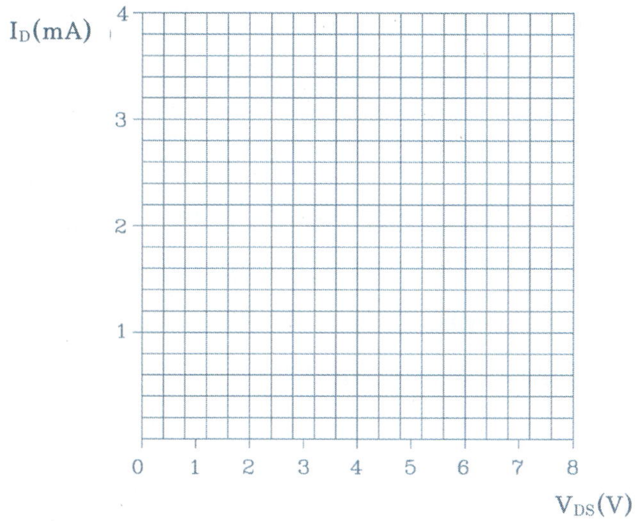

그림 6-7 ‹‹‹ $V_{DS}-I_D$ 드레인 특성곡선

24 그림 6-7의 그래프에 세 번째 곡선을 그리는데 표 6-3의 V_{DS}와 I_D의 상당한 값을 이용한다. 이것은 V_{GS}가 −0.5V일 때의 곡선이다.

25 그림 6-7의 그래프에 네 번째 곡선을 그리는데 표 6-4의 V_{DS}와 I_D의 상당한 값을 이용한다. 이것은 V_{GS}가 −0.75V일 때의 곡선이다.

26 이제 FET의 전달 콘덕턴스를 정하는데 그림 6-7의 드레인 특성곡선을 이용한다. 소자(가능한 6~7V)의 Pinch-off(V_P)에 있는 V_{DS}의 일정값을 택하고 V_{GS}가 0에서 −0.25V로 변할 때 I_D의 변화를 관찰한다. 이것은 전달 콘덕턴스의 값이 소자의 Pinch-off 영역에서 측정되도록 한다. 다음에 주어진 전달 콘덕턴스의 식을 이용하여 빈 칸에 그 결과를 기록하라.

$$\text{전달 콘덕턴스} = \frac{\Delta I_D}{\Delta V_{GS}} = \underline{\qquad\qquad\qquad} \text{ mho}$$

27 ED-2110의 전원을 끈다.

4. 요점정리(실험순서 1~27)

이 실험에서 N채널 접합 FET의 I_D, V_{DS}와 V_{GS}간의 관계를 관찰하고 수개의 V_{GS}값에

1장

대하여 V_{DS}의 여러 값에 대한 I_D의 값을 측정하였고 드레인의 특성곡선을 이 값으로 그렸다. 그려진 곡선은 그림 6-8에 보여진 것과 비슷할 것이다.

그렇지만 곡선은 V_{DS}(0과 1V사이)의 낮은 값에서는 그려지지 않는다. 이유는 이와 같은 영역에서 측정이 어렵기 때문이다. 그러므로 곡선은 0에서부터 시작하지 않고 약간의 I_D의 값에서부터 시작한다. 각 곡선은 처음은 급격히 증가하고 다음에는 포화되며 각 V_{GS}의 값이 높아질 때 I_D가 상당한 낮은 값에서도 포화된다.

다음은 드레인 특성으로 그 Pinch-off 영역에서 전달 콘덕턴스를 결정하기 위한 곡선을 그렸다. 여기서 전달 콘덕턴스의 값은 1500μ℧보다 크지만 5000μ℧보다는 적을 것이다. 같은 유형의 FET에서도 이 값은 많은 차이가 있으며 정확한 값의 전달 콘덕턴스를 얻는 것은 그렇게 중요하지는 않다. 높은 V_{GS}(−0.75V)의 값에 대하여 I_D의 값이 모두 0으로서 드레인의 특성곡선을 그릴 수 없다면 무관하다. 이것은 −0.75V의 V_{GS}가 드레인 전류를 차단하는데 충분히 높으며 다시 말하면 FET의 V_{GS}(off)비가 초과했다는 것이다. 이것은 일반적이 아닌 높은 전달 콘덕턴스의 FET에서 일어난다. 그러한 경우에 드레인 전류를 0으로 감소시키는데 매우 낮은 V_{GS}가 가해져야 한다.

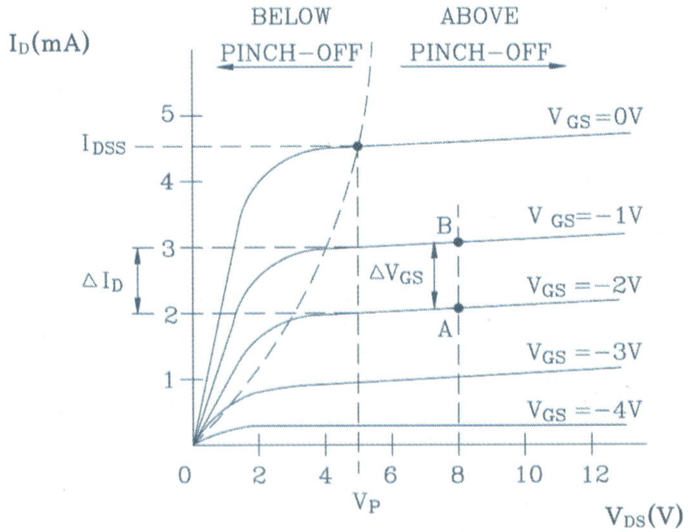

그림 6-8 ‹‹‹ 전형적인 N채널 FET에 대한 드레인 특성곡선

07 절연 게이트 FET의 특성실험

1. 목 적

절연 게이트 FET(Insulated Field Effect Transistor)의 동작원리를 배우고자 한다.

2. 서 론

이 실험에서는 N채널 공핍형(depletion-mode) IG-FET의 게이트와 소오스 간 전압(V_{GS})과 드레인 전류(I_D)와 드레인과 소오스 전압(V_{DS}) 간의 관계를 실험한다. 즉 상당하는 V_{GS}, I_D, V_{DS}를 측정하고 드레인의 특성곡선을 그린다.

➡ 필요 부품 및 기기

- ED-2110 : 1대
- N채널 절연 게이트 FET : 1개
- 저항 1kΩ, 1/4W 5% : 1개
- 저항 4.7kΩ, 1/4W 5% : 1개

3. 실험순서

1 ED-2110의 전원이 꺼져 있는가를 확인한 다음 전원 플러그를 꽂는다. 그림 7-1의 회로를 그림 7-2와 같이 ED-2110에 배선한다. IG-FET를 위에서 볼 때의 각 리드선의 배치는 그림 7-2에 별도로 보인 것과 같음에 주의하라. IG-FET의 리드는 각 경우에 따라 식별되며 회로가 완전히 구성될 때까지 FET 리드의 주위에 덮여진 짧은 선이나 스프링을 빼지지 않도록 한다. 이 선은 취급되는 동안 정전 충전에서 소자를 보호한다.

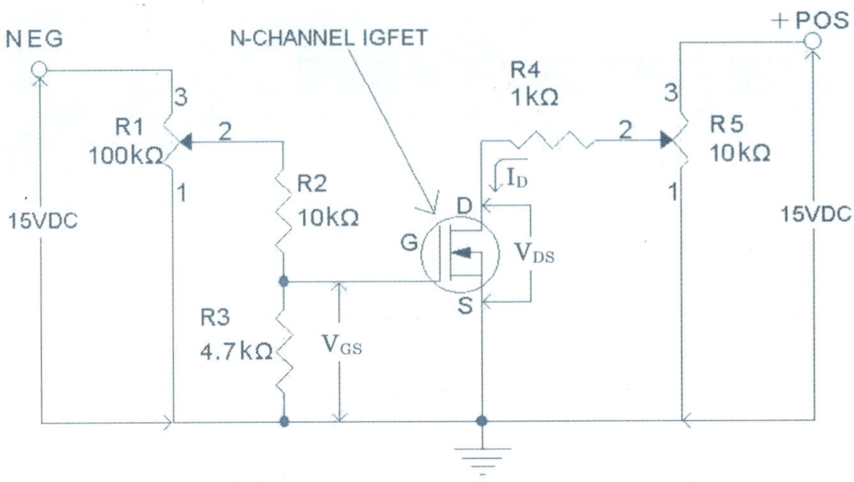

그림 7-1 ‹‹‹ 실험회로

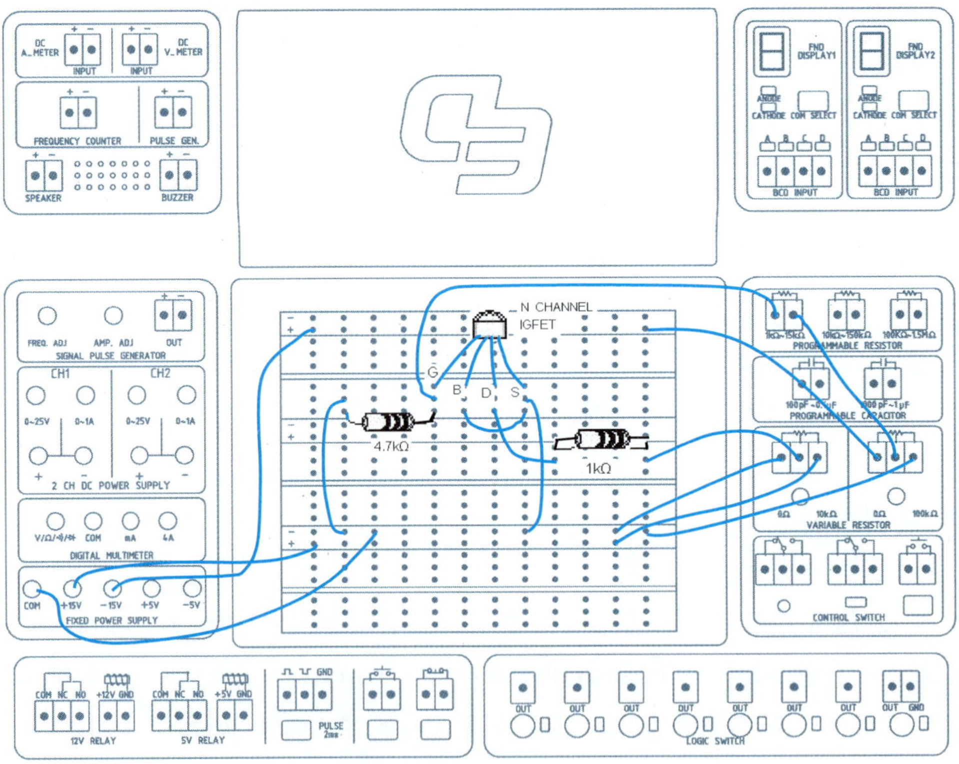

그림 7-2 ‹‹‹ 실험회로 구성도

2 ED-2110의 전원 스위치를 켜고 LCD 화면에서 'Measuring Instrument'를 클릭한다.

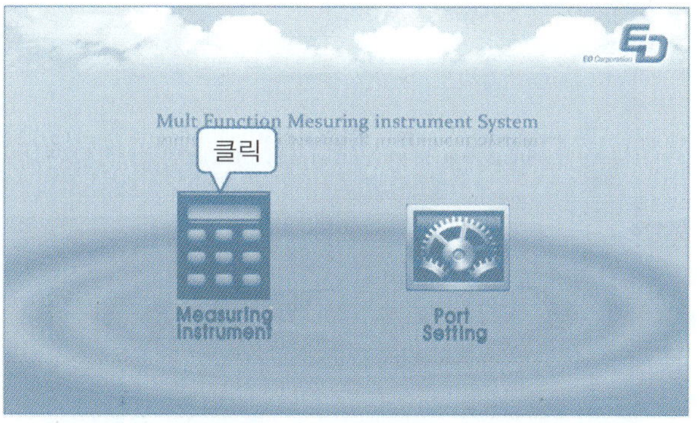

그림 7-3 ‹‹‹ 'Measuring Instrument'를 클릭

3 LCD 화면에서 'Programmble RC' 아이콘을 선택한 후 실험에 사용될 값에 해당하는 범위의 화면을 클릭한다.

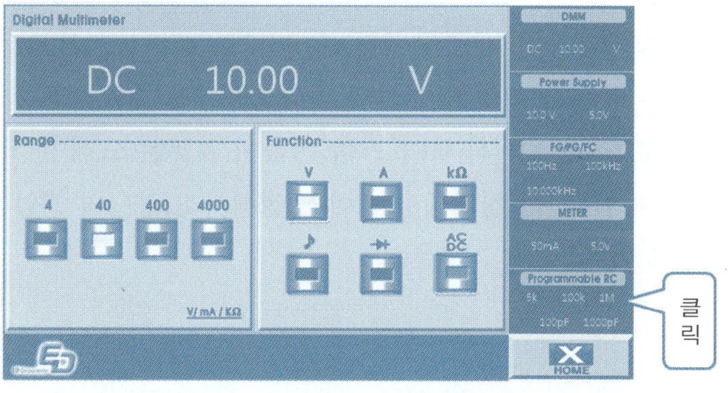

그림 7-4 ‹‹‹ 'Programmble RC' 아이콘을 선택

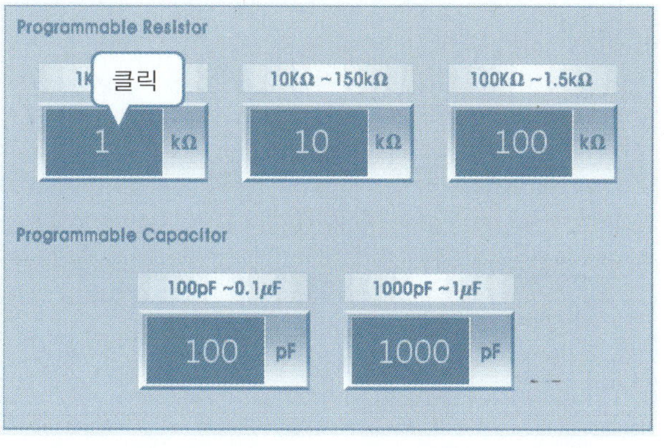

그림 7-5 ‹‹‹ 실험에 사용될 값에 해당하는 범위의 화면을 클릭

1장

4 LCD 화면에서 실험에 사용된 저항값(10kΩ)을 설정한 후 OK 버튼을 클릭한다. 설정값은 BCD 방식을 이용하여 설정한다.

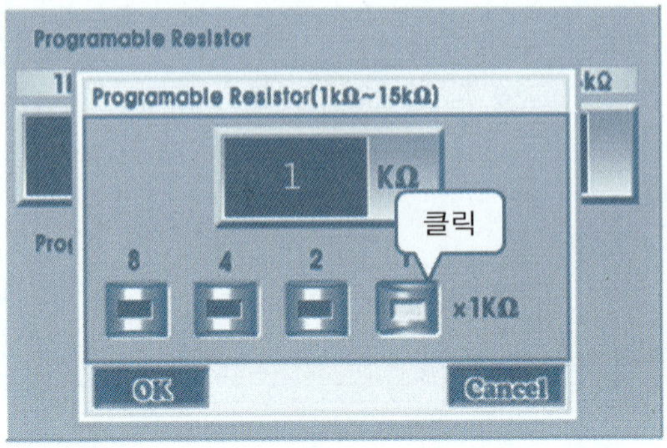

그림 7-6 ‹‹‹ 저항값(10kΩ)을 설정한 후 OK 버튼을 클릭

5 FIXED POWER SUPPLY를 이용하여 공급전압 −15V를 VR(R_1) 100kΩ에 인가한다. 마찬가지로 VR(R_5) 1kΩ에 공급전압+15V가 인가되도록 한다. VR R_1(100k)은 10kΩ(R_2)과 4.7kΩ(R_3)으로 구성된 전압분할기에 인가되는 전압을 조정한다. R_3에 나타나는 전압은 R_1에서 인가된 전압의 약 1/3이 되고 IG FET의 게이트와 소오스 간 전압(V_{GS})으로 된다. 그러나 IG-FET를 통하여 흐르는 드레인 전류(I_D)는 1kΩ(R_4)을 통하여 흐르게 된다. 이 실험에서는 여러 점에서 R_4양단의 전압을 측정하게 되고 옴의 법칙을 이용하여 I_D를 산출한다.

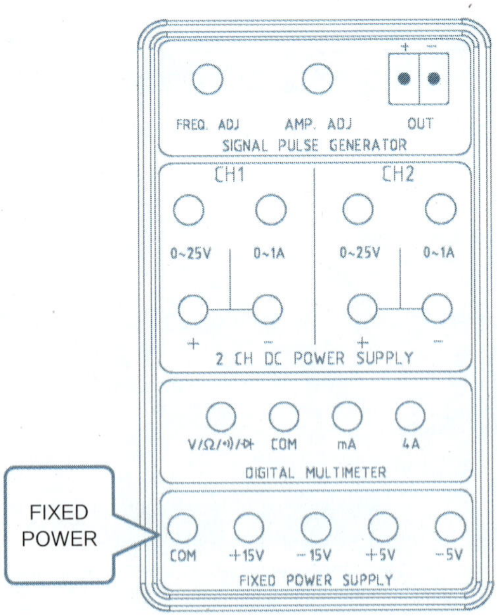

그림 7-7 ‹‹‹ FIXED POWER SUPPLY를 이용하여 공급전압 −15V를 VR(R_1) 100kΩ에 인가

6 R_1과 R_5의 노브를 반시계방향으로 완전히 돌린다.

7 FET에 가해질 게이트 소오스 전압(V_{GS})이 0이 되도록 VR(R_1)의 노브를 완전히 반시계방향으로 놓고 IG FET의 드레인 소오스 전압(V_{DS})을 0.5V로 VR(R_5)를 조절한다.

8 R_4의 양단 전압을 측정하고 이 전압과 저항 R_4(1kΩ)로서 옴의 법칙에 의해 드레인 전류(I_D)를 계산한다. 표 7-1에 V_{DS}가 0.5V일 때 계산된 I_D의 값을 기록한다.

9 표에 지시된 나머지 V_{DS}값에 대하여 실험순서 7 및 8과 같은 방법으로 해당된 I_D의 값을 구하여 표 7-1에 기록하라.

표 7-1 ‹‹‹ V_{GS} = 0일 때 I_D기록표

V_{GS} = 0V						
V_{DS} (V)	0.5	1	2	3	4	5
I_D (mA)						

이 표는 V_{GS}가 0일 때 V_{DS}의 여러 값에 대한 I_D의 값이 기록된 표가 된다.

10 V_{GS}가 −0.5V가 되도록 R_1을 조정한다.

11 R_1을 고정한 채 V_{DS}의 값이 0.5V가 되도록 R_5를 조정한다.

12 R_4양단의 전압을 측정하고 여기서 읽는 전압과 저항 R_4(1kΩ)로 옴의 법칙에 의하여 I_D를 계산한다. V_{DS}가 0.5V일 때 계산된 I_D의 값을 표 7-2에 기록하라.

표 7-2 ‹‹‹ V_{GS} = −0.5일 때 I_D 기록표

V_{GS} = −0.5V						
V_{DS} (V)	0.5	1	2	3	4	5
I_D (mA)						

13 지시된 나머지 V_{DS}값에 대한 I_D의 값을 실험순서 11 및 12와 같은 방법으로 구하여 표 7-2를 완성하라. 이 표는 V_{GS}가 −0.5V일 때 V_{DS}값의 여러 값에 대한 I_D를 기록한 표가 된다. 부(−)의 기호는 게이트가 소오스에 대하여 (−)임을 지시하여 V_{GS}의 값 앞에 표시한다.

14 VR(R_1)의 단자 3과 전원의 (−)단자 간의 배선 줄을 떼어낸다. R_1의 단자 3과 전원의 VOLTAGE의 (+) 단자 간을 배선한다. 이 배선의 변경은 게이트가 소오스에 대하여 (+)로 되게 하기 위하여 IG-FET의 게이트 소오스 간 전압(V_{GS})을 반대로 한 것이 된다.

15 V_{GS}를 0.5V(DMM 전압계로 측정)가 되도록 R_1을 조정한다.

16 R_1을 고정한 채로 V_{DS}를 0.5V가 되도록 R_5를 조정한다.

17 R_4의 전압강하를 측정하고 이 전압과 R_4(1kΩ) 저항값으로서 옴의 법칙으로 I_D를 계산한다. 표 7-3에 V_{DS} 0.5V의 값에서 계산된 I_D의 값을 기록하라.

표 7-3 ‹‹‹ V_{GS} = +0.5일 때 I_D 기록표

V_{GS} = +0.5V						
V_{DS} (V)	0.5	1	2	3	4	5
I_D (mA)						

18 지시된 나머지 V_{DS}값에 대한 I_D의 값을 실험순서 16 및 17와 같은 방법으로 구하여 표 7-3을 완성하라. 이 표는 V_{GS} = 0.5V에서 V_{DS}값의 여러 값에 따라 I_D값을 기록한 표가 된다. “+”의 부호는 게이트가 소오스에 대하여 “+”임을 지시하며 V_{GS}의 값 앞에 표시한다. 지시된 높은 V_{DS}(4V)의 값이나 더 높은 V_{DS}(3V)의 값을 구하는데 문제가 생기면 상관하지 말고 다만 가능한 범위 내에서 V_{DS}를 높게 조정하여 해당된 I_D의 값을 구한다.

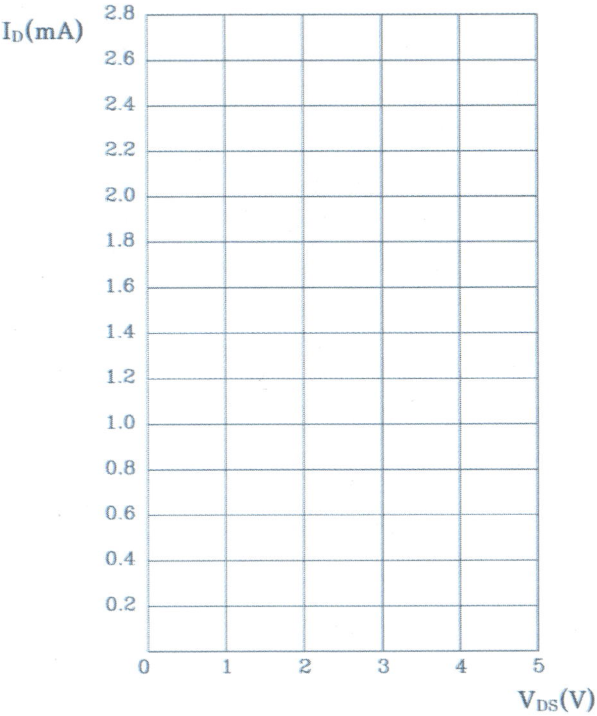

그림 7-8 ‹‹‹ $V_{DS} - I_D$ 특성곡선

19 그림 7-8의 그래프에 드레인 특성곡선을 그리기 위하여 표 7-1에 있는 V_{DS}와 I_D의 상당한 값을 이용한다. 연속 곡선의 모양을 그리기 위하여 그려놓은 점들을 연결한다. 이것은 V_{GS} = 0V일 때의 곡선이다.

20 그림 7-8의 그래프에 두 번째 곡선을 그리는데 표 7-2의 V_{DS}와 I_D의 상당한 값을 이용한다. 이것은 V_{GS} = −0.5V일 때이다.

21 그림 7-8의 그래프에 세 번째 곡선을 그리는데 표 7-3의 V_{DS}와 I_D의 상당한 값을 이용한다. 이것은 V_{DS} = +0.5V일 때이다. 표 7-3에 지시된 V_{GS}의 높은 값이나 혹은 그에 상당한 I_D의 값에 따라서 얻어질 수 있는 가장 높은 값으로 그리도록 한다.

22 이제 ED-2110를 끄고 세밀하게 드레인 특성곡선을 시험한 후 앞의 실험에서의 곡선과 비교하여 본다.

4. 요점정리(실험순서 1~22)

이 실험에서 N채널 공핍형(depletion-mode)의 IG-FET의 I_D, V_{DS}와 V_{GS}간의 관계를 관찰하고 소자에 대한 특성곡선을 그렸다. 그린 곡선은 N채널 접합 FET에 대한 앞의 실험에서 그려진 곡선과 같이 일반적으로 같은 모양이다. 그러나 곡선은 관계된 V_{DS}의 낮은 값(0.5~5V)에서 그려졌고 각각의 협색(pinch off)값에 거의 이르지 못할 것이다. 다시 말해서 곡선은 저항의 영역(협색이하)에 머문다.

V_{GS} = 0과 V_{GS} = +0.5의 곡선은 드레인 소오스 간 전압에 대한 드레인 소오스 간 저항에서 직선적인 변화를 나타내는 곡선이다.

V_{GS} = −5V의 곡선은 평탄하게 펴지는 경향으로 나타나거나 혹은 V_{DS}의 높은 값에서 떨어져 나타난다. 이 곡선이 길게 연장된다면 협색영역에 들어가는 것처럼 각각의 차이가 없어지며 더욱 높은 값의 V_{DS}에서는 더 확장된 곡선을 이 실험에서 이용할 수 있다. 단 더욱 높은 V_{DS}의 값은 더욱 높은 (많은) I_D의 값이 되고 IG-FET는 많은 전력을 소모시킨다.

그러므로 선택했던 V_{DS}의 값은 소자가 파손되지 않도록 안전범위에서 FET가 동작하도록 한다. 드레인의 특성곡선은 공핍형 IG-FET가 부(−)게이트 전압과 마찬가지로 정(+)전위에 대해서도 반응하고 있음을 알 수 있다.

V_{GS} = 0의 곡선은 V_{GS} = +0.5V의 곡선과 V_{GS} = −0.5V 곡선의 중간쯤 되며 본래의 드레인 전류가 V_{GS} = 0(V_{DS}가 증가될 때)에서 FET를 통하여 흐르는 것을 알 수 있다.

V_{GS} = +0.5V곡선은 V_{GS} = 0의 곡선 위에 있고 게이트가 (+)일 때 I_D가 많이 흐름을 알 수 있고 V_{GS} = −5V의 곡선은 V_{GS} = 0의 곡선의 아래에 있으며 게이트가 (−)일 때 I_D가 감소함을 알 수 있다.

08 사이리스터의 특성실험

1. 목 적

사이리스터(SCR)의 동작상태를 전개하고 소자의 실용상 적용을 보여준다.

2. 서 론

이 실험에서 SCR의 도통이나 저지에 필요한 조건을 익히며 그 정상 동작전압을 SCR에 걸어주어 실험하고 측정전압으로 그 동작을 관찰한다. 그리고 SCR의 동작은 시각으로 지시하는데 전구를 쓴다. 이 실험은 반파 위상제어회로에서 SCR의 용도를 설명한다.

➡ 필요 부품 및 기기

- ED-2110 : 1대
- 오실로스코프 : 1대
- 사이리스터(SCR) : 1개
- 게르마늄 다이오드 : 1개
- 실리콘 다이오드 : 1개
- 저항 220Ω, 1/4W 5% : 1개
- 저항 4.7kΩ, 1/4W 5% : 1개
- 램프(소형 백열전구) : 1개
- 마일러 콘덴서 0.1μF : 1개

3. 실험순서

1 ED-2110의 스위치가 꺼져 있는가를 확인하고 plug를 전원에 꽂는다. 그림 8-1의 회로를 배선한다.

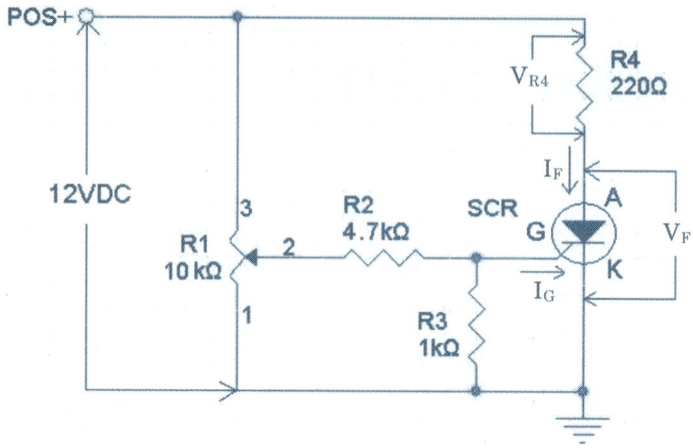

그림 8-1 ‹‹‹ SCR의 DC 제어회로

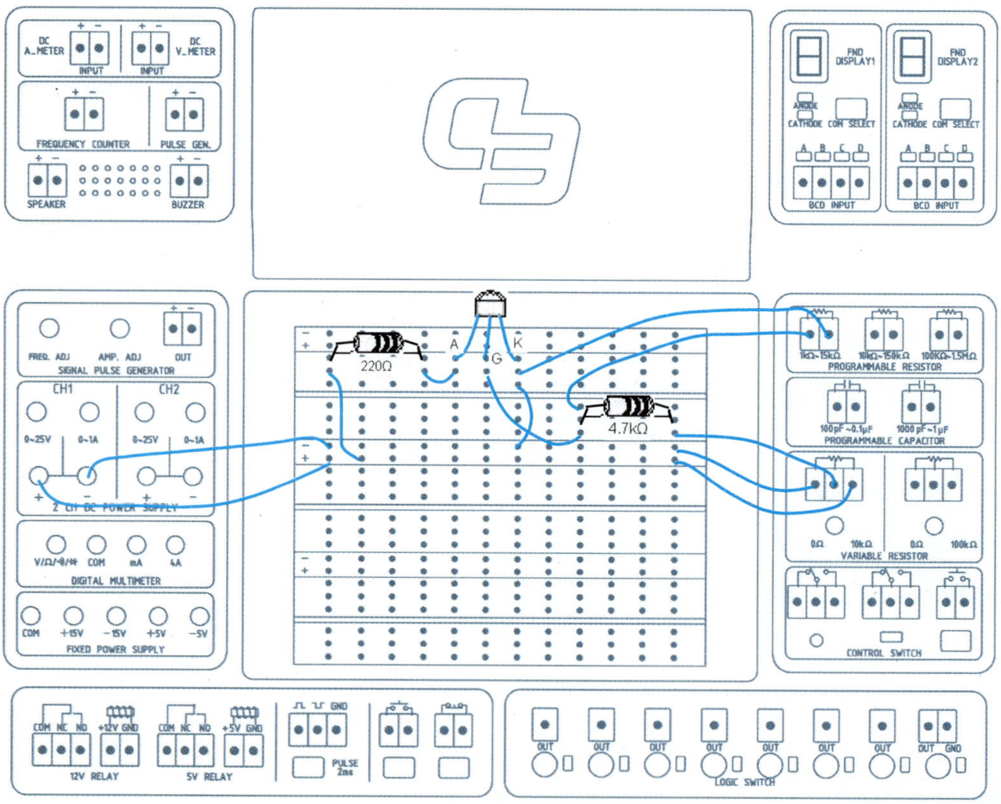

그림 8-2 ‹‹‹ 실험회로 구성도

2 실험하려는 SCR의 리드는 그림 8-2에서 식별한다. ED-2110의 전원 스위치를 켜고 LCD 화면에 구성된 아이콘에서 'Measuring Instrument'를 클릭한다.

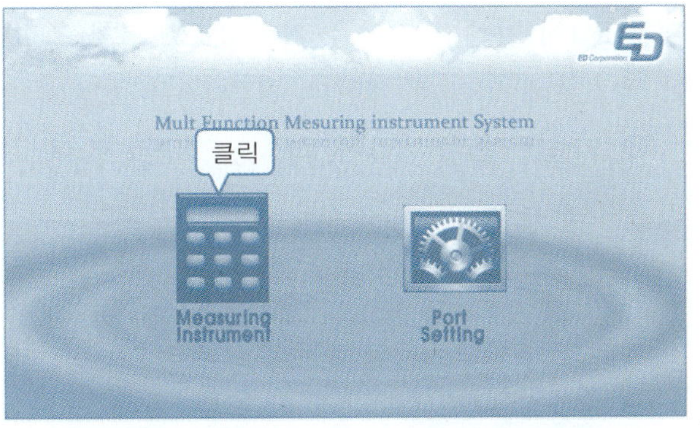

그림 8-3 ‹‹‹ 'Measuring Instrument'를 클릭

3 LCD 화면에서 'Power Supply' 아이콘을 선택한 후 패널 좌측 '2CH DC POWER SUPPLY'에서 0~25V 전압조정 볼륨을 이용해서 Power Supply 표시값이 0V가 되도록 조절한다. 그리고 10kΩ의 전위차계(R_1)를 완전히 반시계방향으로 노브를 돌린다.

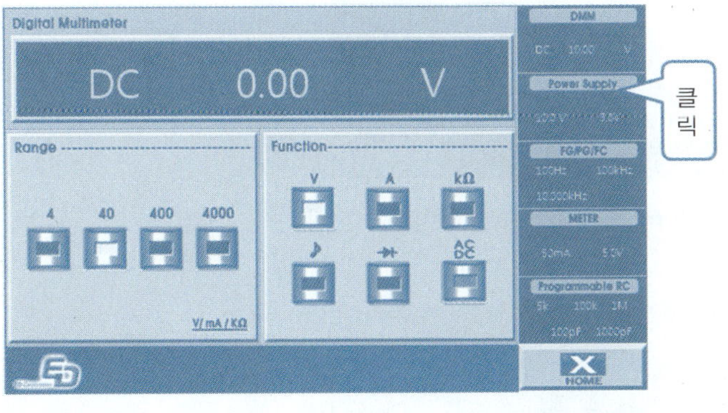

그림 8-4 ‹‹‹ LCD 화면에서 'Power Supply' 아이콘을 선택

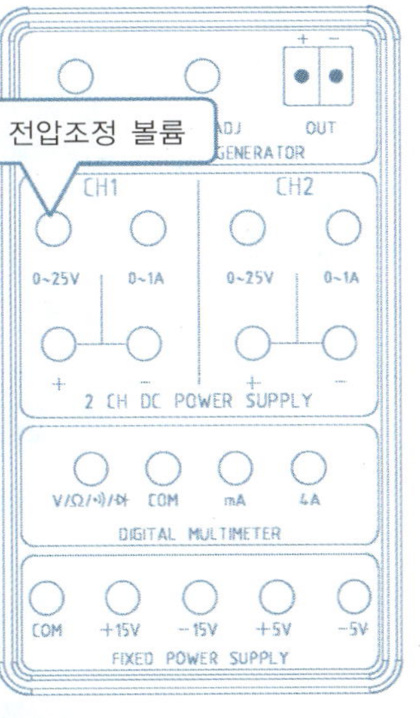

그림 8-5 ‹‹‹ Power Supply 표시값이 0V가 되도록 조절

4 마찬가지로 'Power Supply'를 클릭한 후 Power Supply 표시값이 12V가 되도록 조절하고, LCD 화면에서 OUT 버튼을 클릭한다. $VR(R_1)$은 4.7kΩ 저항(R_2)과 직렬로 연결된 1kΩ의 저항(R_3)에 가해진 전압을 거의 0V로 되게 조정한다(R_3양단 전압은 SCR의 게이트와 캐소드에 가해져 게이트 전류(I_G)를 흐르게 한다).

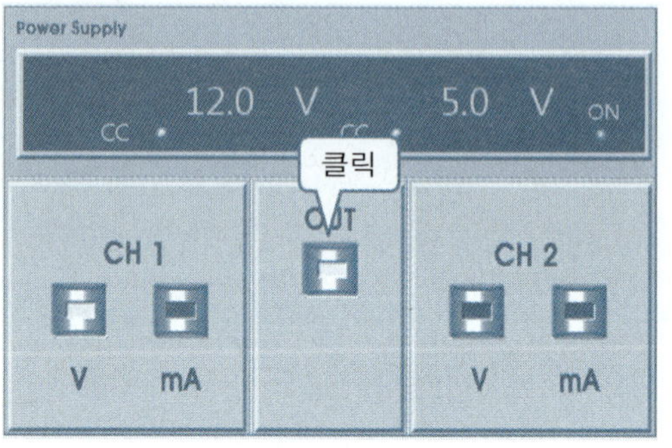

그림 8-6 ‹‹‹ Power Supply 표시값이 12V가 되도록 조절하고, LCD 화면에서 OUT 버튼을 클릭

5 LCD 화면에서 'Programmble RC' 아이콘을 선택한 후 실험에 사용될 값에 해당하는 범위의 화면을 클릭한다.

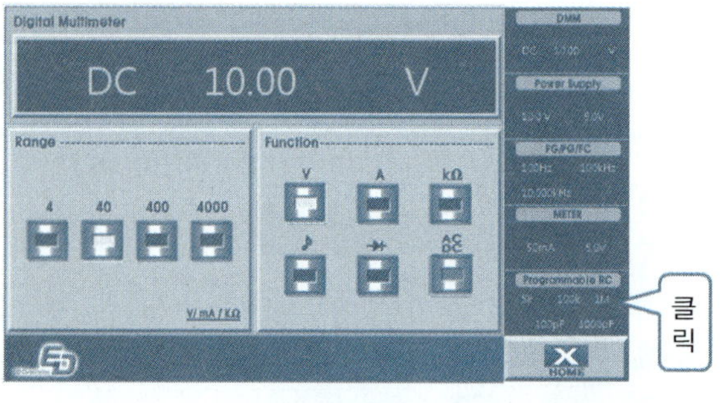

그림 8-7 ‹‹‹ 'Programmble RC' 아이콘을 선택

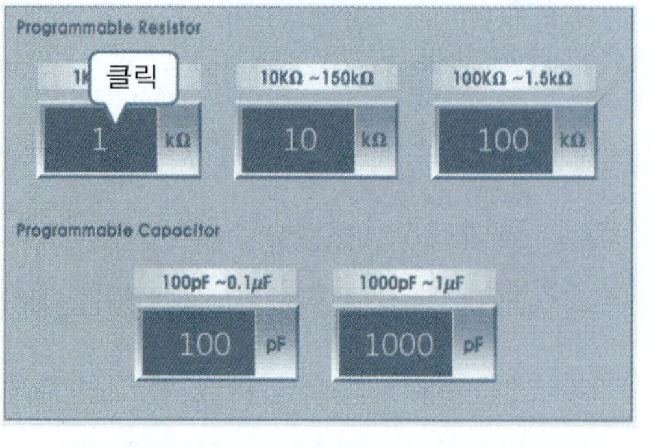

그림 8-8 ‹‹‹ 실험에 사용될 값에 해당하는 범위의 화면을 클릭

6 LCD 화면에서 실험에 사용된 저항값(1kΩ)을 설정한 후 OK 버튼을 클릭한다. 설정값은 BCD 방식을 이용하여 설정한다.

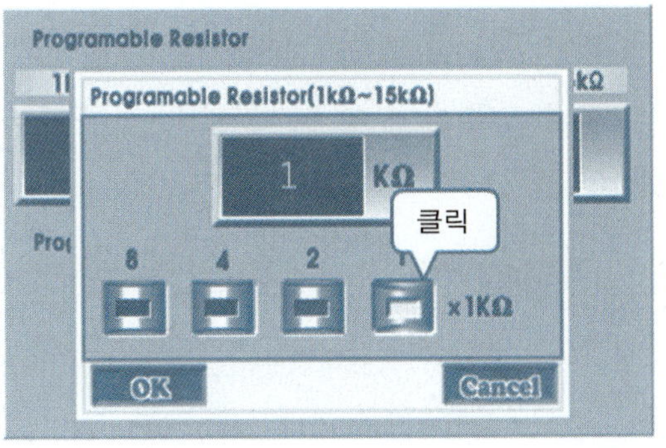

그림 8-9 ‹‹‹ 저항값(1kΩ)을 설정한 후 OK 버튼을 클릭

7 애노드 캐소드 간의 전압(V_F)을 측정하고 표 8-1의 차단란에 기록한다. 이것은 차단상태에서 SCR이 꺼졌을 때의 SCR의 순방향 양단 전압이다.
SCR과 직렬로 연결된 220Ω의 저항(R_4) 양단 전압을 측정한다. 표 8-1의 차단란에의 전압(V_{R4})을 기록한다. 기록된 값은 SCR이 차단상태일 때 R_4양단의 전압이다.

8 이제 R_4(V_{R4}) 양단 전압과 R_4의 저항으로 옴의 법칙에 의하여 R_4에 흐르는 전류를 계산한다. 이 전류의 값은 SCR이 차단상태일 때 순방향 전류(I_F)이다. 표 8-1에 차단란에 있는 빈 칸에 이 I_F의 값을 기록하라.

표 8-1 ‹‹‹ 기록표

SCR 상 태	차단	도통
V_F (V)		
V_{R4} (V)		
I_F (mA)		

9 다시 SCR의 양단에 전압계를 접속하고 전위차계 R_1을 시계방향으로 노브를 천천히 돌리면서 순방향 전압(V_F)을 관찰한다. 이렇게 하면 게이트 전류(I_G)가 증가하게 된다. 계속해서 V_F에 변화가 있을 때까지 R_1의 노브를 서서히 돌려 변화가 나타나면 정지하고서 이때의 V_F의 값을 표 8-1의 V_F의 도통란에 기록한다. 기록된 값은 SCR이 도통상태일 때 양단 순방향 전압이다.

10 다시 R_4양단 전압을 측정하고 표 8-1의 도통란에 있는 빈 칸에 이 전압을 기록한다. 이 전압은 SCR이 도통할 때 R_4의 양단 전압강하이다.

11 실험순서 10에서 얻은 V_{R4}값과 R_4의 저항으로 옴의 법칙에 의하여 흐르는 전류를 계산한다. 이 계산된 값은 SCR이 도통할 때 흐르는 순방향 전류의 값이다. 이 I_F의 값을 표 8-1의 도통란에 기록한다.

12 이제 R_1을 완전히 반시계방향으로 노브를 돌려 I_G를 0으로 감소시킨다. V_F와 V_{R4}를 다시 측정하고 이 전압값으로 SCR가 어떤 상태에 있는가를 생각해 보라. 그리고 아래에 기록하라.

SCR은 ______________________________상태

13 R_4의 한쪽 리드를 떼었다가 다시 원위치에 저항 리드를 즉시 되돌려 설치한다. 이때 I_F는 순간적으로 0으로 감소할 것이다. V_F와 V_{R4}를 다시 측정하고 SCR이 도통인가를 확인한다. 측정된 전압값에 따라서 SCR은 어떤 상태에 있는가를 결정해 보라.

SCR은 ______________________________상태

14 R_4를 완전히 떼어내고 거기에 램프를 설치한 후 이 램프로서 SCR의 동작상태를 눈으로 볼 수 있게 한다. SCR이 도통상태로 전환되었을 때 불은 켜지고 정지상태로 되었을 때 불은 꺼진다. 램프를 관찰하고 이 때 그 상태(켜짐 혹은 꺼짐)를 아래에 기록하라.

램프는 지금 ________________________상태

15 램프의 상태가 변화할 때까지 $V_R(R_1)$의 노브를 시계방향으로 돌리고 그 상태를 주시한다. 램프의 상태(켜짐 혹은 꺼짐)를 아래에 기록하라.

램프는 지금 ________________________상태

16 R_1을 노브를 완전히 반시계방향으로 돌리고 다시 램프의 상태를 주시한 후 램프의 상태(켜짐이나 꺼짐)를 아래에 기록하라.

램프는 지금 ________________________상태

17 ED-2110의 LCD 화면에서 'Power Supply' OUT 버튼을 클릭하여 전원을 차단한 후 최소한 10초간을 쉬었다가 다시 OUT 버튼을 클릭하여 전원을 공급한 후 램프(켜짐이나 꺼짐)의 상태를 주시한다.
램프는 지금 ________________상태

18 ED-2110을 끈다.

4. 요점정리(실험순서 1~18)

여기까지의 실험에서 SCR의 도통이나 차단에 필요한 조건을 알았다. 첫째 SCR과 직렬저항(R_4)에 전력을 공급했지만 소자를 통하여 흐르는 게이트 전류를 허용하지 않았다. 다음 SCR의 순방향 전압(V_F)과 직렬저항(R_4)의 양단 전압을 측정하였다.

V_F가 공급된 전압과 거의 같거나 대략 12V이며 V_{R4}는 대략 0임을 알았다. 이때에 SCR의 순방향 전류(I_F)를 계산하였고 이것은 0과 같았었다.

다음은 SCR이 도통될 때까지 게이트 전류(I_G)를 증가시키고 다시 V_F와 V_{R4}를 측정하였다. 1V나 이보다 적은 V_F의 값과 9V나 그 이상의 상당한 V_{R4}를 얻었을 것이다. 낮아진 V_F의 값은 SCR이 전도되어서 애노드와 캐소드 간의 저항이 적어졌기 때문이다. R_4양단에는 대부분의 공급전압(12V)이 나타난다. 이 실험에서 사용된 공급전압은 비교적 낮으므로 SCR의 양단 강하전압은 주목할만하다. 그러나 많은 응용 면에서 공급전압은 매우 높고 (100V나 그 이상) SCR의 양단 전압강하는 부하 양단에 강하되는 전압에 비하여 매우 적다.

SCR이 도통할 때 순방향 전류(I_F)를 다시 계산하였다. 앞에서 얻어진 V_{R4}의 값에 의하여 40mA나 혹은 그 이상의 I_F의 값을 얻었다. 다음은 I_G를 0으로 감소하고 V_F와 V_{R4}를 측정하여 SCR 회로의 상태를 관찰하였다. SCR이 켜져 있는 동안 V_F는 낮은 값으로 변하지 않는 상태에 있는 반면 V_{R4}는 높은 값으로 변하지 않는 상태에 있게 된다.

다음은 R_4의 한쪽 끝은 잠깐 떼어내고서 다시 V_F와 V_{R4}를 측정하여 회로상태를 관찰하였다. 측정결과 SCR이 차단상태임을 알았을 것이다. SCR은 순방향 전류가 0으로 감소함으로써 차단상태로 전환되고 최소 유지전류의 값 이하로 강하되도록 한 것이다. 이 유지전류의 값은 수 mA정도로 낮다.

다음은 R_4 대신에 램프를 연결한 후 직렬부하로 하여 SCR의 동작상태를 시각으로 알

1장

수 있게 하였다.

첫째 I_G가 0일 때 SCR 회로에 전원을 가했었다. 이때 램프는 SCR의 차단상태로 전환하여 꺼졌다. 여기서 다시 I_G를 증가시켜 SCR이 도통상태를 지시하게 하여 램프가 켜지게 하였다. 그런 다음 I_G를 감소시켜 0으로 하였으나 램프는 여전히 켜져 있었다. 다음에는 ED-2110의 전원을 끈 후 10초 후에 다시 켜서 SCR을 차단상태로 하여 램프가 꺼지게 하였다.

이와 같은 현상은 SCR은 순간적인 I_F의 0으로의 감소나 완전히 회로를 끄므로써 차단상태가 됨을 입증한다. 어느 경우든지 I_F의 값이 SCR의 유지값 이하로 떨어지므로서 SCR를 차단상태로 전환할 수 있음을 알 수 있다.

전원 공급전압을 0으로 강하시키는데 충분한 허용시간은 최소 10초간 전력을 떼어야 한다. 갑자기 끊고 켜는 것은 전원의 늦은 반응으로 SCR을 RESET시키지 못할 수도 있다.

5. 실험계속

19 그림 8-10의 회로를 실리콘과 게르마늄 다이오드(D_1과 D_2)의 방향을 주의하여 배선한다. 또한 100kΩ의 VR(R_1)단자 1 및 2를 사용하도록 한다. 이 VR은 SCR의 게이트에 전압을 조정하기 위한 0.1μF의 콘덴서(C)와 직렬로 되어 AC전압을 조정하는 SCR의 램프 회로에 응용되었다. 이 회로는 간단한 반파 위상제어회로이다.

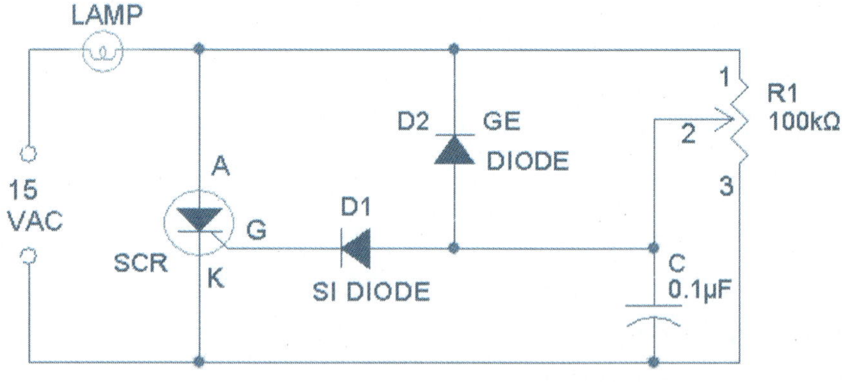

그림 8-10 ‹‹‹ 반파 위상제어 SCR 회로

20 LCD 화면에서 "'FG/PG/GC'을 아이콘을 선택한 후 패널 좌측 'SIGNAL PULSE GENERATOR'에서 주파수조정 볼륨을 이용해서 Function Generator 표시값이 60Hz가 되도록 조정한다.

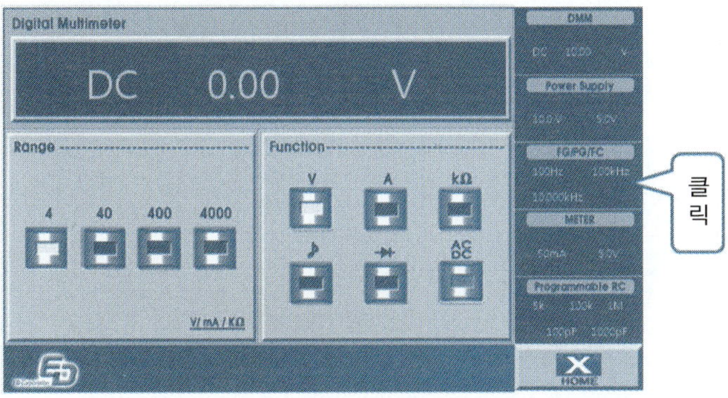

그림 8-11 <<< LCD 화면에서 'FG/PG/GC'을 아이콘을 선택

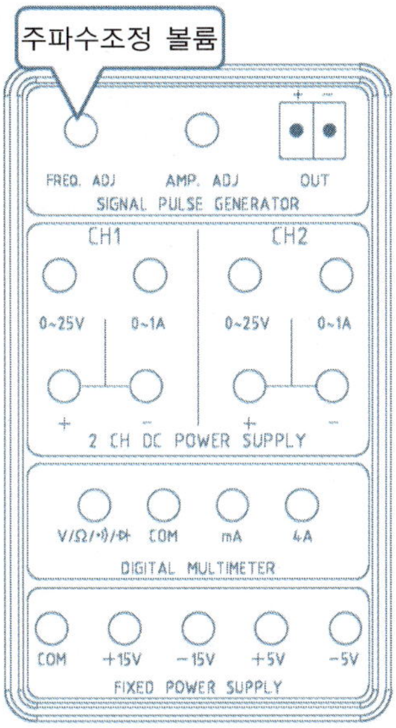

그림 8-12 <<< 'SIGNAL PULSE GENERATOR'에서 주파수조정 볼륨을 이용

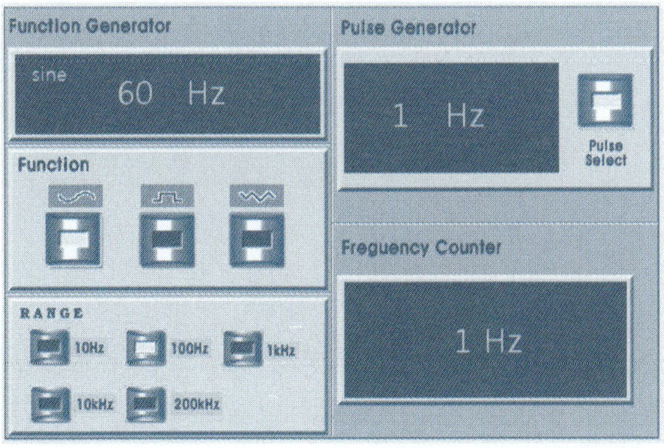

그림 8-13 <<< Function Generator 표시값이 60Hz가 되도록 조정

21 오실로스코프를 이용하여 출력되는 신호의 첨두치(peak-to-peak) 20V가 되도록 진폭조정 볼륨을 조정하여 확인한다.

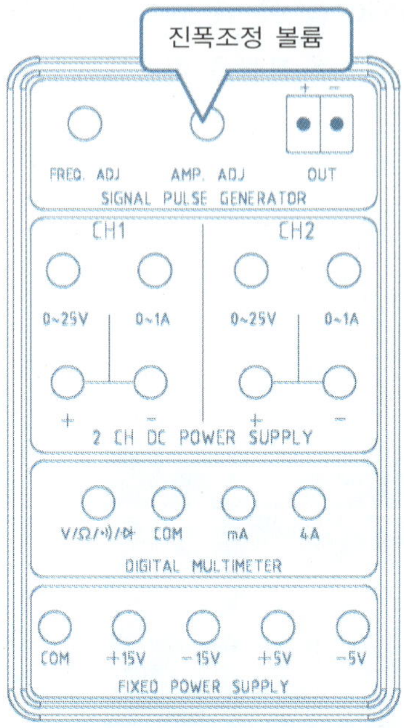

그림 8-14 ‹‹‹ 출력되는 신호의 첨두치(peak-to-peak) 20V가 되도록 진폭조정 볼륨을 조정하여 확인

22 R_1의 1, 2 단자간 저항이 0이 되도록 R_1을 완전히 반시계방향으로 노브를 돌린다.

23 R_1의 노브를 시계방향으로 돌려 값을 증가시키면서 램프를 관찰한 후 R_1의 노브를 시계방향으로(최대 저항의 값) 완전히 돌리고 다음은 다시 반시계방향으로 완전히 돌린다. R_1의 노브를 조정하여 전구의 상태를 주시한다.

24 ED-2110를 끈다.

6. 요점정리(실험순서 19~24)

이 항에서 SCR을 이용한 반파 위상제어회로를 실험하였다. 먼저 R_1을 최소 저항이 되게 완전히 반시계방향으로 노브를 돌리면 이때 램프의 밝기는 최대로 된다. 그리고 R_1의 노브를 시계방향으로 돌려 저항을 증가시키면 램프는 어두워진다. R_1의 노브가 완전히 시계방향으로 되었을 때 램프는 거의 꺼지고 다시 반대로 돌리면 램프는 밝아지게 된다.

이 실험은 SCR이 부하에 공급하는 전력량을 변화시키는데 사용할 수 있다는 것이다. 비록 AC전력일지라도 부하에 흐르는 전류는 DC pulse가 된다. 보다 많이 R_1을 조절함으로써 SCR의 도통시간이 변하여 부하에 공급하는 평균전압이 제어되어 변하게 된다.

실험순서 22, 23을 반복하면서 오실로스코프로 램프 양단 전압을 관찰하면 R_1이 변화할 때 파형이 그림 8-15와 거의 비슷할 것이다.

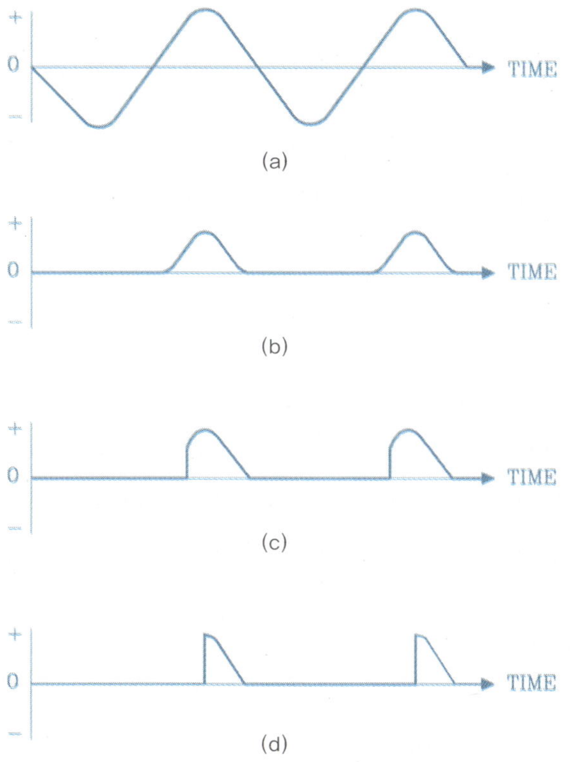

그림 8-15 ‹‹‹ 반파 위상제어 SCR 회로의 파형

09 단일접합 트랜지스터의 특성실험

1. 목 적

단일접합(Unijunction) 트랜지스터의 전형적인 동작을 관찰하고 소자의 실질적인 응용을 배운다.

2. 서 론

처음 실험에서 전형적인 단일접합 트랜지스터(UJT)의 첨두전압(VP)과 계곡전압(V_V)의 값을 구하고 이 V_P로 진성 이탈비(intrinsic stand-off ratio)를 결정한다.

두 번째 실험에서는 UJT로 이완 발진기의 동작원리를 익히고자 한다.

➡ 필요 부품 및 기기

- ED-2110 : 1대
- 오실로스코프 : 1대
- UJT : 1개
- 저항 47Ω, 1/4W 5% : 1개
- 저항 100Ω, 1/4W 5% : 1개
- 저항 10kΩ, 1/4W 5% : 1개
- 저항 330kΩ, 1/4W 5% : 1개
- 전해 콘덴서 10μF : 1개

3. 실험순서

1 ED-2110가 OFF되어 있는가를 확인하고 전원 플러그를 꽂는다. 그림 9-1의 회로를 그림 9-2와 같이 ED-2110에 배선하고 UJT의 리드는 그림 9-2로 식별한다.

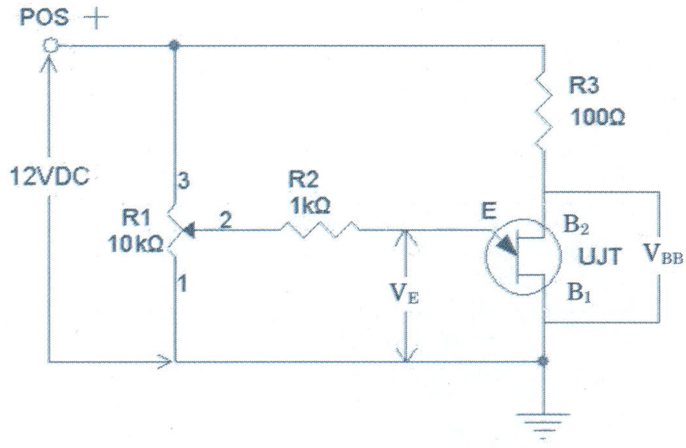

그림 9–1 ‹‹‹ UJT 실험회로

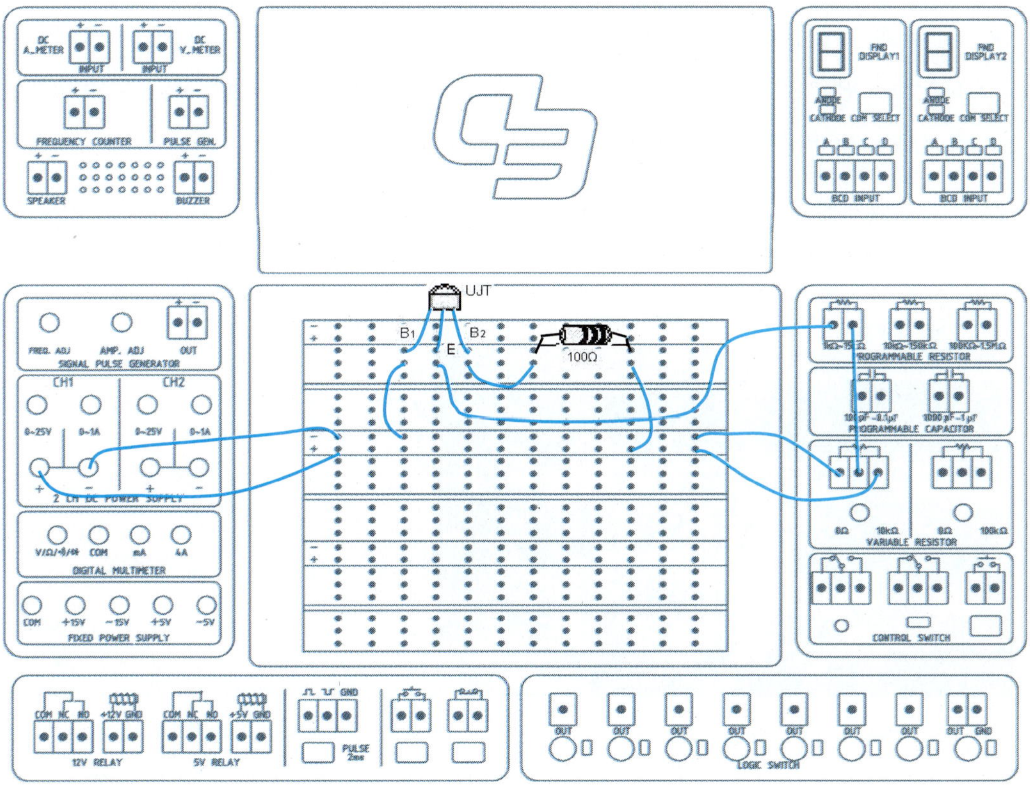

그림 9–2 ‹‹‹ UJT 실험회로 구성도

2 ED-2110의 전원 스위치를 켜고 LCD 화면에 구성된 아이콘에서 'Measuring Instrument'를 클릭한다.

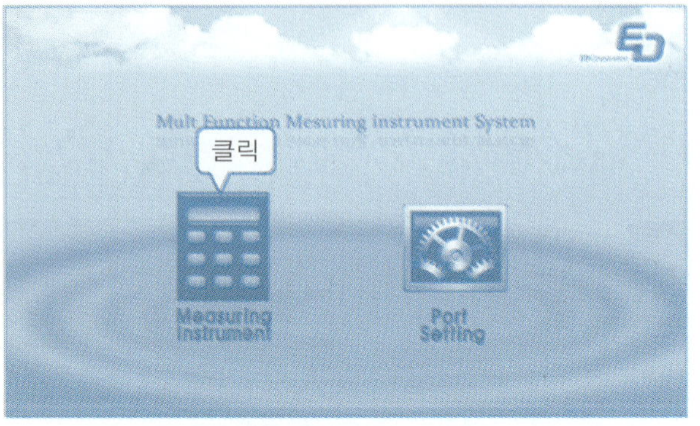

그림 9-3 ‹‹‹ 'Measuring Instrument'를 클릭

3 LCD 화면에서 'Power Supply' 아이콘을 선택한 후 패널 좌측 '2CH DC POWER SUPPLY'에서 0~25V 전압조정 볼륨을 이용해서 Power Supply 표시값이 12V가 되도록 조절하고, LCD 화면에서 OUT 버튼을 클릭한다.

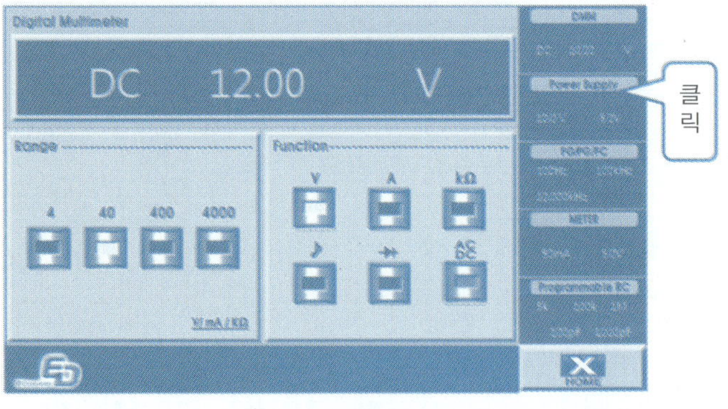

그림 9-4 ‹‹‹ 'Power Supply' 아이콘을 선택

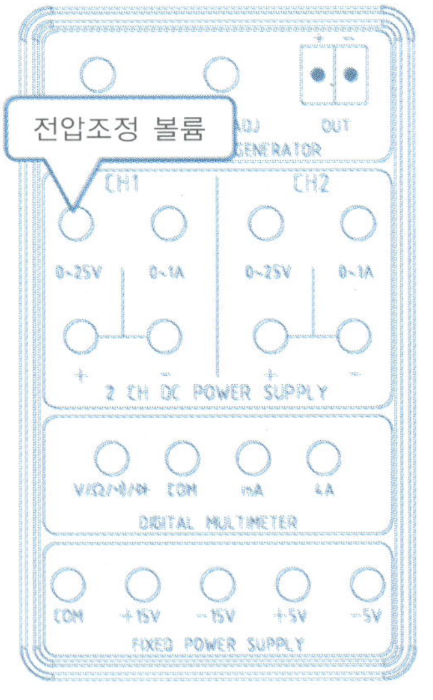

그림 9-5 ‹‹‹ Power Supply 표시값이 12V가 되도록 조절

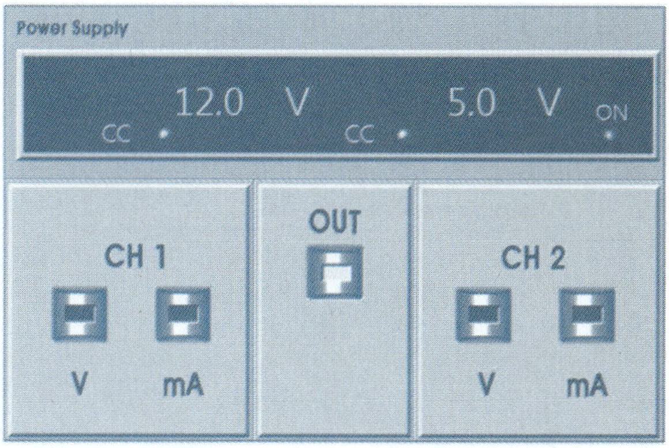

그림 9-6 ‹‹‹ LCD 화면에서 OUT 버튼을 클릭

4 LCD 화면에서 'Programmble RC' 아이콘을 선택한 후 실험에 사용될 값에 해당하는 범위의 화면을 클릭한다.

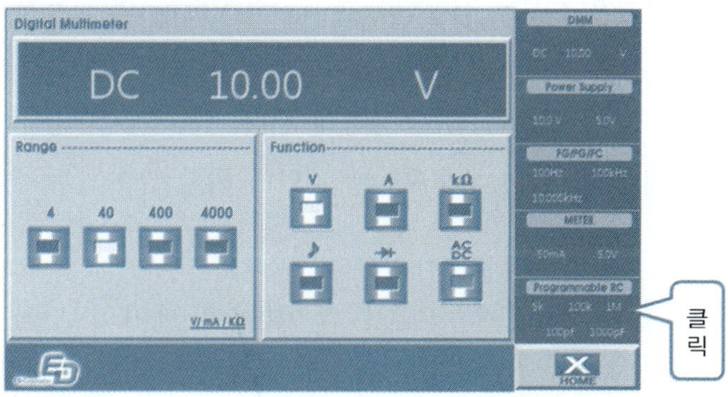

그림 9-7 ‹‹‹ 'Programmble RC' 아이콘을 선택

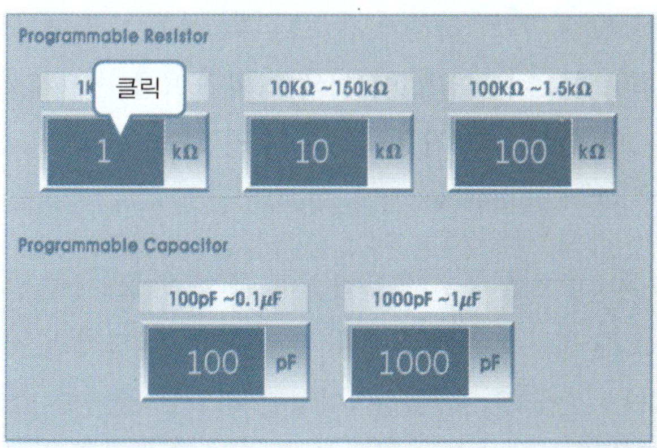

그림 9-8 ‹‹‹ 실험에 사용될 값에 해당하는 범위의 화면을 클릭

5 LCD 화면에서 실험에 사용된 저항값(10kΩ)을 설정한 후 OK 버튼을 클릭한다. 설정값은 BCD 방식을 이용하여 설정한다.

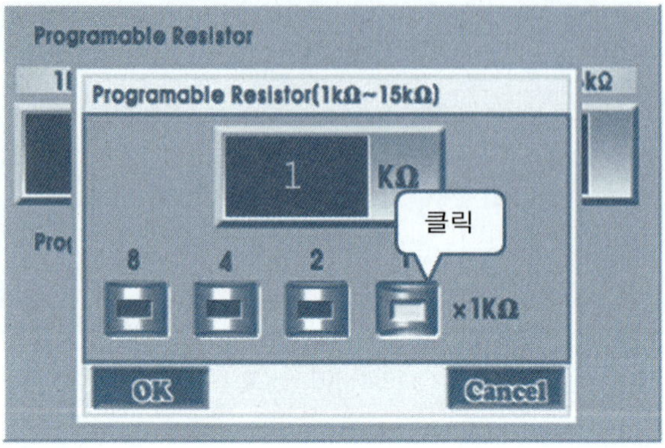

그림 9-9 ‹‹‹ 저항값(10kΩ)을 설정한 후 OK 버튼을 클릭

6 이제 공급전압값은 12V로 설정되었고 1kΩ의 VR(R_1)의 노브를 반시계방향으로 완전히 돌린다. 전위차계 R_1은 직렬로 이미터와 같이 연결된 1kΩ의 저항(R_2)과 이미터 베이스 간 입력전압(V_E)을 조정하게 된다. 100Ω저항(R_3)은 안전전류를 초과한 베이스 1과 베이스 2간의 보호회로로 쓰이며 회로의 정상동작에는 큰 영향을 미치지 않는다.

7 입력전압(V_E)을 관찰하기 위하여 UJT의 이미터와 베이스 1단자 간에 DMM을 리드봉에 접속하고 기능을 전압측정 기능으로 변경한다. V_E를 관찰하면서 시계방향으로 서서히 R_1의 노브를 돌린다. V_E가 첨두치에 도달하였다. 감소할 때까지 R_1의 노브를 계속 돌린다. 얻어진 V_E의 첨두치나 최대값을 주지한다. V_E의 최대값은 UJT의 최대 전압(V_P)이 된다. V_E가 갑자기 감소한 다음부터 V_P값에 도달된 후 첫 번째 첨두치를 검출하지 못할 수도 있다. 이 경우 R_1의 노브를 반시계방향으로 돌려서 다시 시작한다. 다음 빈 칸에 얻어진 V_P의 값을 기록하라.

V_P = ______________ V

8 R_1의 노브를 시계방향으로 완전히 돌렸을 때 전압 V_E를 계속 관찰하면서 V_P의 값이 일시적이나마 초과되는 것을 주의하라. 전압 V_E는 갑자기 낮게 떨어진 후 아주 적은 양이 증가하는 것을 볼 수 있다. 이러한 완만한 증가를 검출하기 위하여 매우 정밀히 V_E를 관찰해야 한다. 관찰하는(R_1을 완전한 시계방향) V_E의 값은 UJT의 계

곡전압(V_V)과 거의 같으니 아래에 V_V의 값을 기록하라.

V_V = ______________ V

9 이제 실험순서 **7**의 V_P의 값을 써서 진성 이탈비(intrinsic stand-off ratio) $\eta = \frac{V_P - V_F}{V_{BB}}$에 같도록 이미터 발화 전위 $V_P = \eta V_{BB} + V_F$에 대한 수식을 쓴다. 단 $V_F \fallingdotseq V_V$이며 이 수식을 이용할 때 V_F가 UJT의 내부 PN 접합 양단의 순방향 전압강하이거나 혹은 0.7V이고 V_{BB}가 12V의 전압원임을 기억해 두라.

아래에 계산된 η의 값을 기록하라.

η = ______________

10 이제 R_1의 노브를 반시계방향으로 완전히 돌리고서 LCD 화면의 'POWER SUPPLY'를 클릭한다. Voltage를 조정하여 +6V가 R_1에 공급되도록 조정한다.

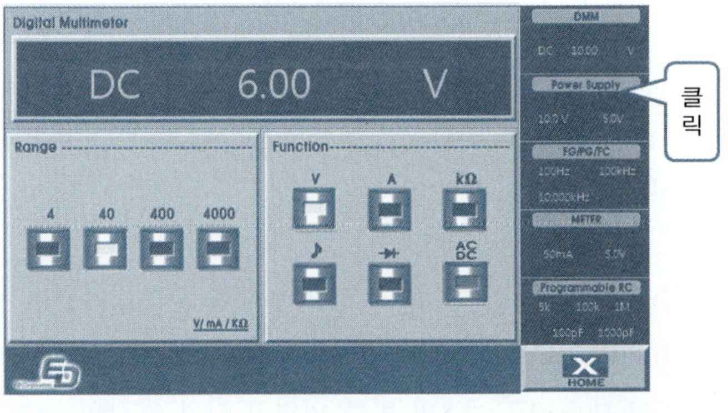

그림 9-10 ‹‹‹ LCD 화면의 'Power Supply'를 클릭

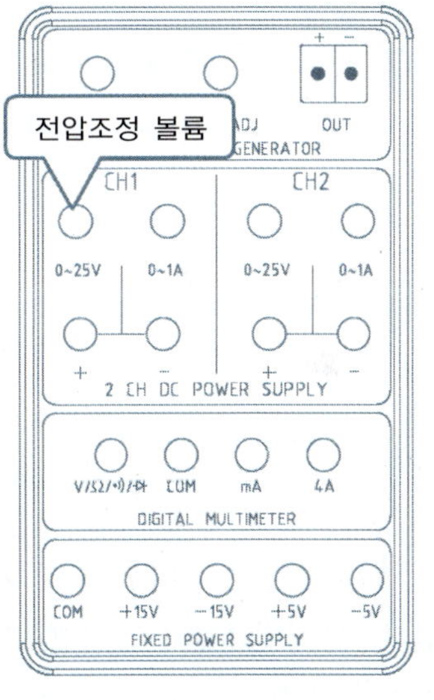

그림 9-11 ‹‹‹ Voltage를 조정

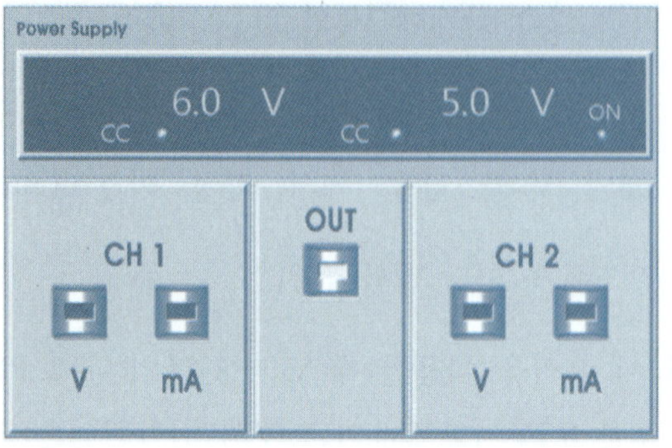

그림 9-12 +6V가 R_1에 공급되도록 조정

11 실험순서 **7**, **8**을 반복하고 아래에 V_P와 V_V의 값을 기록한다.

V_P = ______________________ V

V_V = ______________________ V

12 실험순서 **11**에서 얻어진 V_P의 값과 6V의 새로운 V_{BB}의 값을 써서 다시 고유 스탠드 오프비를 계산한다. **9**에서와 같은 수식을 쓰고 아래에 결과를 기록하라.

η = ______________________

13 ED-2110을 끈다.

4. 요점정리(실험순서 1~13)

이 실험에서 전압전원이 12V일 때 UJT의 V_P와 V_V를 측정하여 대략 8V의 V_P값을 얻었다. 얻어진 V_V의 값은 UJT의 대표적인 것으로 2V와 같거나 더 적었다. 다음은 V_P의 값으로 고유 스탠드 오프비를 계산하여 대략 0.7~0.8의 비를 얻었고 다만 약간의 높거나 낮은 비가 얻어질 수 있다.

UJT는 0.74의 최소비와 0.86의 최대비를 갖도록 설계되어 있지만 V_F가 항상 0.7V로 가정한 것과 더불어 전압계의 오차를 고려하면 계산상 구해진 값은 참값보다 약간의 다른 값의 비로 계산된다.

다음 전압원을 6V로 조정하고 V_P와 V_V를 다시 측정하였다. 전압원이 (V_{BB})12V에서 6V로 (2:1의 비) 감소되며 거의 비례한 양에 의하여 V_P의 값은 감소된다. 그 감소는 UJT의 내부 PN 접합 양단에 강하하는 일정 전압(0.7V) 때문에 정확하게는 비례하지 않는다.

그러므로 새로운 V_P의 값은 대략 4V나 앞의 값의 1/2정도가 된다. 새로운 V_V의 값은 미소하게 감소하였지만 변화가 없는 것은 주시할 만한 것이다. V_{BB}의 값이 무시할 수 없는 범위에서 변화할 때까지도 V_V의 값은 상대적으로 UJT의 정수로 남는 경향이 있다.

위 실험에서 새로운 V_P의 값과 V_{BB}값(6V)으로 고유 스탠드 오프비를 계산하였으며 동작전압이 변화할지라도 기본 정수로 대략 같은 비율로 구해진다.

UJT의 고유 스탠드 오프비는 소자 내부의 저항으로 결정되는 일정한 값을 가지며 만약 변화했다면 그것은 전압측정에서 오는 오차가 생겼을 것이다.

5. 실험계속

14 그림 9-13의 회로를 배선한다. 이때 UJT 리드의 접속과 이미터 측에 전해 콘덴서의 정극성이 연결되어 있는가를 다시 확인한다. 이 회로는 기본 이완 발진회로이다. 다만 저항 R_1이 고정값이고 회로의 주파수를 조정할 수 없으며 주파수는 대략 5초간을 주기로 톱니파나 펄스파가 발생하도록 한다.

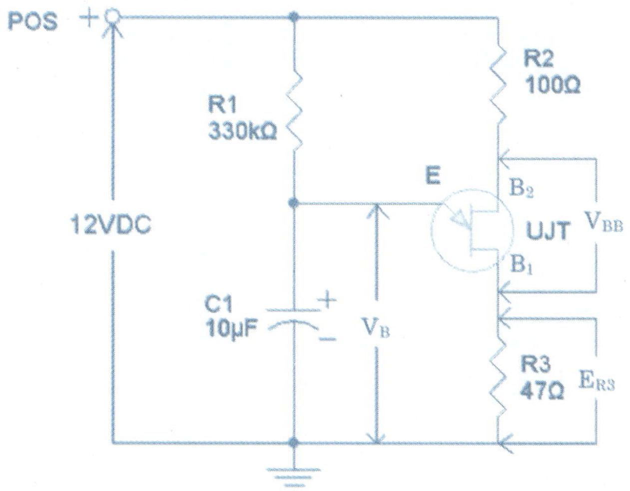

그림 9-13 ‹‹‹ UJT 이완 발진기회로

15 회로의 공급전압이 12V가 되도록 ED2110의 LCD 화면에서 'Power Supply' 아이콘을 선택한 후 패널 좌측 '2CH DC POWER SUPPLY'에서 0~25V 전압조정 볼륨을 이용해서 Power Supply 표시값이 12V가 되도록 조절하고, LCD 화면에서 OUT 버튼을 클릭한다.

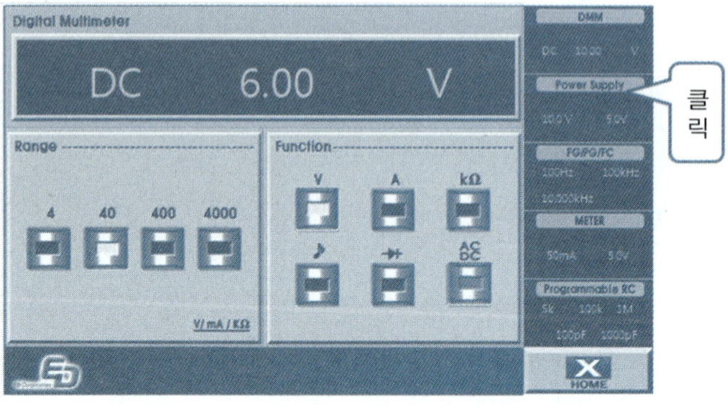

그림 9–14 ‹‹‹ 'Power Supply' 아이콘을 선택

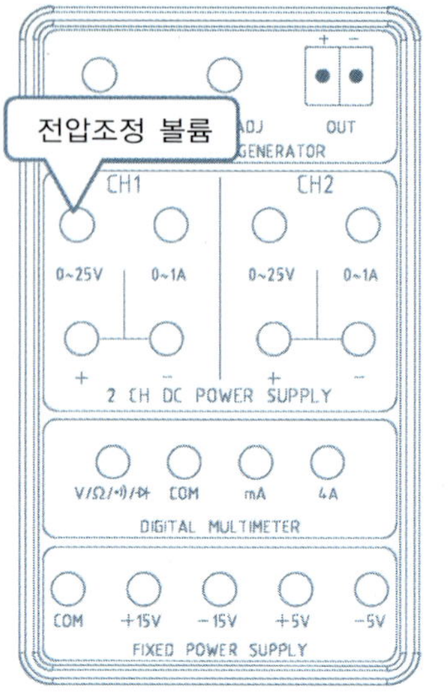

그림 9–15 ‹‹‹ Power Supply 표시값이 12V가 되도록 조절

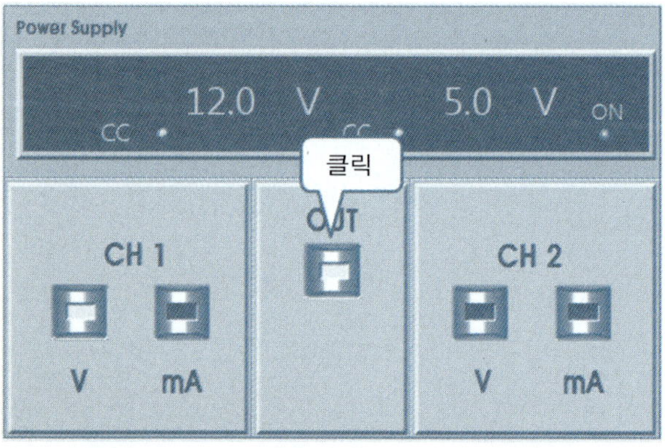

그림 9–16 ‹‹‹ LCD 화면에서 OUT 버튼을 클릭

16 전압계로 C_1양단 전압을 측정한다. 이 전압은 점차 최대값으로 증가하고 최대값이 되면 급격히 감소하여 그림 9-17(a)처럼 톱니파가 발생한다. 최대값, 최소값을 주시하고 다음에 기록한다.

최대 전압 = ____________________ V

최소 전압 = ____________________ V

주파수 = ____________________ Hz

주의사항

C_1 양단에 ED-2110의 전압계와 오실로스코프를 동시에 연결하게 되면 측정기 자체의 내부저항값 때문에 UJT가 동작되지 않으므로 실험시 전압계와 오실로스코프를 각각 사용한다.

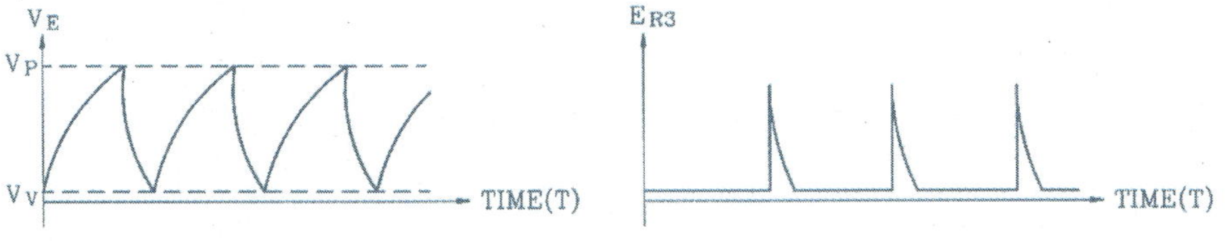

그림 9-17 ‹‹‹ UJT 이완 발진기회로

1장

17 전압계로 R_3의 양단 전압을 측정한다(가장 낮은 전압측정 RANGE로 측정). 이 전압은 그림 9-17(b)처럼 펄스가 발생한다. 두 전압의 변동을 알아보는데 최소한 10~15초 간 관찰한다.

18 ED-2110의 LCD 화면에서 'Power Supply' 아이콘을 선택한 후 Power Supply OUT 버튼을 클릭하여 전원을 OFF한 후 저항(R_1) 330kΩ을 10kΩ으로 바꾼 다음 Power Supply OUT 버튼을 클릭하여 전원을 넣는다.

19 다시 C_1양단의 최소와 최대 전압을 관찰하고 또 전압의 변화를 주시한다. 다음 최소 최대 전압차와 주파수는 실험순서 16에 비하여 높거나 혹은 낮음을 아래에 기록한다.

최대 전압 = ______________ V

최소 전압 = ______________ V

주파수 = ______________ Hz

20 ED-2110을 끈다.

6. 요점정리(실험순서 14~20)

이 실험에서 UJT의 이완 발진기의 동작을 관찰하였다. 처음 C_1양단 전압을 관찰할 때 최대 전압이 V_P값이(실험순서 7에서 얻은 값) 됨을 주시했을 것이다. 처음에 C_1양단의 전압을 관찰했을 때 이 전압은 최대값인 UJT의 V_P값과 같아졌고 이 V_P값에 이를 때마다 UJT는 도통하게 되었고, 다음에는 C_1 양단 전압이 즉시 강하해 UJT의 V_V전압에 이르게 되어 UJT를 차단상태로 만든다.

여기서 측정된 최소 전압은 UJT의 V_V전압보다 약간 높게 나타나지만 여기에 사용된 전압계로서는 최소 전압의 반응도를 기대할 수가 없다. R_3양단 전압을 관찰할 때 아주 낮은 진폭의 펄스나 변동전압을 관찰하게 된다. 이 전압은 UJT가 도통할 때 발생하며 C_1으로 하여금 R_3을 통하여 방전한다. 매우 적은 직류전압이 고정적으로 R_3양단에 나타나는 것을 주시했을 것이다.

이 적은 전압은 이 소자가 차단상태였을 때 B_1, B_2단자를 통하여 흐르는 매우 적은 전류 때문에 발생하며 저항(R_1) 330kΩ을 10kΩ으로 바꾸고 C_1양단 전압을 관찰했을 때 V_P보다 적은 최대값과 V_V값보다 높은 최소값을 측정하였다.

실제로 전압계의 지시는 높은 주파수와 같이 주기가 빠르면 두 값의 중간에서 변동한다. 고주파에서 전압계는 V_P와 V_V의 참값을 지시할 수 없고 톱니파의 평균값의 대략치에서 변동하는 값을 지시한다. 이런 결과는 R_1의 값을 감소시킴으로써 주파수를 증가시킬 수 있음을 입증한다.

반대로 R_1의 값을 증가시킴으로써 주파수를 감소시킬 수 있다. 전압계 대신 오실로스코프로서 실험순서 16에서 19까지 반복하여 측정하면 주파수에 관계되지 않고 C_1양단에 나타나는 V_P와 V_V의 값과 R_1이 변화하여 주파수가 변하는 것을 정확하게 알 수 있다.

10 광트랜지스터의 특성실험

1. 목 적

전형적인 광트랜지스터의 동작을 익히고자 한다.

2. 서 론

이 실험에서 광트랜지스터에 가하는 광량을 변화시켜서 소자의 저항이 빛의 휘도에 따라 어떻게 되는가를 관찰한다. 그리고 광트랜지스터의 적당한 바이어스를 가해서 빛의 휘도에 일치하여 부하저항에 흐르는 전류를 소자가 어떻게 제어하는가를 알 수 있게 된다. 끝으로 광다이오드처럼 광트랜지스터를 이용하고 그 동작을 비교하여 본다.

필요 부품 및 기기

- ED-2110 : 1대
- 광트랜지스터 : 1개
- CdS : 1개
- 저항 10kΩ, 1/4W 5% : 1개

3. 실험순서

1 트랜지스터를 놓고 그림 10-4를 참조하여 이미터와 베이스 및 컬렉터를 구별하고 각 리드가 접촉되지 않도록 벌려 놓는다.

2 ED-2110의 전원이 꺼져 있는가를 확인한 다음 전원 플러그를 꽂는다.

3 ED-2110의 전원 스위치를 켜고 LCD 화면에 구성된 아이콘에서 'Measuring Instrument'를 클릭한다.

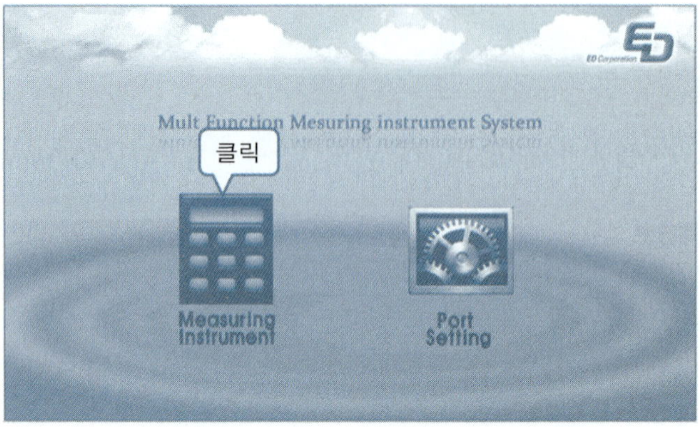

그림 10-1 ‹‹‹ 'Measuring Instrument'를 클릭

4 LCD 화면에서 'DMM' 아이콘을 선택한 후 실험에 사용될 값에 해당되는 범위의 화면을 클릭한다.

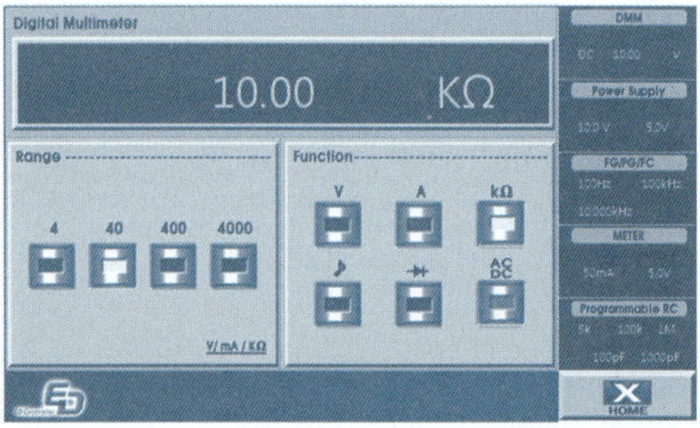

그림 10-2 ‹‹‹ LCD 화면에서 'DMM' 아이콘을 선택

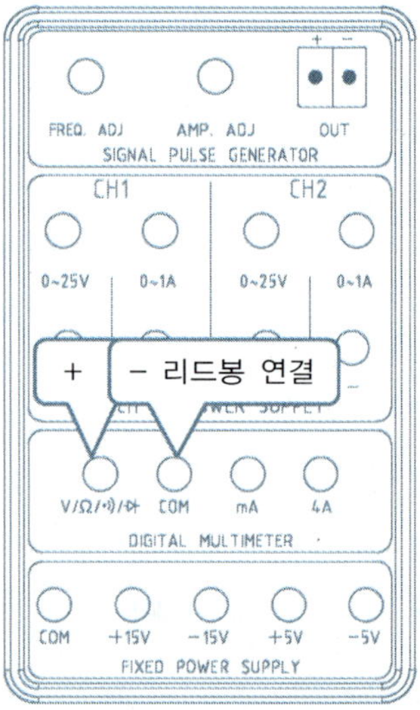

그림 10-3 ‹‹‹ 실험에 사용될 값에 해당되는 범위의 화면을 클릭

5 이미터와 컬렉터 리드(이미터에 (−)의 리드)와 ED-2110의 DMM을 접속하고 빛이 소자에 들어오지 못하도록 렌즈나 투명한 둥근 꼭지를 엄지손가락으로 덮어서 쥔다.

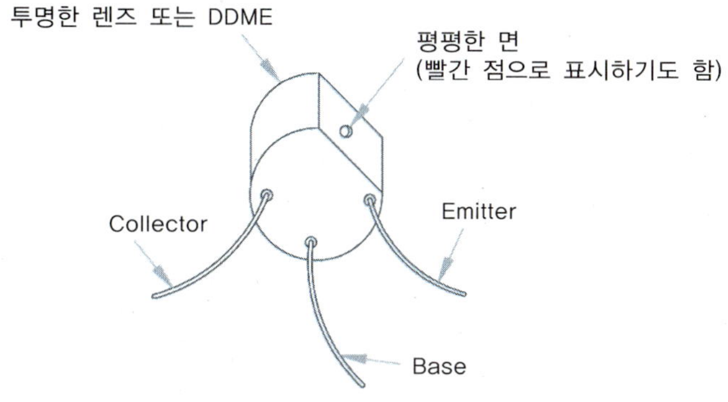

그림 10-4 ‹‹‹ 광트랜지스터 식별법

베이스 리드가 개방된 상태에서 광트랜지스터의 저항을 측정하고 표 10-1의 좌측란에 저항값을 기록한다.

6 이제 렌즈를 덮지 않고 앞에서와 같이 다시 저항을 측정한다. 렌즈에 들어오는 빛은 보통 실내의 밝기와 같게 정하였다. 표 10-1의 우측에 측정한 저항의 값을 기록한다. 이 값은 정상적인 실내에서 그 광에 의한 저항의 값이다.

표 10-1 ‹‹‹ 광트랜지스터의 저항기록표

광트랜지스터 저항(Ω)	
어두움	실내휘도

4. 요점정리(1~6)

첫 실험에서 빛이 없을 때와 정상의 실내밝기일 때의 광트랜지스터의 저항을 측정하였다. 어두운 곳에는 저항이 매우 높아서 미소한 전류(암전류)가 흐르며 이 저항의 값은 1MΩ이나 혹은 더 높은 값이 될 수도 있다. 실내의 밝기에서 광트랜지스터의 저항은 상당히 감소하며 소자에 빛을 더 가하면 더욱 전도한다. 이러한 상태에서 소자의 저항은 10~20kΩ정도로 낮으며 더욱 낮게 할 수도 있다.

다음에 방안의 평균휘도가 무시할 수 없이 다르면 광트랜지스터의 감도도 변화한다는 점이 중요하다.

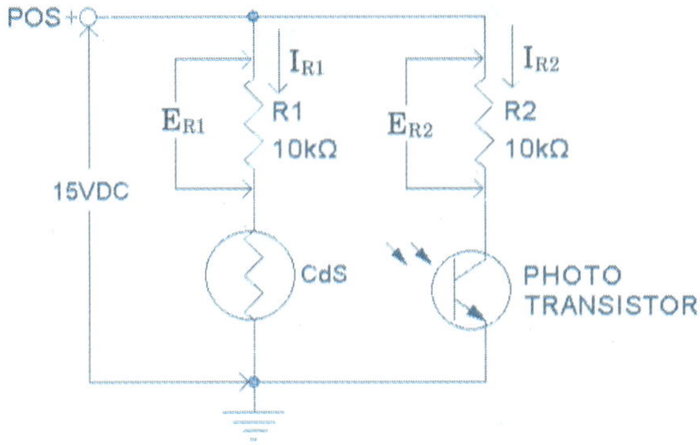

그림 10-5 ‹‹‹ 실험회로

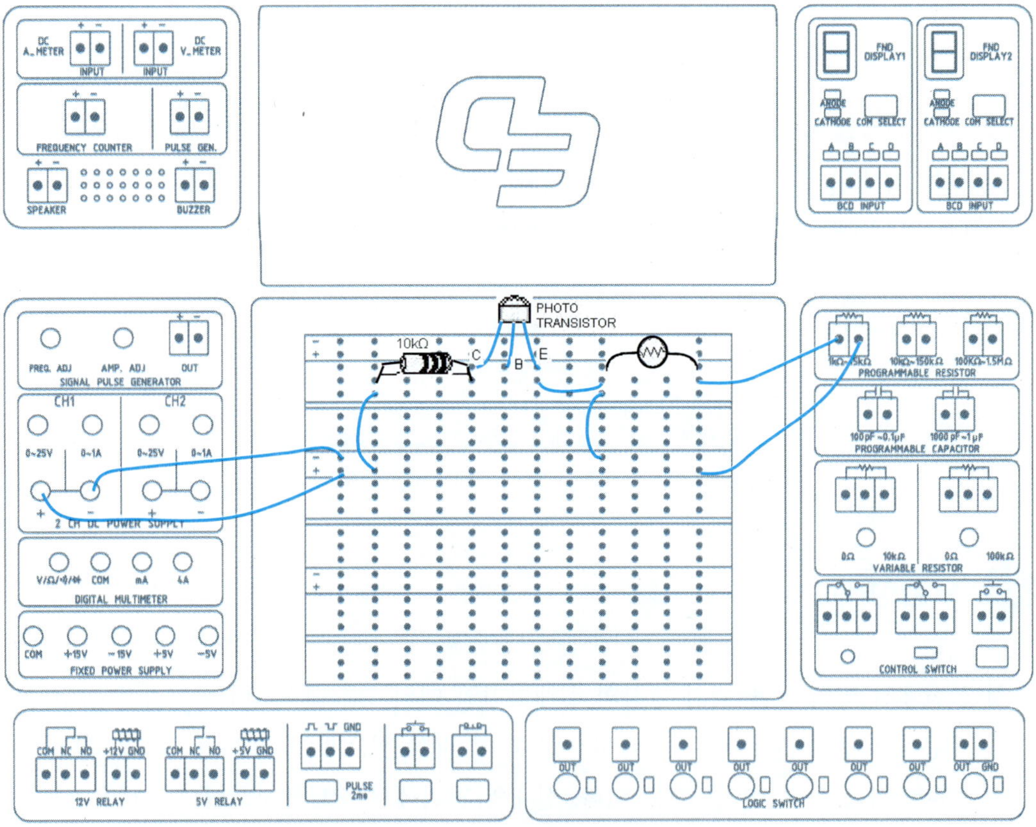

그림 10-6 ‹‹‹ 실험회로 구성도

7 그림 10-6에 보인 것과 같이 그림 10-5의 회로를 배선한다. 배선을 완료하고 다시 한번 확인해 본다. 광트랜지스터와 CdS가 브레드보드(breadboard) 소켓에 제대로 끼워졌는가를 확인한다. 이때 포토 트랜지스터의 렌즈 부분과 CdS의 수광부가 위로 평탄하게 설치되어야 한다.

회로의 공급전압이 15V가 되도록 ED2110의 LCD 화면에서 'Power Supply' 아이콘을 선택한 후 패널 좌측 '2CH DC POWER SUPPLY'에서 0~25V 전압조정 볼륨을 이용해서 Power Supply 표시값이 15V가 되도록 조절하고, LCD 화면에서 OUT 버튼을 클릭한다.

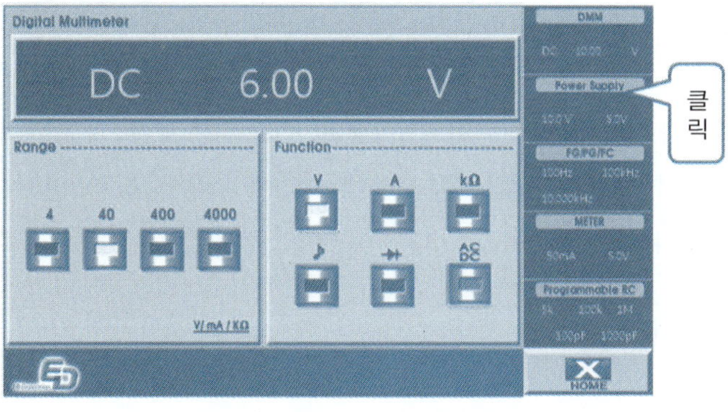

그림 10-7 ‹‹‹ 'Power Supply' 아이콘을 선택

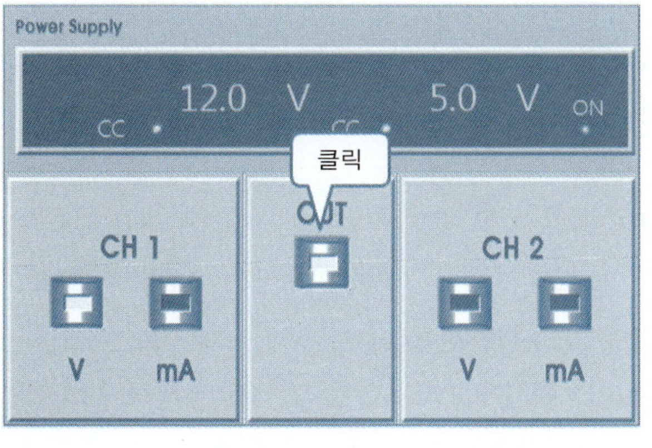

그림 10-8 ‹‹‹ LCD 화면에서 OUT 버튼을 클릭

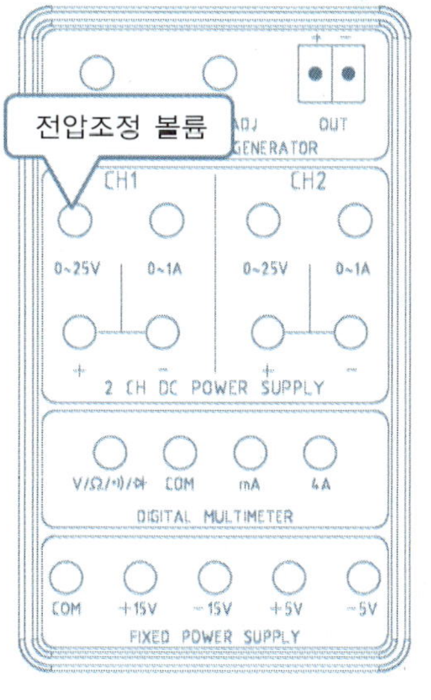

그림 10-9 ‹‹‹ Power Supply 표시값이 15V가 되도록 조절

8 먼저 광트랜지스터가 빛의 강도에 따라서 어떻게 전도되는가를 실험하기 위해 R_2 양단의 전압을 측정하고 측정을 하고 있는 동안 빛으로부터 차폐되도록 광트랜지스터위에 두꺼운 종이나 손으로 덮던가 한다. 즉 빛에 노출되어 있는 광트랜지스터를 차폐하기 위하여 필요한 어떤 방법이라도 쓴다.

표 10-2(a)에 E_{R2}를 기록하고 이 E_{R2}의 값과 R_2의 저항값으로 옴의 법칙에 따라 R_2에 흐르는 전류를 산출한다($I_{R2}=E_{R2}\div R_2$). 여기서 산출된 전류값을 표 10-2(a)에 기록한다. 만약에 E_{R2}와 I_{R2}의 값이 너무 낮을 때는 0으로 기록한다.

9 다음으로 광트랜지스터를 차폐하지 않고 다시 R_2 양단 전압을 측정한다. I_{R2} 역시 실험순서 **8**의 내용에 따라 계산하여 기록한다.

10 이번에는 CdS가 빛의 강도에 따라 어떻게 전도되는가를 실험하기 위해 R_1의 양단 전압을 측정하여 실험순서 **8**~**9**과정에 따라 E_{R1}과 I_{R1}값을 얻어내어 표 10-2(b)에 기록하도록 한다.

11 ED-2110의 전원 스위치를 끈다.

표 10-2 ‹‹‹ 출력 부하전류 및 전압 기록표

(a) 광트랜지스터 회로의 출력 부하 전류 및 전압			
어두움		밝 음	
E_{R2}	I_{R2}	E_{R2}	I_{R2}

(b) CdS 회로의 출력 부하 전류 및 전압			
어두움		밝 음	
E_{R2}	I_{R2}	E_{R2}	I_{R2}

5. 요점정리(실험순서 7~11)

이상의 실험에서 광트랜지스터 및 CdS가 빛의 강도에 따라서 어떻게 전도도가 변화하는가와 부하저항(R_2)에 공급한 많은 전류와 전압을 어떻게 제어하는가를 배웠다.

첫째 광을 차폐하여 부하의 양단 전압(E_{R2})과 전류(I_{R2})를 구했으며 이때 부하의 양단 전압은 매우 낮았는데, 이것은 겨우 0.1V에서 0.2V로 너무 낮아서 정확하게 측정할 수 없기 때문이며 이런 경우는 실제는 0으로 간주하였다. 이 전압(E_{R2})으로 I_{R2}를 구하려고 할 때 값은 E_{R2}에 관계되므로 매우 낮은 2μA이며 이보다 더 낮을 수도 있다.

광트랜지스터가 완전히 차폐되었다면 암전류와 대략 같아진다. 암전류가 극히 적을 수록 광트랜지스터의 특성은 좋은 것이다.

다음은 CdS(Cadmium Sulfide)에 빛이 입사되면 전도도가 변화되는 소자로서 주위가 밝을수록 CdS의 출력저항이 감소하여 회로에서 I_{R1}은 증가하며 반대로 주위가 어두워지면 출력저항이 증가하여 I_{R1}이 감소하는 빛에 의한 저항변화 소자이다.

이제 광트랜지스터 및 CdS로서 빛의 강도에 따라 부하에 공급하는 전압과 전류를 효과적으로 제어할 수 있음을 알았다.

11 발광 다이오드의 특성실험

1. 목 적

시각적인 발광 다이오드(LED)의 동작원리를 익히고자 한다.

2. 서 론

이 실험에서 붉은 빛을 내는 대표적인 GaAsP LED의 동작과 그 밝기에 따른 순방향 전류와 전압 간의 관계 및 역방향 바이어스를 가하였을 때 그 동작을 관찰한다.

➡ 필요 부품 및 기기

- ED-2110 : 1대
- LED : 1개

3. 실험순서

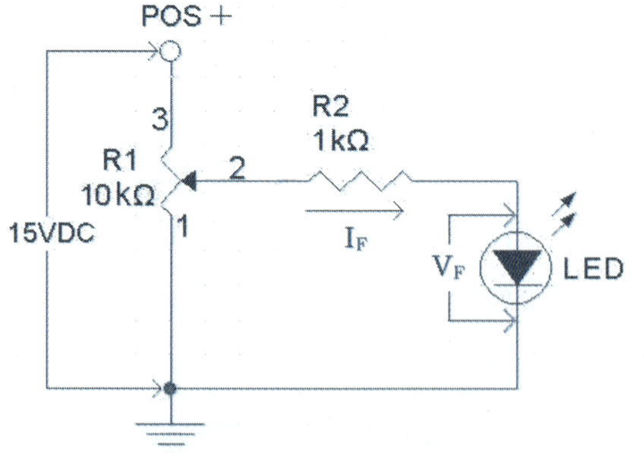

그림 11-1 ‹‹‹ 실험회로

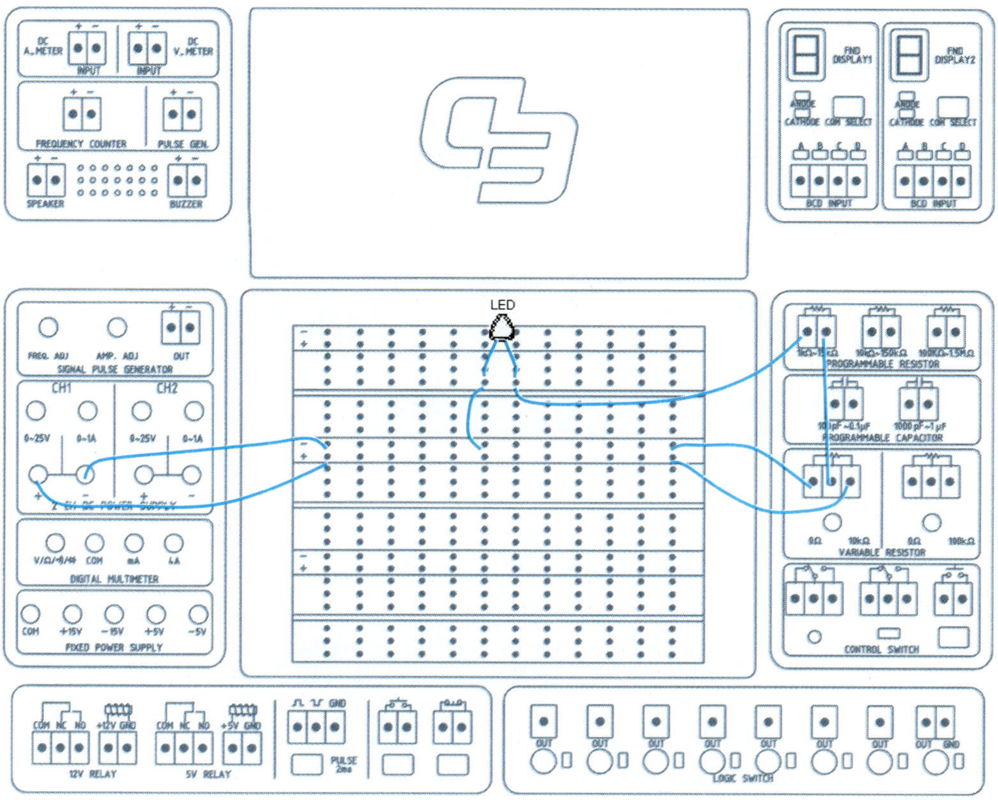

그림 11-2 ‹‹‹ LED 실험회로 구성도

1 ED-2110의 전원이 꺼져 있는가를 확인한 다음 전원 플러그를 꽂는다. 그림 11-1의 회로를 그림 11-2와 같이 배선하고 다시 LED가 잘 접속되있는지 자세히 검사한다. 캐소드의 리드는 측평면 쪽에 있다.

2 ED-2110의 전원 스위치를 켜고 LCD 화면에서 'Measuring Instrument'를 클릭한다.

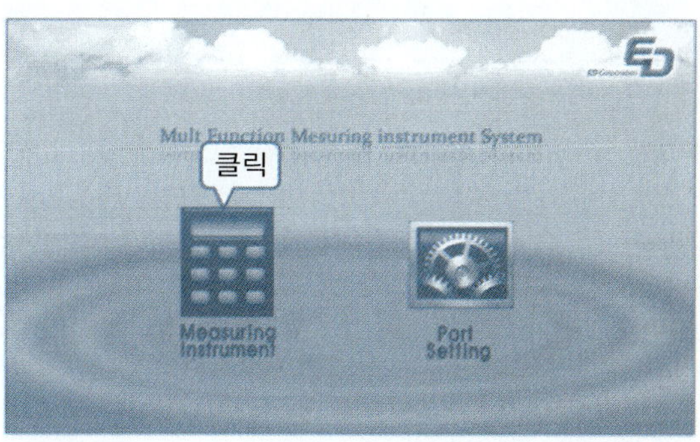

그림 11-3 ‹‹‹ 'Measuring Instrument'를 클릭

3 LCD 화면에서 'Programmble RC' 아이콘을 선택한 후 실험에 사용될 값에 해당하는 범위의 화면을 클릭한다.

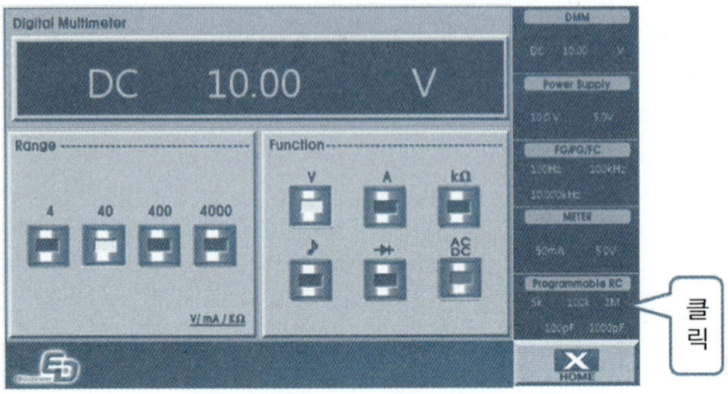

그림 11-4 ‹‹‹ 'Programmble RC' 아이콘을 선택

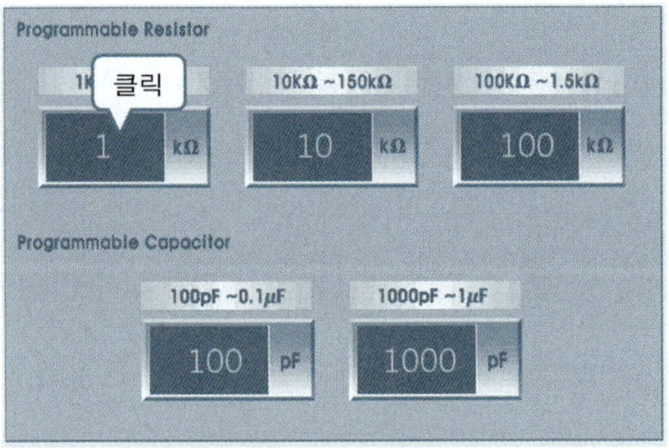

그림 11-5 ‹‹‹ 실험에 사용될 값에 해당하는 범위의 화면을 클릭

4 LCD 화면에서 실험에 사용된 저항값(10kΩ)을 설정한 후 OK 버튼을 클릭한다. 설정값은 BCD 방식을 이용하여 설정한다.

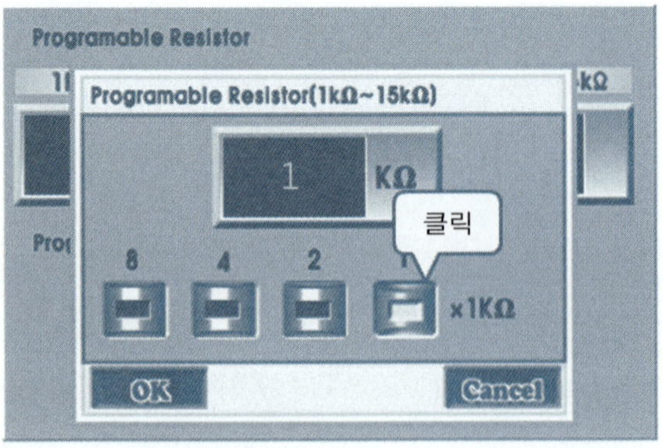

그림 11-6 ‹‹‹ 저항값(10kΩ)을 설정한 후 OK 버튼을 클릭한다

5 LCD 화면에서 'Power Supply' 아이콘을 선택한 후 패널 좌측 '2CH DC POWER SUPPLY'에서 0~25V 전압조정 볼륨을 이용해서 Power Supply 표시값이 15V가 되도록 조절하고, LCD 화면에서 OUT 버튼을 클릭한다. 이제 1kΩ의 VR(R_1)에 직류 15V를 공급하였고 이 전위차계(R_1)로 LED와 직렬 연결된 R_2의 공급전압을 조절한다. 이 실험을 계속할 때 입력전압이 증가할 것이며 흐르는 전류와 LED의 양단 전압을 관찰한다. 다음과 같은 절차를 행할 때 LED의 밝기의 변화를 주시한다.

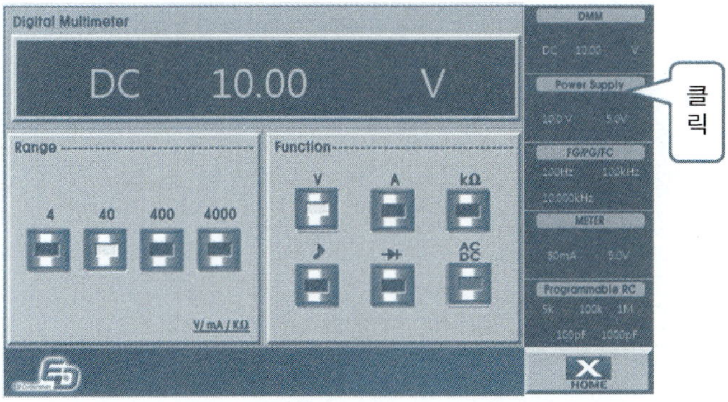

그림 11-7 ‹‹‹ LCD 화면에서 'Power Supply' 아이콘을 선택

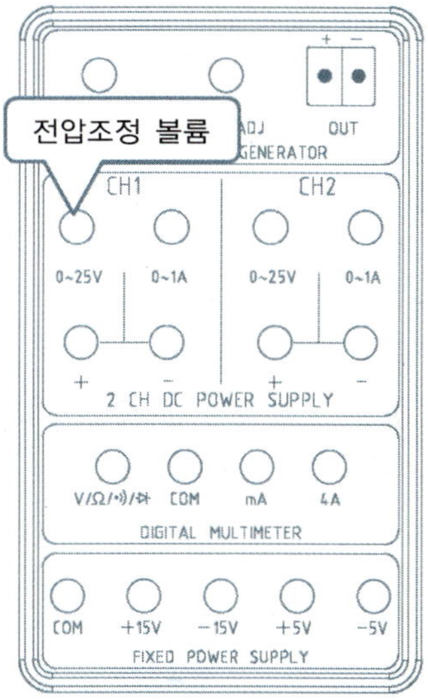

그림 11-8 ‹‹‹ Power Supply 표시값이 15V가 되도록 조절

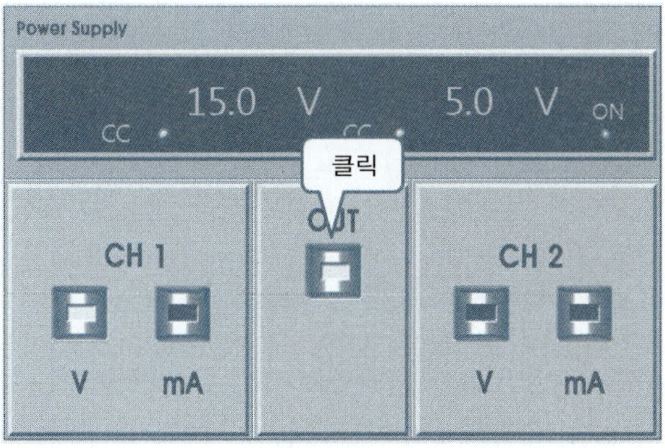

그림 11-9 ‹‹‹ LCD 화면에서 OUT 버튼을 클릭

6 VR(R_1)의 노브를 반시계방향으로 완전히 돌린다.

7 이제 R_2의 양단 전압이 1V(DMM 전압계로 측정한다)가 되게 R_1의 노브를 시계방향으로 돌린다. R_2는 1kΩ이고 흐르는 전류는 강하된 전압을 저항으로 나누면 (옴의 법칙) 다음과 같이 구해진다.

$$I = \frac{1}{1000} = 1\text{mA}$$

이와 같은 전류가 LED에 흐르면 LED 순방향 전류(I_F)는 이제 1mA가 된다.

8 이제 LED에 강하된 순방향 전압(V_F)을 측정하고 표 11-1의 I_F=1mA 아래란에 기록한다. 이 값은 순방향 전류(I_F)가 1mA일 때 LED 양단에 강하된 큰 순방향 전압(V_F)을 지시한다.

9 적혀진 각 I_F의 값에 따른 V_F의 값을 표 11-1에 기록하라. 이렇게 하기 위하여 I_F값에 대하여 실험순서 7, 8을 반복한다. 그러나 2mA, 3mA, 4mA의 I_F값을 각각 얻기 위한 경우에 2V, 3V, 4V 등으로 R_2 양단 전압을 조정한다.

10 그림 11-10의 그래프에 표 11-1의 I_F와 V_F값으로 곡선을 그린다.

표 11-1 ‹‹‹ I_F에 대한 V_F 측정기록표

LED 전류-전압측정										
I_F (mA)	1	2	3	4	5	6	7	8	9	10
V_F(V)										

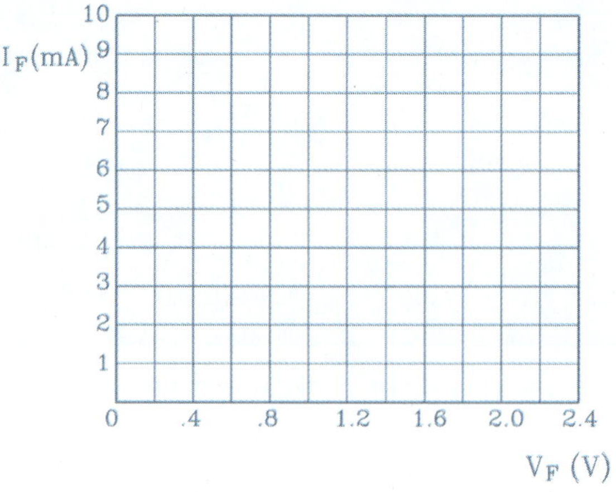

그림 11-10 ‹‹‹ I_F − V_F 그래프

4. 요점정리(실험순서 1~10)

이 실험에서 LED를 통한 순방향 전류(I_F)는 서서히 증가하였고 중간점에서 순방향 전압(V_F)를 정하였다. 또 I_F와 V_F의 관계 곡선을 그렸고 V_F가 비례정수로 보이지만 I_F의 증가처럼 미소하게 증가한다.

V_F의 값은 대략 1.5V와 2V사이에서 시작되었고 I_F가 최대로 증가할 때 0.1V정도 증가하였다. V_F의 값을 정확하게 구하는 것이 중요하지는 않지만 그림 11-11과 비슷한 곡선이 되었을 것이다. V_F는 I_F에 따른 정수로 급히 증가한다.

곡선의 낮은 부분은 (0~1mA범위) 전류가 매우 적어서 측정이 어려워 그릴 수 없다. 전류는 서서히 증가하다가 그림 11-11에서 보인 것처럼 점차 급격히 증가한다.

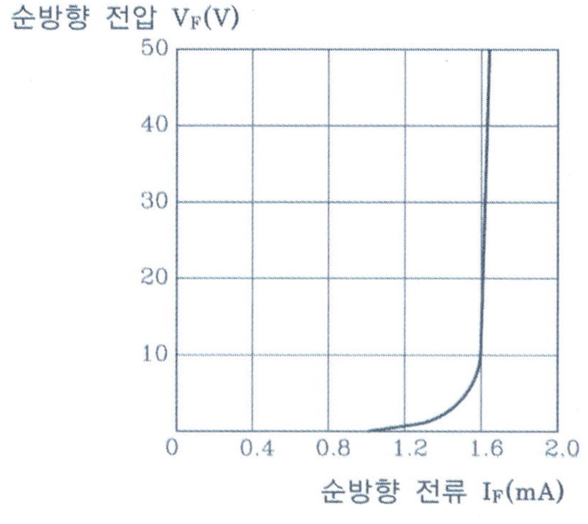

그림 11-11 ‹‹‹ 전형적인 GaAsP LED의 전류 · 전압 특성표

V_F의 측정은 I_F의 값에서 정상범위에서 동작할 때 LED 양단에 나타나는 값을 지시하므로 중요하다. I_F가 높은 값으로 증가될 때마다 LED의 빛의 밝기가 강해졌고 빛을 내는 강도는 LED의 전류증가에 따라 직선적으로 밝아진다.

1장

5. 실험계속

11 LED를 떼어내고 방향을 바꾸어 리드를 반대로 다시 접속한다. LED와 직렬저항에 전 전원전압이 인가되도록 R_1의 노브를 시계방향으로 완전히 돌린다.

12 LED의 양단 전압을 측정하여 빛의 발광 유무를 관찰한다.

6. 요점정리(실험순서 11~12)

최종 실험에서 LED의 리드를 바꾸어 역바이어스를 가하여 전압을 측정한 것이 입력 공급전압(약 15V)과 같았다. 이때 개방상태와 같은 즉 일반적인 PN 접합 다이오드의 역방향 저항이 높은 것과 똑같다. 이때 LED는 발광하지 않는다.

2장 전자회로 실험

01 이미터 접지 증폭기의 특성

1. 목 적

실용적인 이미터 접지 증폭회로의 동작과 중요한 특성을 배우도록 한다.

2. 서 론

이 실험에서는 전압분할 바이어스와 이미터 궤환을 채용한 이미터 접지 증폭기를 구성하게 된다. 이 실험에서 구성된 회로는 앞의 절에서 행한 회로와 유사하며 간단하고 실용적인 것으로써 실제로 많이 이용되는 회로이다.

그러나 구성소자의 값은 최적의 회로 운용에서 조정된 값과 지금까지 사용되어 온 표준 소자값으로 정해졌다. 또한 입력저항 및 출력저항 뿐만 아니라 사용할 트랜지스터의 형(type)도 결정해야 한다.

필요 부품 및 기기

- ED-2110 : 1대
- 오실로스코프 : 1대
- NPN 트랜지스터 : 1개
- 저항 1kΩ, 1/4W 5% : 1개
- 저항 4.7kΩ, 1/4W 5% : 1개
- 저항 10kΩ, 1/4W 5% : 2개
- 저항 56kΩ, 1/4W 5% : 1개
- 전해 콘덴서 33 : 3개

3. 실험순서

1 ED-2110의 전원이 꺼져 있는가를 확인한 다음 전원 플러그를 꽂고 그림 1-1과 같이 회로를 배선한다. 배선된 실험회로는 간단한 이미터 접지 증폭기로서 R_2(56kΩ)와 R_3(10kΩ)저항을 통해서 전압분할 바이어스를 걸어주고, R_5를 통해서 이미터 궤환이 행해진다.

R_4(4.7kΩ)는 출력 부하저항이 되며 신호발진기로부터 나오는 정현파는 전압분할기를 통해 인가된다. 전압분할기는 신호발진기로부터 나오는 교류전압 정현파의 진폭을 조절해 준다. 전압분할기로부터 나온 교류전압은 C_1(33μF)결합 콘덴서를 통해서 증폭기의 입력으로 들어간다. 이 가변교류 정현파는 교류 입력전압 V_{IN}으로 사용된다.

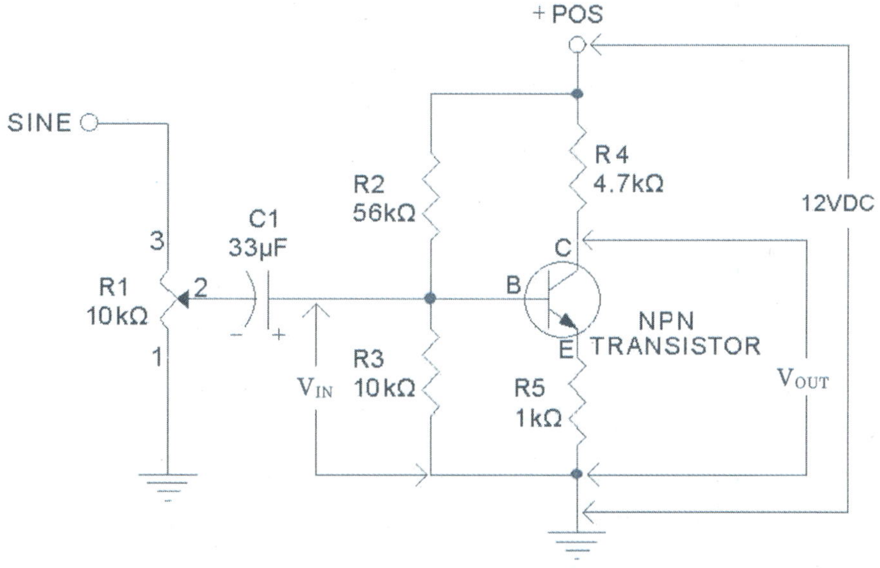

그림 1-1 ‹‹‹ 실험회로

2장

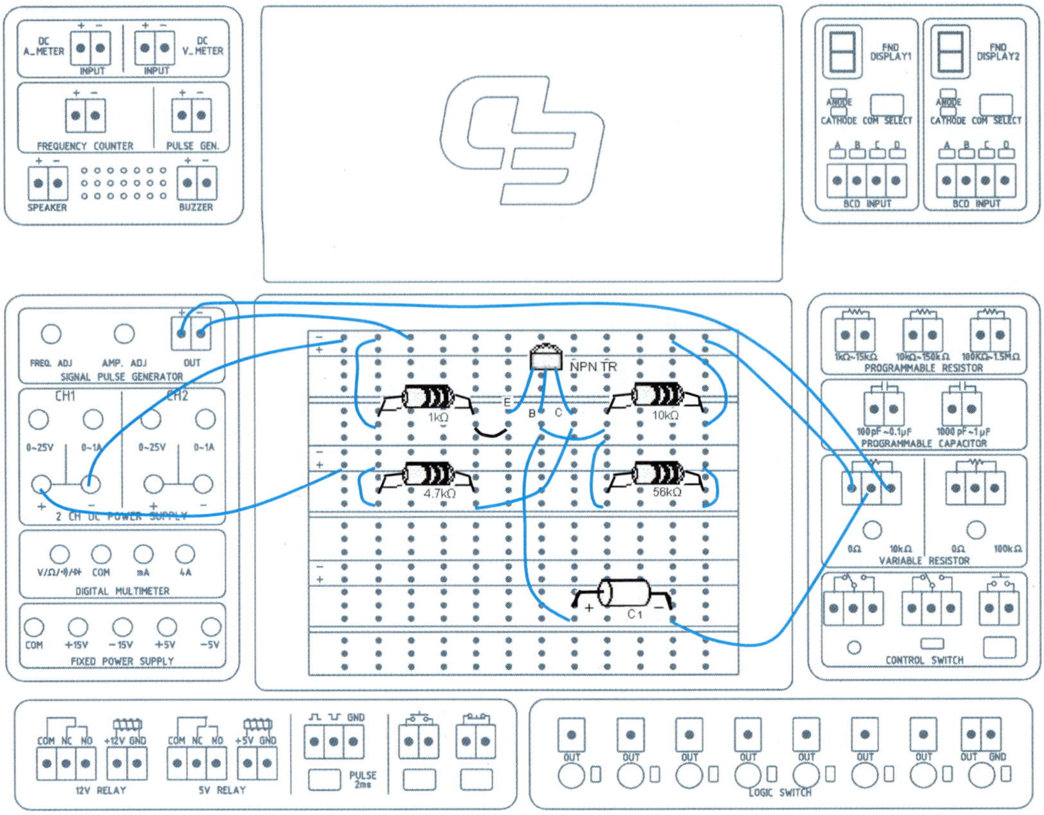

그림 1-2 ‹‹‹ 실험회로 구성도

2 ED-2110의 전원 스위치를 켜고 LCD 화면에 구성된 아이콘에서 'Measuring Instrument'를 클릭한다.

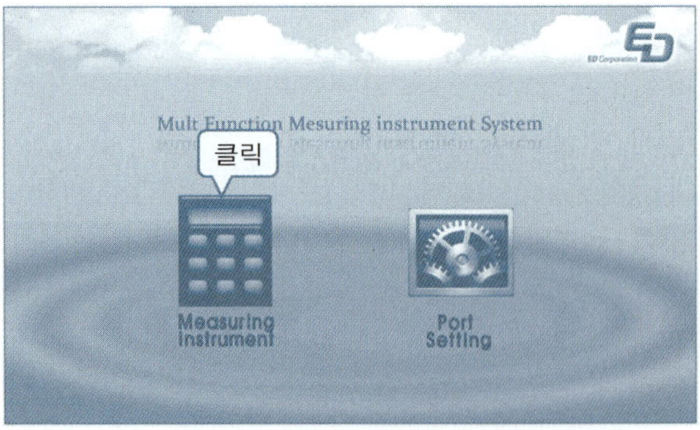

그림 1-3 ‹‹‹ 'Measuring Instrument'를 클릭

3 LCD 화면에서 'Power Supply' 아이콘을 선택한다.

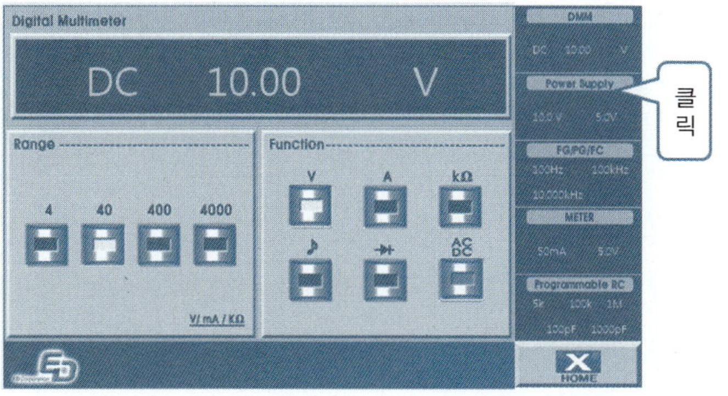

그림 1-4 ‹‹‹ 'Power Supply' 아이콘을 선택

4 패널 좌측 '2CH DC POWER SUPPLY'에 있는 CH1에 위치한 0~25V 전압조정 볼륨을 이용하여 Power Supply상에 표시되는 값이 12V가 되도록 조절한다.

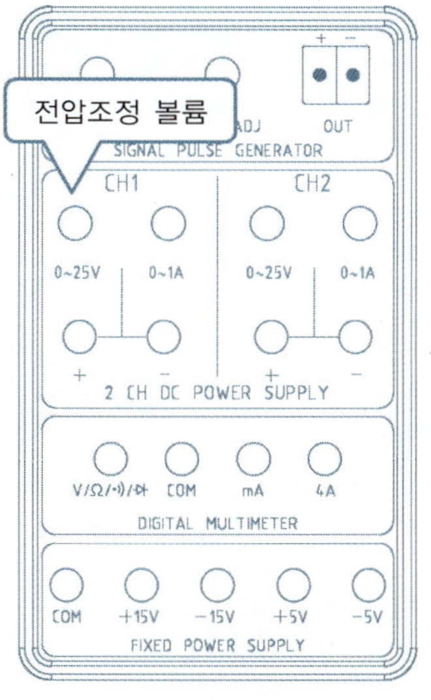

그림 1-5 ‹‹‹ Power Supply상에 표시되는 값이 12V가 되도록 조절

2장

5 LCD 화면에서 OUT 버튼을 클릭한다.

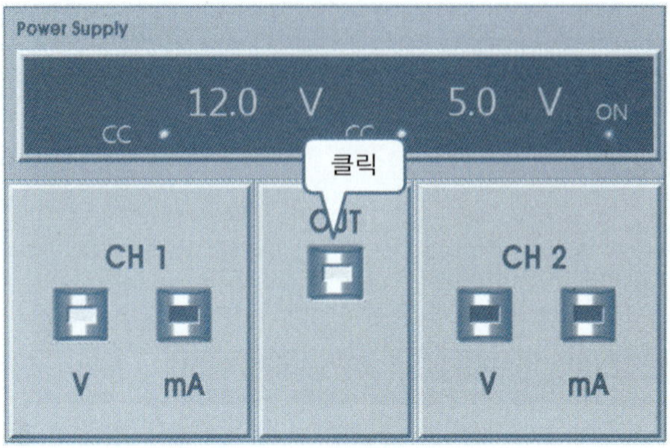

그림 1-6 ‹‹‹ OUT 버튼을 클릭

6 LCD 화면에서 'FG/PG/GC'을 선택한다.

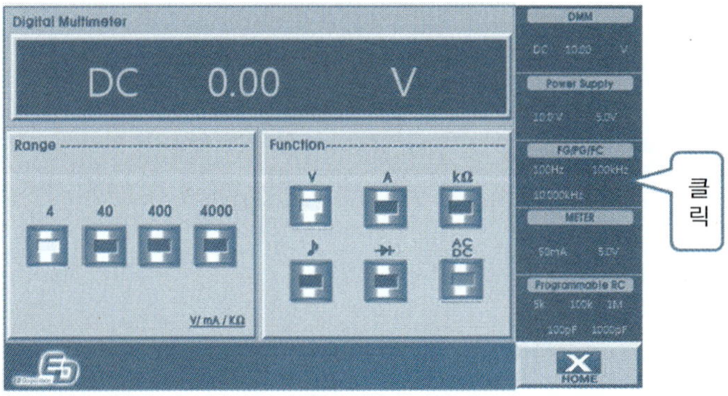

그림 1-7 ‹‹‹ 'FG/PG/GC'을 선택

7 패널 좌측의 주파수조정 볼륨을 이용하여 Function Generator에 표시되는 주파수값이 1kHz가 되도록 조정한다.

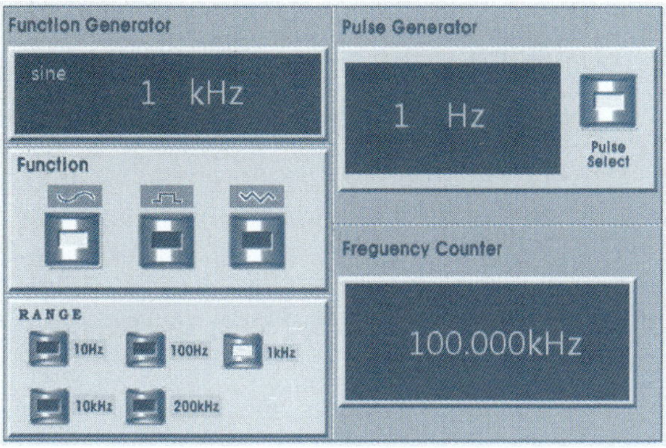

그림 1-8 ‹‹‹ Function Generator에 표시되는 주파수값이 1kHz가 되도록 조정

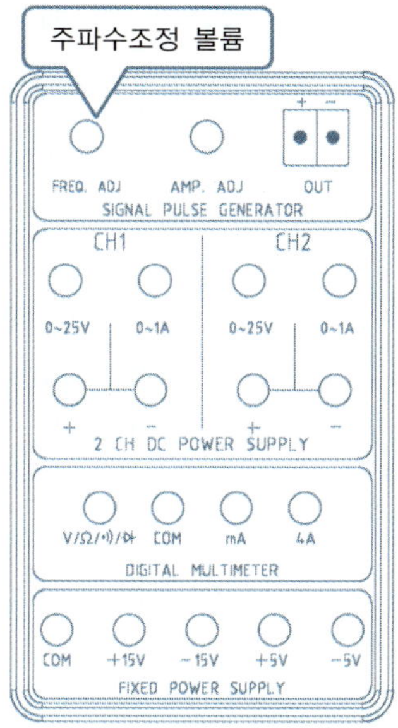

그림 1-9 ‹‹‹ 패널 좌측의 주파수조정 볼륨을 이용

8 오실로스코프에 전원을 넣고 오실로스코프가 안정되기를 몇 분간 기다렸다가 계기가 교류 입력전압을 측정하도록, 또 교류 입력신호에 내부 동기를 잡도록 오실로스코프를 조정하라. 그리고 오실로스코프에 선명한 상이 나타나도록 조정장치를 알맞게 조정한다.

9 ED-2110의 'Function Generator'에서 공급하는 교류전압 정현파를 관찰하는데 오실로스코프를 사용한다. 우선 sine 단자에 오실로스코프의 수직입력선을 접속하고 회로접지에 오실로스코프의 접지선을 접속한다.
오실로스코프의 sweep 주파수 또는 교류 정현파 전압의 4 또는 5주기가 상에 나타나도록 TIME/DIV 조정장치를 조절한다. 이때 오실로스코프의 VOLT/DIV 조정장치를 사용하여 교류 파형을 관찰하기 쉽도록 첨두치(peak-to-peak) 진폭을 적절하게 조정한다. 나타난 파형을 안정시키기 위해 오실로스코프의 트리거 레벨 조정장치를 사용한다.

10 이제는 입력 교류신호 전압(V_{IN})이 0으로 감소되도록 전압분할기를 반시계방향으로 끝까지 돌린다. 이때 트랜지스터의 컬렉터에 오실로스코프의 수직의 입력선을 연결하고 오실로스코프의 접지선이 회로접지에 연결되었는가를 확인한다.

이것은 증폭기 회로에 공급할 출력신호 전압(V_{OUT})을 관찰할 수 있게 한다. 다시 출력조절기(R_1)의 노브를 시계방향으로 천천히 돌려 입력신호 전압을 증가시키면서 오실로스코프의 상에서 V_{OUT}의 변화를 관찰한다. V_{IN}이 증가하면 V_{OUT}은 어떻게 되겠는가? 관찰해 보라.

11 오실로스코프에서 V_{OUT}을 관찰하면서 출력조절기(R_1)의 노브를 시계방향으로 끝까지 돌린다. 이때 V_{OUT}의 (+)와 (−)의 첨두치에 어떤 변화가 생기는지를 관찰하라. 또 변화가 생겼다면 그 이유는 무엇인지 생각해 보라.

12 V_{OUT}의 (+) 또는 (−)의 첨두치에서 왜곡이 보이지 않을 때까지 R_1의 노브를 반시계방향으로 돌린다. 이때 V_{OUT}의 첨두치 값(정과 부첨두치 간의 총 변화)을 오실로스코프로 측정하여 아래에 기록하라.

V_{OUT} = ______________ $V_{P\text{-}P}$

13 트랜지스터의 베이스에 오실로스코프의 수직입력선을 연결하고 회로접지에 연결된 접지선은 그대로 둔다. 오실로스코프 입력신호 전압(V_{IN})을 관찰하고 그 값을 아래에 기록하라.

V_{IN} = ______________ $V_{P\text{-}P}$

14 실험순서 13에서 얻어진 V_{IN} 값으로 실험순서 12에서 얻어진 V_{OUT} 값을 나누어서 회로의 전압이득을 구하여 아래에 기록하라.

$$전압이득 = \frac{V_{OUT}}{V_{IN}} = \underline{\qquad\qquad}$$

15 다음에는 이미터 저항 R_5에 47μF콘덴서를 연결한다. 콘덴서(콘덴서의 +부분을 트랜지스터의 이미터에 접속한다)를 연결했을 때 극성을 관찰하여 꼭 확인하라. 이 콘덴서는 R_5 사이의 바이패스 콘덴서로서 작용하게 된다. 또한 sine파 출력파와 33μF의 결합 콘데서 C_1사이에 10kΩ 저항기를 연결한다. 이 저항기는 입력신호 전압의 양을 감소시킨다.

16 트랜지스터의 컬렉터와 접지 사이의 출력전압을 관찰하기 위하여 다시 오실로스코프를 사용한다. 실험순서 12, 13 및 14를 반복한다. 새로 측정된 것과 계산값을 다음에 기록하라. 이때 실험순서 12에서와 같이 R_1의 노브를 조정하여 왜곡을 최소로

하는 것에 주의하라.

V_{OUT} = ______________________ V_{P-P}

V_{IN} = ______________________ V_{P-P}

17 실험순서 16의 값을 이용하여 전압이득을 구하여 기록하라.

$$\text{전압이득} = \frac{V_{OUT}}{V_{IN}} = \_\_\_\_\_\_\_\_\_\_\_\_$$

4. 요점정리(실험순서 1~17)

이 부분의 실험에 있어서 회로에 신호전압을 가하여 출력신호를 관찰하였을 때 그 진폭은 증가했다. 출력조절기(R_1)의 노브를 조정하여 V_{IN}을 증가시켰을 때 V_{OUT}의 (+) 및 (−)의 첨두치에서는 평탄해졌다. 이와 같이 첨두치의 끝이 평탄한 것은 과신호로 인한 트랜지스터가 포화되기 때문이다.

다음에는 증폭기의 V_{IN}을 조정하여 증폭기에 과신호가 인가되지 않도록 하였다. 증폭기의 입력전압(V_{IN})과 출력전압(V_{OUT})의 첨두값을 측정한 다음 V_{OUT}을 V_{IN}으로 나누어 전압이득을 구하였다. 여기서는 바이패스 콘덴서를 사용하지 않았기 때문에 전압이득은 거의 R_4(4700Ω)와 R_5(1000Ω)의 비가 되어 약 4.7이 된다. 여기서 다소간의 오차는 저항값의 오차와 측정상의 오차가 원인이 될 수 있다.

다음의 실험에서는 R_5양단에 바이패스 콘덴서를 삽입하여 V_{IN}과 V_{OUT}을 측정하여 이득을 구하였다. 여기서 구한 전압이득은 바이패스 콘덴서의 삽입으로 훨씬 높게 약 100 이상이 되었다. 이 바이패스 콘덴서는 교류신호 증폭기에서 R_5와 함께 낮은 임피던스를 갖게 하여 증폭기 이득 결정에 있어서 트랜지스터의 β에 중요한 역할을 하게 된다.

5. 실험계속

18 트랜지스터의 컬렉터와 접지를 오실로스코프와 연결하여 V_{OUT}를 측정한다. V_{OUT}이 알맞은 첨두값을 가질 때까지 출력조절기(R_1)의 노브를 사용하여 조정한다. 이때 정과 부 첨두치에 왜곡이 발생할 수 있으므로 출력조절기(R_1)의 노브를 조정할 때 전압을 너무 높게 올리지 않도록 주의한다. V_{OUT}를 기록하라.

V_{OUT} = ______________________ V_{P-P}

⑲ 트랜지스터의 컬렉터에 33μF의 콘덴서의 (+)리드를 컬렉터에 접속하고 (−)리드는 100kΩ VR의 1번 단자에 접속시킨다. 100kΩ VR의 2번 단자는 접지에 접속한다(주 : 100kΩ 대신에 Programmable Resistor '10kΩ'을 사용해도 좋음). 그림 1-10은 접속 방법을 보여준다.

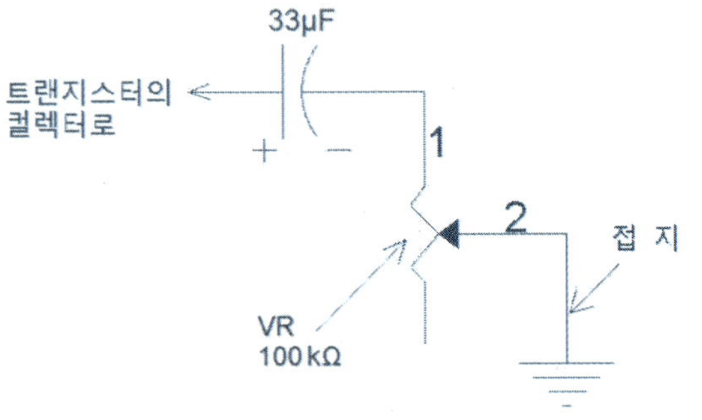

그림 1-10 ‹‹‹ 출력 임피던스 측정을 위한 소자 첨가회로

⑳ 오실로스코프에서 V_{OUT}를 관찰하는 동안 V_{OUT}가 실험순서 ⑱에서 기록했던 값의 정확하게 1/2이 되는 첨두값을 가질 때까지 100kΩ VR의 노브를 조정하라.

㉑ 그림 1-10에서 첨가됐던 33μF의 콘덴서와 100kΩ VR를 떼어낸다. 이때 100kΩ VR의 조정위치가 변하지 않도록 한다.

㉒ ED-2110의 LCD 화면에 구성된 아이콘에서 'Measuring Instrument', 'DMM'을 클릭한다. 100kΩ VR의 단자 1과 2사이의 저항을 측정하여 아래에 기록하라. 이때 이 저항값은 회로의 출력 임피던스를 나타낸다.

출력저항 = ______________________ Ω

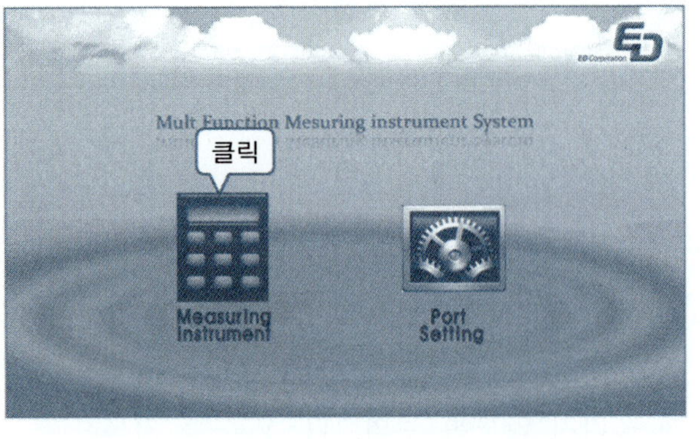

그림 1-11 ‹‹‹ 'Measuring Instrument'를 클릭

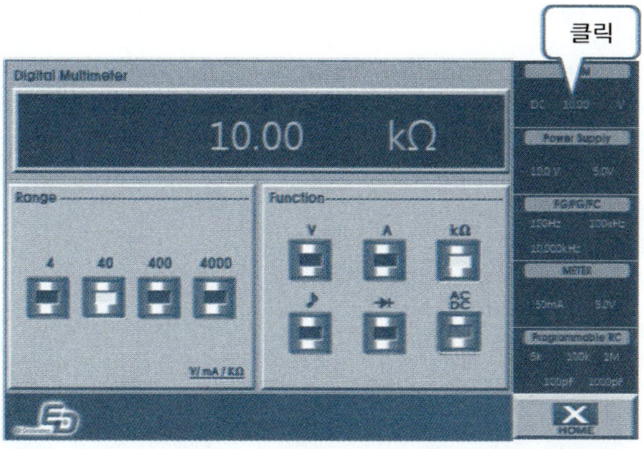

그림 1-12 ‹‹‹ 'DMM'을 클릭

23 이제 앞에서 전위차계 R_1과 콘덴서 C_1사이에 접속되었던 10kΩ 저항기를 떼어낸다. VR(R_1)의 단자 2에 100kΩ 전위차계의 단자 1을 접속하고 결합 콘덴서 C_1에 100kΩ VR의 단자 2를 접속하라. 100kΩ VR는 그림 1-13과 같이 장치되어야 한다.

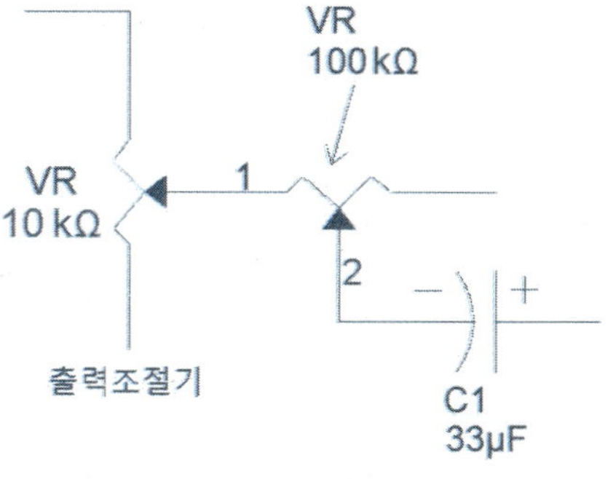

그림 1-13 ‹‹‹ 입력저항 측정을 위한 회로구성

24 100kΩ VR의 노브를 반시계방향으로(최소저항) 돌려 놓는다. 오실로스코프를 사용하여 V_{OUT}을 측정하고 이때 R_1의 노브를 조정하여 적당한 V_{OUT}의 값을 결정하지만 왜곡이 생기지 않는 범위 내에서 출력조절기를 조정하라. 그리고 나서 오실로스코프상에서 V_{OUT}의 첨두치 값을 구하여 아래에 기록하라.

V_{OUT} = ______________________ V_{P-P}

25 오실로스코프에서 V_{OUT}를 관찰하는 동안 실험순서 24에서 기록한 V_{OUT}의 첨두치가 정확하게 1/2로 떨어질 때까지 100kΩ VR의 노브를 오른쪽으로 돌려라.

26 100kΩ VR를 회로에서 분리시킨다. 이때 VR의 조정위치가 변하지 않도록 주의한다.

27 ED-2110의 LCD 화면에서 'DMM'을 클릭한다. 100kΩ VR의 단자 1과 2 사이의 저항을 측정하라. 여기서 측정된 저항은 증폭회로의 입력저항을 나타낸다. 이 입력 저항값을 아래에 기입하라.

입력저항 = ______________ Ω

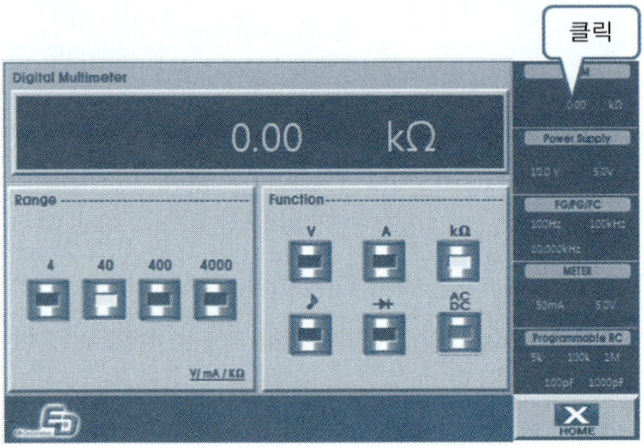

그림 1-14 ‹‹‹ 'DMM'을 클릭

6. 요점정리(실험순서 18~27)

이 부분의 실험에서 증폭회로의 입력저항과 출력저항을 결정했다. 출력회로에 가변저항기를 접속함으로써 출력저항을 결정할 수 있었고 이때 가변저항기의 노브를 조종하여 출력신호 전압이 1/2로 되게 함으로써 근본적으로 회로의 부하저항과 회로의 출력저항을 같게 하였다.

그리고 나서 이 부하저항을 ED-2110의 DMM으로 측정하여 부하저항값을 결정하였다. 여기서 출력저항이 대략 부하저항(R_4)의 값 또는 4.7kΩ에 대해 동등했다는 것을 알았을 것이며 이 부하저항기의 값은 실제 트랜지스터의 부하저항값(대략 40kΩ~50kΩ 정도)보다 매우 낮음을 알 수 있다. 그리고 이 저항기는 회로의 출력 임피던스를 결정한다.

부하저항기 R_4는 교류신호에 대해서는 트랜지스터에 보다 높은 출력저항(컬렉터와 이미터 사이의 저항)과 함께 효과적인 병렬회로를 구성한다. 또한 이미터 저항 R_5가 바이패스되었어도 교류신호에 아무런 영향을 주지 않았다.

다음의 실험에서도 이미 위에서 사용한 같은 방법으로 회로의 입력저항을 측정하였고 여기서도 같은 저항을 입력에 직렬로 삽입하여 다시 이 저항값을 조종하여 출력전압이 반으로 되게 하였다. 이때 가변저항의 값은 원래의 입력신호를 반으로 감소시켰기 때문에 증폭기의 입력저항과 같게 된다.

여기서 측정된 입력저항은 대략 3kΩ~4kΩ 사이가 된다. 증폭회로에서의 입력저항은 원래 트랜지스터의 내부 입력저항(베이스와 이미터 사이 저항)에 의하여 결정된다. 그러나 트랜지스터의 입력저항은 교류 입력신호가 관계되는 한 필수적으로 전압 분배 저항 R_2와 R_3에 대해 병렬로 되어 있다. 이 병렬 조합은 회로의 전체 입력저항을 나타낸다.

이미터 저항 R_5는 바이패스되었기 때문에 전체의 입력저항에 영향을 미치지 않았다. R_5가 바이패스되지 않았다면 입력 교류(AC)신호는 회로에서 트랜지스터의 내부 입력저항과 전체 입력저항과 직렬로 R_5가 되고 보다 높아질지도 모른다.

그러나 여기서의 측정은 R_5를 바이패스시켰고 이렇게 함으로써 이와 같은 회로에서는 정상 상태가 된다. 저항 R_2와 R_3은 효과적으로 트랜지스터의 입력저항을 분류시킴으로써 회로의 전체 입력저항은 낮추어진다.

7. 실험계속

28 실험회로가 그림 1-1과 같이 배선되어 있는가를 확인하고 또한 VR(R_1)의 노브가 반시계방향으로 끝까지 돌려져 V_{IN}이 0이 되도록 되어 있는지 확인한다.

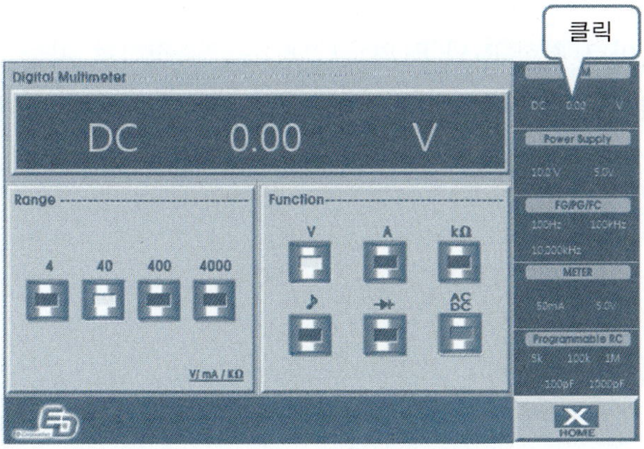

그림 1-15 ‹‹‹ 'DMM'을 클릭

29 ED-2110의 LCD 화면에 구성된 아이콘에서 ‘DMM’을 클릭한다. 이미터 저항 R_5의 양단 직류전압을 측정하여 이 전압을 아래에 기록하라.

R_5양단 전압 = ____________________VDC

30 같은 방법으로 R_3의 양단 직류전압을 측정하여 아래에 기록하라.

R_3양단 전압 = ____________________VDC

31 이번에는 실험순서 29와 30에서 구한 R_3양단전 압과 R_5양단 전압의 차를 구하여 아래에 기록하라.

전압차 ____________________________VDC

32 실험순서 31에서 구한 전압차는 트랜지스터의 순방향 전압강하를 나타낸다. 이 전압강하의 값은 트랜지스터가 실리콘이나 게르마늄으로 제작되었는가를 가리키며 위의 경우는 무엇으로 제작되었는가를 생각해 보라.

________________________________으로 제작

33 ED-2110의 전원을 끈다.

8. 요점정리(실험순서 28~33)

최종 실험에서 이미터 저항 R_5와 R_3의 전압강하를 측정하여 이들 전압의 차이를 구하여 트랜지스터의 이미터 접합에서의 순방향 전압강하를 구하였다. 여기서 구한 이 순방향 전압강하는 약 0.7V로 나타나게 되고 이것은 이 트랜지스터가 실리콘으로 제작되었음을 의미한다.

02 직류 증폭기

1. 목 적

트랜지스터의 β와 이미터 저항값에 의해 증폭기의 입력저항이 얼마의 영향을 받는가를 실험을 통하여 알아보고 β가 Darlington 회로에서 얼마나 증폭하는가를 설명하기 위함이다.

2. 서 론

어떤 증폭기든지 중요한 특징은 입력저항이다. 이미 반도체 이론에서 배운 것과 같이 컬렉터 접지 증폭기의 입력저항은 트랜지스터의 β에 이미터 저항을 곱한 것과 같음을 알 수 있을 것이다. 이를 식으로 표시하면 $R_{IN} = \beta \times R_E$이다.

이와 같은 것을 쉬운 방법으로 보여주기 위하여 R_{IN}저항을 RC 회로의 저항으로 사용하여 β와 R_E의 값을 변화시켜 R_{IN}의 시정수를 변화시키는 것이다. 이때 이 시정수를 조심스럽게 측정함으로써 R_{IN}에 미치는 영향을 결정할 수 있다.

➪ 필요 부품 및 기기

- ED-2110 : 1대
- 오실로스코프 : 1대
- 세라믹 콘덴서 100pF : 1개
- 마일러 콘덴서 1000pF : 2개
- 실리콘 다이오드(IN 4002) : 1개
- NPN 트랜지스터 : 2개

3. 실험순서

1 ED-2110의 전원 스위치가 꺼져 있는 상태에서 그림 2-1의 RC 필터 회로를 배선하고 회로구성이 완료되면 ED-2110의 전원 스위치를 ON한다.

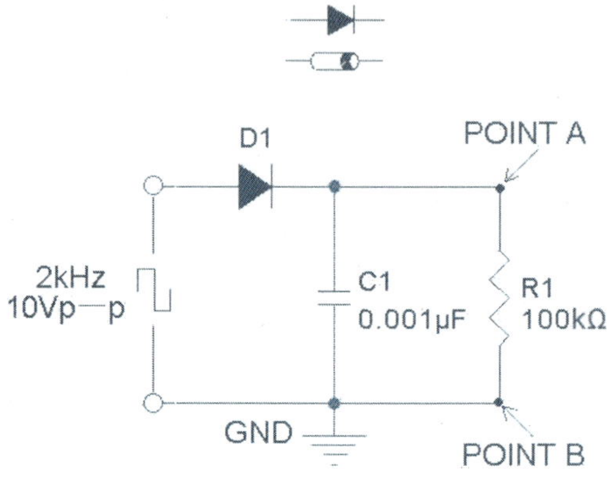

그림 2-1 ‹‹‹ 실험회로

2 오실로스코프에 전원을 넣은 후 적절히 조정하여 트리거를 INT로 하고 HORIZONTAL 스위프 타임은 0.1ms가 되게 Display시킨다.

3 오실로스코프의 접지 리드를 회로의 B점에 접속하고 V신호 리드는 A점에 접속시킨다.

4 ED-2110의 LCD 화면에 구성된 아이콘에서 ‘Measuring Instrument’ 클릭한다.

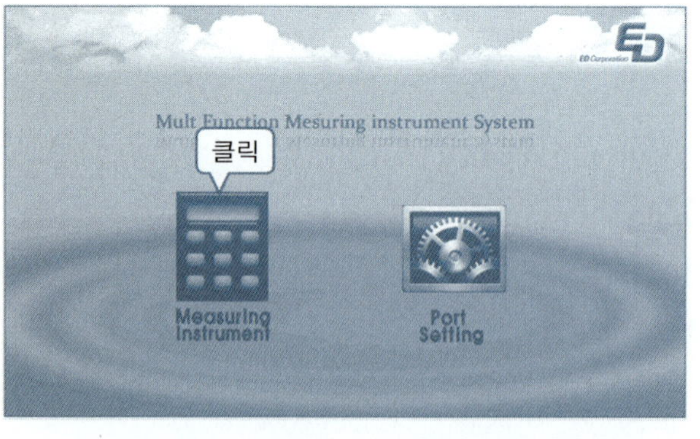

그림 2-2 ‹‹‹ ‘Measuring Instrument’ 클릭

5 LCD 화면에서 'Programmble RC' 아이콘을 선택한 후 실험에 사용될 값에 해당하는 범위의 화면을 클릭한다.

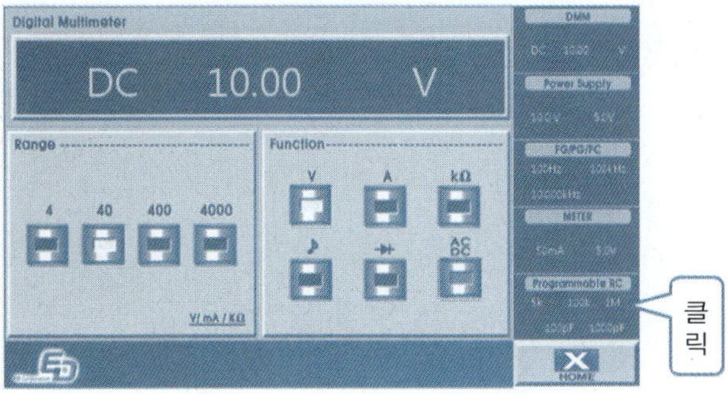

그림 2-3 ‹‹‹ 'Programmble RC' 아이콘을 선택

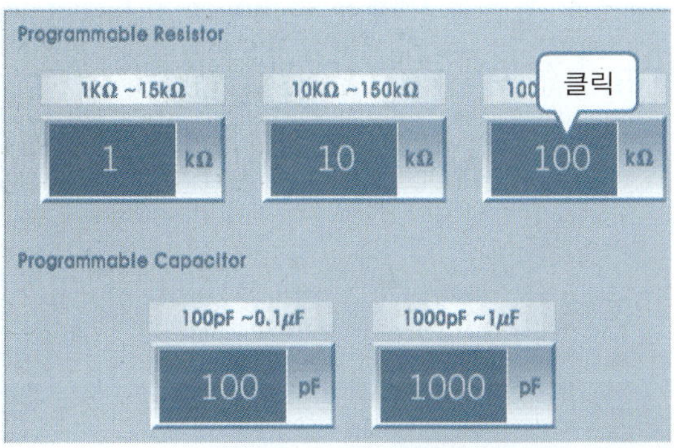

그림 2-4 ‹‹‹ 실험에 사용될 값에 해당하는 범위의 화면을 클릭

6 LCD 화면에서 실험에 사용된 저항값(10kΩ)을 설정한 후 OK 버튼을 클릭한다. 설정값은 BCD 방식을 이용하여 설정한다.

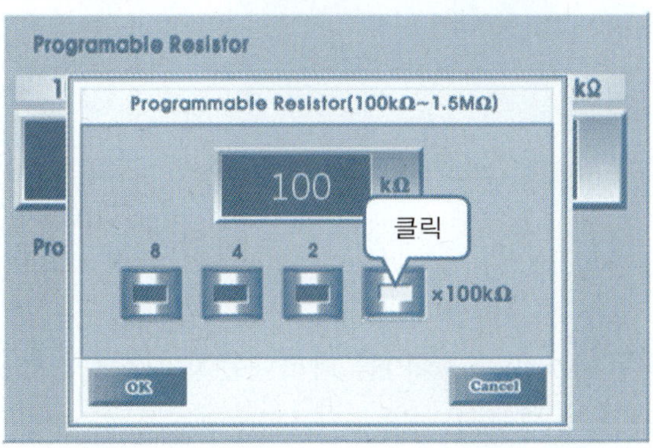

그림 2-5 ‹‹‹ 실험에 사용된 저항값(10kΩ)을 설정한 후 OK 버튼을 클릭

7 LCD 화면에서 'FG/PG/GC'을 선택한다.

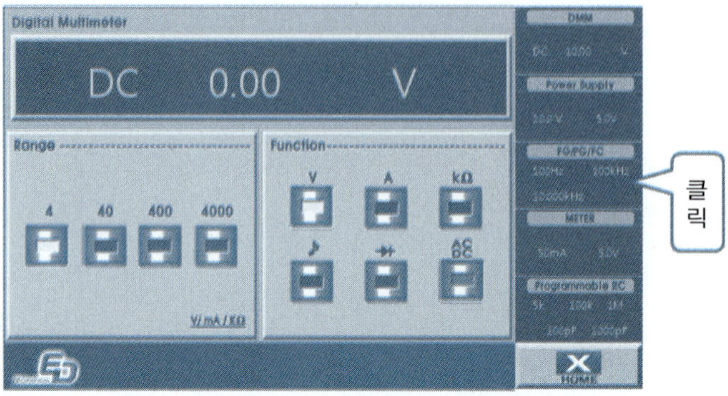

그림 2-6 ‹‹‹ 'FG/PG/GC'을 선택

8 패널 좌측의 주파수조정 볼륨을 이용하여 'Function Generator'에 표시되는 입력주파수가 구형파 2kHz가 되도록 조정한다.

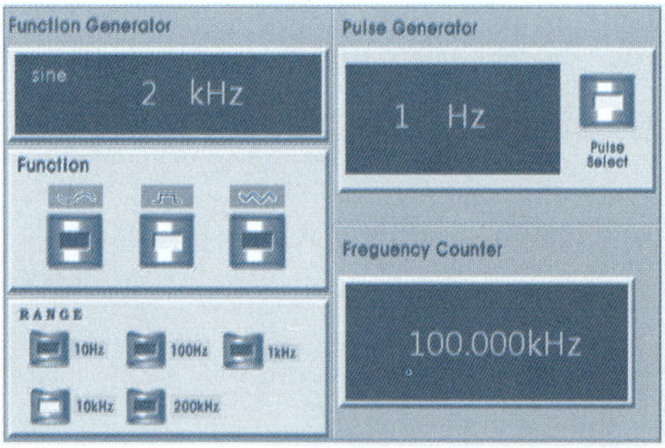

그림 2-7 ‹‹‹ 입력주파수가 구형파 2kHz가 되도록 조정

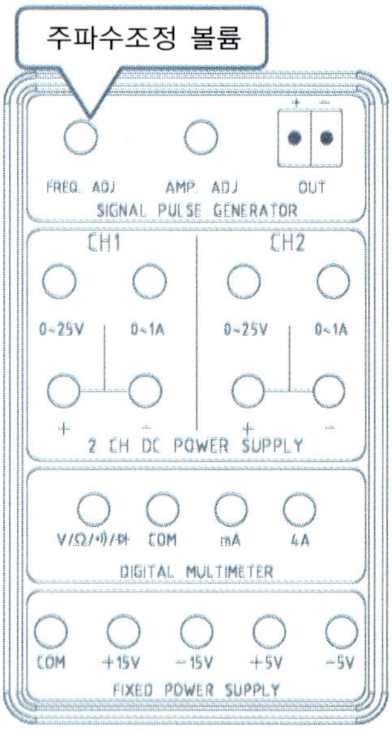

그림 2-8 ‹‹‹ 주파수조정 볼륨을 이용하여 'Function Generator'에 구형파 조정

9 신호가 10V의 첨두치(peak-to-peak)를 나타내는지 오실로스코프를 이용하여 확인하고 진폭조정 볼륨을 조정하여 맞춘다. 그리고 Input 단자에 연결시킨다.

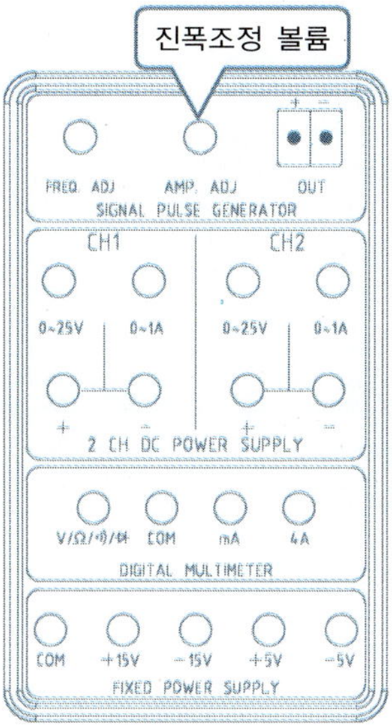

그림 2-9 ‹‹‹ 오실로스코프를 이용하여 확인하고 진폭조정 볼륨을 조정

10 그림 2-12에 보인 것과 같이 오실로스코프의 조정장치를 사용하여 파형의 높이가 정확히 5cm가 되게 한다. 또한 ED-2110의 주파수조정 볼륨을 사용하여 그림 2-12의 C점이 정확히 그림과 같은 위치에 오도록 한다. 이때, 오실로스코프의 측정 Range를 0.1ms/0.5$V_{P\text{-}P}$에 설정한다.

11 그림 2-12의 C점에서 D점으로 떨어지는 시간을 측정한다. 여기서 D점은 파형의 최대점의 37%까지 강하하는 점이 된다. 시간을 아래에 기록하라.

Time = ______________ μs

12 LCD 화면에서 'Programmable RC' 아이콘을 선택한 후 저항값을 100kΩ에서 10kΩ으로 바꾸어 설정한다. 또한 회로의 배선도 10kΩ으로 변경한다.

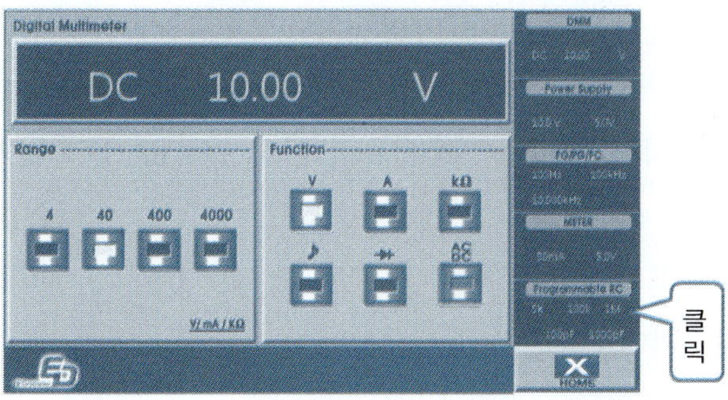

그림 2-10 ‹‹‹ 'Programmable RC' 아이콘을 선택

2장

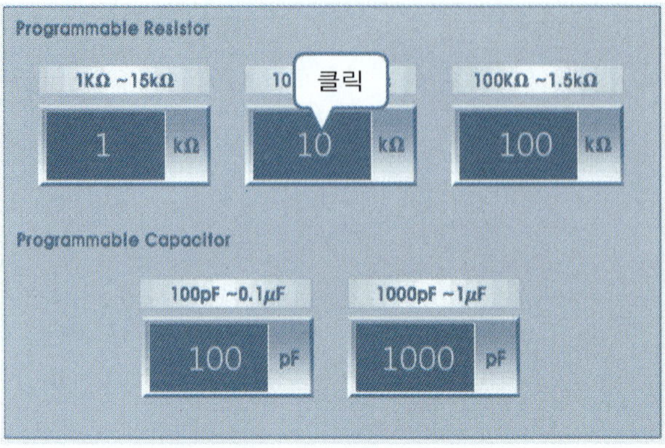

그림 2-11 ‹‹‹ 저항값을 100kΩ에서 10kΩ으로 바꾸어 설정

13 오실로스코프의 스위프 타임을 조정(50μs 정도)하여 실험순서 10을 실시하여 위의 그림 2-12와 같은 파형이 되게 한다.

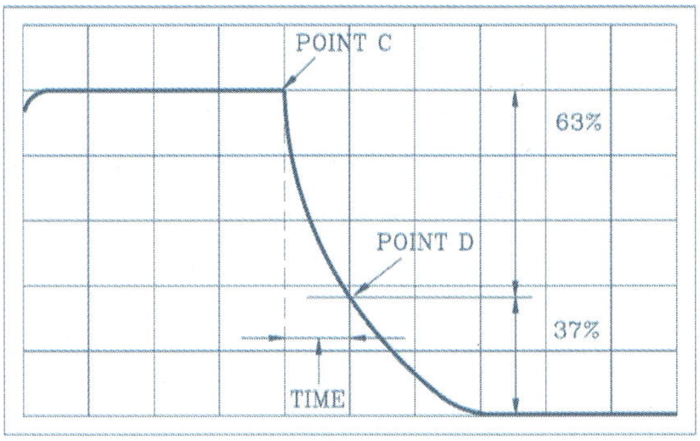

그림 2-12 ‹‹‹ 파형

14 실험순서 11에서와 같은 방법으로 C점에서 D점까지의 시간을 측정하여 아래에 기록하라.

Time = ________________ μs

15 시정수를 구하는 식 TC = R×C를 이용하여 다음의 RC회로의 시정수를 구하여 아래에 기록하라.

(가) 100kΩ 저항과 0.001μF의 TC = ________________ μs

(나) 10kΩ 저항과 0.001μF의 TC = ________________ μs

4. 요점정리(실험순서 1～15)

충전 및 방전비는 시정수로 결정하며 이 시정수는 콘덴서가 그 전압의 63%까지 방전하는데 요하는 시간으로서 정의된다. 이 실험에서는 특정 RC 필터 회로에 대해서 시정수를 측정하였고 또한 산출하였다. 실험순서 11에서 측정한 시정수는 대략 100μs정도였고 실험순서 15의 (가)에서는 이와 같이 산출되었다.

실험순서 14에서 측정한 시정수는 약 10μs 정도이고 그 산출값은 10μs가 된다. 필터 회로의 부품의 오차 및 오실로스코프상의 조정 및 측정상의 오차로 실험순서 11과 15의 (가)에서는 약 50μs이내의 오차를 기대할 수 있고 실험순서 14와 15의 (나) 사이에는 약 5μs 이내의 오차를 기대할 수 있다.

그림 2-1에서 구형파 펄스는 다이오드를 통하여 콘덴서를 충전시키는데 사용되었다. 다이오드 D_1은 도통을 하게 되어 마치 저항처럼 된다.

시정수는 두 소자(C_1 및 R_1)에 직접적으로 관계되므로 아주 긴 시정수는 큰 값의 소자가 요구된다. 이럴 경우 다음 구형파의 leading edge는 콘덴서에 충전된 전압이 완전히 방전되기 전에 발생하게 되어 결과적으로 작은 첨두치(peak to peak) 전압을 발생시키게 된다. 이런 작용은 필터 회로의 기초가 되며 또 이런 필터는 직류 펄스를 평활시키는데 가끔 쓰인다.

실용적이 되게 하려면 이와 같은 회로는 다른 회로에 접속시켜야 하지만 그렇게 되면 접속시켜야 할 다른 회로가 부하가 되어 결과적으로 시정수가 짧아지게 된다. 이런 현상을 방지하기 위하여 쓰이는 것이 직류 증폭기로서 이들 두 회로 중간에 놓이게 함으로써 필터 회로의 출력측과 다른 회로의 입력측을 격리시켜 상호작용을 방지시킨다.

5. 실험계속

16 ED-2110의 전원 스위치를 끄고 그림 2-13의 회로를 배선한다.

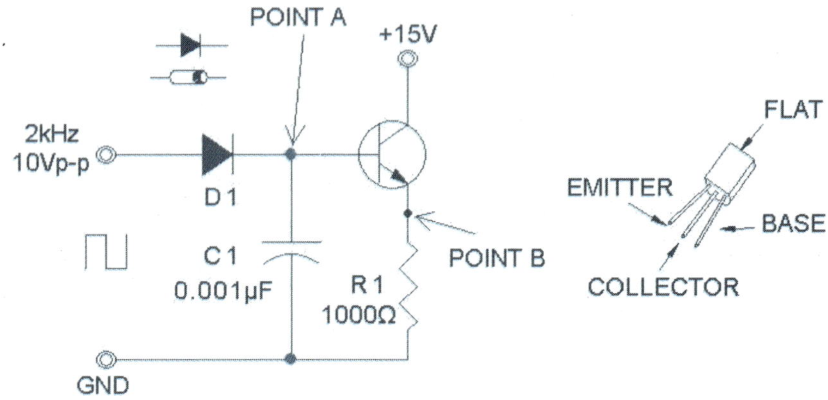

그림 2-13 ‹‹‹ 실험회로

17 ED-2110의 전원 스위치를 켜고 LCD 화면에 구성된 아이콘에서 'Measuring Instrument'를 클릭한다.

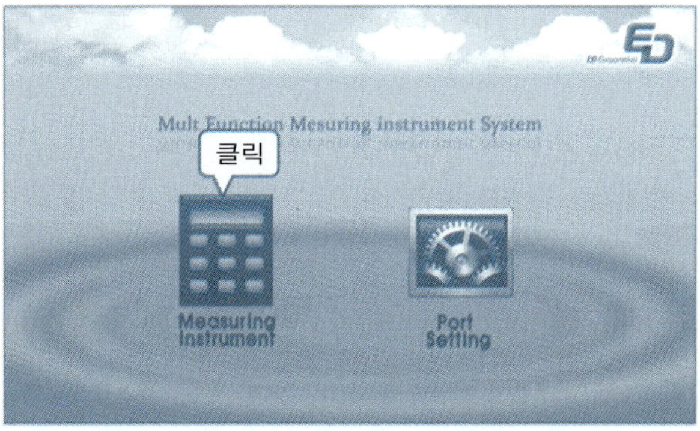

그림 2-14 ‹‹‹ 'Measuring Instrument'를 클릭

18 ED-2110의 LCD 화면에서 'Power Supply' 아이콘을 선택한다.

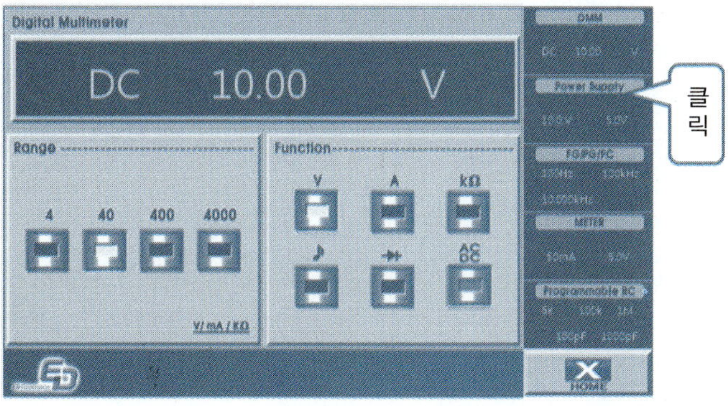

그림 2-15 ‹‹‹ 'POWER SUPPLY' 아이콘을 선택

19 패널 좌측 '2CH DC POWER SUPPLY'에 있는 0~25V 전압조정 볼륨을 이용하여 'Power Supply' 표시값이 15V가 되도록 조절한다. LCD 화면에서 OUT 버튼을 클릭한다.

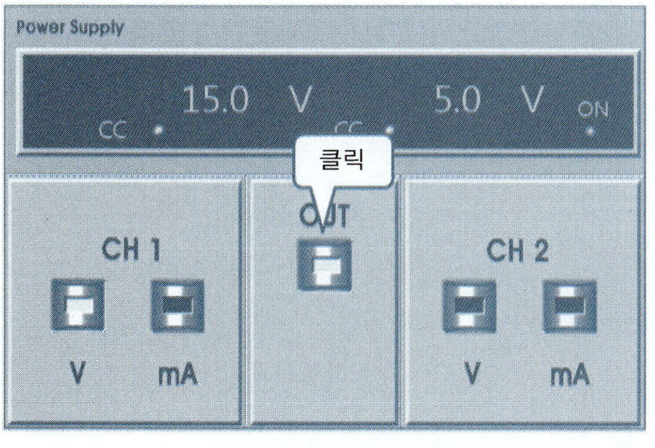

그림 2-16 ‹‹‹ 'Power Supply' 표시값이 15V가 되도록 조절

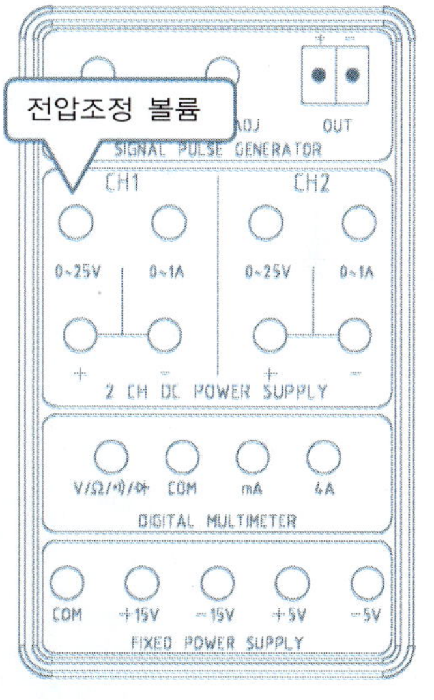

그림 2-17 ‹‹‹ '2CH DC POWER SUPPLY'에 있는 0~25V 전압조정 볼륨을 이용

20 A점과 접지를 오실로스코프에 접속하고 실험순서 8 ~ 10을 반복한다.

2장

21 그림 2-13의 A점과 B점에서 각각의 파형을 관찰하고 이때 두 파형이 A점에서 전압이 B점에서의 파형보다 약간 높은 것을 제외하고는 거의 같음에 주의하라. 오실로스코프의 리드선을 B점에 접속시켜 둔 채로 실험순서 11에서와 같은 방법으로 시정수를 측정하여 아래에 기록하라.

Time = ______________ μs

22 이번에는 R_1의 값을 2kΩ으로 바꾼다. 이렇게 하기 위하여 LCD 화면에 구성된 아이콘에서 'Programmable RC'를 클릭한 후 저항값을 2kΩ으로 설정한다. 이때 1kΩ을 R_1과 직렬로 접속시켜 이용한다.

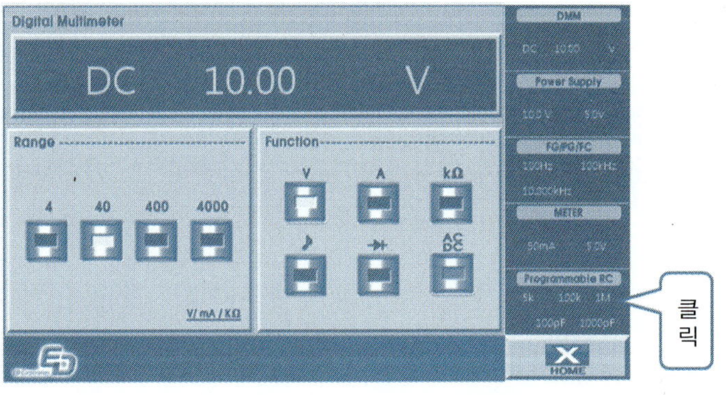

그림 2-18 ‹‹‹ 'Programmable RC'를 클릭

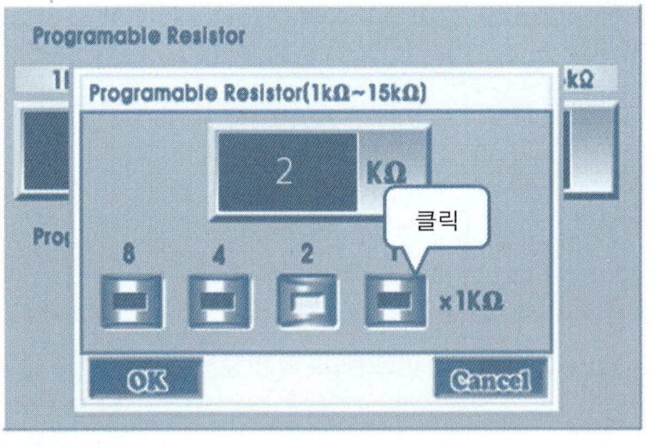

그림 2-19 ‹‹‹ 저항값을 2kΩ으로 설정

23 실험순서 11에서와 같은 방법으로 B점에서의 파형의 시정수를 측정하여 아래에 기록하라.

Time = ______________ μs

24 ED-2110의 전원 스위치를 끈다. 그림 2-20의 회로를 ED-2110에 배선한다.

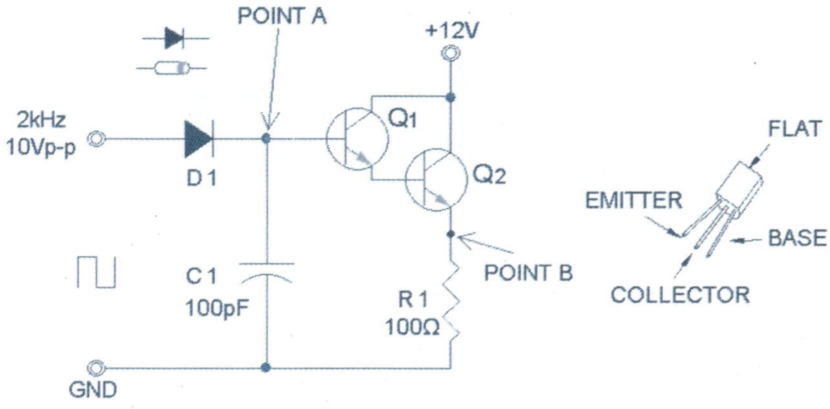

그림 2-20 ‹‹‹ 실험회로

25 ED-2110의 전원 스위치를 켜고 LCD 화면에서 'Measuring Instrument'를 클릭한다.

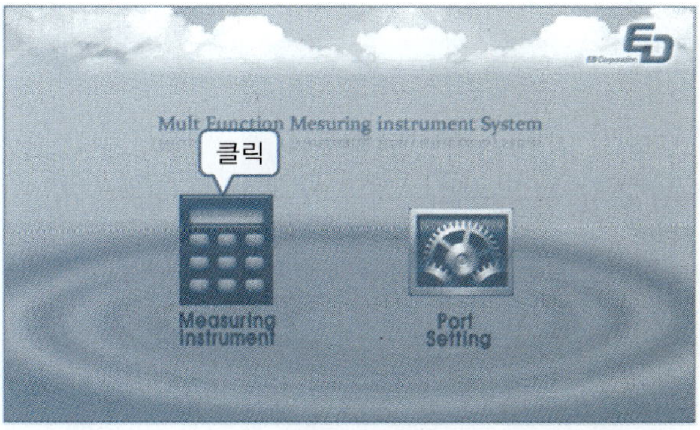

그림 2-21 ‹‹‹ 'Measuring Instrument'를 클릭

26 LCD 화면에서 'Power Supply' 아이콘을 선택한다.

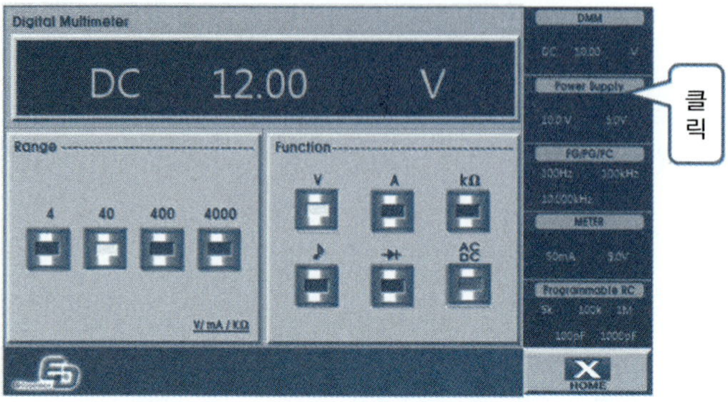

그림 2-22 ‹‹‹ 'Power Supply' 아이콘을 선택

27 패널 좌측 '2CH DC POWER SUPPLY'에 있는 0~25V 전압조정 볼륨을 이용해 'Power Supply' 표시값이 12V가 되도록 조절한다. LCD 화면에서 OUT 버튼을 클릭한다.

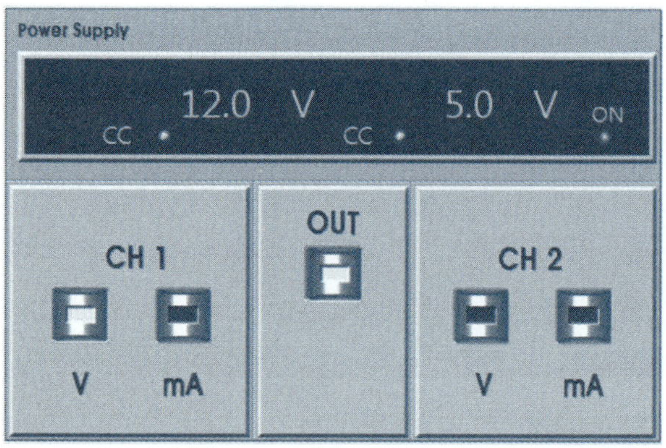

그림 2-23 ‹‹‹ 'Power Supply' 표시값이 12V가 되도록 조절

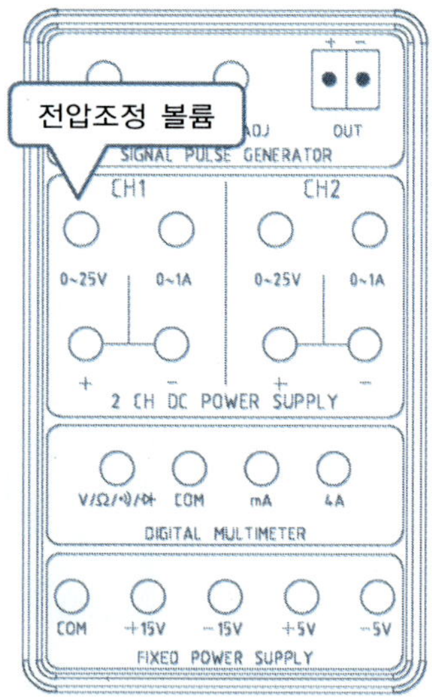

그림 2-24 ‹‹‹ '2CH DC POWER SUPPLY'에 있는 0~25V 전압조정 볼륨을 이용

28 그림 2-20의 B점과 접지 간의 파형을 관찰하라. 이때, 오실로스코프는 $0.2V_{P-P}$ 50μs에 맞춘 다음 실험순서 10을 실시한다.

29 실험순서 11과 같이 B점에서의 파형에 대한 시정수를 측정해 아래에 기록한다.

Time = ______________ μs

6. 요점정리(실험순서 16~29)

높은 임피던스 회로와 낮은 임피던스 회로를 서로 결합시키는데는 컬렉터 접지 직류 증폭기를 사용함으로써 편리한 방법이 된다. 앞에서 100kΩ 저항을 부하저항으로 대신하여 회로에 배선했을 때 0.001μF 콘덴서의 방전시간(전압의 63%까지)은 100μs가 걸린다.

그림 2-13에서는 부하저항을 이미터 회로에 삽입하여 콘덴서로부터 격리시켰다. 이때 부하저항은 1000Ω으로 감쇠되었고 이 회로에서 콘덴서의 방전율은 트랜지스터의 베이스 회로에 의한 입력저항에 따라 결정되게 된다.

실험순서 21에서는 베이스와 이미터에서의 파형이 거의 같음을 알았고 단지 베이스 전압이 이미터 전압보다 근소하게 높은 것뿐이다.

컬렉터 접지회로의 입력저항은 대체적으로 트랜지스터의 β에 이미터 저항을 곱한 것과 거의 같고 이 실험에서 사용된 트랜지스터의 β의 값은 40에서 400정도이고 여기서는 약 100이 된다.

실험순서 21에서 측정된 시정수는 약 100μs가 되고 이 값은 트랜지스터의 β의 값에 따라 약간의 차이는 있을 수 있다.

이미터 저항을 2000Ω으로 증가시킴으로써 트랜지스터의 입력저항을 증가시켰다. 여기서 2000Ω의 이미터 저항에 β의 값 100을 곱하여 200,000Ω의 입력저항의 값을 얻게 되어 이 저항값이 콘덴서와 병렬로 되어 실험순서 23에서 구한 시정수(200μs)와 같은 값을 얻게 된다.

그림 2-20에서와 같이 컬렉터 접지 증폭기 다음에 Darlington 증폭기가 따를 경우 입력저항은 아주 높아진다. 이와 같은 결과는 Q_1의 β와 Q_2의 β에 이미터 저항을 모두 곱한 것이 되기 때문이다. 각 트랜지스터의 β가 각각 100이라 생각하면 이 회로의 입력저항은 1MΩ이 된다. 이 저항이 100pF의 콘덴서와 함께 100μs의 시정수가 되어 실험순서 29에서 구한 값과 같게 된다(시정수 값의 약간의 오차는 β값의 오차에 의하여 생긴다).

2장

03 상보대칭형 전력 증폭기

1. 목 적

상보대칭형의 일그러짐(distortion)을 실험을 통해 알아본다. 상보대칭형의 왜곡을 식별하는데 오실로스코프를 사용하여 파형을 관측한다.

2. 서 론

이 실험에서 구성하는 전력 증폭기는 많은 소형 라디오 수신기 및 텔레비전 수상기에서 이용된다. 설계자가 이 회로를 자주 이용하는 이유는 무신호에 대한 전력소모가 적고 가격이 저렴하기 때문이다.

이 실험에서는 입력신호의 변화와 또 바이어스 전압이 변화할 때의 파형을 관찰하며 증폭기의 종단에서는 스피커를 이용하여 두 가지 다른 왜곡에 대해 들어본다. 이와 같은 왜곡은 대부분 소자의 결핍이나 잘못된 설계에서 기인된다.

그림 3-1의 정현파는 증폭기에 인가되는 신호를 나타내며 정현파 신호의 T_1과 T_2의 구간은 Q_1이 도통되어 있는 상태이며 T_2과 T_3의 구간은 Q_1이나 Q_2가 도통할 수 있는 입력레벨에 미치지 못하여 입력신호 변화에 따른 출력신호를 얻지 못하는 구간이 되어 이 구간을 사지역(dead zone)이라 한다. 이와 같이 한 트랜지스터의 도통에서 다른 트랜지스터의 도통으로 넘어갈 때 생기는 왜곡을 크로스오버(crossover) 왜곡이라 한다.

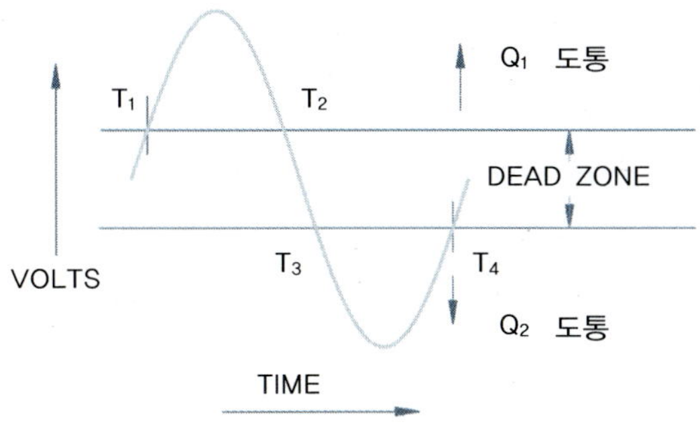

그림 3-1 ‹‹‹ GENERATOR의 신호 전압

필요 부품 및 기기

- ED-2110 : 1대
- 오실로스코프 : 1대
- 저항 4.7Ω, 1/4W 5% : 1개
- 저항 100Ω, 1/4W 5% : 2개
- 저항 330Ω, 1/4W 5% : 2개
- 저항 4.7kΩ, 1/4W 5% : 1개
- 저항 8.2kΩ, 1/4W 5% : 1개
- 저항 10kΩ, 1/4W 5% : 1개
- 저항 47kΩ, 1/4W 5% : 1개
- 전해 콘덴서 10μF : 1개
- 전해 콘덴서 33μF : 1개
- 전해 콘덴서 220μF : 1개
- 전해 콘덴서 0.1μF : 1개
- 마일러 콘덴서 0.1μF : 1개
- stabistor 다이오드 : 1개
- NPN 트랜지스터 : 2개
- PNP 트랜지스터 : 1개

3. 실험순서

1 ED-2110의 전원 스위치를 끄고 그림 3-2의 회로를 배선한다. 출력조절기(R_1)의 노브를 시계방향으로 돌릴수록 큰 신호가 되는데 주의하라.

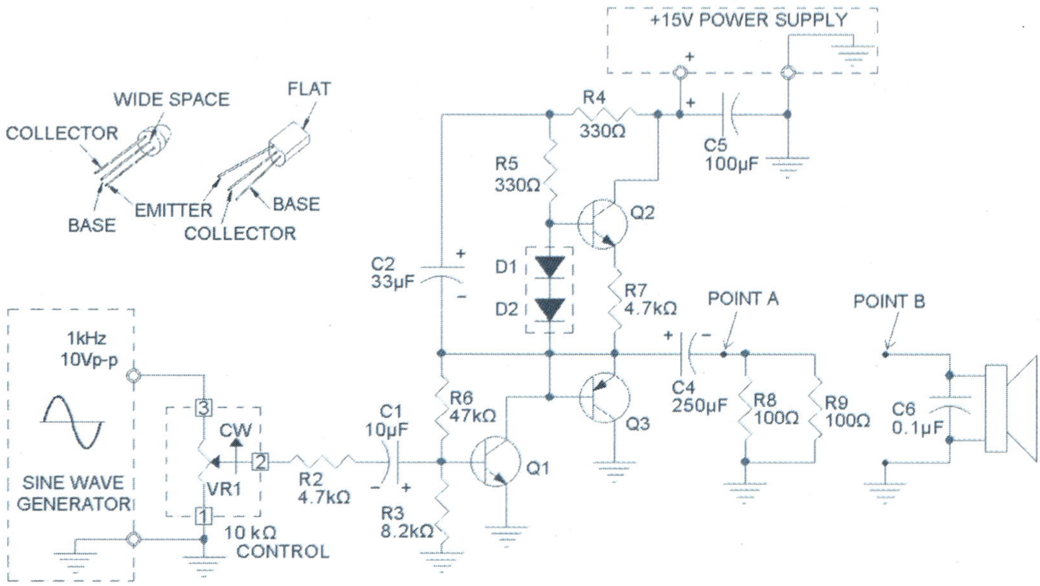

그림 3-2 <<< 실험회로

2 ED-2110에 전원을 넣고 R_1의 노브를 반시계방향으로 끝까지 돌려놓는다. LCD 화면에 구성된 아이콘에서 'Measuring Instrument'를 클릭한다.

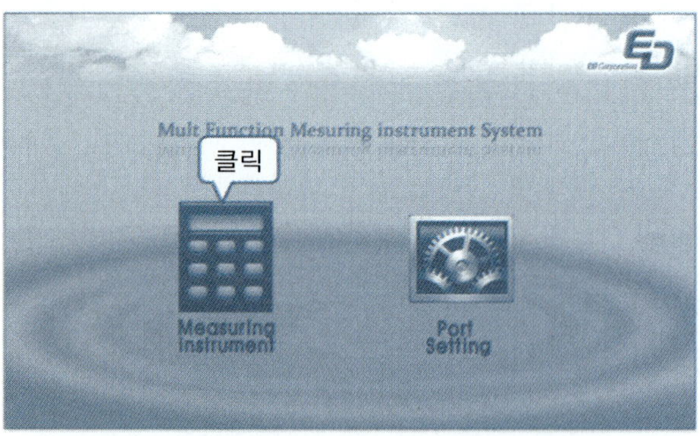

그림 3-3 <<< 'Measuring Instrument'를 클릭

3 LCD 화면의 ‘Power Supply’를 클릭한다. 패널 좌측 ‘2CH DC POWER SUPPLY’에 있는 전압조정 볼륨을 이용해서 ‘Power Supply’ 표시값이 15V가 되도록 조절한다.

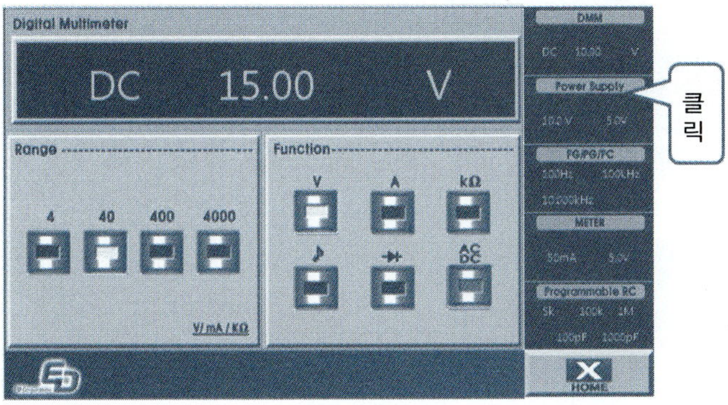

그림 3-4 ‹‹‹ ‘Power Supply’ 표시값이 15V가 되도록 조절

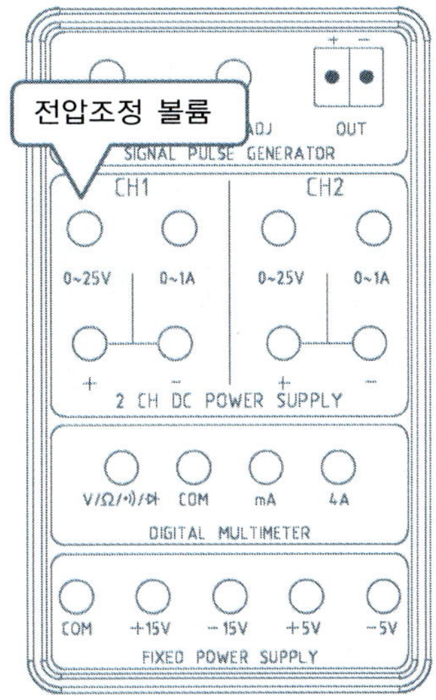

그림 3-5 ‹‹‹ ‘2CH DC POWER SUPPLY’에 있는 전압조정 볼륨을 이용

4 LCD 화면에서 ‘FG/PG/FC’을 선택한다.

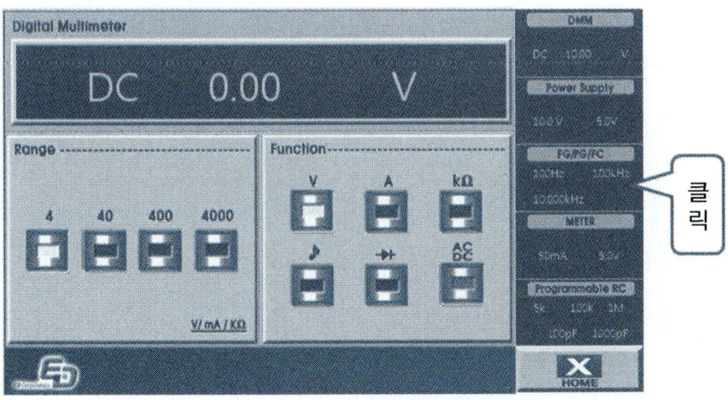

그림 3-6 ‹‹‹ ‘FG/PG/FC’을 선택

5 패널 좌측의 주파수조정 볼륨을 이용하여 'Function Generator'에 표시되는 주파수 값이 1kHz가 되도록 조정한다.

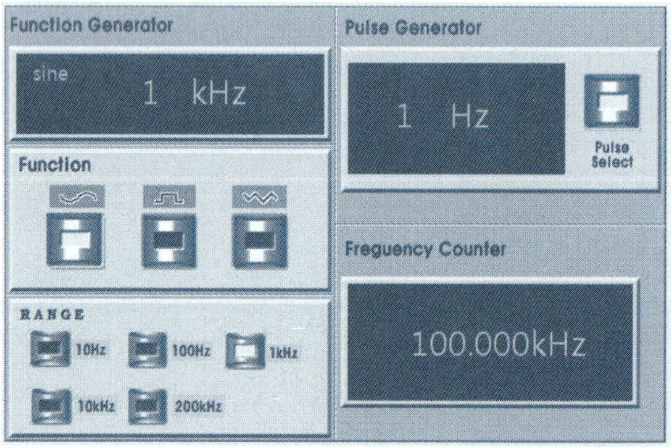

그림 3-7 ‹‹‹ 주파수값이 1kHz가 되도록 조정

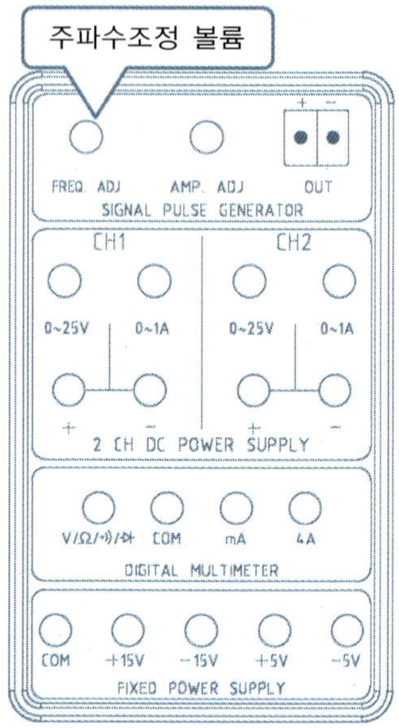

그림 3-8 ‹‹‹ 주파수조정 볼륨을 이용

6 오실로스코프를 조정하여 TIME/DIV은 0.2ms로 VOLT/DIV은 $2V_{P-P}$로 하여 놓는다. 오실로스코프의 리드를 그림 3-2의 회로의 A점과 접지 간에 연결한다.

7 오실로스코프의 입력을 잠깐 동안 접지와 단락시키고서 VOLT/DIV를 조정하여 트레이스가 오실로스코프의 중간에 오도록 하고 입력을 원상태로 해놓는다.

8 출력조절기(R_1)의 노브를 시계방향으로 돌려서 파형의 위나 아래 부분이 깎여서 평탄하게 되기 직전에서 고정시킨다. 이때의 파형의 첨두치 간 전압을 오실로스코프 상에서 측정하여 아래에 기록한다.

첨두치 전압 = ______________ V_{P-P}

9 다음의 식을 이용하여 증폭기의 출력전력을 산출하여 기록하라. 이때 실험순서 8에서 구한 첨두치를 실효값 전압으로 환산할 때는 0.353을 곱하면 된다. 또 이 전압은 50Ω양단에서 측정되었음에 주의하라.

$$P = \frac{E^2}{R}$$

P = ________________ W 또는 ________________ mW

10 ED-2110의 전압조정 볼륨을 사용하여 +10V가 되게 하고서 실험순서 8과 9에서와 같은 방법으로 전압과 전력을 구한다.

첨두치 전압 = ________________ $V_{P\text{-}P}$

전력 = ________________ W 또는 ________________ mW

11 출력조절기(R_1)의 노브를 반시계방향으로 끝까지 돌려놓는다. 그리고 별도의 스피커를 준비한다.

12 회로에서 R_8과 R_9의 연결을 분리해낸다. 스피커 도선을 A점과 접지 간에 연결시키고 그림 3-2에 보인 것과 같이 0.1μF 콘덴서를 스피커 양단에 접속시킨다.

13 LCD 화면의 'Power Supply' 아이콘을 선택한다. 패널 좌측의 전압조정 볼륨을 이용해서 'Power Supply' 표시값이 15V가 되도록 조절한다.

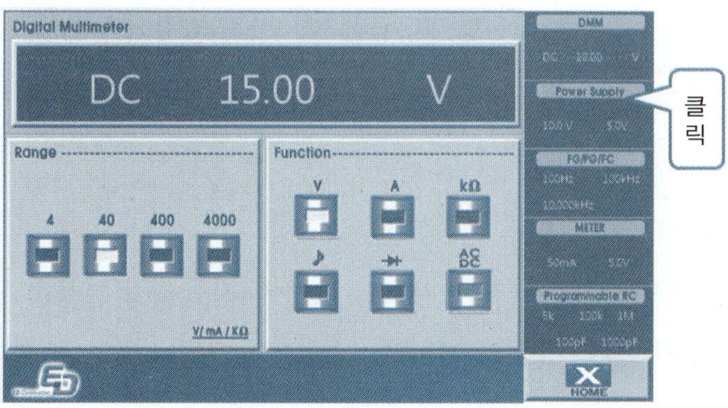

그림 3-9 ‹‹‹ 'Power Supply' 아이콘을 선택

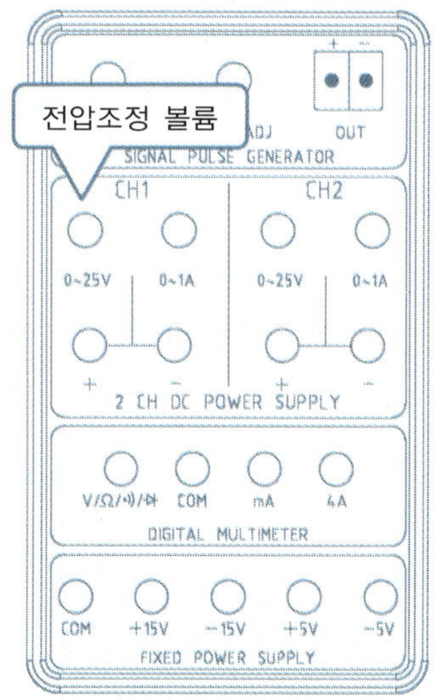

그림 3-10 ‹‹‹ 전압조정 볼륨을 이용

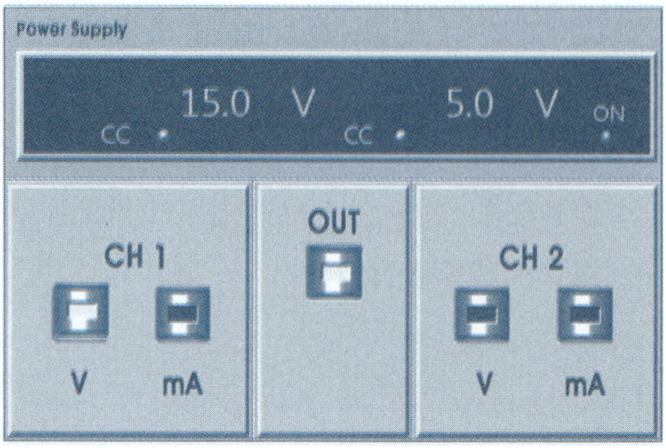

그림 3-11 ‹‹‹ 'Power Supply' 표시값이 15V가 되도록 조절

14 오실로스코프를 스피커 양단에 접속시킨다. 그리고 출력조절기(R_1)의 노브를 조정하여 듣기 좋은 정도의 음량으로 낮춘다.

15 오실로스코프의 VOLT/DIV을 조정하여 파형이 오실로스코프면의 반정도 차지하도록 한다.

16 반복해서 점퍼선으로 D_1, D_2 양단을 단락시켰다 개방시켰다 하면서 오실로스코프의 화면을 관찰하고 스피커 소리도 들어본다.

17 출력조절기(R_1)의 노브를 시계방향으로 돌리면서 파형이 찌그러지기 시작하는 바로 직전에 멈추고서 실험순서 16과 같은 방법으로 다시 해 본 다음 점퍼선을 떼어 놓는다. 위의 실험에서 어떤 경우에 더 찌그러지는지 아래 해당란에 표시하라.

________________ 높은 음량에서

________________ 낮은 음량에서

18 왜곡이 들리거나 오실로스코프상에 찌그러짐이 나타날 때까지 전압조정 볼륨을 반시계방향으로 돌린다. 이때 LCD 화면에서 'DMM'을 클릭하여 출력전압을 측정한다. 그리고 나서 다시 전압조정 볼륨을 돌려 15V가 되게 한다.

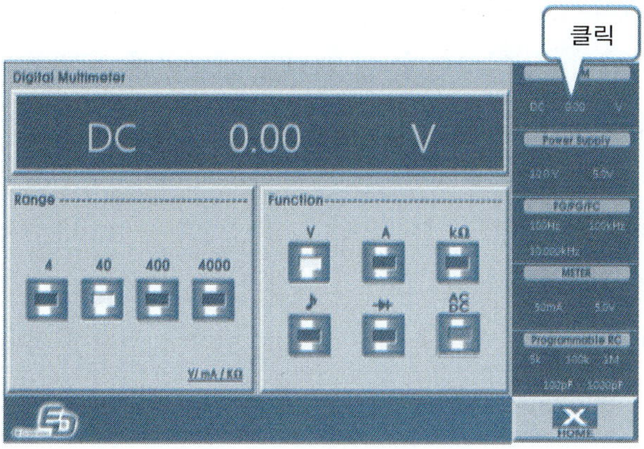

그림 3-12 ‹‹‹ 'DMM'을 클릭

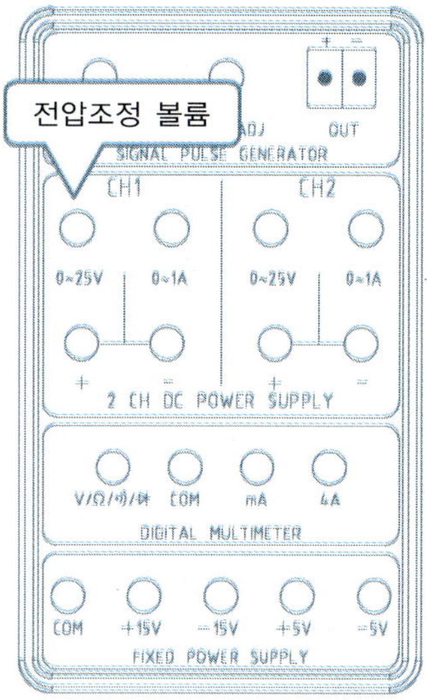

그림 3-13 ‹‹‹ 전압조정 볼륨을 조정

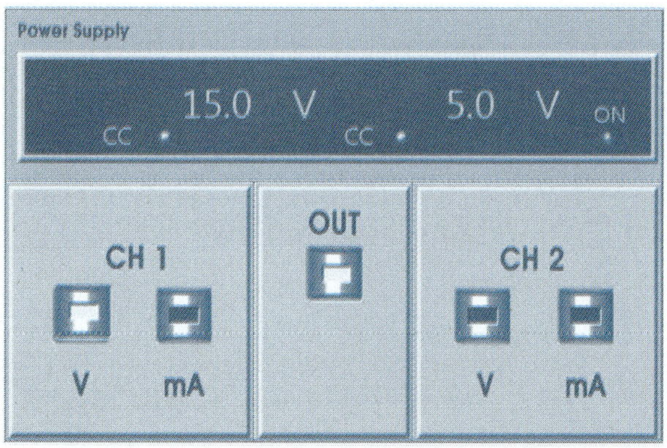

그림 3-14 ‹‹‹ 전압조정 볼륨을 돌려 15V가 되게 한다

19 출력조절기(R_1)의 노브를 반시계방향으로 돌려 소리가 약하게 들리게 하고서 실험 순서 18을 다시 반복한다. 위의 실험에서 어떤 경우에 더 찌그러지는지 아래 해당란에 표시하라.

_______________ 높은 음량에서

_______________ 낮은 음량에서

4. 요점정리(실험순서 1~19)

이 실험에서 구성한 회로는 소형 라디오 수신기에서 사용되는 완전한 전력 증폭회로이다. 이 회로의 출력전력은 약 100mW에서 1W정도이다. 이 출력은 공급전원, 트랜지스터의 출력규격 및 스피커의 임피던스에 따라 결정된다. 즉, 이 증폭기의 출력전력은 얼마만한 교류전압이 부하저항에 공급되느냐에 따라 결정된다.

이 실험의 경우에는 100Ω의 저항 2개를 병렬로 하여 50Ω의 부하를 만들었고 이 저항값은 각자 실험에 사용한 소형 스피커의 임피던스인 8Ω에 가깝다.

그림 3-2에서 출력신호는 Q_2 및 Q_3의 도통과 차단을 교번적으로 행하여 부하저항에 공급된다. 그러므로 최대 교류전압은 공급 직류전압과 거의 같아질 수는 있으나 직류 값보다 커지지는 못한다.

실험순서 8에서 기록된 첨두치 전압은 15V보다 낮게 나타났고 이 값이 만약에 $10V_{P\text{-}P}$였다면 이 값은

$$10V_{P\text{-}P} \times 0.353 = 3.53V_{rms}$$

가 된다. 실험순서 9에서의 출력전력은

$$\frac{E^2}{R} = P = \frac{(3.53)^2}{50} = 0.249W \text{ 또는 } 249mW$$

가 된다.

실험순서 16과 17에서 크로스오버 왜곡에 대해서 오실로스코프로 보았고 또 스피커로도 들어보았다. 이와 같은 왜곡은 음성신호의 음색을 저하시킨다. 이와 같은 현상은 음량이 낮을 때 나타나며 또 음량을 과다하게 올렸을 때는 파형에 사지역(dead zone)이 생겨 음색을 저하시킨다.

실험순서 18과 19에서 전원을 조정하여 마치 공급전원이 불량일 경우와 같이 하여 왜곡을 실험하였다. 이럴 때도 마찬가지로 음색이 나빠지고 특히 음량을 낮추었을 때 더욱 심하게 나타난다.

04 차동 증폭기

1. 목 적

차동 증폭기(differential amplifier)의 특성에 대하여 조사한다.

2. 서 론

이 실험에서는 차동 증폭기를 구성하고 또 실험을 한다.

여기서 사용되는 트랜지스터는 같은 규격이어야 한다. 규격이 다르게 되면 V_{BE}가 달라지게 되며 또 평형이 되지 않기 때문에 한쪽 트랜지스터에 다른 트랜지스터보다 더 많은 전류가 흐르게 되므로 이런 것을 보상하기 위해서는 VR를 그림 4-1에서 보인 것과 같이 구성하여서 입력신호가 없을 때 이미터 저항을 조정하여 컬렉터 전압이 같도록 한다.

필요 부품 및 기기

- ED-2110 : 1대
- 오실로스코프 : 1대
- NPN 트랜지스터(C3198) : 3개
- 저항 4.7kΩ, 1/4W 5% : 2개
- 저항 10kΩ, 1/4W 5% : 2개
- 저항 2.2kΩ, 1/4W 10% : 1개
- 저항 33kΩ, 1/4W 10% : 1개
- 저항 47kΩ, 1/4W 10% : 1개
- 저항 100Ω, 1/4W 5% : 1개
- 전해 콘덴서 10μF : 1개
- Audio Transformer : 1개

3. 실험순서

1 ED-2110의 전원이 꺼져 있는가를 확인한 다음 전원 플러그를 꽂고 그림 4-1과 같이 회로를 배선한다.

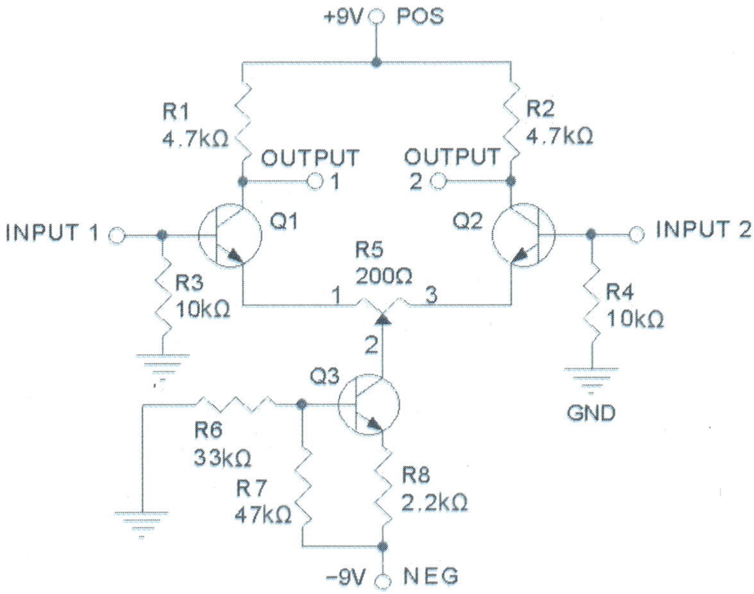

그림 4-1 ‹‹‹ 실험회로

2 ED-2110의 전원 스위치를 켜고 LCD 화면에서 'Measuring Instrument'를 클릭한다.

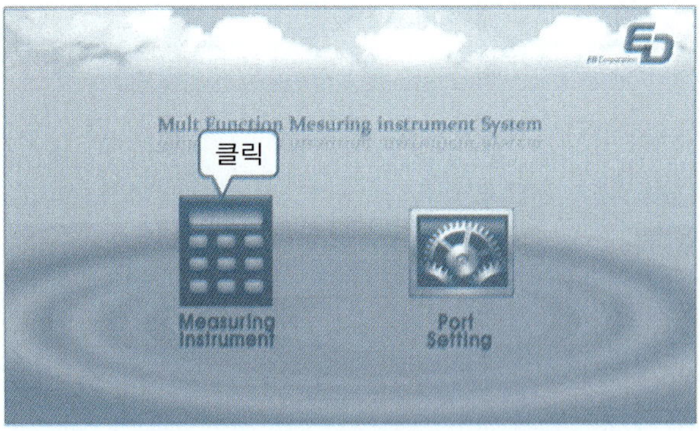

그림 4-2 ‹‹‹ 'Measuring Instrument'를 클릭

3 LCD 화면에서 'Power Supply' 아이콘을 선택한 후 패널 좌측 '2CH DC POWER SUPPLY'에서 0~25V 전압조정 볼륨을 이용해서 'POWER SUPPLY' 표시값이 CH1과 CH2의 값이 9V가 되도록 조절하고, LCD 화면에서 OUT 버튼을 클릭한다.

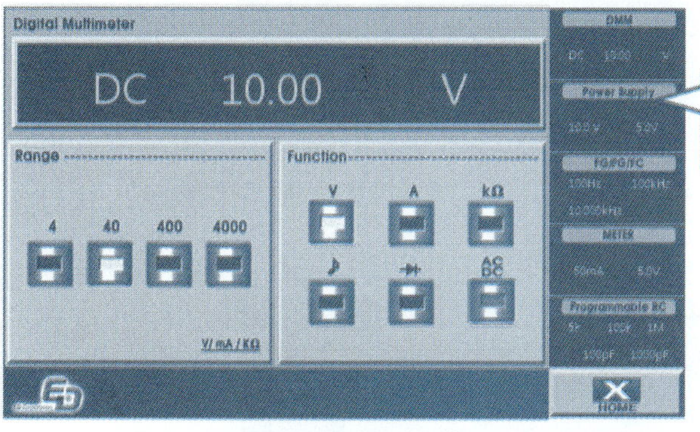

그림 4-3 ‹‹‹ 'Power Supply' 아이콘을 선택

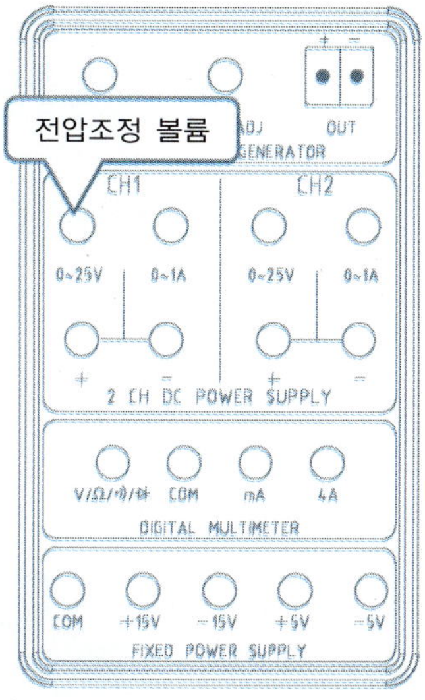

그림 4-4 ‹‹‹ '2CH DC POWER SUPPLY'에서 0~25V 전압조정 볼륨을 이용

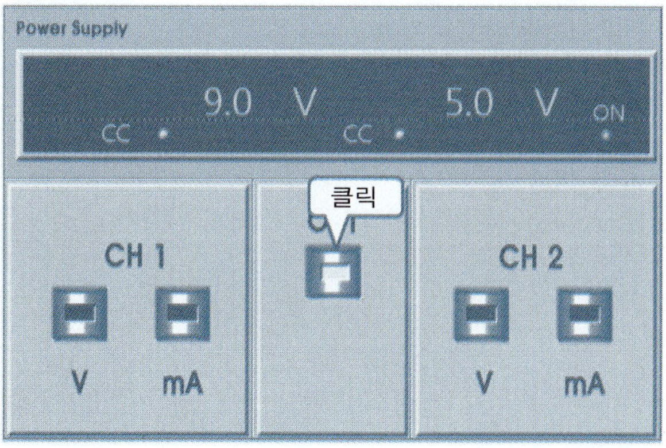

그림 4-5 ‹‹‹ 'Power Supply' 표시값이 CH1과 CH2의 값이 9V가 되도록 조절

4 전압계의 한쪽 리드를 Q_1의 컬렉터(OUTPUT 1)에 접속하고 다른 한쪽 리드는 Q_2의 컬렉터(OUTPUT 2)에 접속하고서 전위차계(R_5) 200Ω의 노브를 조정하여 ED-2110의 'Digital Multimeter'에 표시되는 값이 0V가 되게 한다.

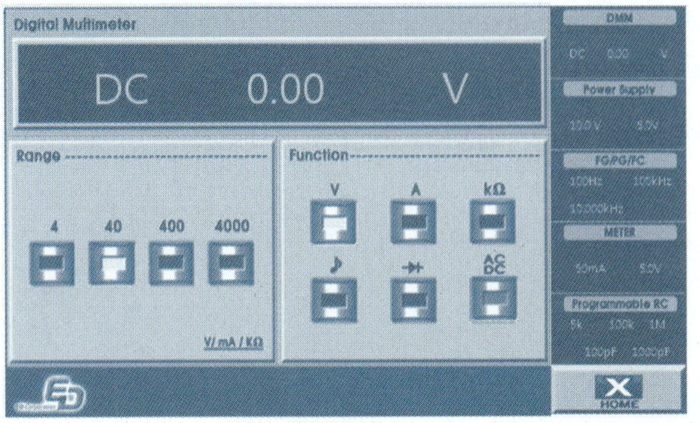

그림 4-6 ‹‹‹ 'Digital Multimeter'에 표시되는 값이 0V가 되게 한다

5 전압측정범위를 가장 낮은 범위에 놓고 전위차계의 노브를 조정하여 0V가 되게 한다.

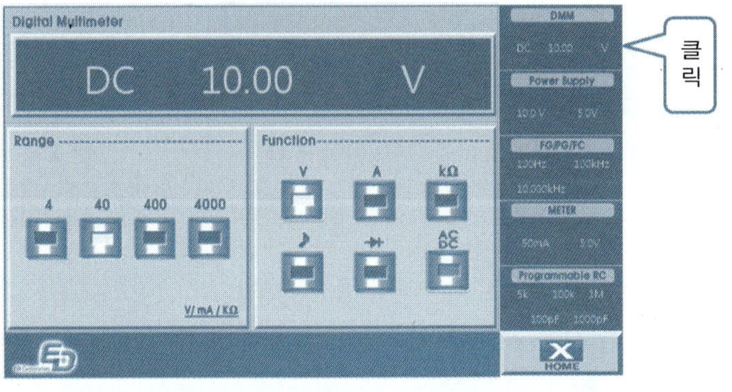

그림 4-7 ‹‹‹ 전위차계의 노브를 조정

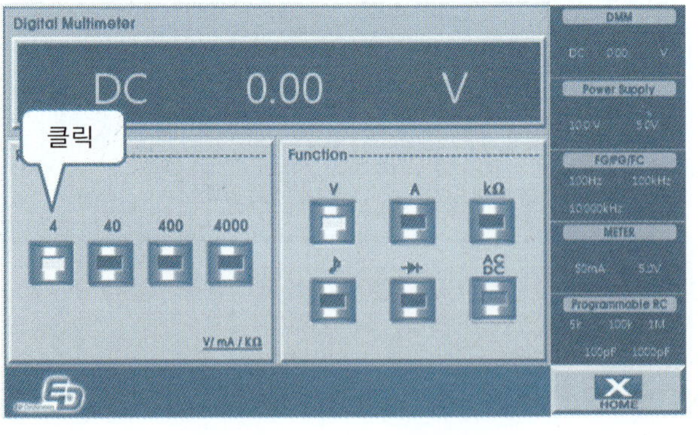

그림 4-8 ‹‹‹ 0V가 되게 한다

6 트랜지스터 Q_1에 손을 대고 'DMM'에 표시되는 값을 관찰한다. 그 값이 변하는가? 그 이유가 무엇인지 생각하여 아래에 기록하라.

________________ 변한다. ________________ 안 변한다.

이유 ____

7 손을 Q_1에서 떼어낸 후 'DMM'에 표시되는 값이 어떻게 되는가를 관찰한다.

4. 요점정리(실험순서 1~7)

실험순서 1에서는 일정한 전류원을 갖는 완전한 차동 증폭기를 구성하였다. 실험순서 4와 5에서는 Q_1과 Q_2에 같은 전류가 흐를 수 있도록 동작점을 조정하여 평형을 이루게 하였다. 여기서 손을 한쪽 트랜지스터에 대어서 따뜻하게 함으로써 평형이 무너지고 그것이 이 트랜지스터에 영향을 주고 반면에 다른 트랜지스터에는 영향을 주지 않는 것을 보았다.

실제로는 이와 같은 현상을 방지하기 위해 두 개의 트랜지스터를 한 개의 방열판에 같이 수용함으로써 두 트랜지스터가 동시에 같은 열의 영향을 받게 하여 평형을 이루게 한다.

5. 실험계속

8 실험순서 3에서와 같이 ±9V를 인가하고, 필요하다면 실험순서 4, 5에서와 같이 다시 평형을 잡는다.

9 ED-2110의 정현파 신호를 10μF 콘덴서를 통하여 그림 4-9와 같이 차동 증폭기의 Q_1에 인가한다.

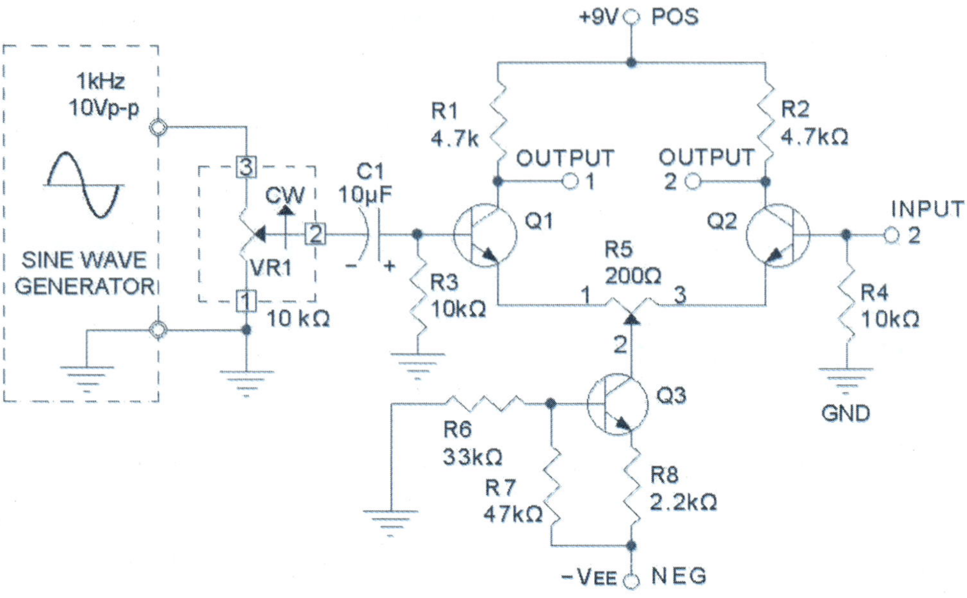

그림 4-9 ‹‹‹ 실험회로

10 주파수를 조정하기 위해 LCD 화면에서 'FG/PG/FC'을 선택한다.

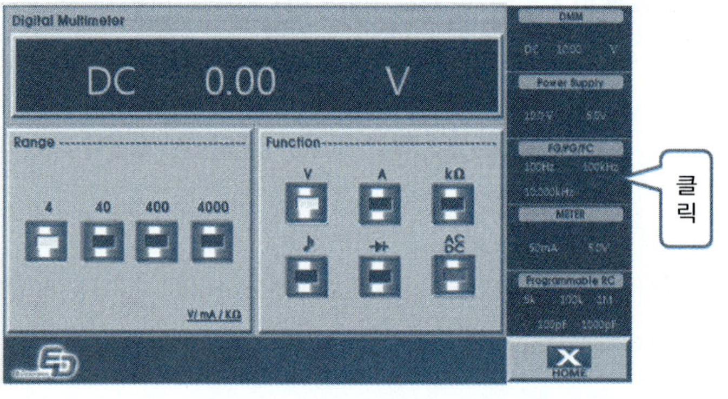

그림 4-10 ‹‹‹ 'FG/PG/FC'을 선택

11 패널 좌측의 주파수조정 볼륨을 이용하여 'Function Generator'에 표시되는 주파수 값이 1kHz가 되도록 조정한다.

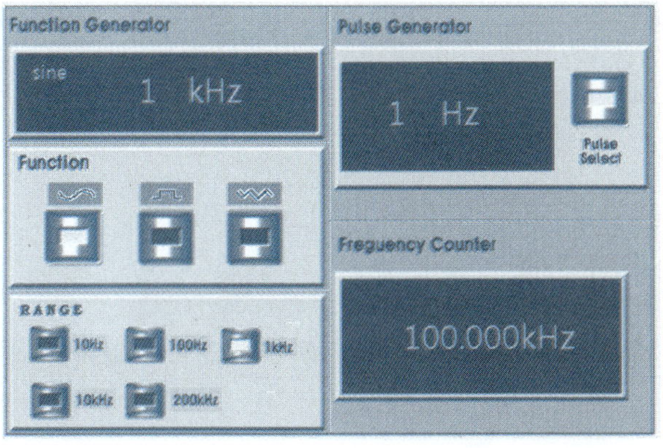

그림 4-11 ‹‹‹ 주파수값이 1kHz가 되도록 조정한다

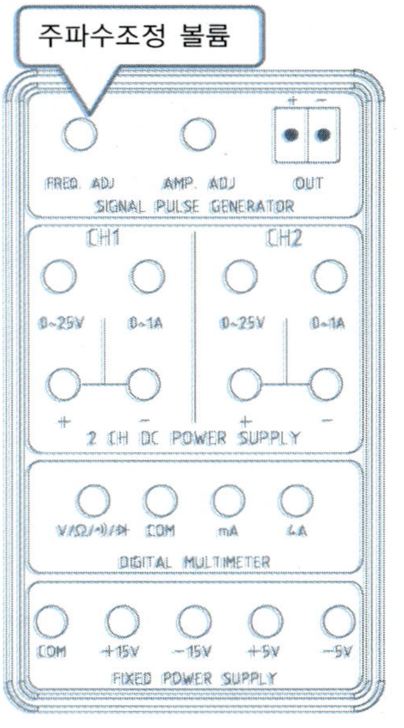

그림 4-12 ‹‹‹ 주파수조정 볼륨을 이용

12 오실로스코프의 입력은 ED-2110의 SINE 출력단자에 연결한 다음 TIME/DIV을 조정하여 오실로스코프상에 정현파 2~3사이클 정도 나타나도록 한다.

13 오실로스코프의 HORIZONTAL POSITION을 조정하여 첫 정현파의 '+'주기 상승점이 오실로스코프 좌측 끝에 오도록 한다. 이때 발진기에서 나오는 정현파의 위상과 외부 트리거로 사용되는 구형파의 위상은 어떻게 되는가를 아래에 기록하라.

____

14 오실로스코프의 수직입력을 Q_1의 베이스에 접속하고 출력조절기(VR_1)의 노브를 조정하여 베이스에서의 정현파 첨두치가 $0.2V_{P-P}$가 되도록 한다. 여기서 베이스에 나타나는 정현파의 위상은 어떻게 되는가를 아래에 기록하라.

첫 반주기는 ______________________________가 된다.

(+주기 상승 / −주기 하강)

15 오실로스코프를 이용하여 Q_1의 컬렉터와 접지 간의 정현파 전압을 측정하고 아래에 기록하라.

첨두치 전압 = ______________________ V_{P-P}

16 실험순서 15에서 구한 전압을 실험순서 14에서 정해 놓는 전압으로 나누어 이득을 구하여 아래에 기록하라.

전압이득 = ______________________

17 Q_1의 컬렉터에서의 정현파와 또 베이스에서의 정현파와 위상을 비교하여 아래에 기록하라.

위상관계는 ______________________이다.

(동상 또는 180°위상차)

18 오실로스코프를 이용하여 Q_2의 컬렉터와 접지 간의 정현파 전압을 측정하여 아래에 기록하라.

첨두치 전압 = ______________________ V_{P-P}

19 실험순서 18에서 구한 전압을 실험순서 14에서 정해놓은 전압으로 나누어 이득을 구하여 아래에 기록하라.

전압이득 = ______________________

또 여기서 구한 이득은 실험순서 18에서 구한 것과 어떤 차이가 있는가 생각해 보라.

두 이득은 ______________________이다.

20 Q_2의 컬렉터에서의 정현파의 위상과 Q_1의 베이스에서의 정현파 위상의 관계를 아래에 기록하라.

두 신호의 위상은 ______________________이다.

(동상 또는 180위상차)

21 Q_2의 컬렉터에서와 Q_1의 컬렉터에서의 정현파의 위상관계는 어떻게 되는가를 아래에 기록하라.

두 신호의 위상은 ______________________이다.

(동상 또는 180°위상차)

22 외부동기 신호를 떼어내고 내부동기가 되도록 오실로스코프를 조정하여 오실로스코프상에 안정된 파형이 보이도록 한다.

23 실험회로와 오실로스코프의 접지 간의 접속을 떼어낸다.

24 오실로스코프의 접지 리드선을 Q_1의 컬렉터에 접속하고 수직입력 리드는 Q_2의 컬렉터에 접속시키고서 두 컬렉터 간의 정현파 전압을 측정하여 아래에 기록하라.

정현파 전압 = ____________________ V_{P-P}

25 실험순서 24에서 측정한 전압을 실험순서 14에서 정해놓은 전압으로 나누어 증폭단의 이득을 구하여 아래에 기록하라.

증폭단 이득 = ____________________

여기서 구한 이득은 실험순서 16 및 19에서 구한 이득과 비교하면 어떤 차이가 있는가를 아래에 기록하라.

____

____

6. 요점정리(실험순서 8~25)

이 실험에서는 단 입력 차동 증폭기의 동작에 대해 시험하였다. 발진기에서 정현파 신호를 Q_1의 베이스에 인가하였고, 또 오실로스코프의 트리거 신호로 외부 구형파 신호를 사용하였다. 그 이유는 이 구형파는 정현파와 위상이 같으므로 회로의 모든 점에서 쉽게 파형을 관찰할 수 있기 때문이다.

실험순서 13과 14에서 정현파의 첫 반주기는 "+" 주기 상승방향으로 나타났다. 실험순서 14에서는 Q_1의 베이스에 정현파 전압이 첨두치로 $0.2V_{P-P}$가 되게 출력조절기를 조정하였고 다음에 Q_1의 컬렉터 전압을 측정하여 그 전압이 약 $2.2V_{P-P}$가 되었다. 따라서 회로의 이득은

$$\frac{2.2V_{P-P}}{0.2V_{P-P}} = 11$$

이 된다. 또한 Q_1의 컬렉터에서의 위상은 베이스에 대해 180°위상차가 생겼음을 알았다.

실험순서 18에서는 Q_2의 컬렉터 전압을 측정하였고 이 전압은 거의 Q_1의 컬렉터 전압

2장

과 같음을 알았을 것이다. 그러나 이 신호의 위상은 입력신호에 동상이 되고 Q_1의 컬렉터와는 180°의 위상차를 갖게 된다.

다음에는 오실로스코프를 두 컬렉터 간에 접속하여 출력을 관측하였고 이때 차동 출력은 각각의 트랜지스터 출력의 거의 2배만큼 크게 나타난다. 그러므로 차동 출력을 이용하면 두 배의 출력을 얻을 수 있다.

이제부터는 차동 입력을 가지는 증폭기의 특성에 대해 시험한다. 이와 같이 증폭기를 작동시키려면 180°의 위상차를 갖는 두 입력이 요구된다. 이와 같은 신호를 쉽게 얻는 방법은 2차 측에 중간 Tap이 있는 Audio 트랜스를 이용하면 된다.

7. 실험계속

26 ED-2110의 전원을 끄고 그림 4-13의 회로를 배선한다.

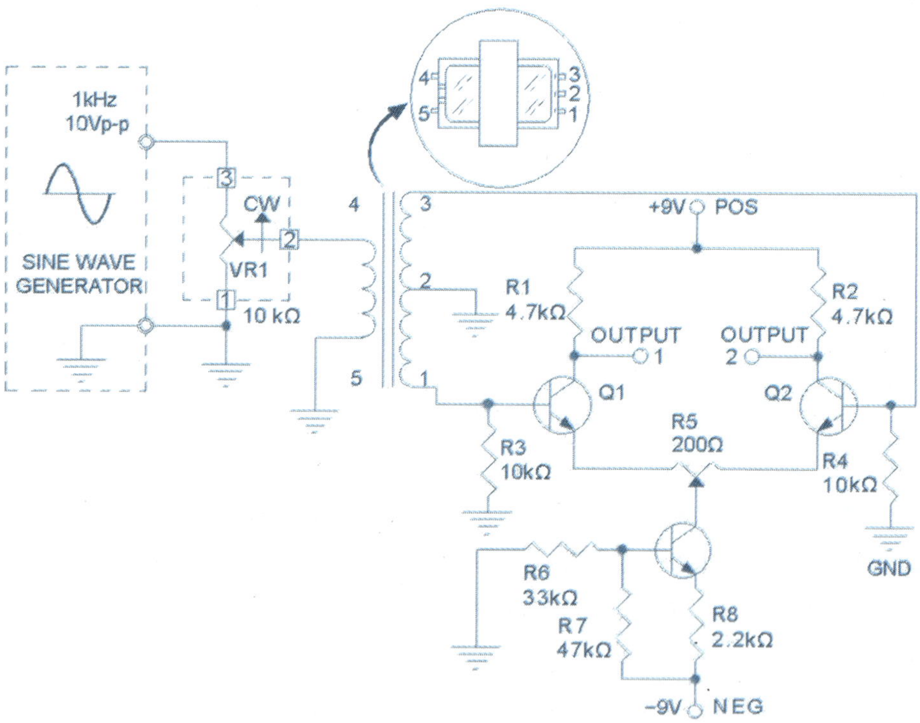

그림 4-13 ‹‹‹ 실험회로

27 실험순서 3에서와 같이 ±9V를 인가하고, 실험순서 10, 11에서와 같이 주파수를 맞춰준다. 필요하다면 실험순서 4, 5에서와 같이 다시 평형을 잡는다.

28 실험회로와 오실로스코프 간의 접지 연결은 모두 분리한다. 오실로스코프의 접지 리드를 Q_1의 베이스에 연결하고 수직입력 리드는 Q_2의 베이스에 연결시킨다.

29 출력조절기 VR_1의 노브를 조정해 베이스 간의 차동 입력의 $0.2V_{P\text{-}P}$가 되도록 한다.

30 오실로스코프의 접지 리드를 Q_1의 컬렉터에 접속하고 수직입력 리드는 Q_2의 컬렉터에 접속시킨다. 컬렉터 간의 차동 출력전압을 측정하고 아래에 기록한다.
차동 출력전압 = ________________ $V_{P\text{-}P}$

31 실험순서 30에서 측정한 전압을 실험순서 29에서 전압 $0.2V_{P\text{-}P}$로 나누어 증폭단의 이득을 구하여 아래에 기록하라.
증폭단 이득 = ________________

8. 요점정리(실험순서 26~31)

이 실험에서도 차동 입력을 $0.2V_{P\text{-}P}$으로 하여 각 베이스와 접지간의 전압 $0.1V_{P\text{-}P}$에 지나지 않는다. 이때 출력전압은 약 $5.6V_{P\text{-}P}$가 되어 이득은 28이 된다.

차동 입력형의 증폭기에 있어서의 이점은 이득 증폭이 아니고 공통 부분의 제거에 있다. 회로가 차동 입력에 대해 증폭을 할 때 두 입력의 공통성분은 제거하게 된다.

9. 실험계속

32 ED-2110의 전원을 끄고 그림 4-14에 보인 것과 같이 회로를 변형시킨다. 이 회로는 트랜스의 중간 Tap을 통하여 높은 60Hz의 신호가 유입되고 있음을 알고 있으라.

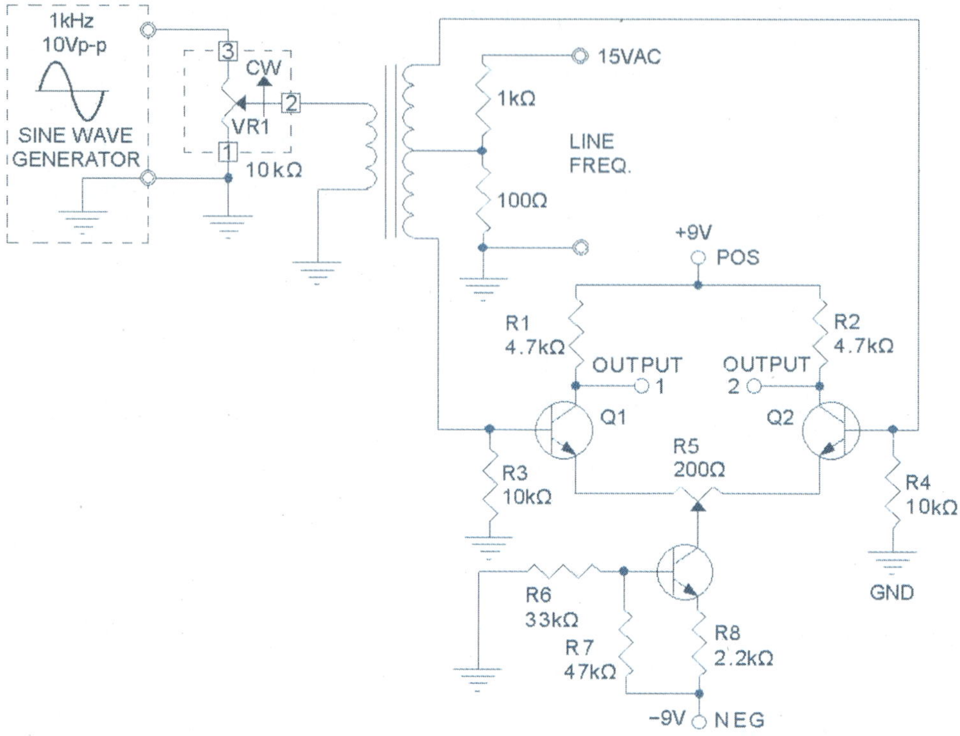

그림 4-14 ‹‹‹ 실험회로

33 실험순서 3에서와 같이 ±9V를 인가하고, 실험순서 10, 11에서와 같이 주파수를 맞춰준다. 필요하다면 실험순서 4, 5에서와 같이 다시 평형을 잡는다.

34 오실로스코프의 접지 리드를 회로의 접지에 접속시키고 수직입력 리드는 Q_1의 베이스에 접속시킨다. 별도 종이를 준비하여 베이스에 나타나는 파형을 그린다. 60Hz 공통신호를 표시하고 또 1kHz의 차동 신호를 표시해 둔다. 이 두 신호 중 진폭은 어느 것이 더 큰가? ____________________

35 Q_2의 베이스에서 파형을 보고 Q_1의 베이스에 나타나는 것과 같은가 비교하라.

____

(같다 또는 다르다)

36 오실로스코프와 실험회로 간의 접지 리드를 떼어낸다. 이 오실로스코프의 접지 리드를 Q_1의 컬렉터에 접속시키고 수직입력 리드는 Q_2의 컬렉터에 접속시킨다. 그리고 나서 컬렉터 간의 1kHz의 진폭을 측정하여 다음에 기록하라.

컬렉터 간 1kHz 전압 = ________________ V_{P-P}

또 이때 60Hz의 공통신호도 컬렉터에 나타나는가 관측하라.

60Hz ________________________

(나타난다 / 안 나타난다)

10. 요점정리(실험순서 32~36)

이 부분의 실험에서는 차동 증폭기에 $4V_{P-P}$의 공통형 신호를 인가하였고 이때 이 입력 신호를 별도 종이에 그렸을 때 파형은 그림 4-15와 거의 같게 된다.

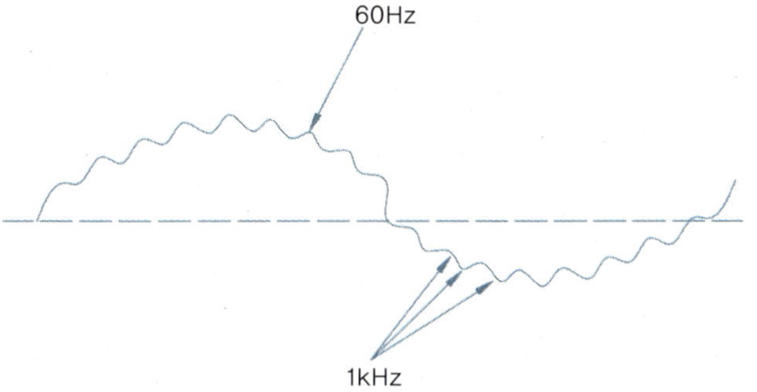

그림 4-15 ‹‹‹ Q_1의 베이스의 신호파형

여기서 증폭하고자 하는 신호는 약간 보이고 있지만 회로는 다만 미약한 1kHz에만 반응을 보이고 더욱 큰 신호인 공통형 신호에 대해서는 무반응을 나타낸다. 만약에 위의 실험회로가 완전하게 평형이 되었다면 1kHz의 신호는 정상 증폭이 되고 60Hz의 신호는 미약하게 출력에 나타나게 된다.

05 연산 증폭기의 소개

1. 목 적

741C 연산 증폭기의 특성을 조사하고 연산 증폭기가 comparator로서 어떻게 사용될 수 있는가를 보여준다.

2. 서 론

이 실험은 연산 증폭기의 실제적인 응용방법을 설명한다. 사실상 comparator는 궤환이 요구되지 않을 때는 연산 증폭기의 실제적인 응용에 한한다. comparator로서 실험하기 전에 연산 증폭기의 입력 및 출력저항을 측정해야 할 것이다. 여기에 사용하는 연산 증폭기는 741C형이다. 그림 5-1(a)는 연산 증폭기에 대한 몇 개의 중요한 절대적인 최대 규격을 일람표로 만들었다. 만약 이 규격이 어느 하나라도 초과한다면 연산 증폭기는 파괴될 것이다. 그림 5-1(b)는 그 장치의 약간의 전기적인 특성을 나타낸다.

연산 증폭기를 사용하기 위해서는 어느 편이 어디에 사용되는가를 알아야 한다. 그림 5-2(a)는 pin 1을 식별하는 방법을 나타낸다. pin 1을 알았을 때 그림 5-2(b)는 다른 핀들이 어떻게 번호가 매겨지는가를 나타낸다. 그것은 또한 연산 증폭기가 이들 핀과 어떻게 접속되는가를 나타내며 이 실험을 행하면서 이 표를 다시 보기로 한다.

➡ 필요 부품 및 기기

- ED-2110 : 1대
- 오실로스코프 : 1대
- 연산 증폭기 IC(741C) : 1개
- 저항 1kΩ, 1/4W 5% : 1개
- 전해 콘덴서 10μF : 1개

ABSOLUTE MAXIMUM RATINGS FOR 741C OP AMP	
SUPPLY VOLTAGE	±18 VOLTS.
INPUT VOLTAGE	±15 VOLTS(OR SUPPLY VOLTAGE LEVEL WHICHEVER IS LOWER)
DIFFERENTIAL INPUT VOLTAGE	±30 VOLTS.

그림 5-1(a) ‹‹‹ 741C 특성

ELECTRICAL CHARACTERISTICS OF 741C OP AMP (TYPICAL VALUES AT25℃ WITH SUPPLY VOLTAGES OF ±15 VOLTS)	
INPUT OFFSET VOLTAGE	20 MILLIVOLTS.
INPUT OFFSET CURRENT	20 NANOAMPERES.
INPUT RESISTANCE	20 MEGAOMMS.
INPUT CAPACITANCE	1.4 PICOFARADS.
GAIN	200,000 OR 200V/MV
OUTPUT RESISTANCE	75 OHMS
COMMON MODE REJECTION RATIO	30,000.
SLEW RATE	0.5 VOLTS PER MICROSECOND.

그림 5-1(b) ‹‹‹ 741C의 전기적 특성

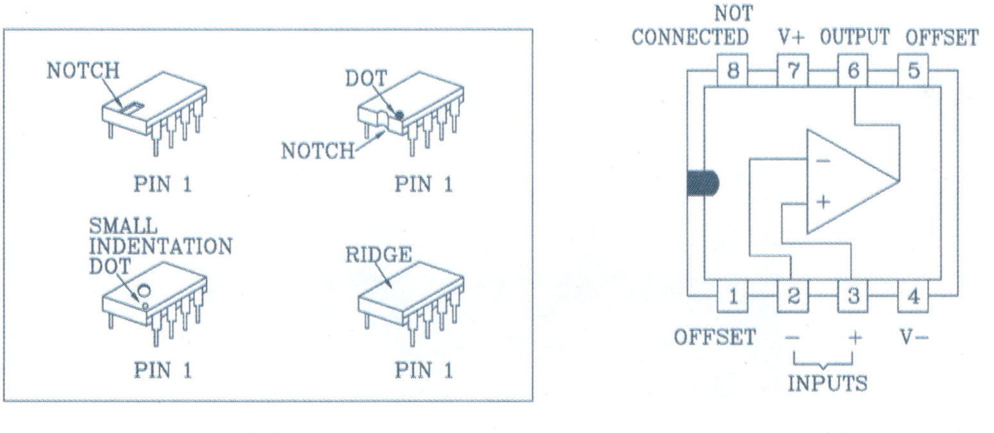

(a) (b)

그림 5-2 ‹‹‹ 741C 연산 증폭기의 pin 식별법

3. 실험순서

1 ED-2110가 OFF되어 있는가를 확인하고 전원 플러그를 꽂는다. 그림 5-3의 회로를 ED-2110에 배선한다.

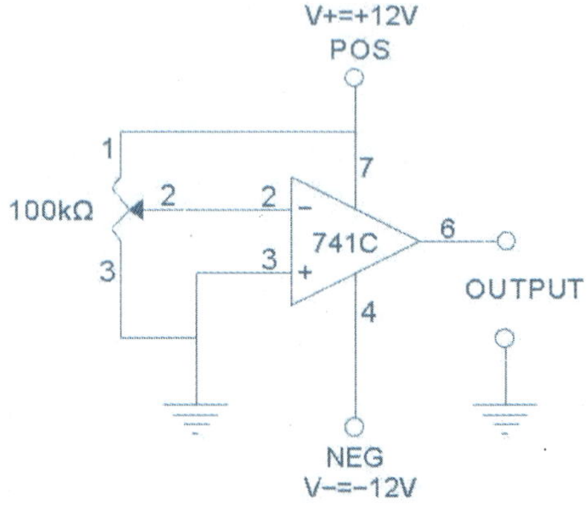

그림 5-3 ‹‹‹ 실험회로

2 ED-2110에 전원을 넣고 LCD 화면에 구성된 아이콘에서 'Measuring Instrument'를 클릭한다.

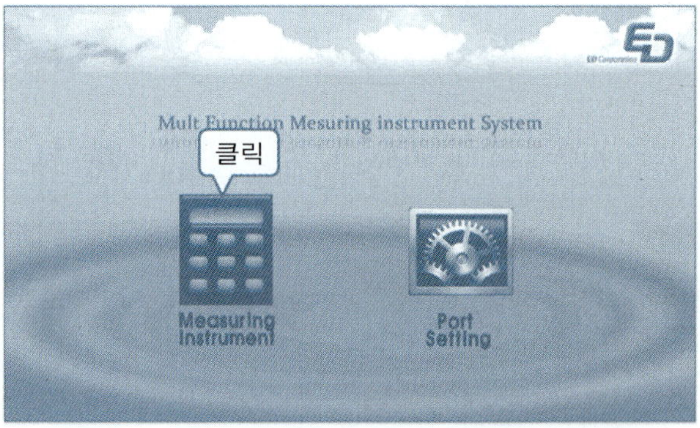

그림 5-4 ‹‹‹ 'Measuring Instrument'를 클릭

3 LCD 화면에서 'Power Supply' 아이콘을 선택한다.

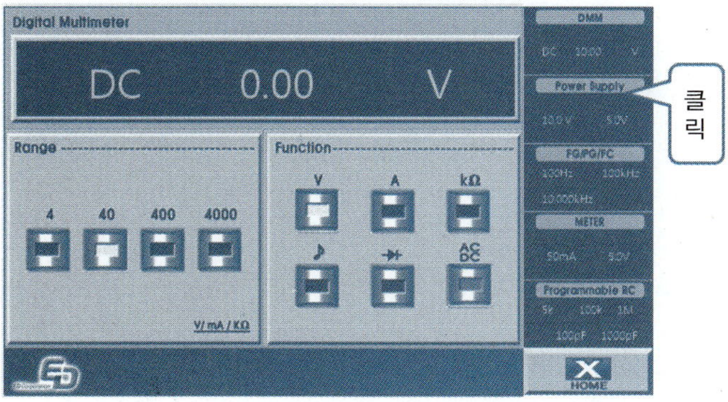

그림 5-5 ‹‹‹ 'Power Supply' 아이콘을 선택

4 패널 좌측에 있는 0~25V 전압조정 볼륨을 이용해 'Power Supply'에 표시되는 값이 12V가 되도록 조절한다.

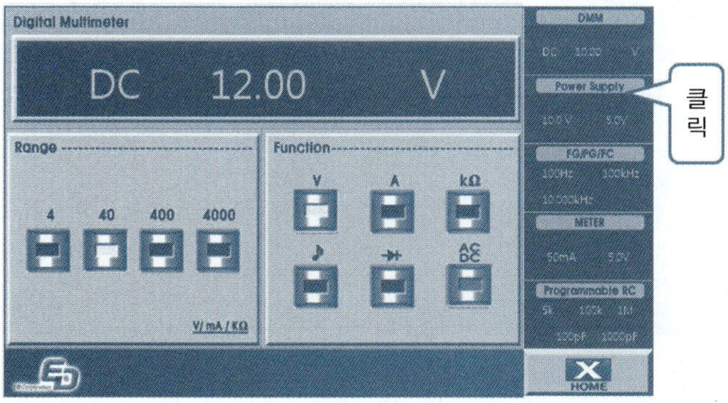

그림 5-6 ‹‹‹ 'Power Supply'에 표시되는 값이 12V가 되도록 조절한다

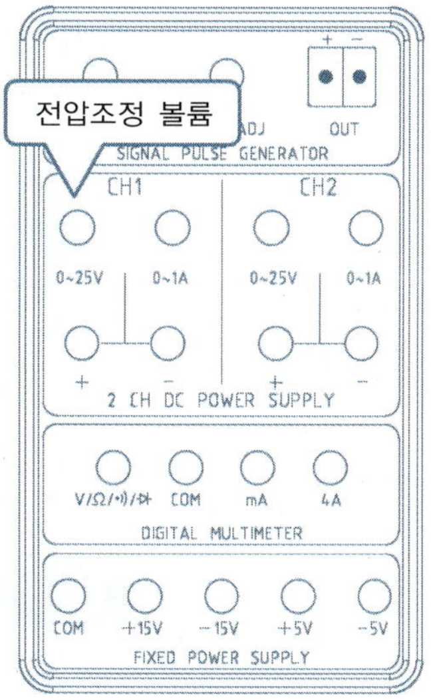

그림 5-7 ‹‹‹ 0~25V 전압조정 볼륨을 이용

2장

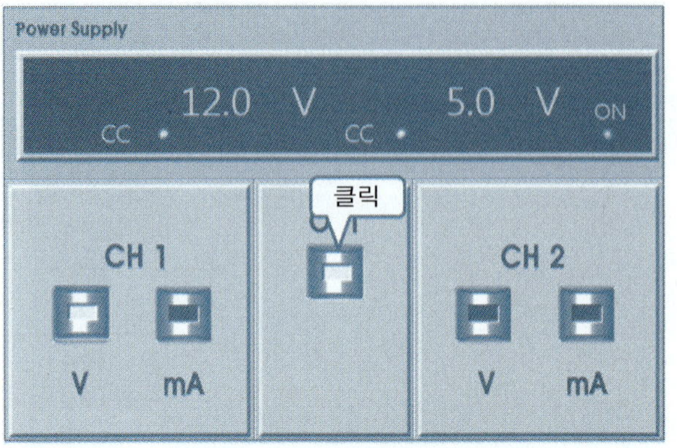

그림 5-8 ‹‹‹ 출력을 클릭

5 그 다음 NEG와 GND 단자 간의 전압이 −12V가 되게 조정한다.

6 연산 증폭기의 반전 입력 pin을 식별하여 ED-2100의 오른쪽에 위치한 100kΩ VR을 사용하여 +12V에 접속하게 한다.

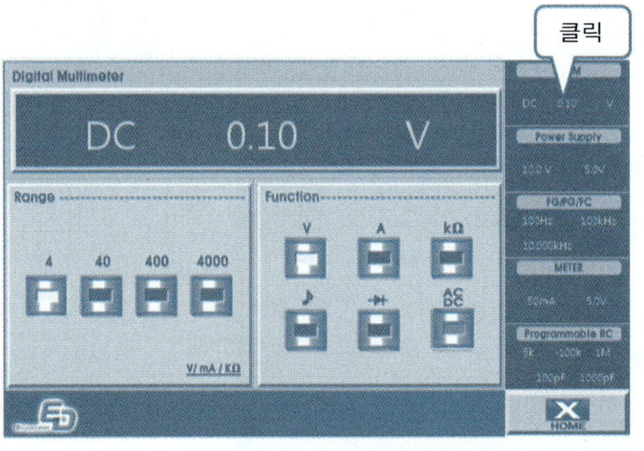

그림 5-9 ‹‹‹ 'DMM'을 클릭

7 LCD 화면에서 'DMM'을 클릭한다. ED-2110을 100kΩ VR의 1 및 2번 단자와 연결하고서 전압이 정확히 0.1V가 될 때까지 VR의 노브를 조정한다. 이를 'DMM'에서 확인한다. 여기서 전위차계에 인가된 12V 중 0.1V가 VR단자 1 및 2에서 강하되었다면 연산 증폭기의 2 및 3단자 간에는 전압강하가 몇 V나 생기는지 아래에 기록하라.

연산 증폭기의 2 및 3단자 간 전압강하 = ______________ V

또 연산 증폭기의 입력저항에 의한 전압강하는 VR에 의한 전압강하의 몇 배나 되는지 아래에 기록하라.

전압강하 비 = ____________________ 배

8 VR의 노브를 움직이지 않은 상태에서 회로 접속을 떼어내고 LCD 화면에서 'DMM'의 저항을 클릭한다. VR의 1 및 2 단자 간의 저항을 측정하여 그 값을 아래에 기록하라.

VR 저항 = ____________________ kΩ

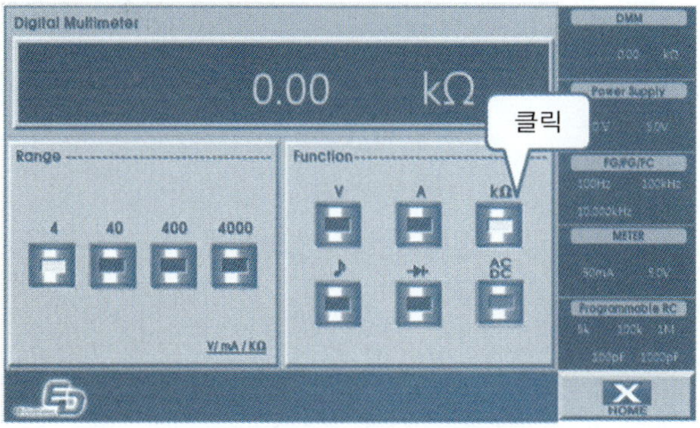

그림 5-10 ‹‹‹ 'DMM'의 저항을 클릭

9 연산 증폭기의 입력저항에 의한 전압강하가 VR의 119배이므로 입력저항도 119배가 되어 실험순서 **8**에서 구한 저항값에 119배를 하면 연산 증폭기의 입력저항을 구할 수 있다. 입력저항을 구하여 아래에 기록하라.

R_{IN} = ____________________ Ω

4. 요점정리(실험순서 1~9)

연산 증폭기의 입력저항은 연산 증폭기가 동작하고 있는 상태이므로 ED-2110으로는 측정할 수 없다. 그러나 위에서 실험한 방법을 이용함으로써 근소한 오차로 입력저항을 결정할 수 있다. 전형적인 연산 증폭기의 입력저항은 약 2MΩ이지만 위에서 측정한 입력저항은 300kΩ 정도 된다. 연산 증폭기의 출력저항도 같은 방법으로 측정한다.

5. 실험계속

10 ED-2110을 끄고 그림 5-11의 회로를 배선한다.

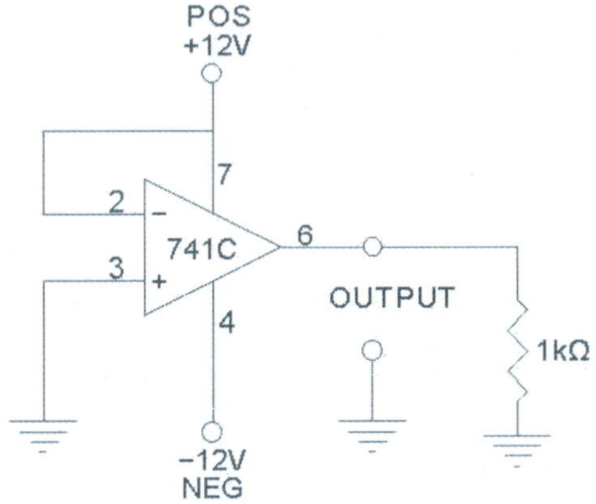

그림 5-11 ‹‹‹ 실험회로

11 ED-2110에 전원을 넣고 LCD 화면에 구성된 아이콘에서 'Measuring Instrument'를 클릭한다.

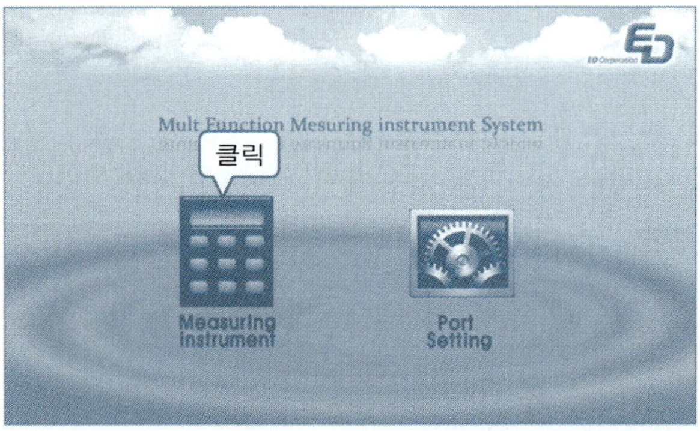

그림 5-12 ‹‹‹ 'Measuring Instrument'를 클릭

⑫ LCD 화면에서 'Power Supply' 아이콘을 선택한다.

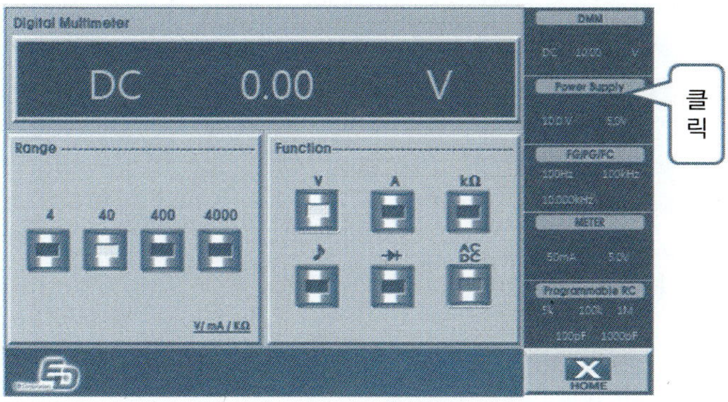

그림 5-13 ‹‹‹ 'Power Supply' 아이콘을 선택

⑬ 패널 좌측에 있는 0~25V 전압조정 볼륨을 이용해 Power Supply 상에 표시되는 값이 12V가 되도록 조절하여 POS와 GND 단자 간의 전압이 +12V가 되게 한다.

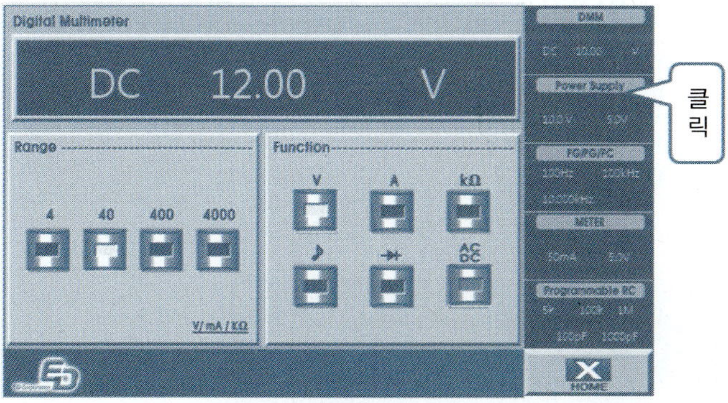

그림 5-14 ‹‹‹ Power Supply 상에 표시되는 값이 12V가 되도록 조절

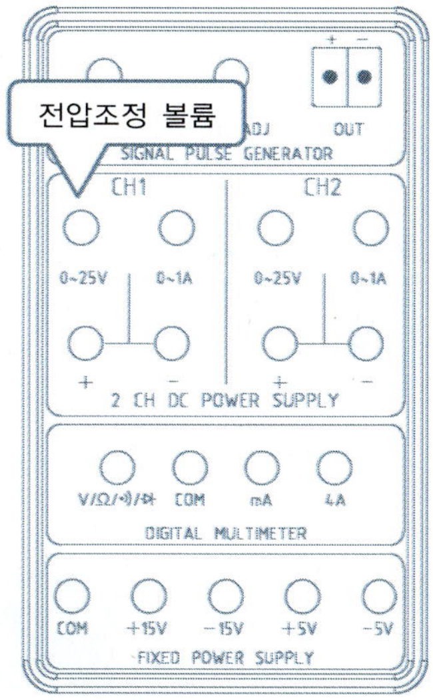

그림 5-15 ‹‹‹ 0~25V 전압조정 볼륨을 이용

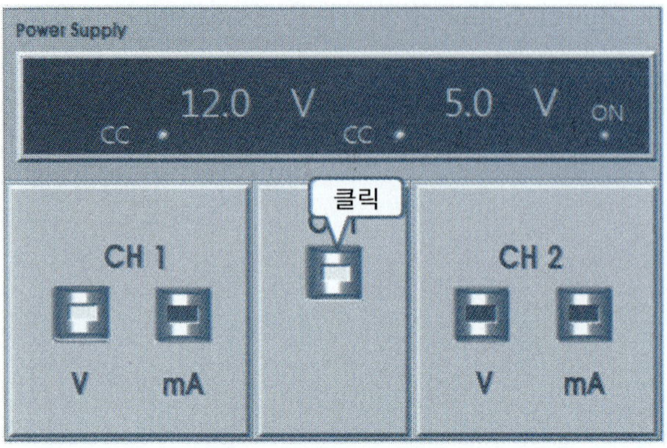

그림 5-16 ‹‹‹ POS와 GND 단자 간의 전압이 +12V가 되게 한다

14 회로의 POS에는 +12V를 NEG에는 −12V가 되도록 조정한다.

15 연산 증폭기의 반전 입력 pin을 식별하여 100kΩ VR을 통하여 +12V에 접속되게 한다.

16 연산 증폭기의 출력단자(pin 6)와 1kΩ저항과의 연결을 일시적으로 분리한다.

17 LCD 화면에 구성된 아이콘에서 'DMM'을 클릭한다. 연산 증폭기의 출력에 무부하 상태에서 출력단자(pin 6)와 접지 간의 직류전압을 'DMM'에서 측정한다. 그리고 측정한 것을 아래에 기록하라.

E_{OUT} = ____________________ V

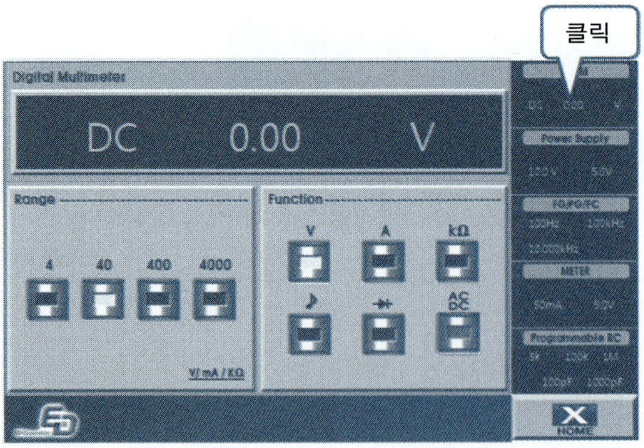

그림 5-17 ‹‹‹ 'DMM'을 클릭

18 연산 증폭기의 출력단자(pin 6)와 1kΩ저항을 다시 연결하고 실험순서 17과 같은 방법으로 E_{OUT}을 측정한다. 그 값을 아래에 기록하라.

E_{OUT} = ____________________ V

여기서 측정된 전압은 실험순서 17에서 측정한 전압과 어떤 차이가 있는가 생각해 보자.

19 실험순서 18에서 구한 1kΩ에 의한 전압강하는 실험순서 17에서 구한 연산 증폭기의 출력 전압강하의 몇 배나 되는가를 아래에 기록하라.

전압강하 비 = ____________________ 배

20 위의 실험에서 구한 전압강하 비로 연산 증폭기의 출력저항을 구해 아래에 기록하라.

출력저항 = ____________________ kΩ

6. 요점정리(실험순서 10~20)

이 실험에서 간접적으로 연산 증폭기의 출력저항을 대략 얻었다.

"+" 직류신호를 반전 입력에 인가하여 E_{OUT}을 "−" 한계점까지 가게 하였다. 무부하일 때 E_{OUT}의 전압은 약 −9V이었고 1kΩ부하를 걸었을 때 E_{OUT}의 값은 −8.5V로 떨어졌다. 여기서의 0.5V의 차가 연산 증폭기의 출력저항(R_{OUT})에 의해 강하된 것이다.

그러므로 1kΩ 부하저항에 의한 전압강하는 R_{OUT} 전압강하의 17배가 되며 따라서 R_{OUT}의 저항은 1kΩ의 17분의 1이 되어 약 60Ω이 된다. 위의 실험을 통하여 연산 증폭기의 출력저항을 알았고 이 출력저항은 전형적으로 100Ω미만인 아주 낮은 저항값을 갖는다.

다음에는 연산 증폭기의 첫 번째 실제 응용에 대해서 설명한다. 최근에 연산 증폭기의 응용 면에서는 중쇄퇴성궤환(heavy degenerative feedback)법이 사용된다. 여기서 한 가지 예외는 콤퍼레이터(comparator)이다. 콤퍼레이터는 연산 증폭기의 전체 이득을 이용하는 것이다. 741C의 이득은 대략 200,000이므로 출력전압은 아주 낮은 입력전압에 대해서도 포화상태가 된다.

예를 들면 입력 첨두치 전압이 1mV_{P-P}일 때 출력은 당연히 200V_{P-P}에 이르려고 하지만 출력전압은 절대로 인가된 직류전압보다 커질 수 없기 때문에 이론적인 출력값에 도달하지 못한다. 741C의 최대 인가 직류전압이 ±18V이므로 통상 전압은 이 전압보다 낮게 하여 사용하므로 가정하여 ±12V일 경우 출력전압은 약 ±11V에서 제한된다.

연산 증폭기는 두 입력전압의 차이만을 증폭한다. 만약에 반전 입력전압이 다만 1mV 라도 비반전 입력전압보다 +전위에 있다면 출력전압은 "−"의 한계점까지 도달시킨다. 반대로 만약에 비반전 입력전압이 조금이라도 "+"전위에 있게 되면 출력전압은 "+"의 한계점까지 가게 된다. 이와 같은 형태로 연산 증폭기가 사용될 경우 이 증폭기는 선형 증폭기로 작용하지 않게 되고 오히려 어느 입력이 높은가를 지시하는 콤퍼레이터로서 작용하게 된다. 콤퍼레이터는 디지털 전압계, A/D(Analog to Digital) 변환기 및 D/A (Digital to Analog) 변환계에 이용된다.

7. 실험계속

21 ED-2110을 끄고 그림 5-18의 회로를 배선한다.

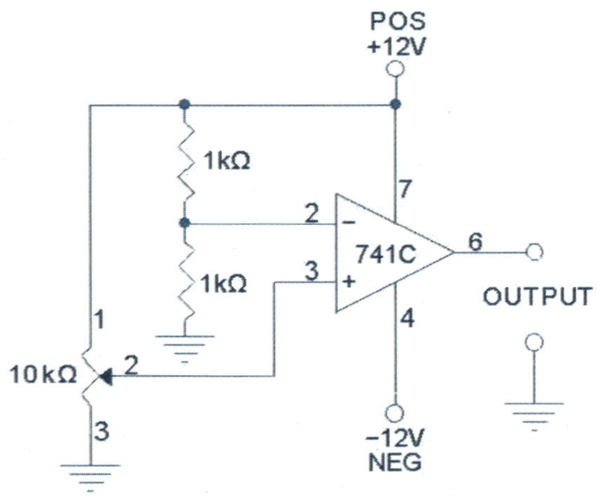

그림 5-18 ‹‹‹ 간단한 콤퍼레이터

22 ED-2110의 전원 스위치를 켠다. 전압을 인가하기 위해 실험순서 11~14를 반복한다.

23 연산 증폭기의 반전 입력 pin을 식별하고 100kΩ VR을 통하여 +12V에 알맞게 접속되도록 한다.

24 LCD 화면에 구성된 아이콘에서 'DMM'을 클릭한다. 1kΩ VR의 노브를 시계방향으로 끝까지 돌린 다음 'DMM'을 통해 연산 증폭기의 pin 3에서 직류전압을 측정한다. 측정한 값을 아래에 기록하라.

입력전압 = ______________ V

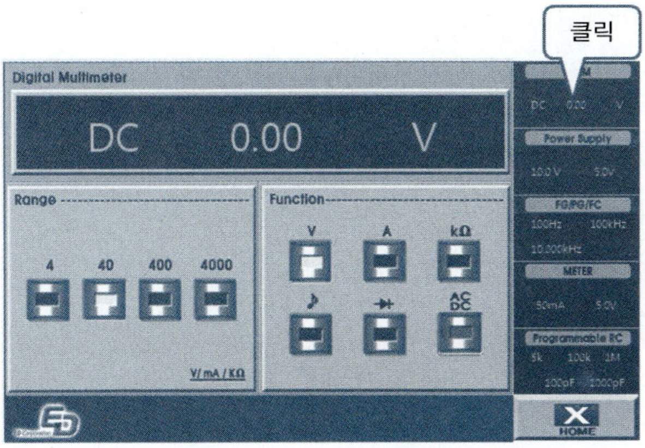

그림 5-19 ‹‹‹ 'DMM'을 클릭

25 연산 증폭기의 pin 2에서 직류입력전압을 측정하여 아래에 기록하라.

입력전압 =__________________V

반전 입력전압이 +이면 출력전압은 어떻게 되겠는가?

출력전압 =__________________이다.

(+ / −)

26 pin 6에서 직류전압을 측정하여 아래에 기록하라.

출력전압 = __________________V

27 출력전압을 보아가면서 1kΩ VR의 노브를 반시계방향으로 아주 천천히 돌린다. 출력전압이 갑자기 극성을 바꾸는 지점에서 VR를 멈춘다.

28 VR가 이 전환점(switch over point)에 머물러 있는 동안 두 입력전압을 측정하여 아래에 기록하라.

반전 입력전압(pin 2) =__________________V

비반전 입력전압(pin 3) = __________________V

이때 두 입력의 차이는 __________________

(같다 / 다르다)

29 VR의 노브를 반시계방향으로 끝까지 돌려놓은 다음 pin 6에서 출력전압을 측정하여 아래에 기록하라.

출력전압 = __________________V

30 출력전압을 보아가면서 1kΩ VR 노브를 시계방향으로 아주 천천히 돌린다. 출력전압이 갑자기 극성을 바꾸는 지점에서 VR를 멈춘다.

31 VR가 이 전환점에 머물러 있는 동안 두 입력전압을 측정하여 아래에 기록하라.
반전 입력전압(pin 2) = ____________ V
비반전 입력전압(pin 3) = ____________ V
두 입력전압 차이 ____________
(같다 / 다르다)

8. 요점정리(실험순서 21~31)

실험순서 24에서 비반전 입력전압을 0V로 하였다. 동시에 반전 입력전압은 약 +6V가 되어 이 전압이 출력전압을 "−"의 한계값 −11V가 되게 하였다. 실험순서 27에서는 비반전 입력전압을 상승시켜 반전 입력전압보다 "+" 전위가 될 때 출력전압은 "+" 한계점에 도달하게 하였다. 이런 현상은 pin 3의 전압이 pin 2의 전압보다 mV전압만큼만 높아도 일어난다. 실제로는 두 입력전압은 같다고 생각할 수 있다. 실험순서 28에서 두 입력전압을 측정했을 때 이들 값은 같았다.

실험순서 29에서는 비반전 입력을 더욱 "+" 전위로 하여 출력전압을 "+" 한계점에 도달시켰다. 그리고 나서 비반전 입력전압을 감소시켜 반전 입력전압보다 낮아지자 출력전압은 "−" 한계점에 도달하였다. 이때 다시 두 입력전압을 측정하였고 이들 전압은 같았다.

이 부분의 실험에서 콤퍼레이터에 대한 4가지 사항을 다음과 같이 보여준다.
① 반전 입력이 비반전 입력보다 +전위 일 때 출력은 −이다.
② 비반전 입력이 반전 입력보다 +전위 일 때 출력은 +이다.
③ 출력전압의 극성의 반전은 실질적으로 두 입력이 같을 때 발생한다.
④ 출력전압은 항상 어느 쪽이든 한계점에 있게 되고 중간에는 절대 있지 않는다.

9. 실험계속

32 ED-2110을 끄고 그림 5-20의 회로를 배선한다.

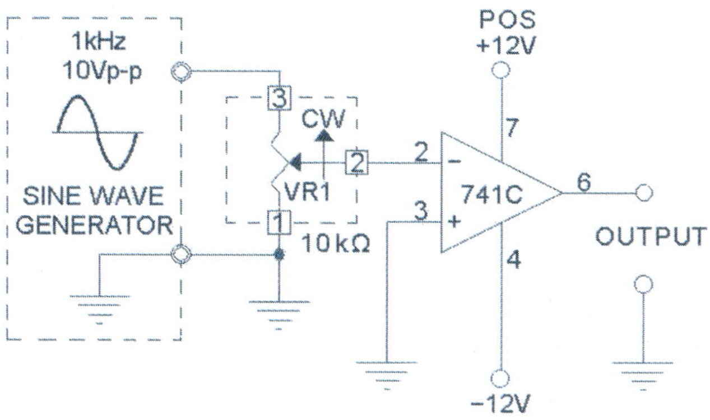

그림 5-20 ‹‹‹ 실험회로

33 ED-2110의 전원 스위치를 켠다. 전압을 인가하기 위해 실험순서 11~14를 반복한다.

34 주파수를 조정하기 위해 LCD 화면에서 'FG/PG/GC'을 선택한다.

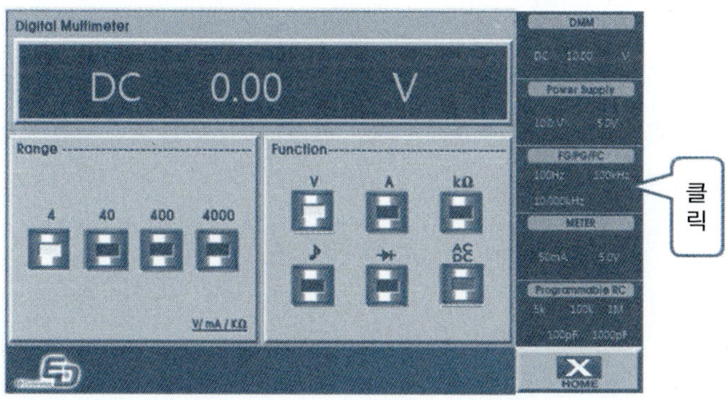

그림 5-21 ‹‹‹ 'FG/PG/GC'을 선택

35 패널 좌측의 주파수조정 볼륨을 이용하여 Function Generator에 표시되는 주파수값이 1kHz가 되도록 조정한다.

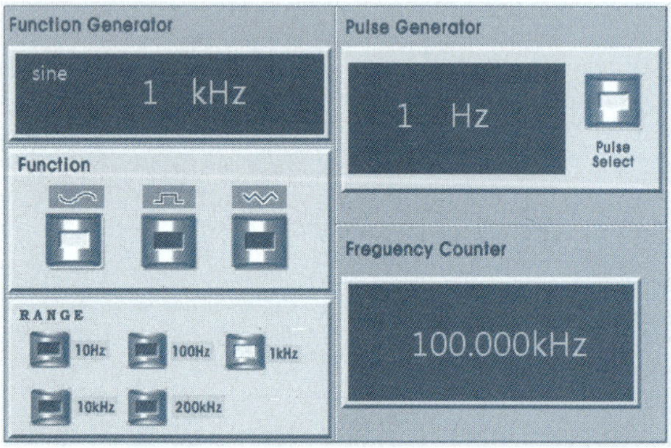

그림 5-22 ‹‹‹ 주파수값이 1kHz가 되도록 조정한다

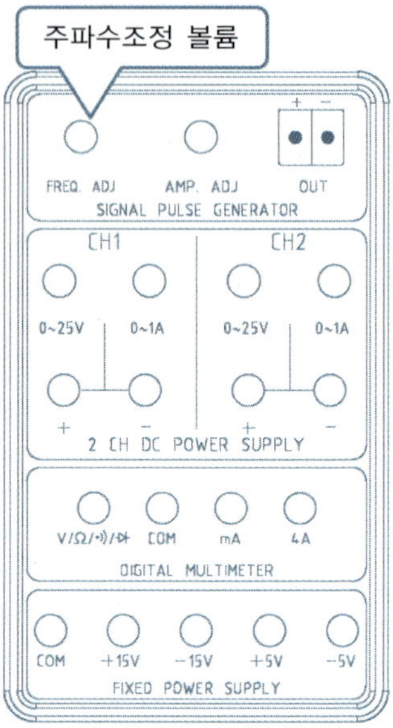

그림 5-23 ‹‹‹ 주파수조정 볼륨을 이용

36 오실로스코프의 입력 리드를 ED-2110의 SINE 단자에 연결한 다음 오실로스코프의 HORIZONTAL SWEEP과 TIME/DIV을 조정하여 오실로스코프상에 2~3사이클의 주파수가 보이도록 조정한다.

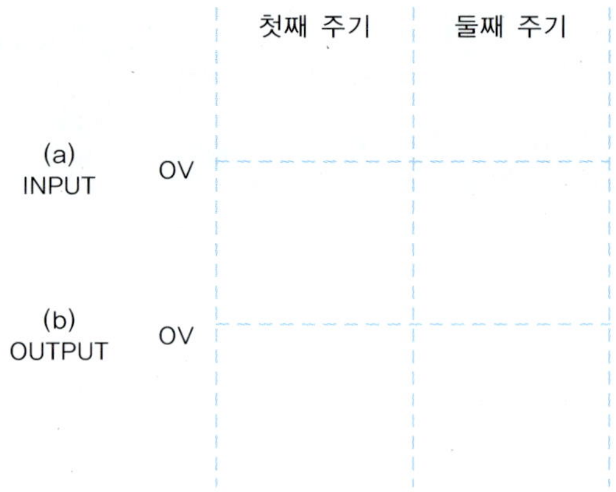

그림 5-24 ‹‹‹ 파형

37 그림 5-24에 준비된 공간에 입력신호의 첫째 및 둘째 사이클을 그려라.

38 수직입력 리드를 연산 증폭기의 pin 6에 접속한 후 그림 5-24(b)에 준비된 공간에 출력신호의 첫째 및 둘째 사이클을 그려라.

39 ED-2110을 끄고 그림 5-25의 회로를 배선한다.

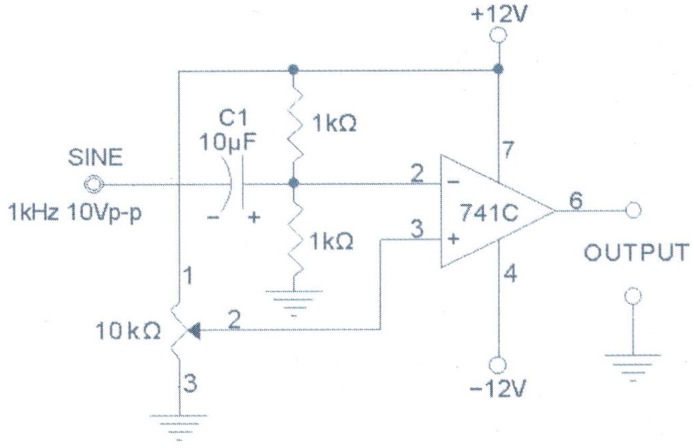

그림 5-25 ‹‹‹ 실험회로

40 ED-2110의 전원 스위치를 켠다. 전압을 인가하기 위해 실험순서 11~14를 반복한다.

41 LCD 화면에 구성된 아이콘에서 'DMM'을 클릭한다. ED-2110을 연산 증폭기의 pin 3과 접지 간에 접속하고서 1kΩ VR를 조정하여 'DMM'의 표시값이 +5V되는 것을 확인한다. ED-2110은 그대로 접속하여 둔다.

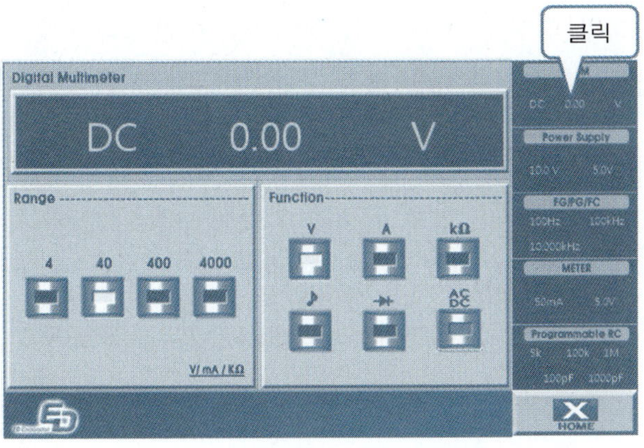

그림 5-26 ‹‹‹ 'DMM'을 클릭

	첫째 주기	둘째 주기
(a)		
(b)		
(c)		

그림 5-27 ‹‹‹ 관측 파형

42 오실로스코프를 이용하여 연산 증폭기의 출력전압을 pin 6에서 관측하여 그림 5-27(a)에 앞의 두 사이클을 그려라. 오실로스코프는 그대로 접속해 둔다.

43 VR의 노브를 조정하여 pin 3에서의 전압이 +6V가 되도록 하고 출력에 미치는 영향을 관찰하고 출력파형의 앞의 두 사이클을 그림 5-27(b)에 그려라.

44 VR의 노브를 다시 조정하여 pin 3에서의 전압이 +7V가 되도록 하고 이때 출력에 미치는 영향을 관찰하고 앞의 두 사이클을 그림 5-27(c)에 그려라.

45 그림 5-27의 3개의 파형을 비교하라. 정(+)방향 펄스폭이 연산 증폭기의 pin 3의 전압을 변화시킴에 따라 즉시 변하는 것을 알 수 있다.

46 VR의 노브를 시계방향 끝에서 반시계방향 끝까지 서너번 정도 돌려본다. 여기서 VR의 양쪽 끝방향에서는 구형파의 출력이 없어짐을 알게 된다. VR의 노브를 시계방향으로 끝까지 돌려놓은 다음에 반시계방향으로 천천히 돌려 가면서 출력에 교류신호가 나타날 때 멈춘다. 이때의 연산 증폭기의 pin 3에서의 전압을 측정하여 아래에 기록하라.

출력전압 = ______ . ______ V

47 계속해서 VR의 노브를 반시계방향으로 돌리면 좁은 정(+)방향 펄스가 출력에 나타나기 시작하여 노브를 계속 돌릴수록 펄스폭이 넓어진다.

48 VR의 노브를 계속 돌려 교류신호가 출력에서 사라질 때까지 돌린다. 이때 연산 증폭기의 pin 3에서의 전압을 측정하여 아래에 기록하라.

출력전압 = ______________ V

49 실험순서 46에서 측정한 전압을 실험순서 48에서 측정한 전압으로부터 뺀 다음 그 값을 아래에 기록하라.

______________ V

이 전압은 연산 증폭기의 pin 2에 인가한 교류 정현파의 V_{P-P}가 된다. 그 이유는 무엇인가 생각해 보라.

이 유 ______________

____

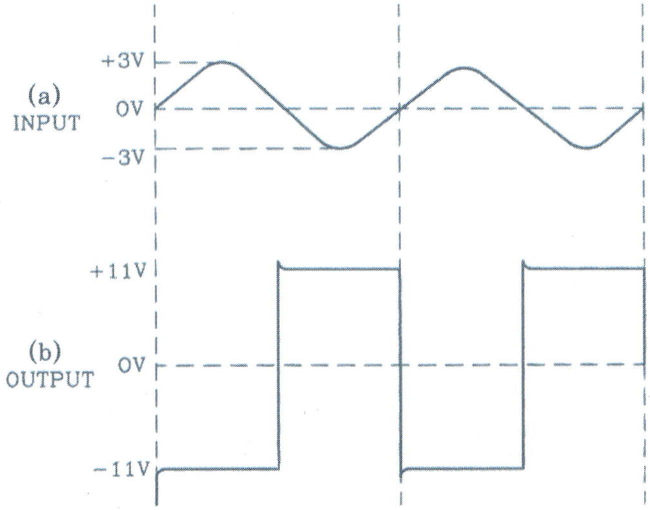

그림 5-28 ‹‹‹ 관측 파형

2장

10. 요점정리(실험순서 32~49)

실험순서 32에서 38까지에서 한쪽 입력을 정지시켰을 때 교류신호에 대해 콤퍼레이터가 어떻게 반응을 보이는가를 알았다. 그림 5-24에 그린 입력 및 출력파형은 그림 5-28과 같게 나타난다.

실험순서 39에서는 회로를 개조하여 출력파형을 조정할 수 있게 하였다. 전압분할기로부터 pin 2에 +6V가 인가되게 하였고 이때 교류전압은 그림 5-29와 같이 중첩되게 하였다.

전위차계는 비반전 입력전압을 0에서 +12V까지 조정할 수 있도록 하였다. 여기서는 이 기준 전압을 +5V, +6V 및 +7V로 각각 한 다음 이때 각각의 출력파형을 그림 5-27에 그렸다. 여기서 그린 파형은 그림 5-30에 나타낸 파형과 유사하며 여기서 기준 전압의 변화가 펄스폭을 조정할 수 있음을 알았다.

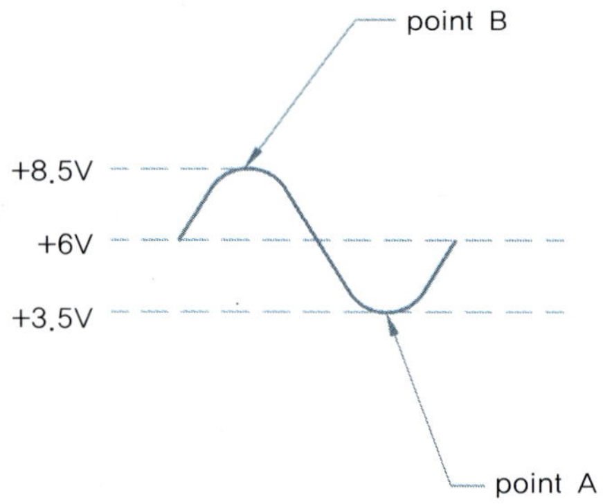

그림 5-29 ‹‹‹ 콤퍼레이터의 반전 입력신호

실험순서 46에서는 그림 5-29에서 A점의 전압을 결정하였다. 이 전압을 결정하기 위하여 기준 전압을 조정하여 이 기준 전압에서 교류신호가 사라지게 하였다. 이와 같은 현상은 기준 전압이 그림 5-29의 A점과 같을 때 발생한다.

실험순서 48에서도 비슷한 방법으로 그림 5-29의 B점의 전압을 결정하였다. 마지막으로 교류전압의 첨두치를 최대 전압에서 최소 전압을 뺌으로써 구하였다.

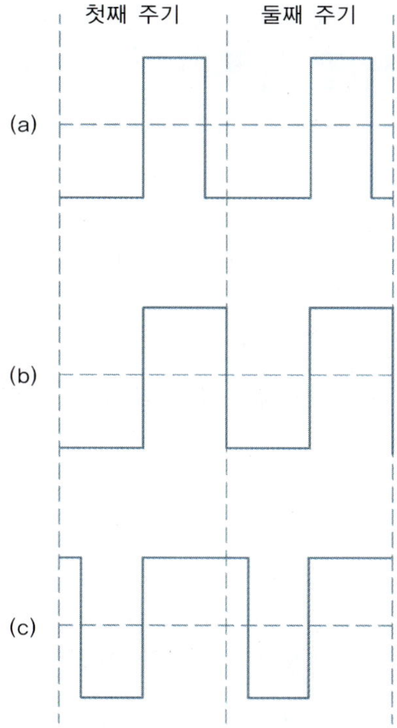

그림 5-30 ‹‹‹ 관측 파형

06 반전 및 비반전 증폭기

1. 목 적

반전 및 비반전 증폭기의 특성에 대하여 관찰한다.

2. 서 론

앞절에서는 연산 증폭기가 open-loop 상태로 동작할 때에 대해서 실험하였고, 또한 많은 점에 대해서 토의되었으며 실험을 통하여 입증하였다. 이번 실험에서는 closed-loop에 대한 이득의 차이를 실험을 통해 알아보자.

➡ 필요 부품 및 기기

- ED-2110 : 1대
- 오실로스코프 : 1대
- 연산 증폭기 IC(741C) : 1개
- 저항 10kΩ, 1/4W, 5% : 1개
- 저항 1kΩ, 1/4W, 5% : 2개
- 저항 4700Ω, 1/4W, 5% : 1개
- 저항 100Ω, 1/4W, 5% : 2개
- 저항 10Ω, 1/4W, 5% : 1개

3. 실험순서

1 ED-2110의 전원이 꺼져 있는가를 확인한 다음 전원 플러그를 연결하고 그림 6-1의 회로를 배선한다.

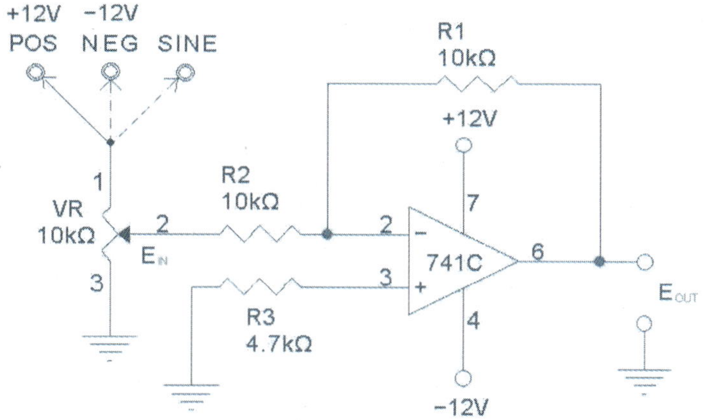

그림 6-1 ‹‹‹ 실험회로

2 ED-2110의 전원을 켜고 LCD 화면의 'Measuring Instrument'를 클릭한다.

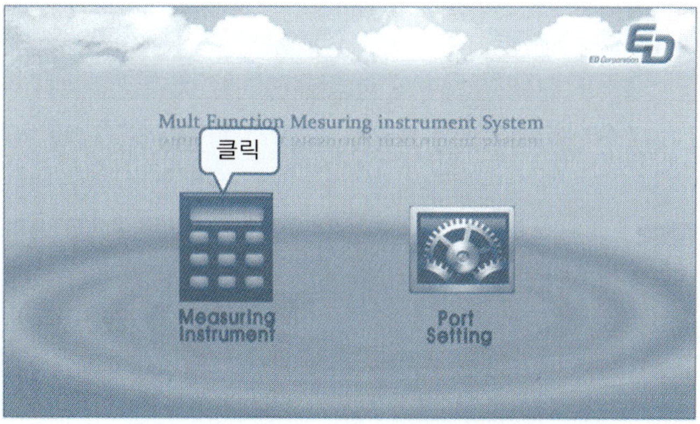

그림 6-2 ‹‹‹ 'Measuring Instrument'를 클릭

2장

3 LCD 화면의 ‘Power Supply’를 클릭한다. 10kΩ VR의 단자 1을 POS 단자와 연결한다. 패널 좌측에 있는 0～25V 전압조정 볼륨을 이용해서 ‘Power Supply’에 표시되는 값이 ±12V가 되도록 한다.

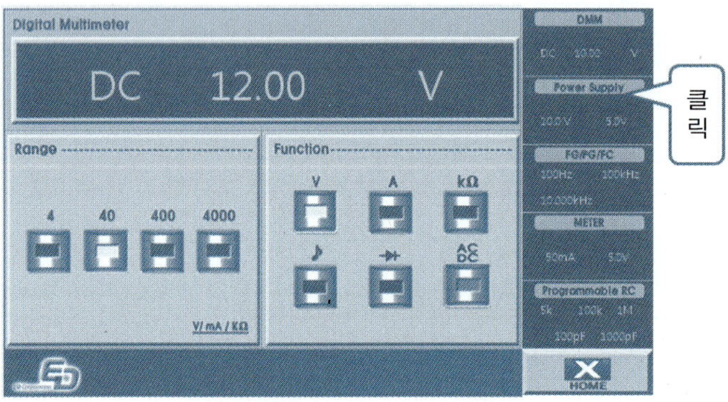

그림 6-3 ‹‹‹ ‘Power Supply’를 클릭

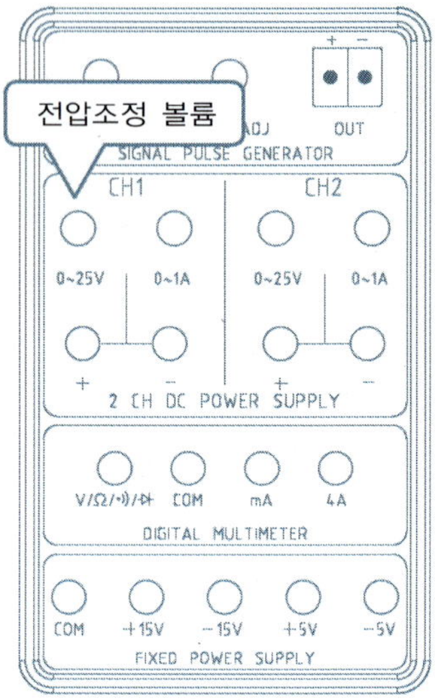

그림 6-4 ‹‹‹ 0～25V 전압조정 볼륨을 이용

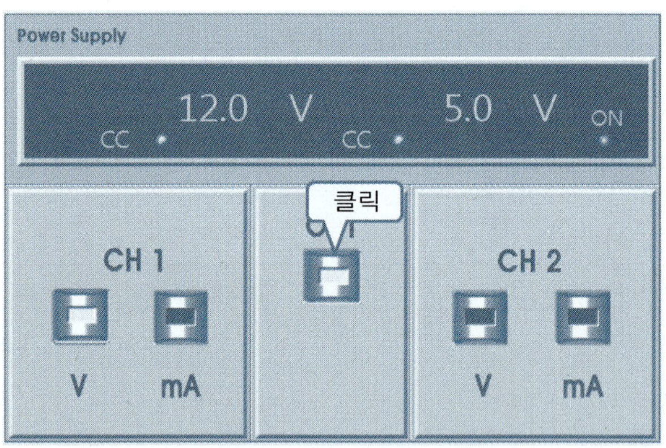

그림 6-5 ‹‹‹ ‘Power Supply’에 표시되는 값이 ±12V가 되도록 한다

4 LCD 화면의 아이콘에서 ‘DMM’을 클릭한다. 10kΩ VR의 단자 2와 접지를 ED-2110의 DMM 단자에 연결하고서 VR의 노브를 조정하여 ‘DMM’에 표시되는 전압값이 +5V가 되도록 한다. 이 전압은 증폭단의 입력전압(E_{IN})이 된다.

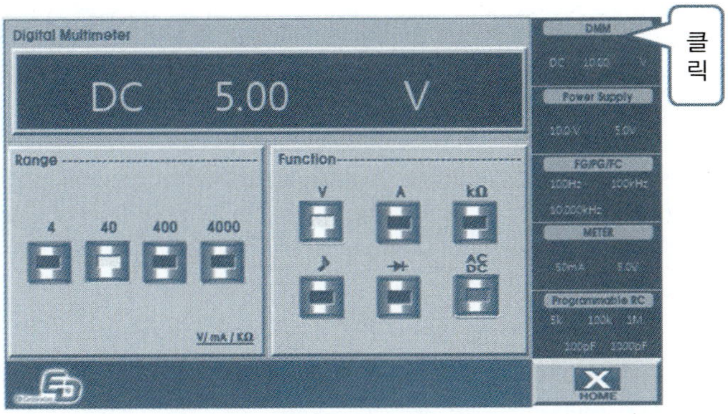

그림 6-6 ‹‹‹ 'DMM'에 표시되는 전압값이 +5V가 되도록 한다

5 연산 증폭기의 pin 2(−입력)와 접지를 ED-2110의 DMM 단자에 연결하고서 실험순서 **4**와 같이 'DMM'을 사용하여 전압을 측정하고 아래에 기록하라.

pin 2 입력전압 = ________________ V

6 연산 증폭기의 pin 6(E_{OUT})과 접지를 ED-2110의 DMM 단자에 연결하고서 실험순서 **4**와 같이 전압을 측정하고 아래에 기록하라.

pin 6 출력전압 = ________________ V

7 실험순서 **6**에서 구한 전압을 실험순서 **4**에서 정한 전압으로 나누어 이득을 구하여 아래에 기록하라.

$$A(\text{이득}) = -\frac{E_{OUT}}{E_{IN}} = \underline{\qquad\qquad\qquad}$$

8 $A = -\frac{R_1}{R_2}$ 의 식을 이용해 증폭단의 이득을 구하여 아래에 기록하라. 또 여기서 구한 이득값이 실험순서 **7**에서 구한 이득값과 일치하는가 생각해 보라.

$$A = -\frac{R_1}{R_2} = \underline{\qquad\qquad\qquad}$$

9 표 6-1에서 나타낸 각 E_{IN}(1kΩ VR의 단자 2에서의 전압)에 대한 E_{OUT}(연산 증폭기의 pin 6에서의 전압)과 연산 증폭기의 pin 2에서의 전압을 각각 구하여 0V에서 +10V까지에 대한 표를 완성하라. 나머지 0V에서 −10V까지에 대한 표를 완성하기 위하여 1kΩ VR의 단자 1을 −12V에 접속한 다음 각 값에 대한 표를 완성한다.

2장

10 VR의 단자 1을 "−" 전원에서 떼어내고 이 단자를 SINE 단자에 접속시킨다.

표 6-1 ‹‹‹ 전압 기록표

10kΩ전위차계 단자 2에서의 전압(E_{IN})	연산 증폭기의 Pin 2에서의 전압(−입력)	연산 증폭기의 Pin 6에서 전압(E_{OUT})
0 V		
+2V		
+4V		
+6V		
+8V		
+10V		
0V		
−2V		
−4V		
−6V		
−8V		
−10V		

11 LCD 화면의 아이콘에서 'FG/PG/FC'를 클릭해 주파수를 1kHz로 조정한다. 오실로스코프를 이용해 VR의 노브를 돌려가며 E_{IN} 및 E_{OUT}의 파형을 관찰한다. ED-2110의 왼쪽에 위치한 'FREQ. ADJ'의 노브를 이용하여 주파수를 조정한다.

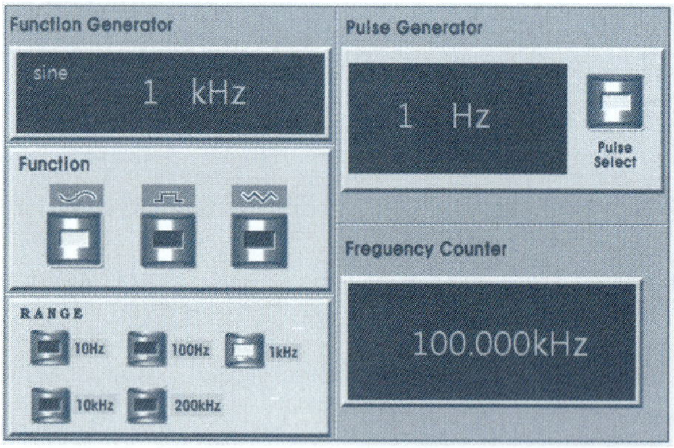

그림 6-7 ‹‹‹ 'FG/PG/FC'를 클릭하여 주파수를 1kHz로 조정

12 VR의 노브를 조정하여 E_{IN}이 최대값이 되게 한다. 오실로스코프의 수직입력 리드를 연산 증폭기의 pin 2에 접속한다. 이때 교류신호가 화면에 나타나는가?

4. 요점정리(실험 순서 1~12)

그림 6-1에서 보인 증폭기의 이득은

$$A = -\frac{R_1}{R_2} = -\frac{10k\Omega}{10k\Omega} = -1$$

이다. 그렇기 때문에 E_{OUT}은 항상 $-E_{IN}$과 같게 된다. 이 결과는 여러 가지의 E_{IN}의 값에 대해 증명하였고 또한 연산 증폭기의 pin 2에서의 E_{IN}의 값에는 관계없이 0V로 나타남으로써 증명되었다. 연산 증폭기의 "−"입력에는 거의 측정할 수 없을 정도로 신호가 존재하지만 실제적으로 접지된 것과 같다. 이것은 E_{OUT}이 E_{IN}을 상쇄시킬만큼 충분히 높은 값을 가짐으로써 생긴다.

실험순서 10, 11에서는 연산 증폭기가 교류신호에 대해서도 같은 방법으로 동작하고 있음을 알았다. E_{OUT}은 E_{IN}을 두 번 반전한 신호이다. 실험순서 12에서는 교류신호를 연산 증폭기의 "−"입력에서 오실로스코프로 관찰하려고 하였다. "−" 입력에서의 교류신호는 극히 작기 때문에 오실로스코프의 감도가 좋지 않으면 보통 잘 나타나지 않는다.

다시 말하면 궤환으로 이 점에서의 전위는 실제적으로 0전위가 된다. 지금까지 실험한 회로는 이득이 없으므로 사용상에 제한을 받는다. 그러나 R_1 및 R_2의 저항비를 바꿈으로써 쉽게 이득을 증가시킬 수 있다.

5. 실험계속

13 ED-2110을 끄고 그림 6-8의 회로를 배선한다.

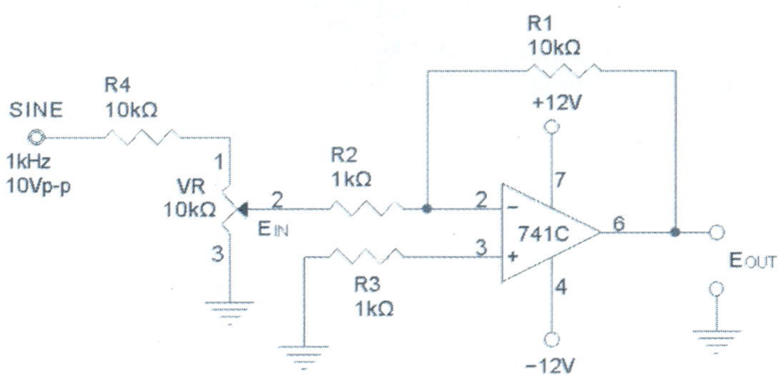

그림 6-8 ‹‹‹ 실험회로

14 ED-2110의 전원을 켜고 LCD 화면의 'Measuring Instrument'를 클릭한다.

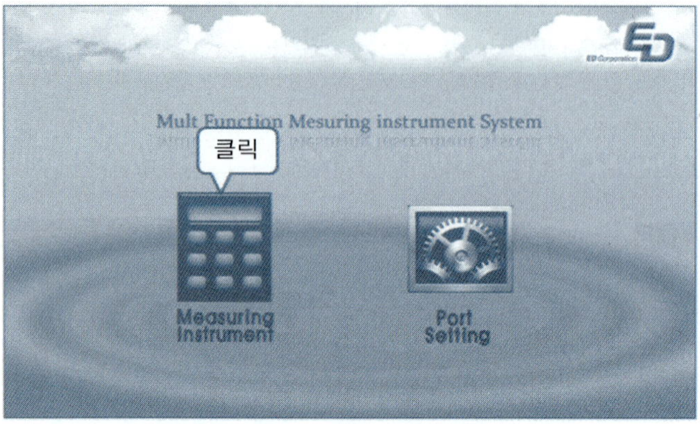

그림 6-9 ‹‹‹ 'Measuring Instrument'를 클릭

15 LCD 화면의 'Power Supply'를 클릭한다. 1kΩ VR의 단자 1을 POS 단자와 연결한다. 패널 좌측에 있는 0~25V 전압조정 볼륨을 이용해서 'Power Supply'에 표시되는 값이 ±12V가 되도록 한다.

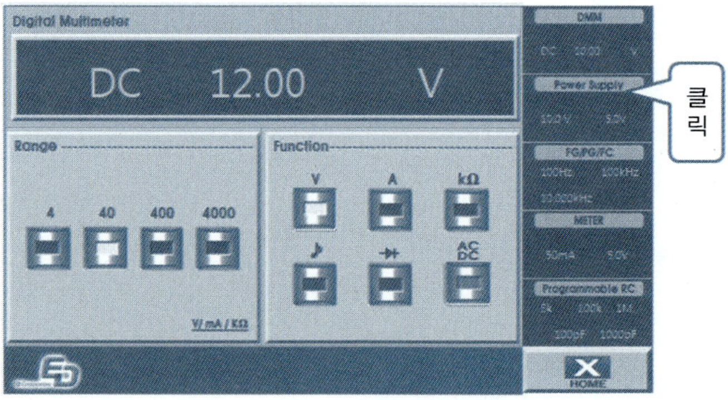

그림 6-10 ‹‹‹ 'Power Supply'를 클릭

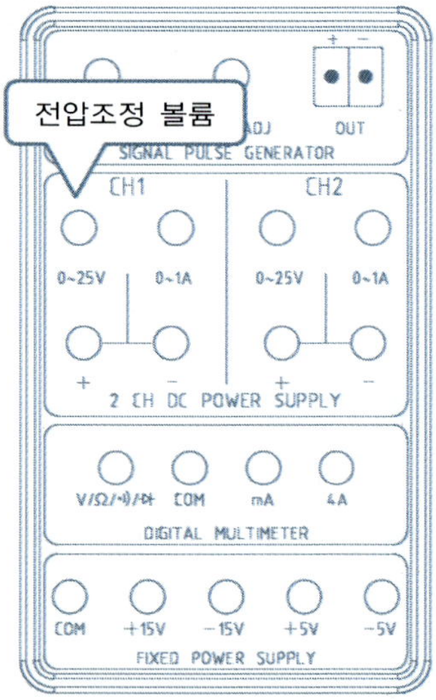

그림 6-11 ‹‹‹ 0~25V 전압조정 볼륨을 이용

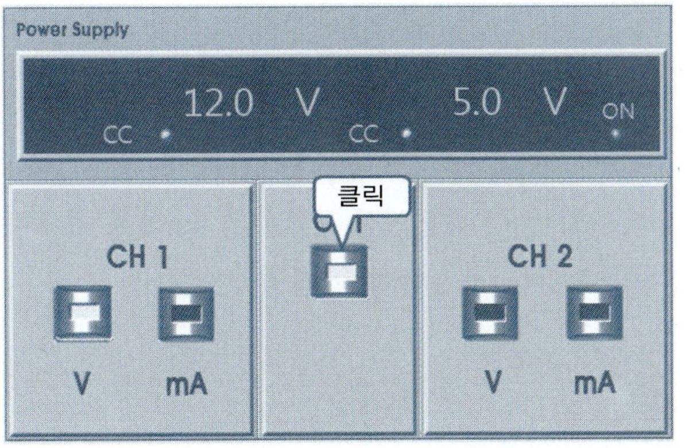

그림 6-12 ‹‹‹ 'Power Supply'에 표시되는 값이 ±12V가 되도록 한다

16 주파수를 조정하기 위해 LCD 화면의 아이콘에서 'FG/PG/FC'을 클릭한다. 'FUNCTION GENERATOR'에서 주파수를 1kHz로 설정한다. ED-2110의 왼쪽에 위치한 'FREQ. ADJ'의 노브를 이용하여 주파수를 조정한다.

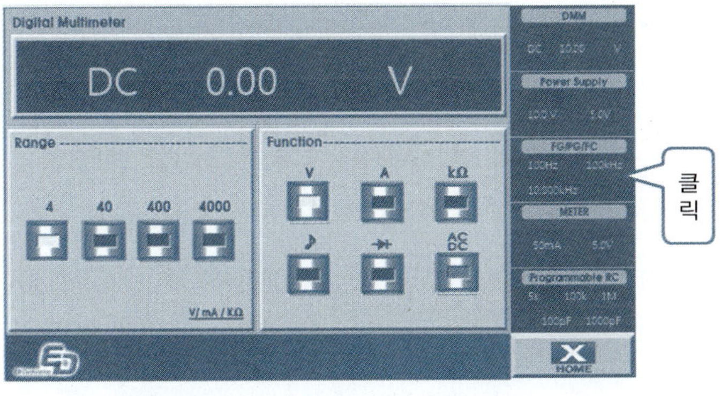

그림 6-13 ‹‹‹ 'FG/PG/FC'을 클릭

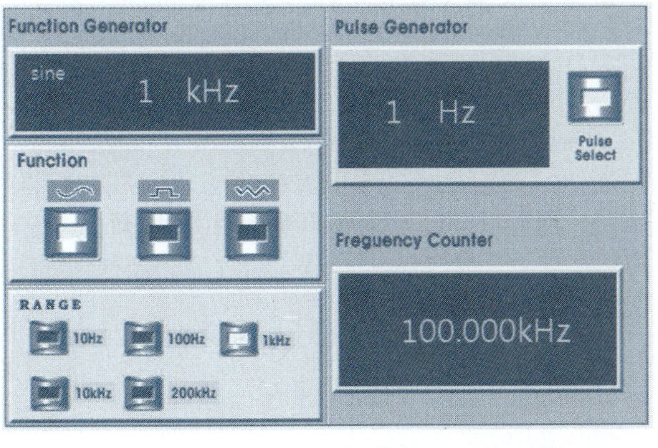

그림 6-14 ‹‹‹ 'FUNCTION GENERATOR'에서 주파수를 1kHz로 설정

17 오실로스코프의 수직입력 리드를 1kΩ VR의 단자 2에 접속하고 접지 리드는 ED-2110의 접지 단자에 접속시킨다. 1kΩ VR의 노브를 조정하여 교류신호(E_{IN}) 0.2$V_{P\text{-}P}$가 되게 한다.

18 오실로스코프의 수직입력 리드를 연산 증폭기의 pin 6에 접속하고 이 점에서 (E_{OUT}) 교류신호의 첨두치 전압을 측정하여 아래에 기록하라.

E_{OUT} = ________________ $V_{P\text{-}P}$

19 $A = -\dfrac{E_{OUT}}{E_{IN}}$ 의 식을 이용하여 증폭기의 이득을 구하여 아래에 기록하라.

A = ________________

20 $A = -\dfrac{R_1}{R_2}$ 의 식을 이용하여 증폭기의 이득을 구하여 아래에 기록하라.

A = ________________

실험순서 19와 20에서 구한 각 이득은 같은가? ________________

(같다 / 다르다)

21 이번에는 'FUNCTION GENERATOR'에서 주파수를 10kHz로 설정한다. ED-2110의 왼쪽에 위치한 'FREQ. ADJ'의 노브를 이용하여 주파수를 조정한다.

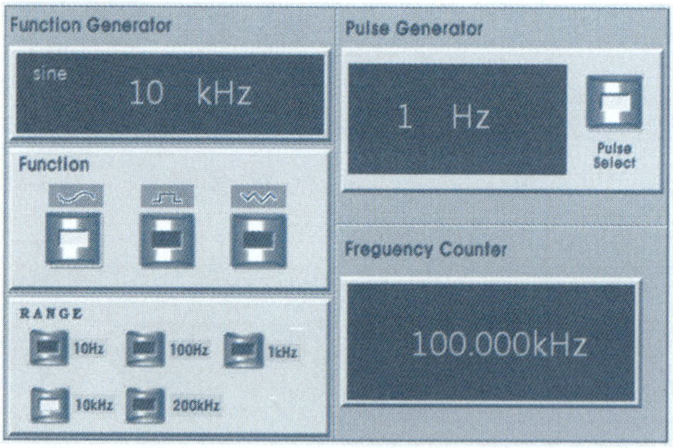

그림 6-15 ‹‹‹ 'FUNCTION GENERATOR'에서 주파수를 10kHz로 설정

22 필요하다면 VR의 단자 2에서의 전압(E_{IN})이 $0.2V_{P-P}$이 되도록 오실로스코프로 관측하면서 1kΩ VR의 노브를 다시 조정한다. 오실로스코프로 E_{OUT}을 측정하여 아래에 기록하라.

E_{OUT} = ______________________ V_{P-P}

또한 새로운 주파수에서의 증폭단의 이득을 구하여 아래에 기록하라.

$$A = -\frac{E_{OUT}}{E_{IN}} =$$

여기서 구한 이득이 1kHz일 때의 이득의 70%이내에 들어가는가?

______________________ 이다.

(70%이상 / 70%미만)

6. 요점정리(실험순서 13~22)

이 실험에서 이득이 −10인 반전증폭기를 구성하여 E_{OUT}을 E_{IN}으로 나누어 이득을 구하였다. 이렇게 구한 이득은 $A = -\frac{R_1}{R_2}$의 식을 이용하여 구한 이득과 일치함을 알았다. 또한 이득은 1kHz에서 10kHz에 이르기까지 일정함을 알았다.

실제로 이득은 약 100kHz의 주파수까지 일정하게 유지된다. 741C의 이득−대역폭(Gain-Bandwidth)은 1MHz이므로 증폭기의 이득이 10일 경우 대역폭은

$$\text{대역폭} = \frac{\text{이득} - \text{대역폭}}{\text{이득}} = \frac{1\text{MHz}}{10} = 100\text{kHz}$$

가 된다. 그러므로 이득이 증가하면 대역폭은 좁아진다. 이를 다음에 실험해 본다.

2장

7. 실험계속

㉓ ED-2110을 끄고 그림 6-16의 회로를 배선한다.

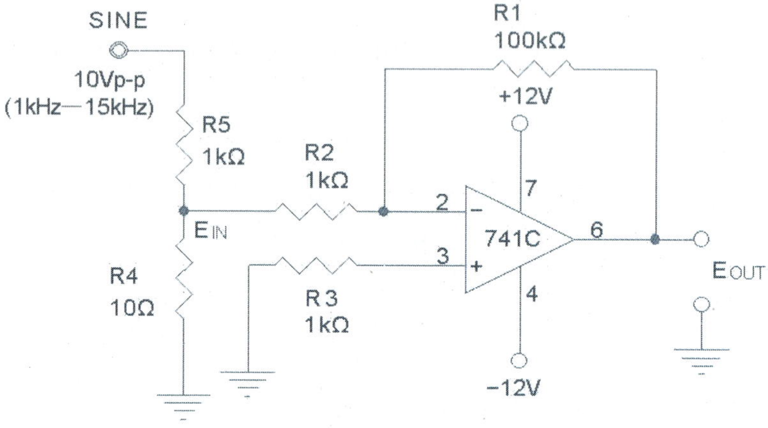

그림 6-16 ‹‹‹ 실험회로

㉔ ED-2110의 전원을 켜고 LCD 화면의 ‘Measuring Instrument’를 클릭한다.

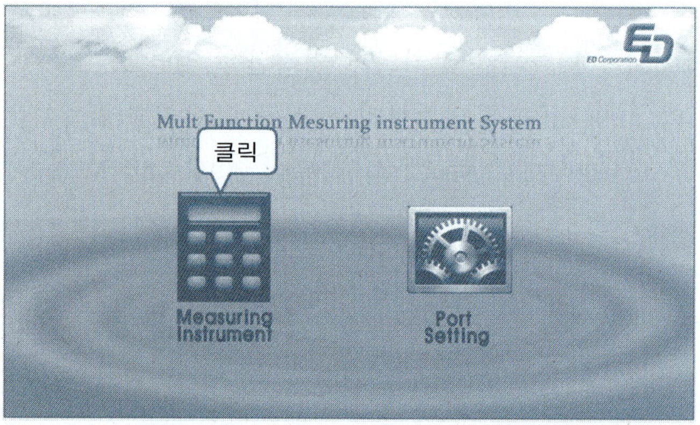

그림 6-17 ‹‹‹ ‘Measuring Instrument’를 클릭

㉕ LCD 화면의 ‘Power Supply’를 클릭한다. 1kΩ VR의 단자 1을 POS 단자와 연결한다. 패널 좌측에 있는 0~25V 전압조정 볼륨을 이용해서 ‘Power Supply’에 표시되는 값이 ±12V가 되도록 한다.

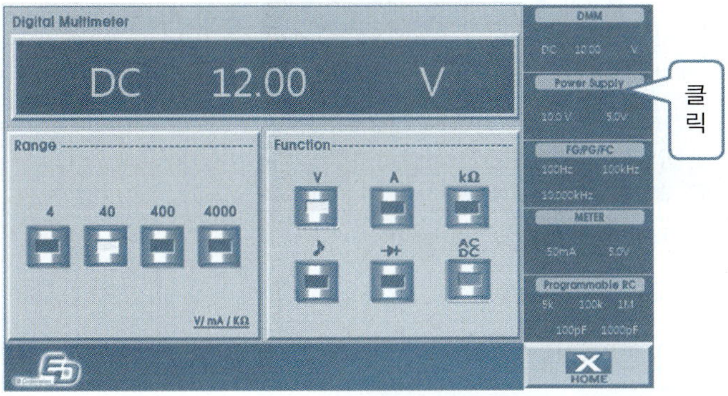

그림 6-18 ‹‹‹ 'Power Supply'를 클릭

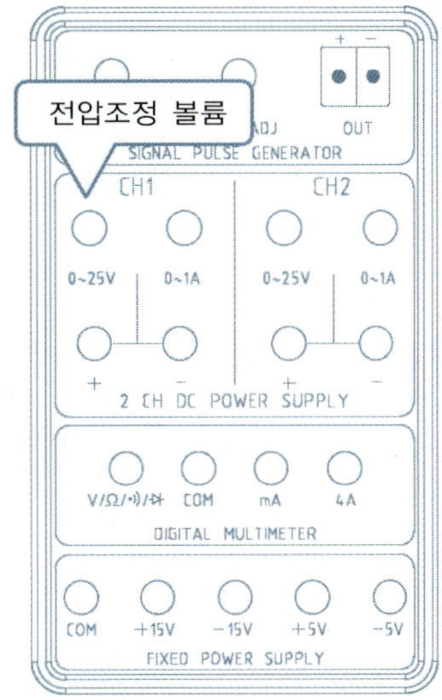

그림 6-19 ‹‹‹ 0~25V 전압조정 볼륨을 이용

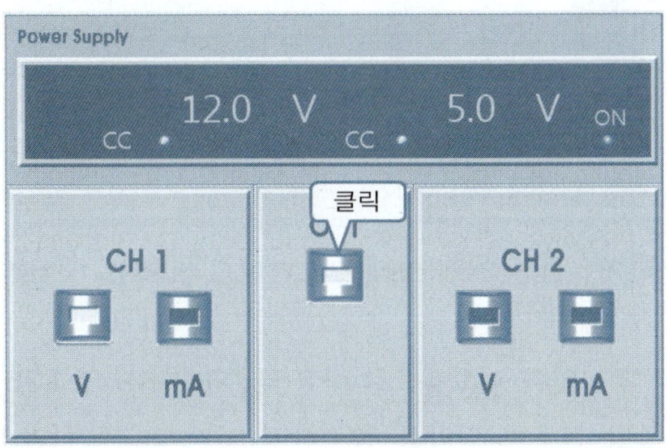

그림 6-20 ‹‹‹ 'Power Supply'에 표시되는 값이 ±12V가 되도록 한다

26 주파수를 조정하기 위해 LCD 화면의 아이콘에서 'FG/PG/FC'을 클릭한다. 'FUNCTION GENERATOR'에서 주파수를 1kHz로 설정한다. ED-2110의 왼쪽에 위치한 'FREQ. ADJ'의 노브를 이용하여 주파수를 조정한다.

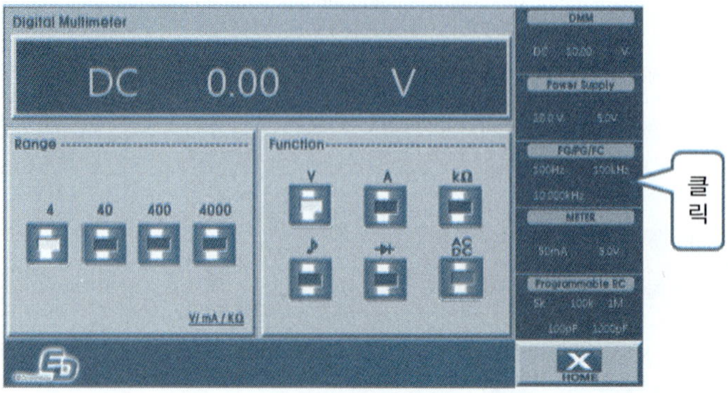

그림 6-21 ‹‹‹ ‘FG/PG/FC’을 클릭

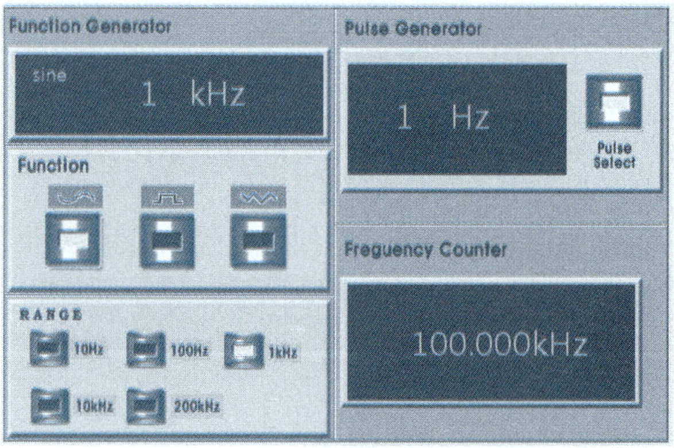

그림 6-22 ‹‹‹ ‘FUNCTION GENERATOR’에서 주파수를 1kHz로 설정

27 오실로스코프의 수직입력 리드를 ED-2110의 ‘SIGNAL PULSE GENERATOR’ 출력단자에 접속하고 첨두치 전압을 측정하여 아래에 기록하라.

______________________ V_{P-P}

28 R_5와 R_4는 전압분할기로서 분할비가 100대 1이 되어 R_4에서의 전압강하는 실험순서 27에서 측정한 정현파의 100분의 1, 즉 1% 밖에 되지 않는다. E_{IN}의 전압을 구하여 아래에 기록하라.

E_{IN} = ______________________ V_{P-P}

29 오실로스코프를 이용하여 연산 증폭기의 pin 6에서 E_{OUT}을 측정하여 아래에 기록하라.

E_{OUT} = ______________________ V_{P-P}

30 실험순서 28에서 추정한 E_{IN}의 값으로 실험순서 29에서 구한 E_{OUT}의 값을 나누어 증폭단의 이득을 구하여 기록하라.

A = ______________________

31 $A = -\frac{R_1}{R_2}$의 식을 이용하여 증폭단의 이득을 구하여 기록하라. 또 실험순서 30에서 구한 이득과 일치하는가 비교하라.

A = ______________________

두 값은 ______________________

(일치한다 / 일치안한다)

32 이번에는 주파수를 10kHz로 설정한다. ED-2110의 왼쪽에 위치한 'FREQ. ADJ'의 노브를 이용하여 주파수를 조정한다.

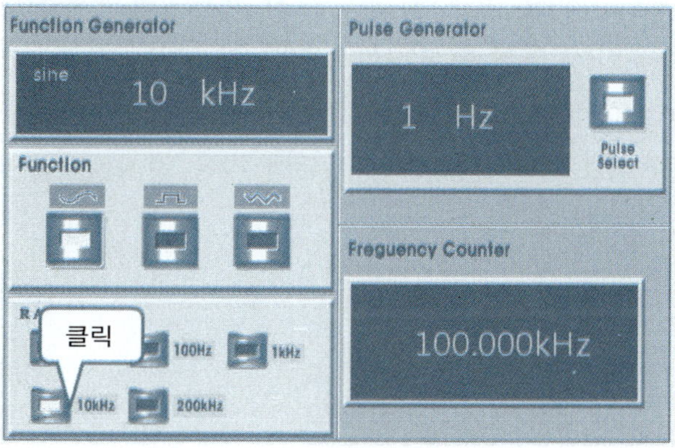

그림 6-23 ‹‹‹ 주파수를 10kHz로 설정

33 오실로스코프의 수직입력 리드를 연산 증폭기의 pin 6에 접속하고서 E_{OUT}을 감시한다.

34 천천히 주파수조정손잡이를 돌려 어떤 주파수에서 E_{OUT}의 값이 실험순서 29에서 측정한 진폭의 70.7%까지 떨어지는가 아래에 기록하라.

주파수 ______________________ Hz

8. 요점정리(실험순서 23~34)

이 실험에서 이득이 100인 증폭기를 구성하였다. R_5와 R_4는 Generator의 전압을 70mV 까지 강하시키며 이 전압이 증폭기의 E_{IN}이 되며 이 증폭기의 이득은

$$A = -\frac{R_1}{R_2} = -\frac{100\text{k}\Omega}{1\text{k}\Omega} = -100$$

이 된다. 여기서 이득이 증가되었기 때문에 대역폭은 감소되어서 다음과 같이 된다.

$$\text{대역폭} = \frac{\text{이득}-\text{대역폭}}{\text{이득}} = \frac{1\text{MHz}}{100} = 10\text{kHz}$$

이상적인 경우 이득은 10kHz 바로 전에서 떨어지기 시작해야 하며 이때 이 주파수가 Breakover점이 된다. 그러나 실제 회로에서는 이득이 주파수가 증가함에 따라 점차적으로 감소하게 되며 Breakover point(이득이 최대이득의 70.7%에 도달하는점)에 이르면 증폭단의 이득은 급격히 감소한다. 증폭단의 이득이 더욱 증가될수록 대역폭은 더욱 감소한다.

9. 실험계속

35 ED-2110을 끄고 그림 6-24의 회로를 배선한다.

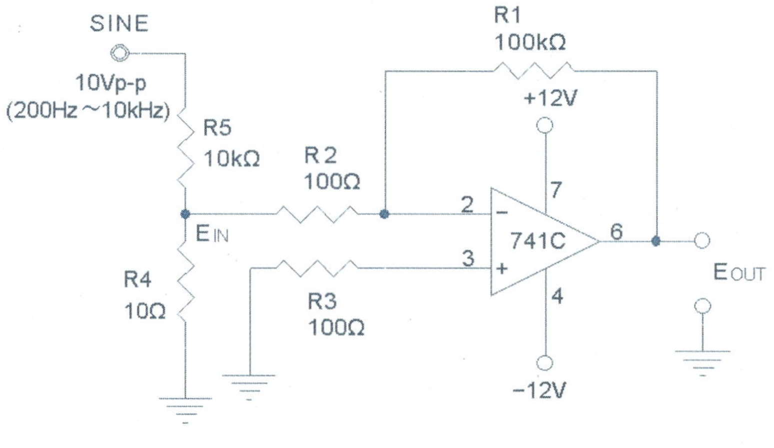

그림 6-24 ‹‹‹ 실험회로

36 ED-2110의 전원을 켜고 LCD 화면의 'Measuring Instrument'를 클릭한다.

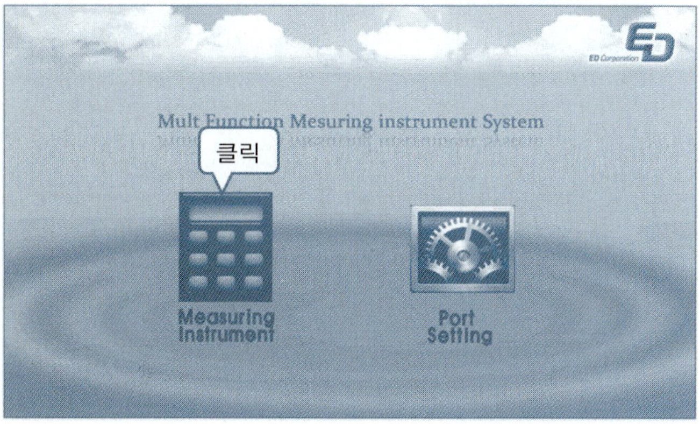

그림 6-25 ‹‹‹ 'Measuring Instrument'를 클릭

37 LCD 화면의 'Power Supply'를 클릭한다. 1kΩ VR의 단자 1을 POS 단자와 연결한다. 패널 좌측에 있는 0~25V 전압조정 볼륨을 이용해서 'Power Supply'에 표시되는 값이 ±12V가 되도록 한다.

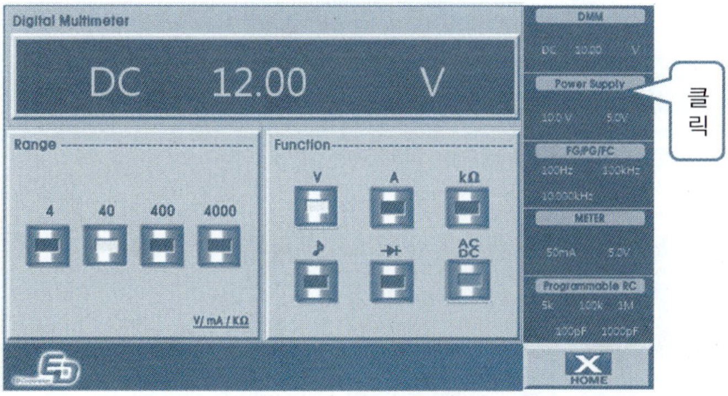

그림 6-26 ‹‹‹ 'Power Supply'를 클릭

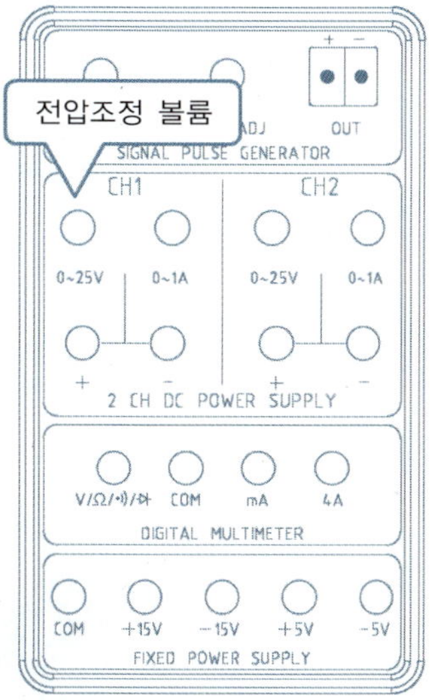

그림 6-27 ‹‹‹ 0~25V 전압조정 볼륨을 이용

2장

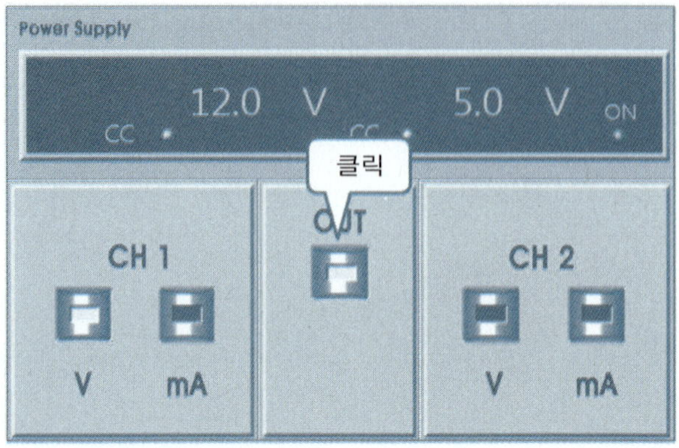

그림 6-28 ‹‹‹ 'Power Supply'에 표시되는 값이 ±12V가 되도록 한다

38 주파수를 조정하기 위해 LCD 화면의 아이콘에서 'FG/PG/FC'을 클릭한다. 'FUNCTION GENERATOR'에서 주파수를 200Hz로 설정한다. ED-2110의 왼쪽에 위치한 'FREQ. ADJ'의 노브를 이용하여 주파수를 조정한다.

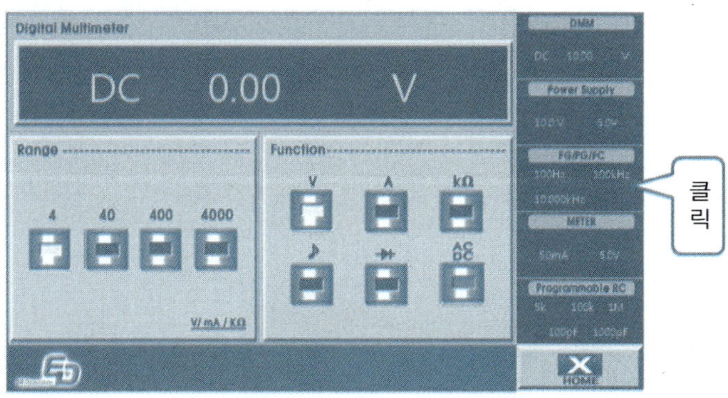

그림 6-29 ‹‹‹ 'FG/PG/FC'을 클릭

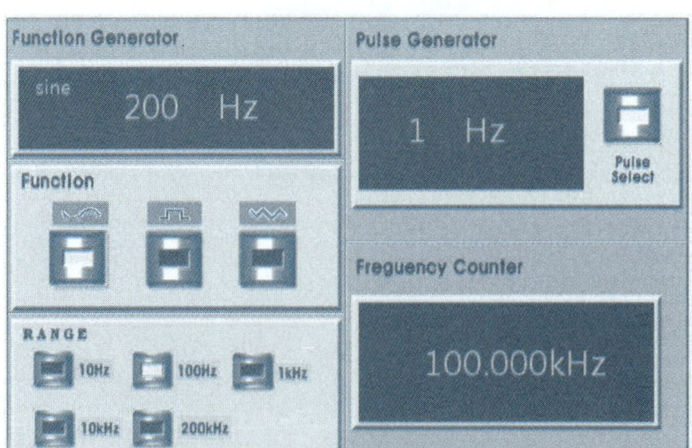

그림 6-30 ‹‹‹ 'FUNCTION GENERATOR'에서 주파수를 200Hz로 설정

39 R_5 및 R_4의 전압분할기는 E_{IN}의 전압을 10mV_{P-P}으로 유지시킨다. 오실로스코프를 이용하여 pin 6에서 E_{OUT}의 전압을 측정하여 아래 기록하고 또 이득을 구하여 기록하라.

E_{OUT} = ______________________ V_{P-P} A = ______________________

40 $A = -\frac{R_1}{R_2}$ 의 식을 이용하여 이득을 구하여 기록하라.

A = ______________________

41 오실로스코프를 사용하여 E_{OUT}을 감시하면서 주파수조정손잡이를 천천히 시계방향으로 돌려가며 어떤 주파수에서 E_{OUT}가 감소하기 시작하는지 그 주파수를 아래에 기록하라.

______________________ Hz

42 10kHz에서의 E_{OUT}의 값을 구하여 기록하라.

10. 요점정리(실험순서 35~42)

그림 6-24에 보인 증폭기의 이득은 약 −1000이 된다.

$$A = -\frac{R_1}{R_2} = -\frac{100{,}000\text{k}\Omega}{100\text{k}\Omega} = -1000$$

그러므로 대역폭은

$$\text{대역폭} = \frac{\text{이득} - \text{대역폭}}{\text{이득}} = \frac{1\text{MHz}}{1000} = 1000\text{Hz}$$

E_{OUT}은 주파수가 1000Hz 이상이 되기 시작하면 감소하게 되고 10kHz에서는 E_{OUT}은 앞에서 구한 값에 비하여 아주 낮은 값이 된다. 이와 같이 이득이 증가하면 대역폭이 어떻게 감소하는가를 실험해 보았다.

이제까지의 예는 반전 증폭기를 사용하였다. 그러나 비반전 증폭기도 같은 이득·대역폭 특성을 가지고 있다. 비반전 증폭기에 대해 간단히 다른 어떤 특성에 대해서 알아보자.

11. 실험계속

43 ED-2110을 끄고 그림 6-31의 회로를 배선한다.

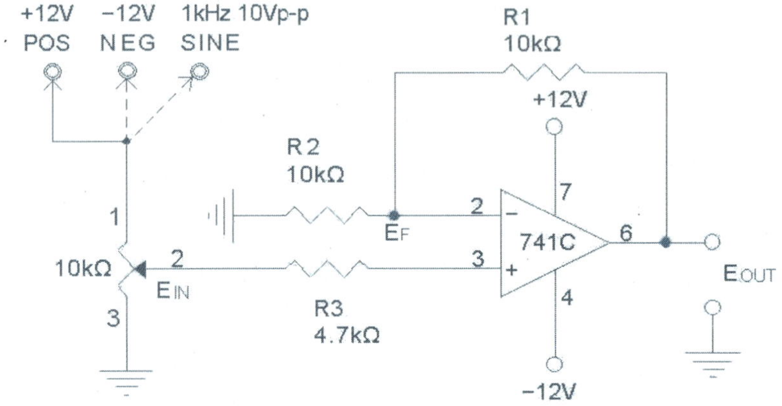

그림 6-31 ‹‹‹ 실험회로

44 ED-2110의 전원을 켜고 LCD 화면의 'Measuring Instrument'를 클릭한다.

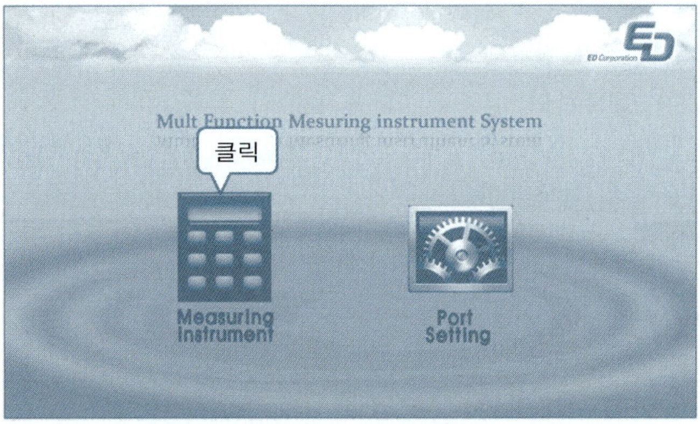

그림 6-32 ‹‹‹ 'Measuring Instrument'를 클릭

45 LCD 화면의 'Power Supply'를 클릭한다. 1kΩ VR의 단자 1을 POS 단자와 연결한다. 패널 좌측에 있는 0~25V 전압조정 볼륨을 이용해서 'Power Supply'에 표시되는 값이 ±12V가 되도록 한다.

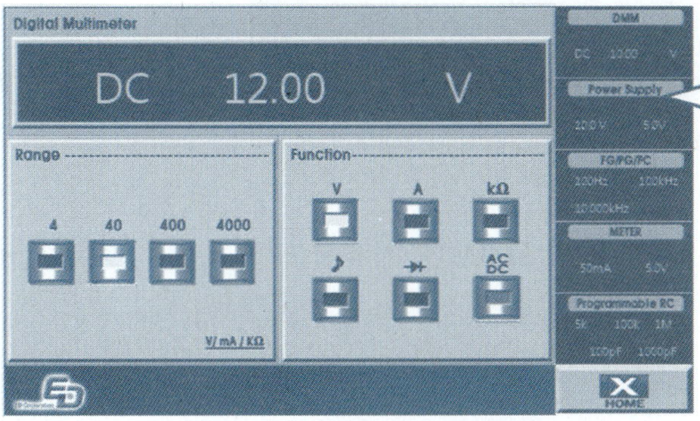

그림 6-33 ‹‹‹ 'Power Supply'를 클릭

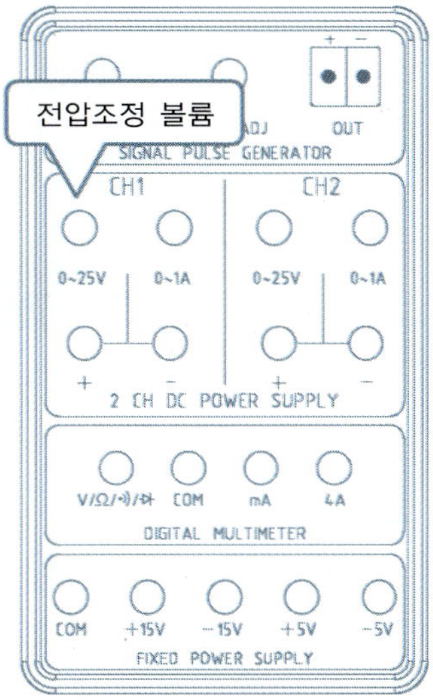

그림 6-34 ‹‹‹ 0~25V 전압조정 볼륨을 이용

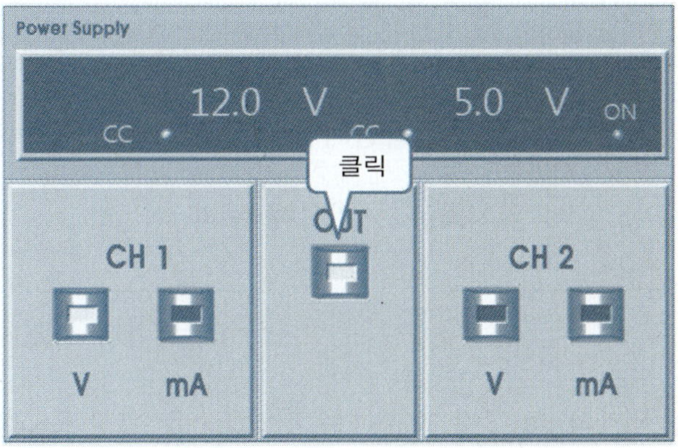

그림 6-35 ‹‹‹ 'Power Supply'에 표시되는 값이 ±12V가 되도록 한다

46 1kΩ VR의 단자 1을 +12V 전원에 접속시킨다.

47 LCD 화면의 아이콘에서 'DMM'을 클릭한다. VR의 단자 2와 접지를 ED-2110의 DMM에 접속하고 VR의 노브를 조정하여 'DMM'에 표시되는 전압값이 +3V가 되게 한다. 이때 이 전압은 증폭단의 입력전압(E_{IN})이 된다.

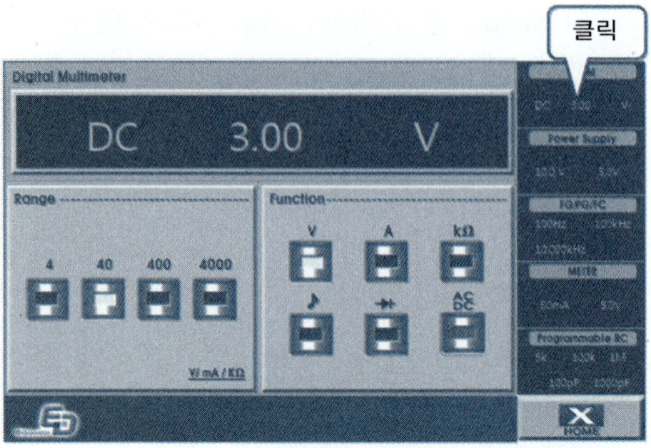

그림 6-36 ‹‹‹ 'DMM'에 표시되는 전압값이 +3V가 되게 한다

48 연산 증폭기의 pin 6과 접지를 ED-2110의 DMM에 접속하고 E_{OUT}을 측정한다. 측정한 값을 기록하라.

E_{OUT} = ______________________ V

49 실험순서 47에서 조정한 전압(E_{IN})과 실험순서 48에서 측정한 전압(E_{OUT})으로 증폭단의 이득을 산출하여 기록하라.

$A = \dfrac{E_{OUT}}{E_{IN}} =$ ______________________

50 $A = \dfrac{R_1}{R_2} + 1$의 식을 이용하여 증폭단의 이득을 구하여 기록하고 이때 이 값과 실험순서 49에서 구한 값이 일치하는가 비교해 보라.

A = ______________________ 두 값은 ______________________

(일치한다 / 일치안한다)

51 일찍이 연산 증폭기의 pin 2에 궤환하는 전압(E_F)은 항상 E_{IN}과 같다고 기술하였다. E_F를 측정하여 기록하라. 그리고 E_F와 E_{IN}이 일치하는가 보라.

E_F = ______________________ V E_F와 E_{IN}은 ______________________

(일치한다 / 일치안한다)

52 표 6-2의 각 E_{IN}의 값에 대하여 E_F 및 E_{OUT}의 값을 구하여 표를 완성하라. −1 V에서 −4V의 E_{IN}의 값에 대해서는 먼저 그림 6-31의 전위차계(1kΩ)의 단자 1을 +12V단자에서 −12V단자로 옮겨 놓은 다음 측정하라.

표 6-2 ‹‹‹ 전압기록표

E_{IN}	E_F	E_{OUT}
+1V		
+2V		
+3V		
+4V		
−1V		
−2V		
−3V		
−4V		

53 VR의 단자 1을 "−"전원에서 떼어낸 후 다시 SINE 단자에 접속한다.

54 주파수를 조정하기 위해 LCD 화면의 아이콘에서 'FG/PG/FC'을 클릭한다. 'FUNCTION GENERATOR'에서 주파수를 1kHz로 설정한다.

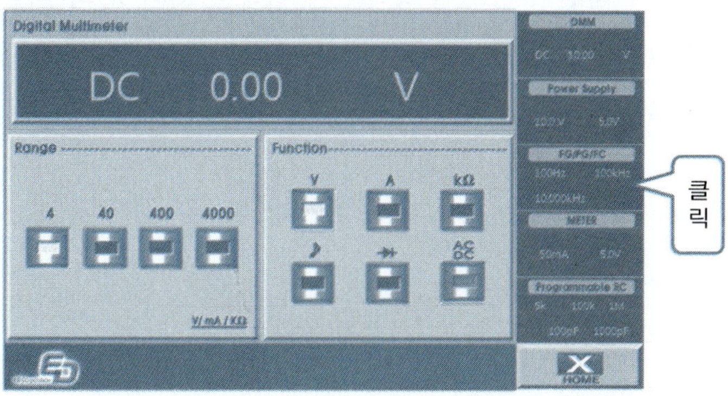

그림 6-37 ‹‹‹ 'FG/PG/FC'을 클릭

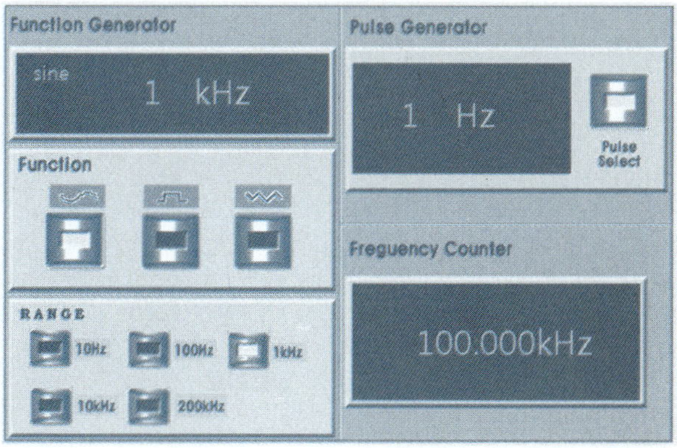

그림 6-38 ‹‹‹ 'FUNCTION GENERATOR'에서 주파수를 1kHz로 설정

55 오실로스코프를 사용하여 전위차계의 여러 위치에 대한 E_{IN}, E_{OUT} 및 E_F를 관측한다.

12. 요점정리(실험순서 43~55)

이 증폭기의 이득은

$$A = \frac{R_1}{R_2} + 1 = \frac{10k\Omega}{10k\Omega} + 1 = 2$$

가 된다. 그러므로 E_{OUT}은 항상 E_{IN}의 2배가 된다.

E_{IN}이 비반전 입력에 인가되었기 때문에 출력은 항상 같은 극성과 위상을 가지게 된다. 여기서 이 증폭기가 "+", "−" 또는 교류 입력신호에 대해 모두 같이 그의 이득을 갖고 있음을 알았다. 또한 여기서 궤환전압(E_F)은 정확히 E_{IN}과 같음을 입증하였다.

반전 증폭기에서와 마찬가지로 이 증폭기의 이득은 R_1과 R_2의 비를 변화시킴으로써 이득도 변화될 수 있음을 알았다.

다음 실험에서는 두 가지 예를 들어 실습을 해보기로 하자.

13. 실험계속

56 ED-2110을 끄고 그림 6-39의 회로를 배선한다.

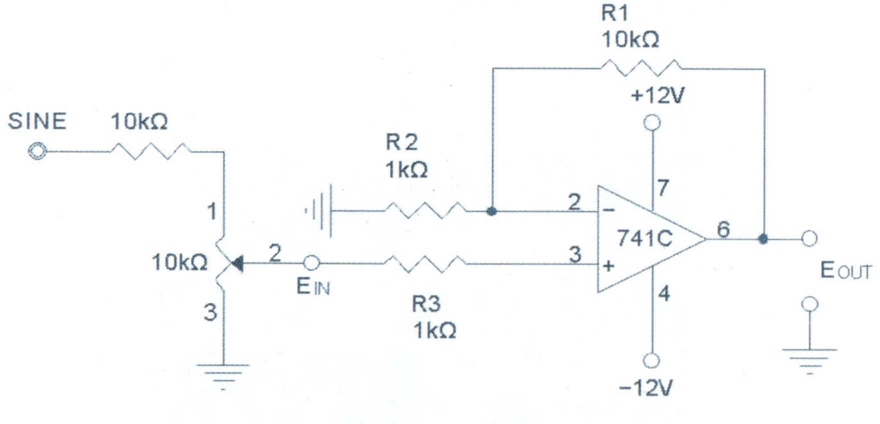

그림 6-39 ‹‹‹ 실험회로

57 ED-2110의 전원을 켜고 LCD 화면의 'Measuring Instrument'를 클릭한다.

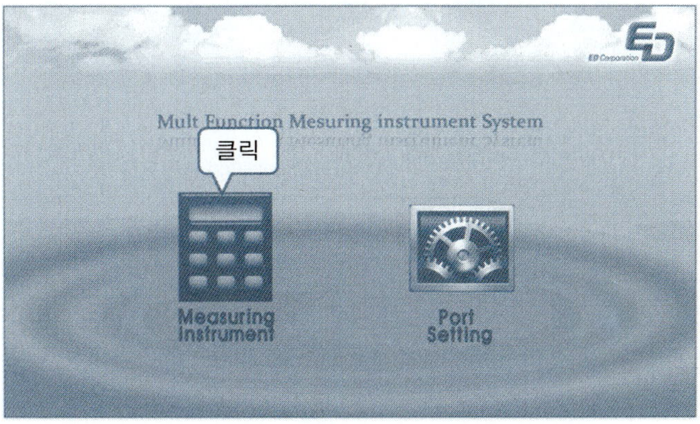

그림 6-40 ‹‹‹ 'Measuring Instrument'를 클릭

58 LCD 화면의 'Power Supply'를 클릭한다. 1kΩ VR의 단자 1을 POS 단자와 연결한다. 패널 좌측에 있는 0~25V 전압조정 볼륨을 이용해서 'Power Supply'에 표시되는 값이 ±12V가 되도록 한다.

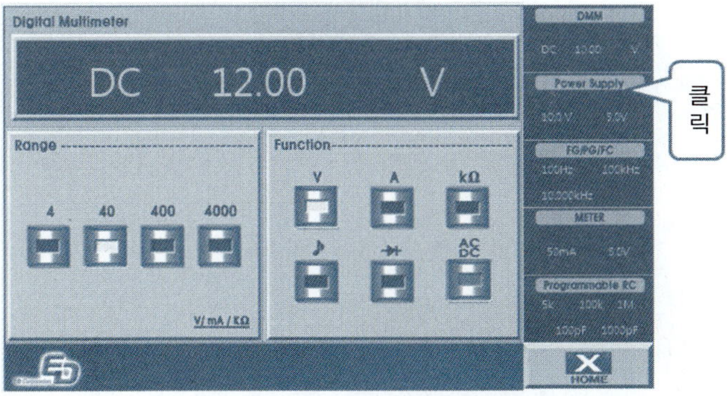

그림 6-41 ‹‹‹ 'Power Supply'를 클릭

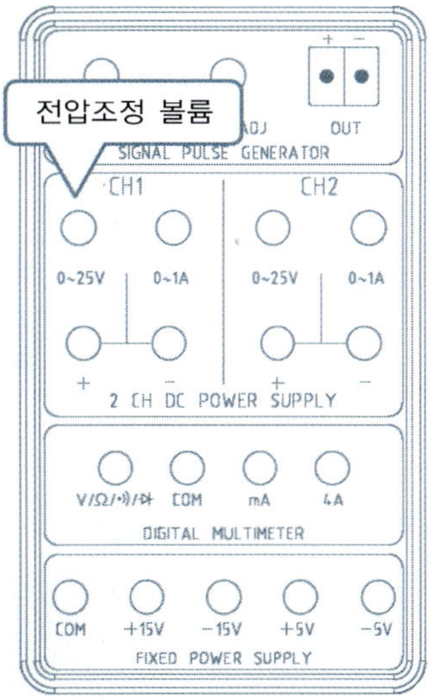

그림 6-42 ‹‹‹ 0~25V 전압조정 볼륨을 이용

2장

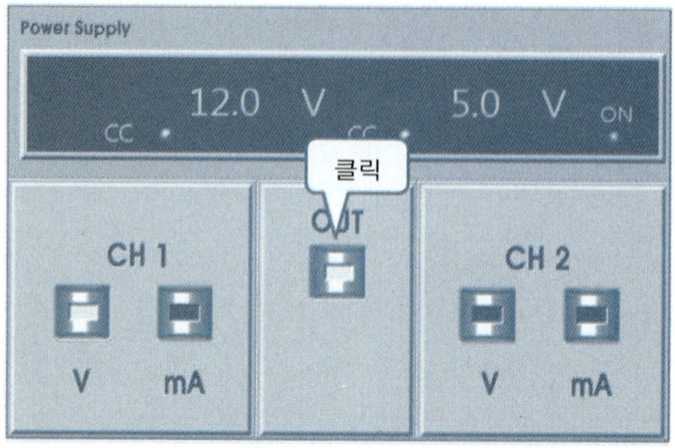

그림 6-43 ‹‹‹ 'Power Supply'에 표시되는 값이 ±12V가 되도록 한다

59 주파수를 조정하기 위해 LCD 화면의 아이콘에서 'FG/PG/FC'을 클릭한다. 'FUNCTION GENERATOR'에서 주파수를 1kHz로 설정한다. ED-2110의 왼쪽에 위치한 'FREQ. ADJ'의 노브를 이용하여 주파수를 조정한다.

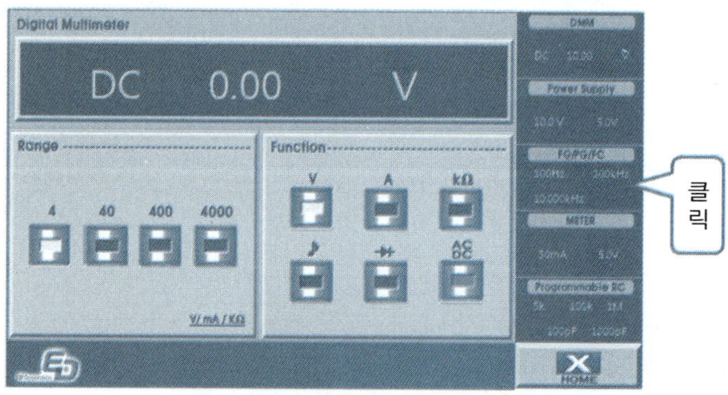

그림 6-44 ‹‹‹ 'FG/PG/FC'을 클릭

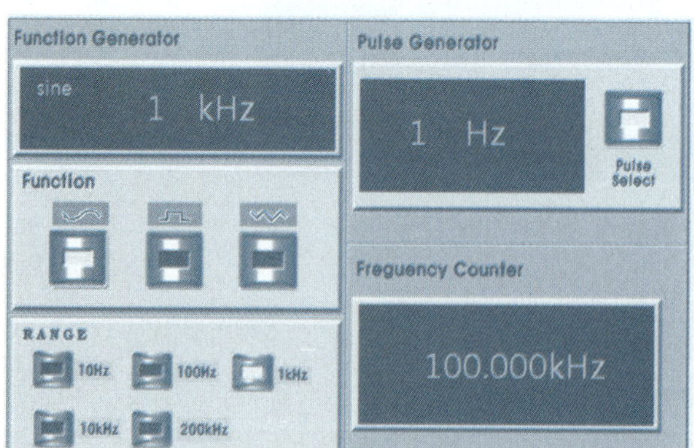

그림 6-45 ‹‹‹ 'FUNCTION GENERATOR'에서 주파수를 1kHz로 설정

60 1kΩ VR의 노브를 조정하여 E_{IN}이 $0.5V_{P-P}$가 되게 한다.

61 E_{OUT}을 측정하여 아래에 기록하라.

E_{OUT} = ______________________ V_{P-P}

62 실험순서 60에서의 E_{IN}의 값과 실험순서 61에서 구한 E_{OUT}값으로 증폭기의 이득을 구하여 아래에 기록하라.

A = ______________________

63 $A = \frac{R_1}{R_2} + 1$의 식을 이용하여 이득을 산출하여 아래 기록하고 이 값이 실험순서 62에서 구한 값과 일치하는가 비교하라.

A = ______________________

두 값은 ______________________

(일치한다 / 일치안한다)

64 ED-2110의 전원을 끄고 그림 6-46의 회로를 배선한다.

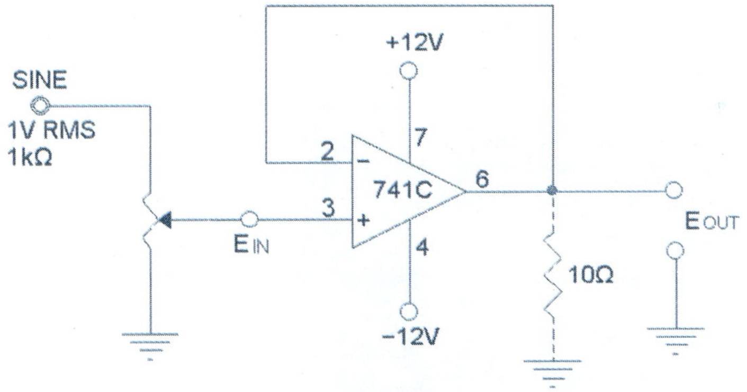

그림 6-46 <<< 실험회로

65 ED-2110의 전원을 켜고 LCD 화면의 'Measuring Instrument'를 클릭한다.

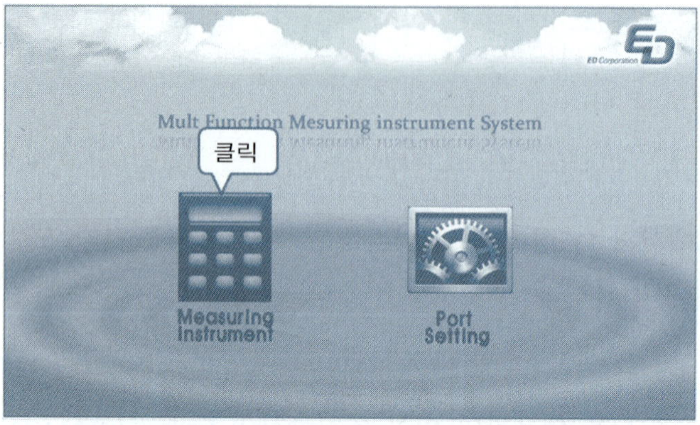

그림 6-47 ‹‹‹ 'Measuring Instrument'를 클릭

66 LCD 화면의 'Power Supply'를 클릭한다. 1kΩ VR의 단자 1을 POS 단자와 연결한다. 패널 좌측에 있는 0~25V 전압조정 볼륨을 이용해서 'Power Supply'에 표시되는 값이 ±12V가 되도록 한다.

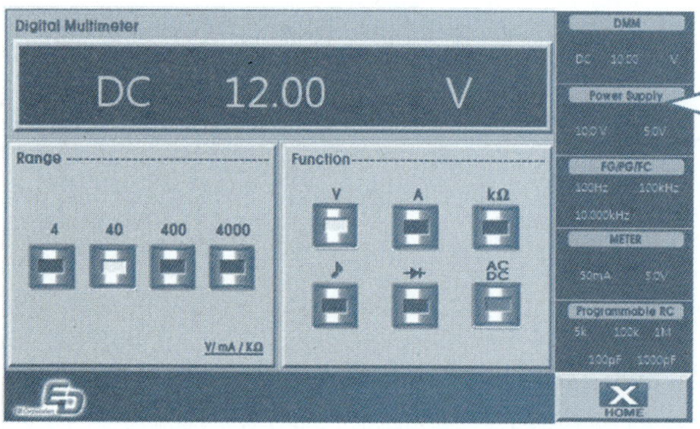

그림 6-48 ‹‹‹ 'Power Supply'를 클릭

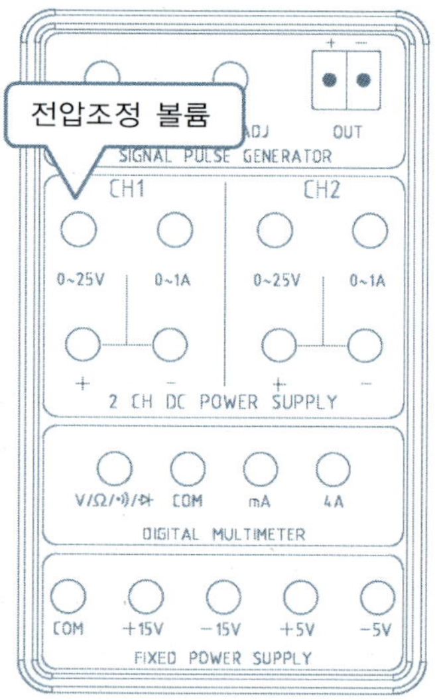

그림 6-49 ‹‹‹ 0~25V 전압조정 볼륨을 이용

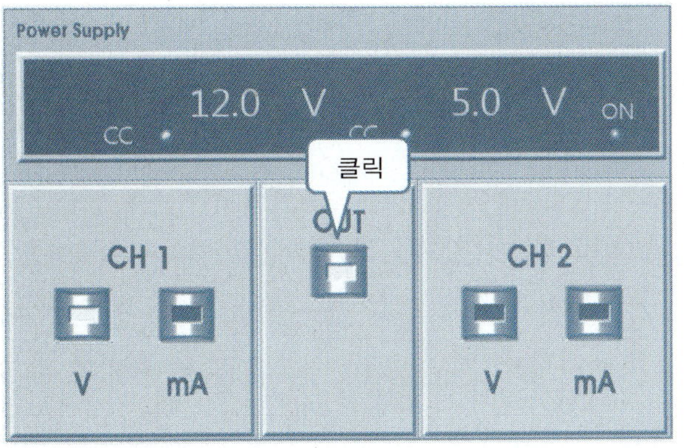

그림 6-50 ‹‹‹ 'Power Supply'에 표시되는 값이 ±12V가 되도록 한다

67 주파수를 조정하기 위해 LCD 화면의 아이콘에서 'FG/PG/FC'을 클릭한다. 'FUNCTION GENERATOR'에서 주파수를 1kHz로 설정한다. ED-2110의 왼쪽에 위치한 'FREQ. ADJ'의 노브를 이용하여 주파수를 조정한다.

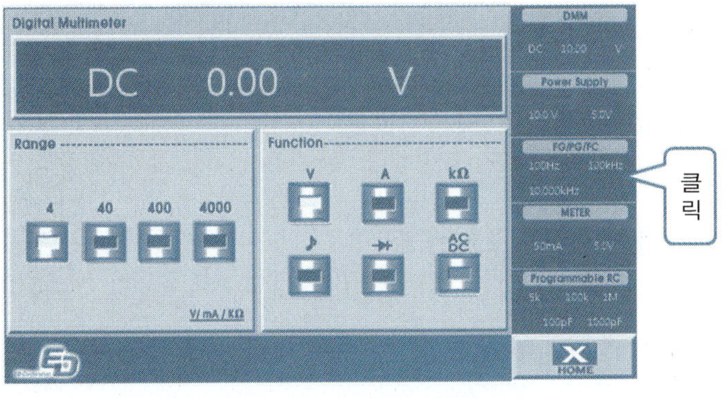

그림 6-51 ‹‹‹ 'FG/PG/FC'을 클릭

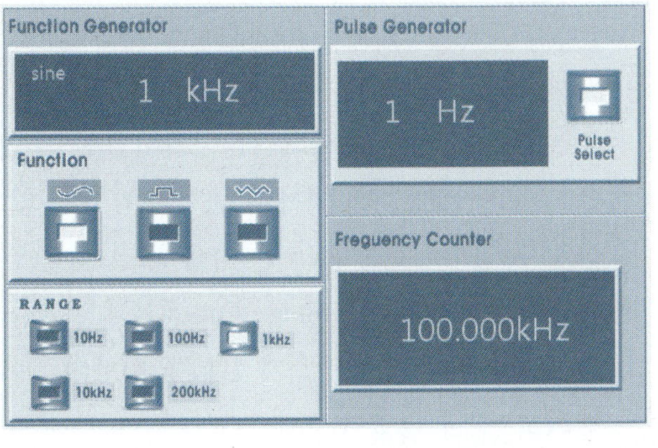

그림 6-52 ‹‹‹ 'FUNCTION GENERATOR'에서 주파수를 1kHz로 설정한다

2장

68 1kΩ VR의 노브를 조정하여 E_{IN}이 1V_{P-P}가 되게 한다.

69 E_{OUT}을 측정하여 아래에 기록하라.

E_{OUT} = ______________________ V_{P-P}

70 실험순서 68에서 정한 E_{IN}의 값과 실험순서 69에서 구한 E_{OUT}의 값으로 이득을 산출하여 아래에 기록하라.

A = ______________________

71 1kΩ VR의 노브를 조정하여 E_{IN}이 0.1V_{P-P}가 되게 한다.

72 E_{OUT}을 측정하여 아래에 기록하라.

73 10Ω 저항을 연산 증폭기의 pin 6과 접지 간에 접속한 다음 E_{OUT}을 측정하여 기록하고 또 이때 출력 부하가 10Ω저항 때문에 떨어졌는지 생각해 보자.

E_{OUT} = ______________________ V_{P-P}

출력 부하는 ______________________

(변화없다 / 떨어진다)

14. 요점정리(실험순서 56~73)

그림 6-39에 보인 증폭기의 이득은

$$A = \frac{R_1}{R_2} + 1 = \frac{10k\Omega}{1k\Omega} + 1 = 11$$

이 된다. 위에서 측정한 E_{IN}과 E_{OUT}의 값은 이를 입증한다.

그림 6-46에 보인 회로는 Voltage Follower로서 이득이 1임을 입증하였고 그러므로 E_{OUT}은 항상 E_{IN}과 같음을 알았다. 실험순서 71에서 73까지는 가장 많이 사용되는 Voltage Follower 회로에 대해서 알아보았다. 여기서 10Ω저항을 직접 출력에 접속하여도 E_{OUT}에는 아무런 영향을 주지 않았다. 그 이유는 Voltage Follower 회로는 극히 낮은 출력 임피던스를 갖기 때문이다. 그러므로 출력 임피던스가 10Ω에 비하여 무시할 정도로 낮기 때문에 E_{OUT}에는 아무런 변화도 주지 않았다.

07 능동 여파기

1. 목 적

세 가지 다른 형의 능동 여파기(active filter)의 특성에 대해 조사한다.

2. 서 론

여파기는 주파수 감응회로로서 어떤 주파수는 통과시키지만 다른 어떤 주파수에 대해서는 차단시키거나 감쇠시킨다.

이 실험에서는 세 가지의 각기 다른 여파기에 대해 회로구성을 하고, 또 이에 대한 주파수 특성곡선을 그린다. 처음 실험할 회로는 그림 7-1에 보인 저역 여파기(Low Pass Filter)이다. 여기서 입력신호는 저역 여파기를 통하여 비반전 입력에 인가되고 출력은 다시 반전 입력에 인가하여 연산 증폭기가 Voltage Follower로서 동작하게 한다.

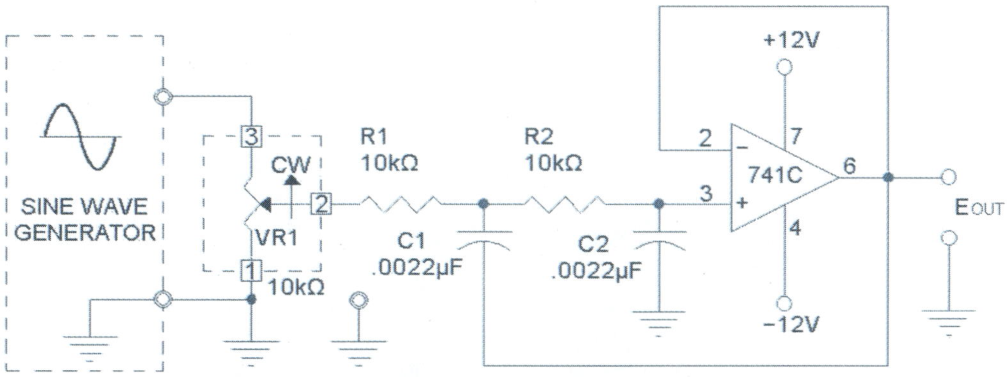

그림 7-1 ‹‹‹ 실험회로

이렇게 되면 연산 증폭기의 입력 임피던스는 아주 높게 되고, 출력 임피던스는 아주 낮게 되며 이득은 1이 된다. 그림 7-1의 회로에서 R_1, R_2, C_1 및 C_2로 구성된 저역 여파기

2장

는 낮은 주파수를 약간의 감쇠로 통과시켜 비반전 입력에 인가한다.

반면에 높은 주파수는 낮은 임피던스 통로인 C_1 및 C_2를 지나게 되므로 비반전 입력에 도달하기 전에 감쇠를 하게 된다. 결과적으로 낮은 주파수는 통과하게 되고 높은 주파수는 차단된다. 특성곡선을 예민하게 하기 위하여 출력의 일부를 C_1을 통하여 입력에 되돌려 인가하여 특성이 차단 주파수에 도달하게 되면 특성이 급격히 떨어지는 반응을 보이게 한다. 차단 주파수는 출력이 원래 신호값의 70.7%가 되는 주파수이다.

필요 부품 및 기기

- ED-2110 : 1대
- 오실로스코프 : 1대
- 연산 증폭기(741C) : 1개
- 마일러 콘덴서 : 3개
- 저항 8.2kΩ, 1/4W, 5% : 1개
- 저항 10kΩ, 1/4W, 5% : 2개
- 저항 100kΩ, 1/4W, 5% : 2개

3. 실험순서

1 ED-2110의 전원이 꺼져 있는가를 확인한 다음 전원 플러그를 연결하고 그림 7-1의 회로를 배선한다.

2 ED-2110의 전원을 켜고 LCD 화면의 'Measuring Instrument'를 클릭한다.

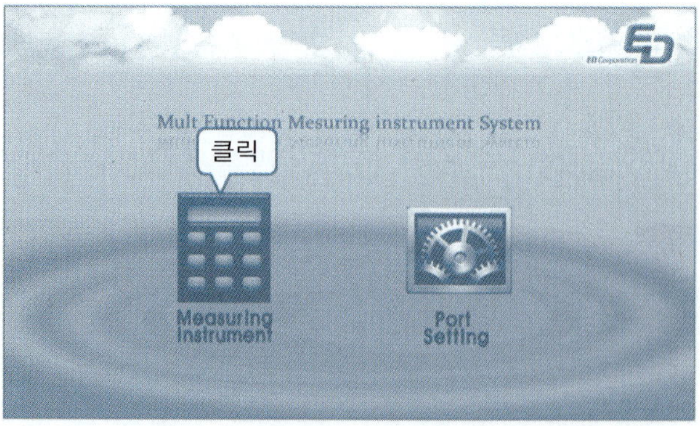

그림 7-2 ‹‹‹ 'Measuring Instrument'를 클릭

3 LCD 화면의 'Power Supply'를 클릭한다. 1kΩ VR의 단자 1을 POS 단자와 연결한다. 패널 좌측에 있는 0~25V 전압조정 볼륨을 이용해서 'Power Supply'에 표시되는 값이 ±12V가 되도록 한다.

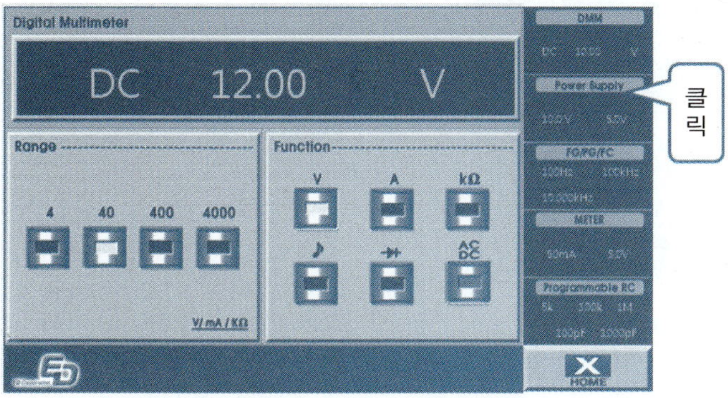

그림 7-3 ‹‹‹ 'Power Supply'를 클릭

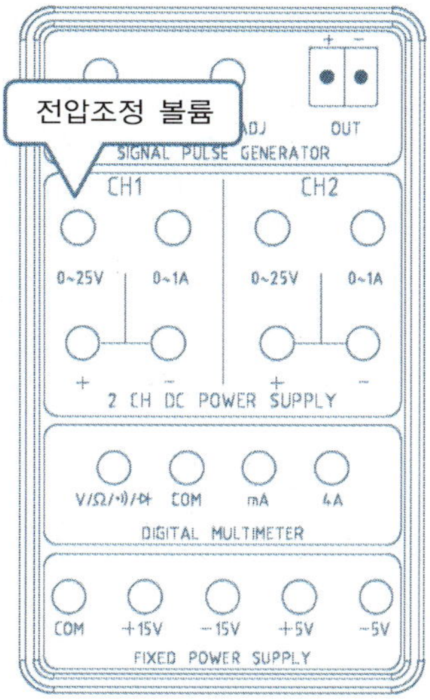

그림 7-4 ‹‹‹ 0~25V 전압조정 볼륨을 이용

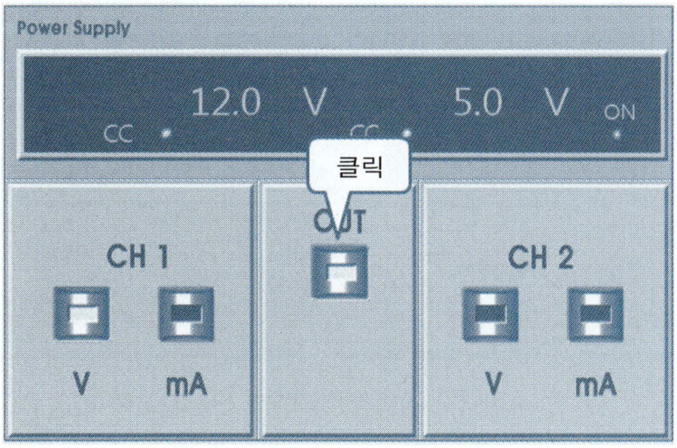

그림 7-5 ‹‹‹ 'Power Supply'에 표시되는 값이 ±12V가 되도록 한다

4 LCD 화면에서 'FG/PG/FC'을 아이콘을 선택한다. 패널 좌측의 'SIGNAL PULSE GENERATOR'에 있는 주파수조정 볼륨을 조정하여 주파수의 값이 가장 낮아지도록 설정한다.

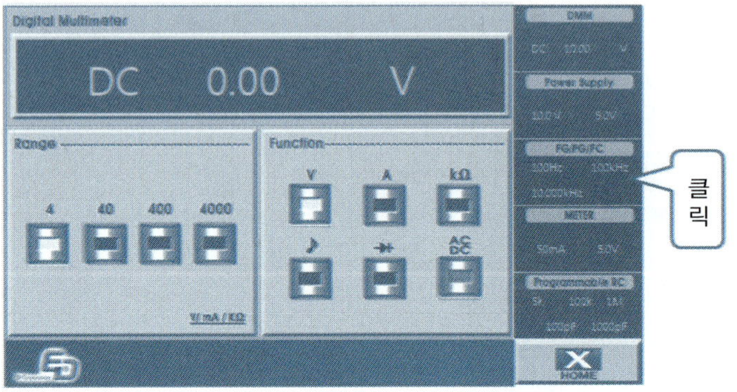

그림 7-6 ‹‹‹ 'FG/PG/FC'을 아이콘을 선택

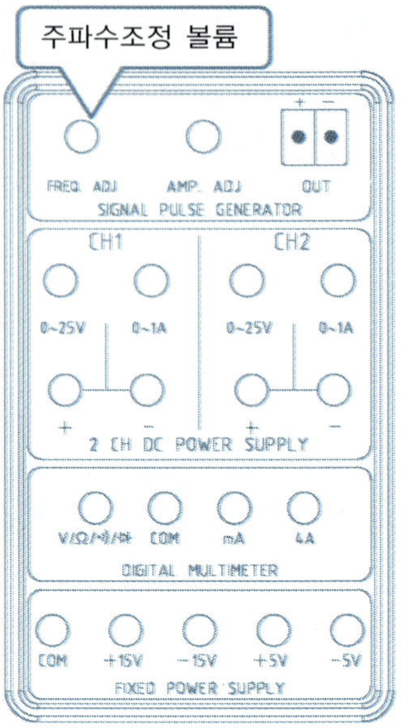

그림 7-7 ‹‹‹ 'SIGNAL PULSE GENERATOR'에 있는 주파수조정 볼륨을 조정

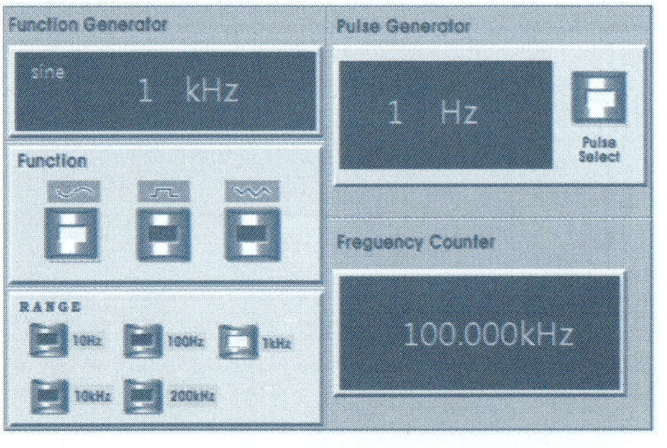

그림 7-8 ‹‹‹ 주파수의 값이 가장 낮아지도록 설정

5 오실로스코프를 이용하여 연산 증폭기의 pin 6에서 출력파형(E_{OUT})을 관측한다.

6 출력조절기의 노브를 조정하여 오실로스코프상의 정현파의 첨두치가 정확히 2.5V_{P-P}가 되게 한다.

7 연필을 사용하여 주파수 위치(그림 7-11의 가장 왼쪽 수직선상) 선상의 전압 레벨에 점으로 그림 7-11의 그래프상에 표시한다.

8 주파수조정 볼륨을 시계방향으로 천천히 돌려가며 주파수가 2kHz 표시위치를 향하여 높아지도록 한다. 도중에 1/4, 1/2, 3/4 및 2kHz에서의 전압의 첨두치를 오실로스코프상에서 측정하여 그래프의 해당 위치상에 점으로 표시한다.

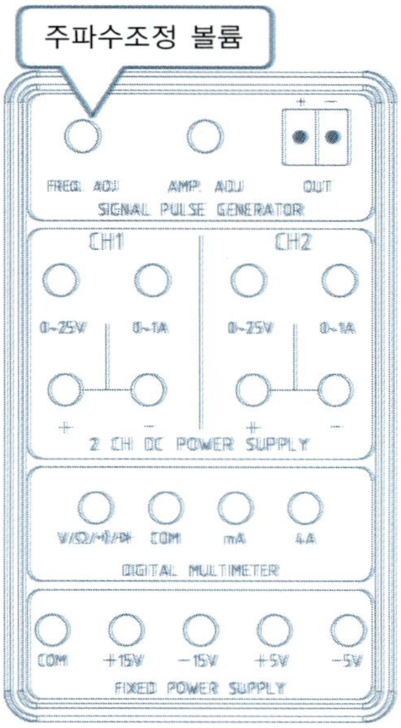

그림 7-9 주파수조정 볼륨을 시계방향으로 돌려가며 주파수가 2kHz 표시위치를 향하여 높아지도록 조정

9 계속해서 주파수가 높아지는 방향으로 조정 볼륨을 돌려가며 실험순서 8에서와 같은 방법으로 각 주파수 표시 다이얼 구간에 대해서 첨두치를 구하여 그래프에 점으로 표시한 다음 각 점을 부드럽게 연결하여 특성곡선을 그린다. 주파수의 최대 주파수는 30kHz로 한다.

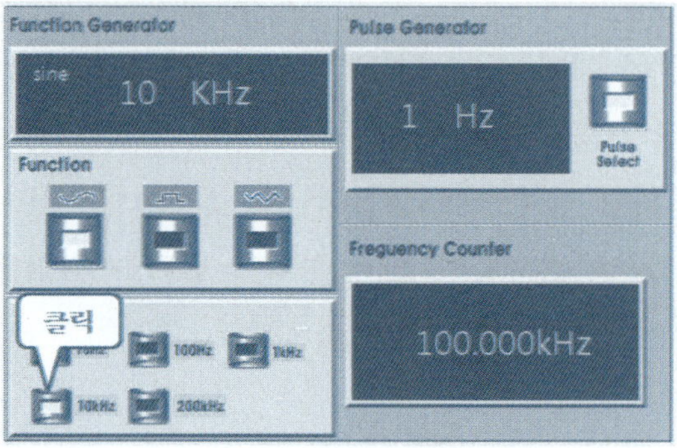

그림 7-10 주파수가 높아지는 방향으로 조정 볼륨을 조정

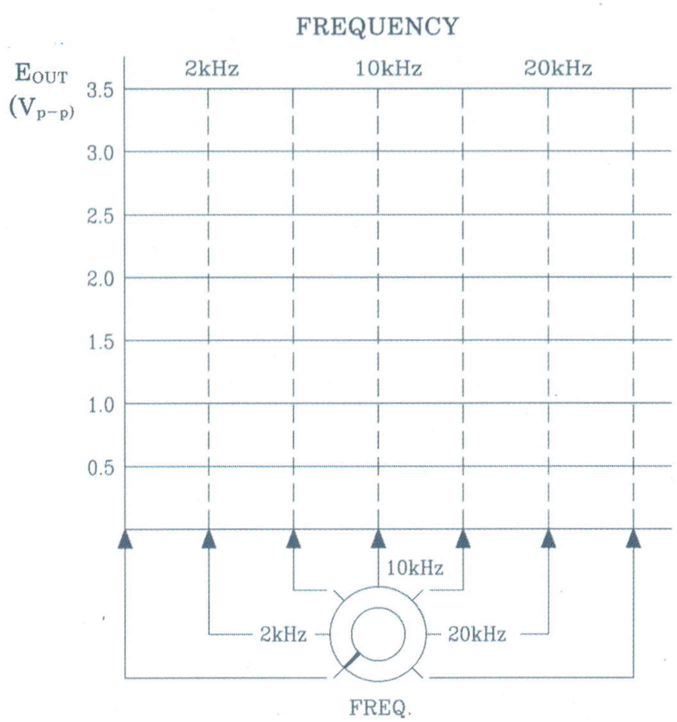

그림 7-11 ‹‹‹ 저역 여파기 특성곡선 그래프

10 ED-2110의 전원을 끈다.

4. 요점정리(실험순서 1~10)

위의 실험에서 그린 특성곡선은 대체적으로 그림 7-12와 같이 나타난다. 주파수조정 다이얼의 오차 등으로 다소간의 주파수에 따른 감쇠점의 차이가 생기게 된다. 이와 같이 위의 실험에서 그린 것이 저역 여파기의 특성곡선이다.

다음 실험에서는 고역 능동 여파기를 그림 7-13의 회로를 배선하여 실험해 본다. 이 회로는 앞에서 이미 토의된 저역 여파기와 대단히 흡사하다. 차이점이 있다면 이 회로에서는 R_1, R_2, C_1 및 C_2가 고역 여파기로 구성되어 있다는 점이다.

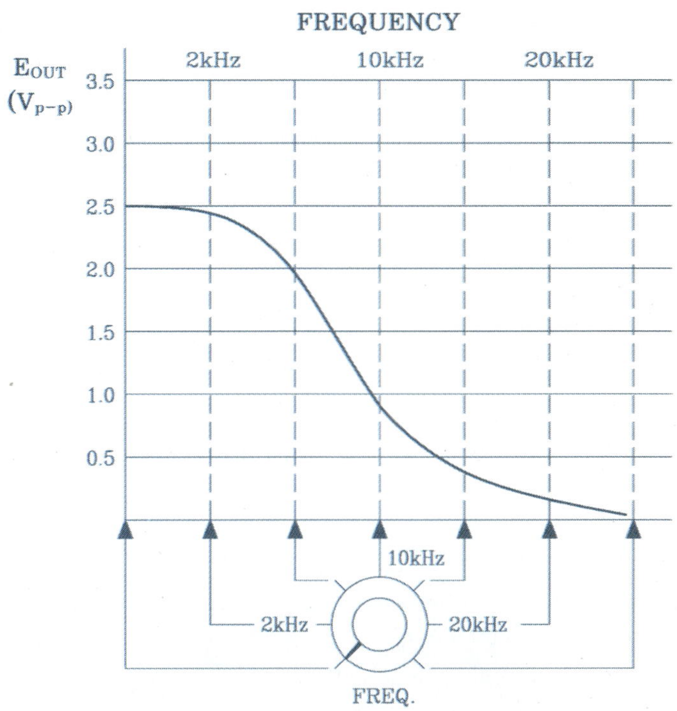

그림 7-12 ‹‹‹ 저역 능동여파기의 특성곡선

낮은 주파수에서 콘덴서의 Xc는 높기 때문에 연산 증폭기의 비반전 입력에 인가되는 신호는 아주 낮아진다. 그렇지만 높은 주파수에서는 Xc가 감소되므로 더 많은 신호가 연산 증폭기에 도달하게 된다. 이 회로의 특성을 실험해 보자.

5. 실험계속

11 ED-2110의 전원이 꺼져 있는가를 확인한 다음 전원 플러그를 연결하고 그림 7-13의 회로를 배선한다.

2장

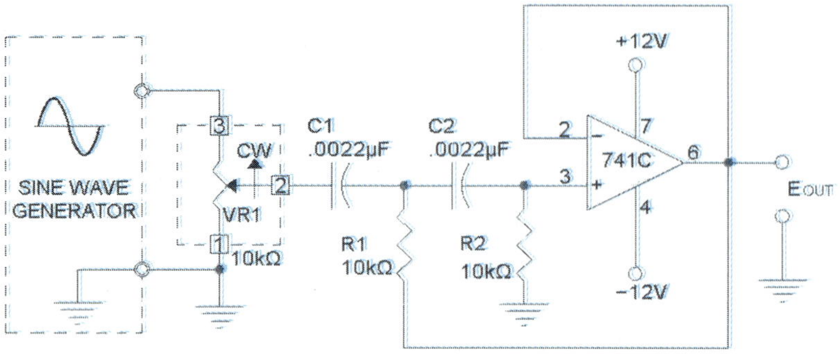

그림 7-13 ‹‹‹ 실험회로

12 ED-2110의 전원을 켜고 LCD 화면의 'Measuring Instrument'를 클릭한다.

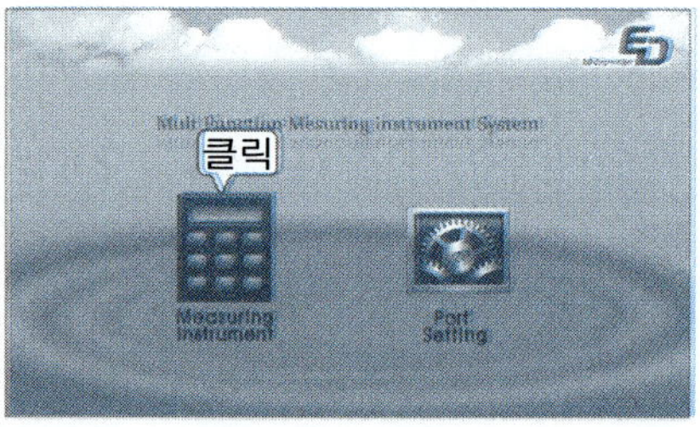

그림 7-14 ‹‹‹ 'Measuring Instrument'를 클릭

13 LCD 화면의 'Power Supply'를 클릭한다. 1kΩ VR의 단자 1을 POS 단자와 연결한다. 패널 좌측에 있는 0~25V 전압조정 볼륨을 이용해서 'Power Supply'에 표시되는 값이 ±12V가 되도록 한다.

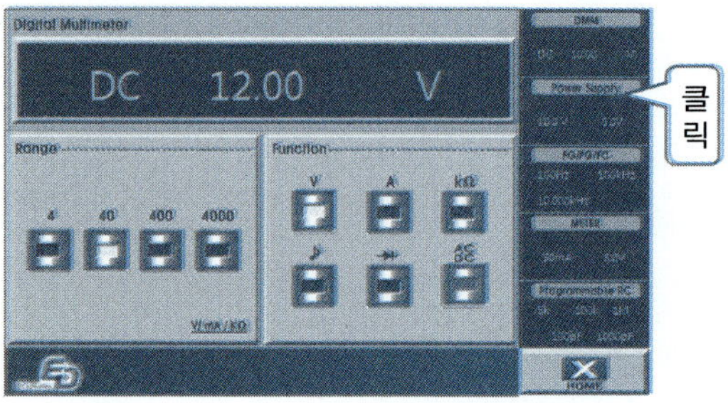

그림 7-15 ‹‹‹ 'Power Supply'를 클릭

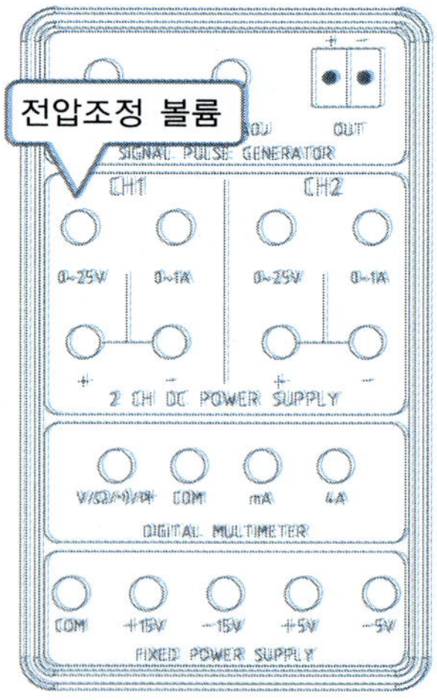

그림 7-16 ‹‹‹ 0~25V 전압 조정 볼륨을 이용

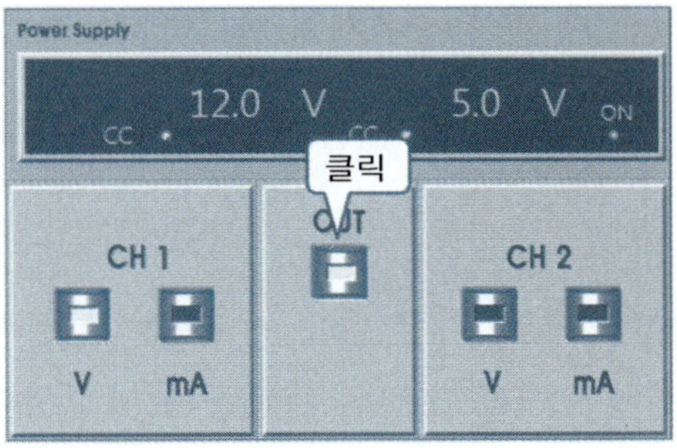

그림 7-17 ‹‹‹ 'Power Supply'에 표시되는 값이 ±12V가 되도록 설정

14 LCD 화면에서 'FG/PG/FC'을 아이콘을 선택한다. 패널 좌측의 'SIGNAL PULSE GENERATOR'에 있는 주파수조정 볼륨을 반시계방향으로 돌려서 앞서 실험과는 반대로 주파수의 30kHz가 되도록 설정한다.

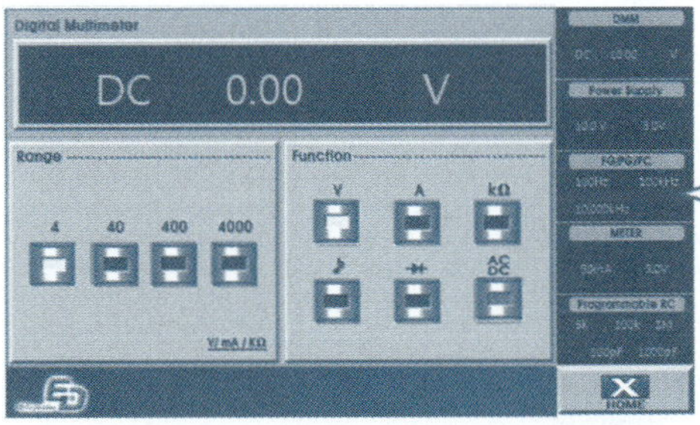

그림 7-18 ‹‹‹ 'FG/PG/FC'을 아이콘을 선택

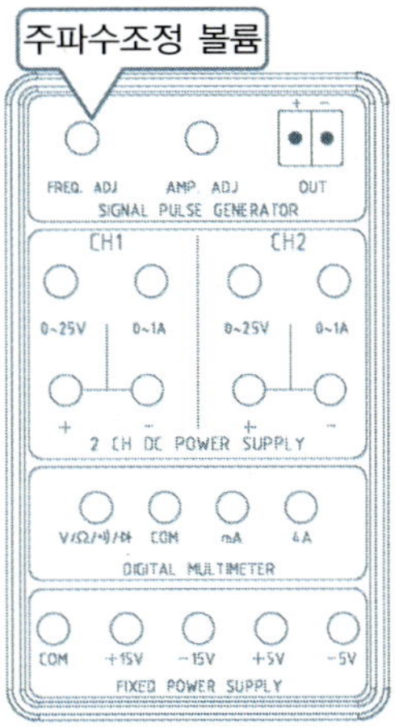

그림 7-19 ‹‹‹ 'SIGNAL PULSE GENERATOR'에 있는 주파수조정 볼륨을 반시계방향으로 조정

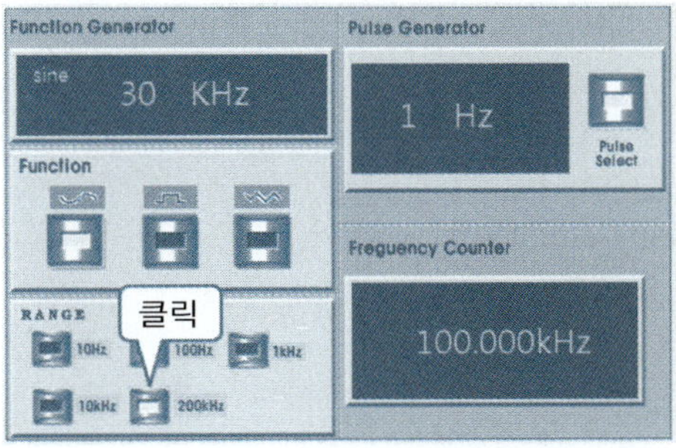

그림 7-20 ‹‹‹ 30kHz가 되도록 설정

15 오실로스코프를 이용하여 연산 증폭기의 pin 6에서 출력파형(E_{OUT})을 관측한다.

16 출력조절기의 노브를 조정하여 오실로스코프상의 정현파의 첨두치가 정확히 2.5V_{P-P}가 되게 한다.

17 다시 주파수조정 볼륨을 돌려 가장 낮은 주파수로 설정해 놓은 다음 E_{OUT}의 값을 오실로스코프로 측정하여 그림 7-22의 그래프의 가장 왼쪽 수직선상에 해당 전압 레벨을 점으로 표시한다.

18 실험순서 8 및 9에서와 같은 방법으로 그림 7-21의 그래프에 특성곡선을 완성한다.

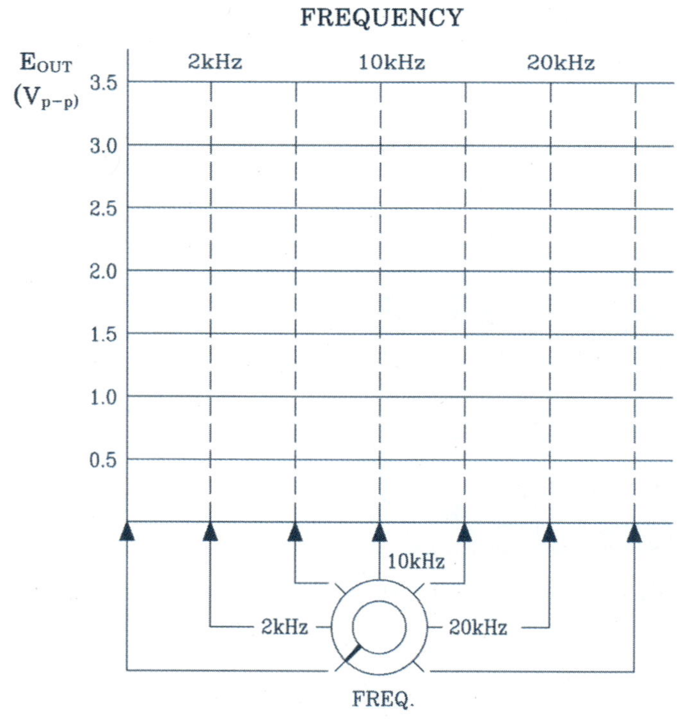

그림 7-21 ‹‹‹ 고역 여파기 특성곡선 그래프

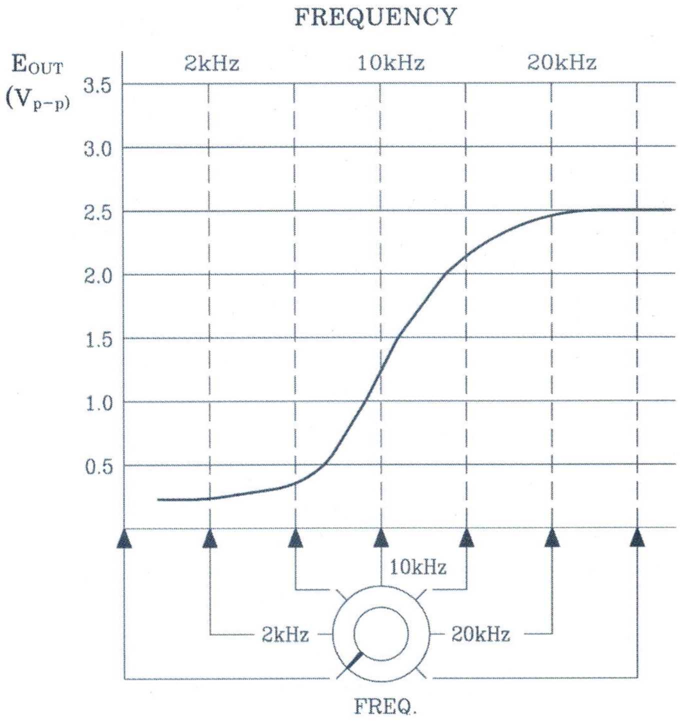

그림 7-22 ‹‹‹ 고역 통과 여파기의 특성곡선

6. 요점정리(실험순서 11~18)

그림 7-22는 위의 실험회로에 대한 전형적인 특성곡선이다. 위의 실험에서 그린 특성곡선도 일반적으로 그림 7-22와 거의 같게 나타난다.

다음의 실험에서는 대역 능동 여파기에 대해 실험해 본다. 이 여파기는 주파수의 좁은 대역을 통과시키는 반면 더 높은 주파수나 낮은 주파수는 차단시킨다. 이 여파기의 통과 중간 주파수는 다음의 공식에 의해 결정된다.

$$f = \frac{\sqrt{3}}{2\pi RC}$$

이 식을 간략하면

$$f = \frac{0.275}{RC}$$

가 된다. 위의 식에서 f는 Hertz이고 R은 Ohm, C는 Farad이다.

7. 실험계속

⑲ ED-2110의 전원을 끈다. 그림 7-23의 회로를 ED-2110에 배선하고 전원을 켠다.

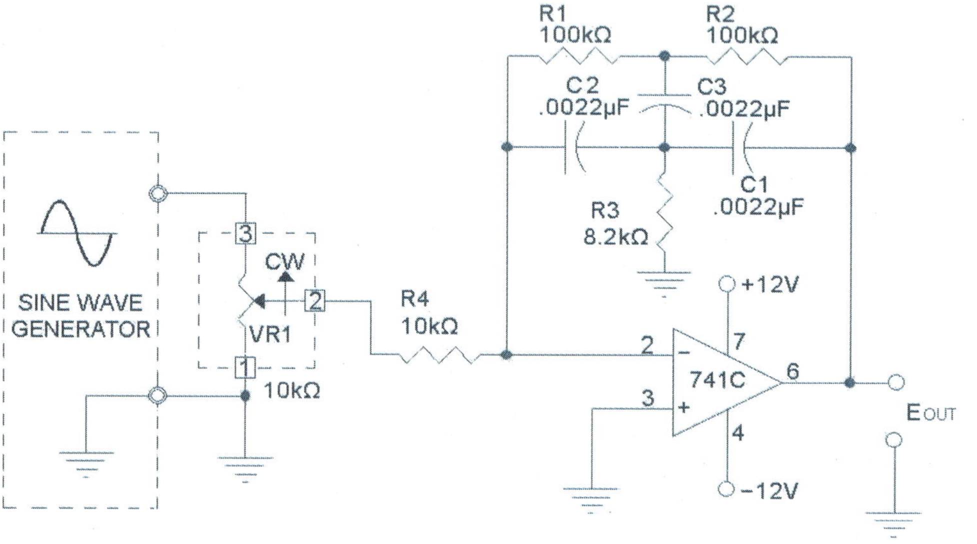

그림 7-23 ‹‹‹ 실험회로

⑳ ED-2110의 전원을 켜고 LCD 화면의 ‘Measuring Instrument’를 클릭한다.

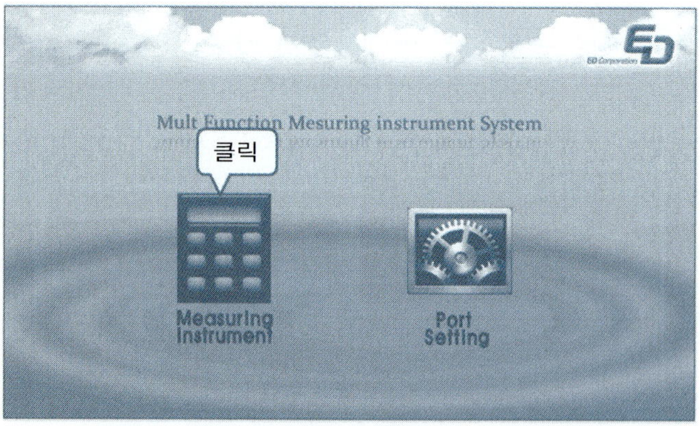

그림 7-24 ‹‹‹ ‘Measuring Instrument’를 클릭

21 LCD 화면의 'Power Supply'를 클릭한다. 1kΩ VR의 단자 1을 POS 단자와 연결한다. 패널 좌측에 있는 0~25V 전압조정 볼륨을 이용해서 'Power Supply'에 표시되는 값이 ±12V가 되도록 한다.

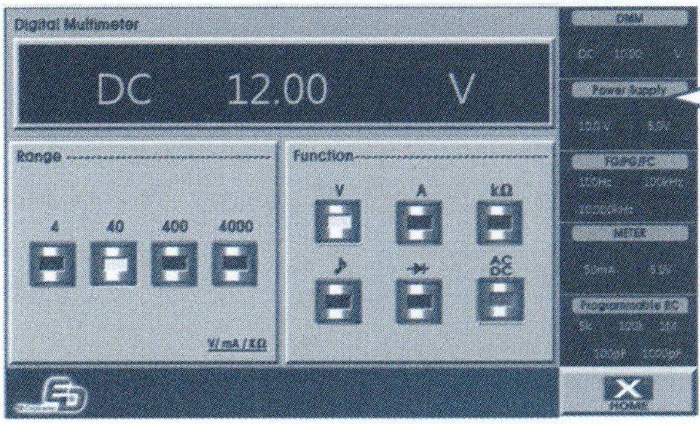

그림 7-25 ‹‹‹ 'Power Supply'를 클릭

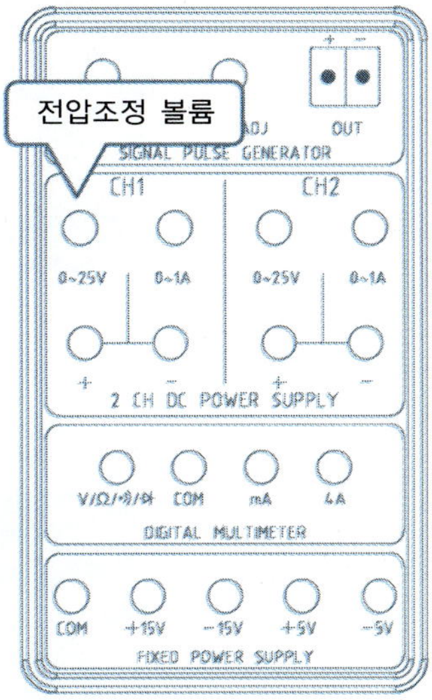

그림 7-26 ‹‹‹ 0~25V 전압조정 볼륨을 이용

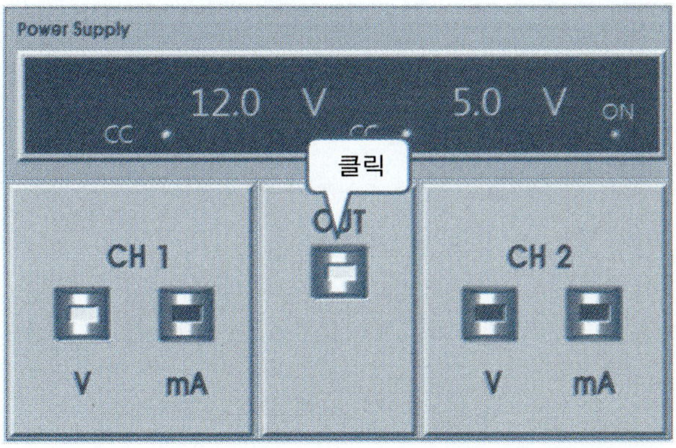

그림 7-27 ‹‹‹ 'Power Supply'에 표시되는 값이 ±12V가 되도록 설정

22 1kΩ 전위차계의 노브를 돌려 중간 위치에 오도록 조정한다.

23 주파수를 조정하기 위해 LCD 화면의 아이콘에서 'FG/PG/FC'을 클릭한다. 그리고 'FUNCTION GENERATOR'에서 주파수를 1kHz로 설정한다.

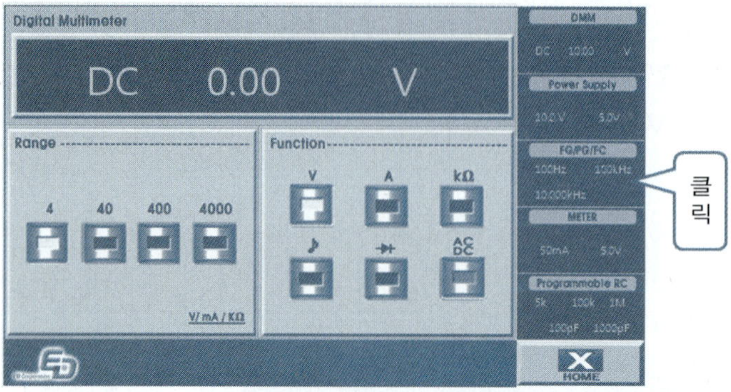

그림 7-28 ‹‹‹ 'FG/PG/FC'을 클릭

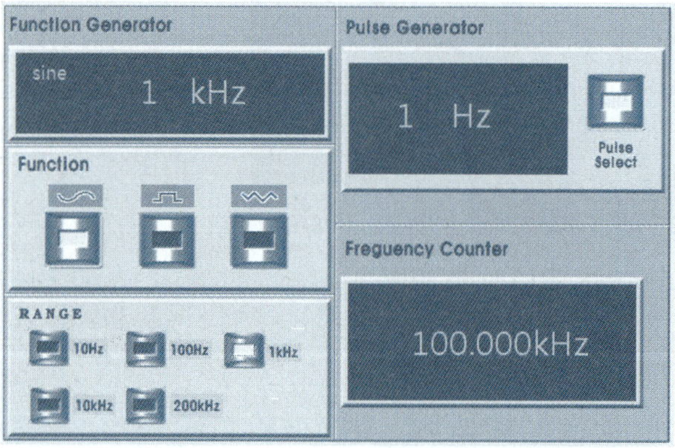

그림 7-29 ‹‹‹ 'FUNCTION GENERATOR'에서 주파수를 1kHz로 설정

24 오실로스코프로 E_{OUT}을 관찰하면서 E_{OUT}의 파형이 찌그러지지 않은 정현파를 나타내도록 출력조절기 VR_1의 노브를 조정한다.

25 주파수조정 다이얼을 돌려 E_{OUT}의 오실로스코프상의 첨두치 값이 최대가 되게 한다.

26 출력조절기의 노브를 돌려 E_{OUT}의 값이 $5V_{P-P}$가 되게 한다.

27 실험순서 25 및 26을 반복한다.

28 오실로스코프 TIME/DIV을 교정한 다음 위 주파수의 정현파 1주기에 대한 시간을 측정하여 아래에 기록하라.

1주기 시간 = ________________ sec

29 $f = \frac{1}{T}$의 식을 이용하여 실험순서 28에서 측정한 시간으로 주파수를 산출하여 아래에 기록하라.

F = ______________________ Hz

30 $f = \frac{0.275}{RC}$의 식을 이용하여 R = 100kΩ, C = 0.0022μF일 때의 주파수를 산출하여 아래 기록하고 또 여기서 구한 주파수가 실험순서 29에서 구한 값과 일치하는가 비교해보라.

f = ______________________ Hz

두 주파수는 거의 ______________

(일치한다 / 일치안한다)

31 중간 주파수에서 주파수가 낮아지는 방향으로 조정 볼륨을 천천히 돌려 주다가 E_{OUT}의 값이 약 $3.5V_{P-P}$($5V \times 0.707 = 3.535\ V_{P-P}$)에서 멈춘다.

32 실험순서 28 및 29와 같은 방법으로 정현파의 1주기에 대한 시간과 주파수를 구하여 아래에 기록하라.

1주기 시간 = ______________________ sec

주파수 = ______________________ Hz

33 중간 주파수에서 주파수가 높아지는 방향으로 조정 볼륨을 천천히 돌려 주다가 오실로스코프상의 전압이 최대인 점을 지나고 다음에 E_{OUT}의 값이 3.5V까지 떨어지는 지점에서 다이얼을 멈춘다.

34 실험순서 28 및 29와 같은 방법으로 정현파의 1주기에 대한 시간과 주파수를 구하여 아래에 기록하라.

1주기 시간 = ______________________ sec

주파수 = ______________________ Hz

35 주파수조정 볼륨을 반시계방향으로 끝까지 돌려놓은 다음 이 주파수에서 E_{OUT}의 값을 관찰한다.

36 연필을 사용하여 실험순서 35에서 구한 전압을 그림 7-30의 가장 왼쪽 수직선상에 해당 전압 레벨에 점으로 그래프에 표시한다.

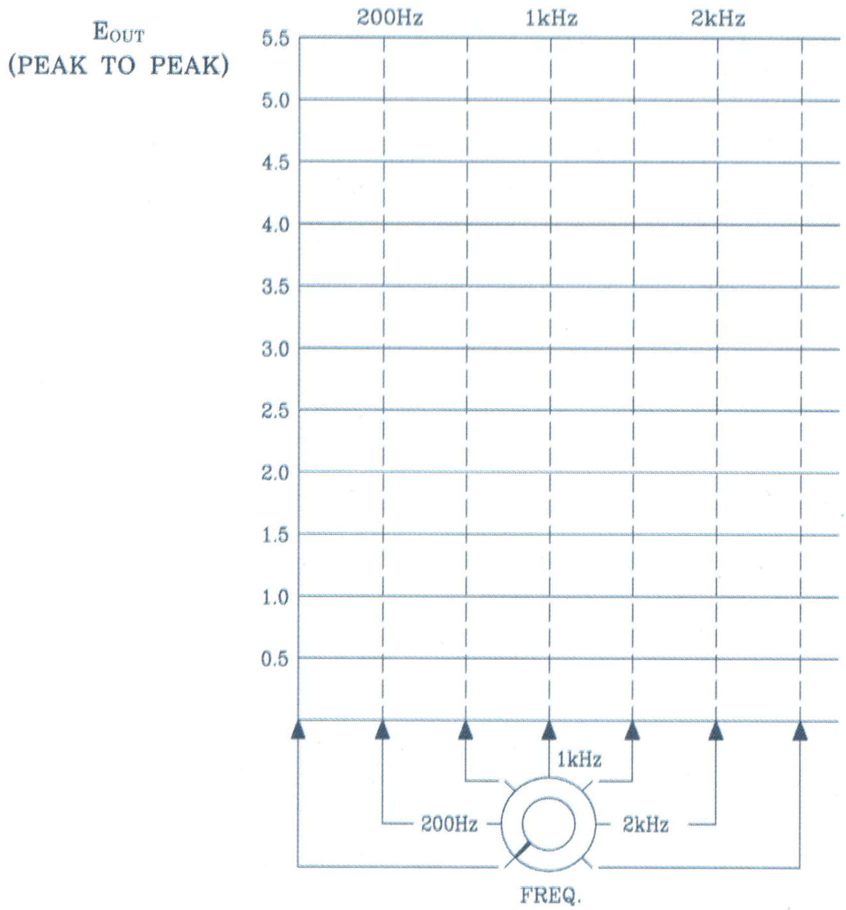

그림 7-30 <<< 대역 통과 여파기의 특성곡선 그래프

37 200Hz 표시위치를 향하도록 주파수가 높아지는 방향으로 조정 볼륨을 천천히 돌린다. 도중에 1/4, 1/2, 3/4 및 200Hz에서의 전압의 첨두치를 오실로스코프상에서 측정하여 그래프의 해당 위치상에 점으로 표시한다.

38 주파수를 더욱 높은 방향으로 돌려가며 실험순서 37에서와 같은 방법으로 각 주파수에 대해서 첨두치를 구하여 그래프에 점으로 표시한 다음에 각 점을 부드럽게 연결하여 특성곡선을 그린다.

8. 요점정리(실험순서 19~38)

앞의 실험회로의 여파기 반응주파수는 1250Hz이지만 부품의 오차 및 실험과정에서의 측정상의 오차로 10% 또는 그 이상의 오차를 기대할 수 있다

최대값의 70.7%만큼 떨어질 때의 주파수는 1220Hz와 1280Hz가 된다. 그러므로 이 여파기의 통과대역은 60Hz가 된다. 이 실험에 대한 전형적인 특성곡선은 그림 7-31에 나타냈으며 앞의 실험에서 구한 곡선도 그림 7-31과 일반적으로 일치하게 된다.

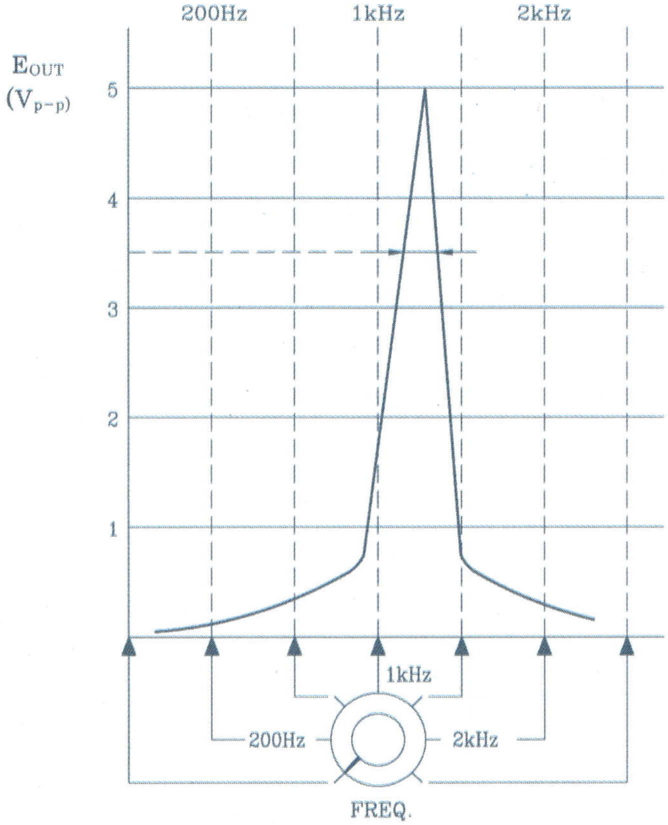

그림 7-31 ‹‹‹ 대역 통과 여파기의 특성곡선

08 정전압 실험

1. 목 적

shunt regulator와 series regulator의 동작과 특성을 조사한다.

2. 서 론

이 실험에서는 몇 개의 다른 정전압 회로를 구성하여 실험한다. 보통 이와 같은 정전압기는 전원공급단의 정류기의 평활회로 다음에 직접 접속된다. 그러므로 정전압기의 입력은 평활은 되었지만 아직 정전압으로 안된 직류전압이다. 그러나 이 실험에서는 ED-2110에 있는 +전원을 정전압기의 입력으로 사용한다. 그 이유는 이 전압은 쉽게 조정할 수 있고 또 입력전압의 광범위한 전압변화에 대한 정전압기의 동작에 관하여 알아볼 수 있기 때문이다.

➪ 필요 부품 및 기기

- ED-2110 : 1대
- 오실로스코프 : 1대
- 트랜지스터(NPN) TIP 31 : 1개
- 트랜지스터(NPN) C 3198 : 3개
- 제너 다이오드 3V(1W) : 1개
- 제너 다이오드 6V(1W) : 1개
- 다이오드(1N4002) : 2개
- 저항 10Ω, 1/4W 5% : 1개
- 저항 100Ω, 1/4W 5% : 1개
- 저항 150Ω, 1/4W 5% : 1개

- 저항 220Ω, 1/4W 5% : 1개
- 저항 332Ω, 1/4W 5% : 1개
- 저항 620Ω, 1/4W 5% : 2개
- 저항 1kΩ, 1/4W 5% : 3개
- 저항 1.8kΩ, 1/4W 5% : 1개
- 저항 47kΩ, 1/4W 5% : 1개
- 전해 콘덴서, 10μF, 50V : 1개
- 전해 콘덴서, 100μF, 50V : 1개
- 연산 증폭기(741C) : 1개

3. 실험순서

1 ED-2110의 전원 스위치가 꺼져 있는 상태에서 그림 8-1의 RC 필터 회로를 배선한다.

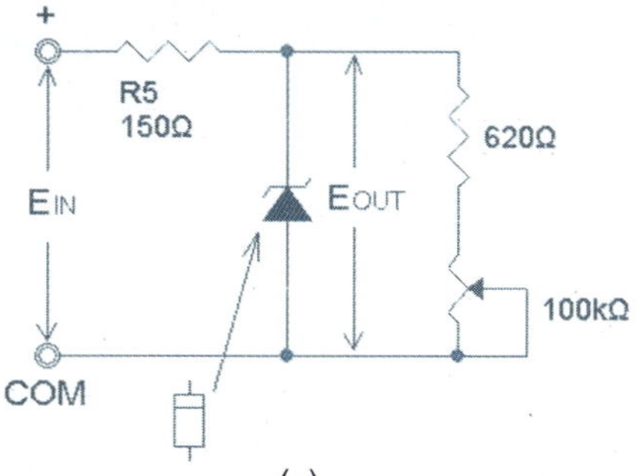

(a)

SET E_{IN} TO :	SET 100kΩ POTENTIOMETER TO :	MEASURE E_{OUT}
9V	MINIMUM	
15V	MINIMUM	
12V	MINIMUM	
12V	MAXIMUM	

(b)

그림 8-1 ‹‹‹ 실험회로 및 표

2 ED-2110의 전원 스위치를 ON으로 한다. 패널 좌측 '2CH DC POWER SUPPLY'에 있는 0~25V 전압조정 볼륨을 반시계방향으로 끝까지 돌려 놓는다. 그리고 LCD 화면에 구성된 아이콘에서 'Measuring Instrument'를 클릭한다.

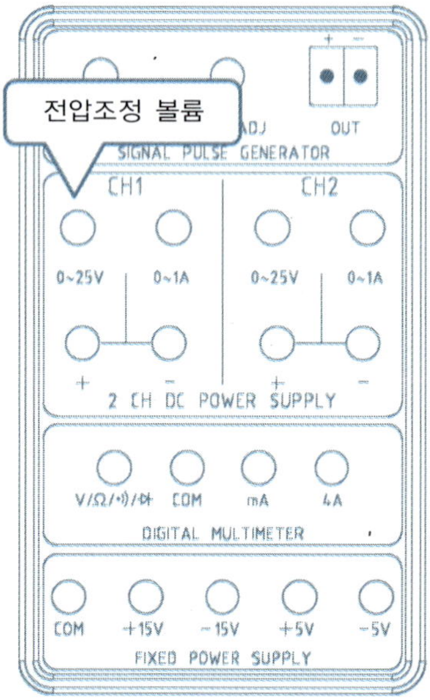

그림 8-2 ‹‹‹ 0~25V 전압조정 볼륨을 반시계방향으로 끝까지 돌려 설정

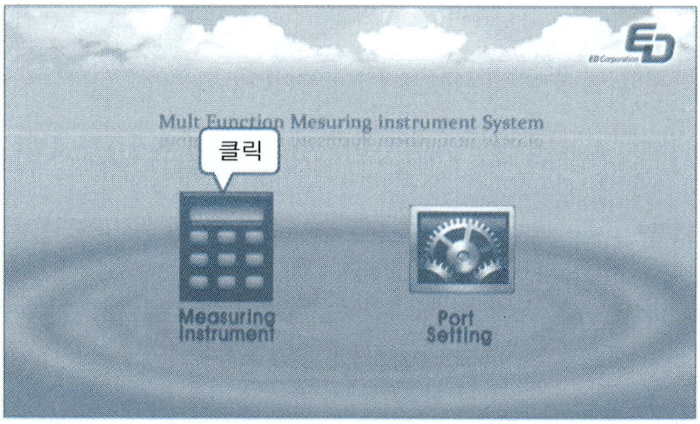

그림 8-3 ‹‹‹ 'Measuring Instrument'를 클릭

3 LCD 화면에서 'Power Supply'를 클릭한다.

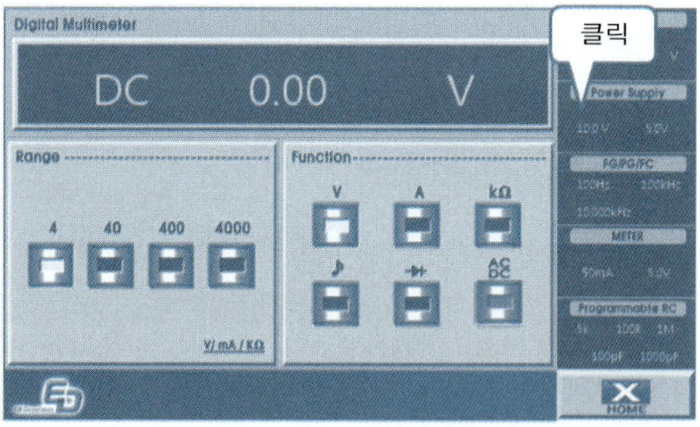

그림 8-4 ‹‹‹ 'Power Supply'를 클릭

4 패널 좌측에 있는 전압조정 볼륨을 사용하여 E_{IN}의 전압이 +9V가 되게 한다. 이를 'Power Supply' 상에서 확인하라. 그리고 OUT을 누른다.

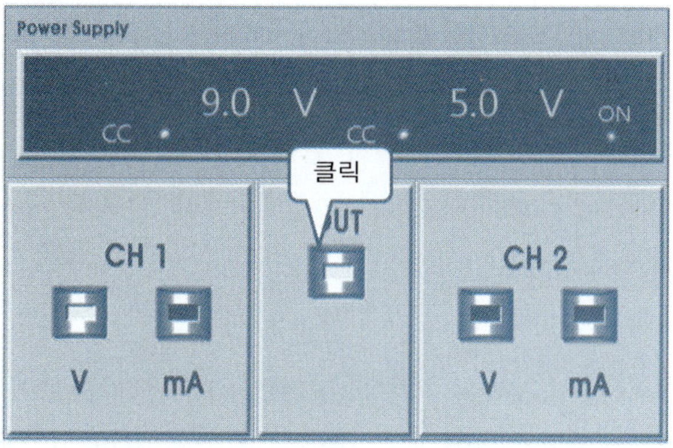

그림 8-5 ‹‹‹ E_{IN}의 전압이 +9V가 되게 한다

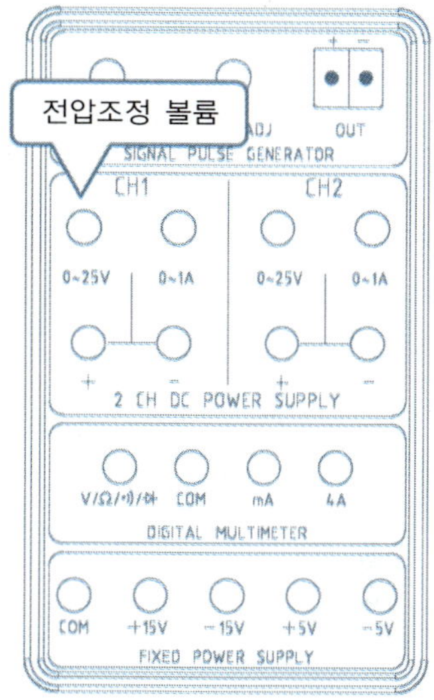

그림 8-6 ‹‹‹ 전압조정 볼륨을 사용

5 100kΩ VR의 노브를 반시계방향으로 끝까지(저항값 최소) 돌려 놓는다.

6 LCD 화면에서 'DMM'을 클릭하여 E_{OUT}의 전압을 측정한다. 그리고 그림 8-1의 (b)에 기록하라.

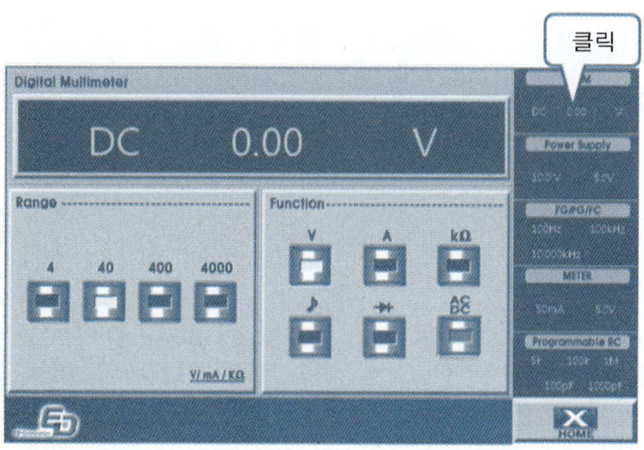

그림 8-7 ‹‹‹ 'DMM'을 클릭하여 E_{OUT}의 전압을 측정

7 전압조정 볼륨을 사용하여 E_{IN}의 전압을 +15V로 설정한 다음 E_{OUT}의 전압을 측정한다. 그리고 그림 8-1의 (b)에 기록하라.

8 전압조정 볼륨을 사용하여 E_{IN}의 전압을 +12V로 설정한 다음 E_{OUT}의 전압을 측정한다. 그리고 그림 8-1의 (b)에 기록하라.

9 100kΩ VR의 노브를 시계방향으로 끝까지(저항값 최대) 돌려놓는다. E_{OUT}을 측정하여 그림 8-1의 (b)에 기록하라. 지금까지의 실험에서 E_{IN}이 변하였고 또 부하저항도 변화하였을 때 E_{OUT}의 값은 어떻게 변화하고 있는지 관찰해 보라.

4. 요점정리(실험순서 1~9)

지금까지의 실험회로는 간단한 제너 다이오드를 이용한 정전압기의 동작을 보여주었다. 이 다이오드는 6V의 제너 전압을 가지고 있으며 부하 양단의 전압을 거의 이 값에서 유지시킨다. 실험에서 입력전압을 +9V에서 +15V까지 변화시켜 +12V에 대해서 약 ±20%의 변화를 주었지만 출력전압(E_{OUT})은 아주 근소하게 변하였다(전형적으로 ±0.1V 정도).

VR의 노브를 반시계방향으로 돌려 최소로 했을 때 부하저항은 620Ω이 되며 이때 부하에 흐르는 전류는 약 10mA가 되고 이 전류는 최대 부하전류가 된다. 전위차계의 노브를 시계방향으로 끝까지 돌려 놓았을 때 부하전류는 62μA까지 감소되었지만 E_{OUT}은 거의 6.2V로 유지된다. 이런 형태의 정전압기의 결점은 상대적으로 낮은 전류에만 응용할 수 있는 제한을 받는다. 다음의 실험에서는 같은 제너를 이용하여 높은 전류를 조종할 수 있는 정전압기에 대해 살펴보자.

5. 실험계속

10 ED-2110의 전원이 꺼져 있는 상태에서 그림 8-12(a)의 회로를 배선한다.

11 ED-2110의 전원 스위치를 ON으로 하고 실험순서 2를 반복하라.

12 LCD 화면에서 ‘Power Supply’를 클릭한다.

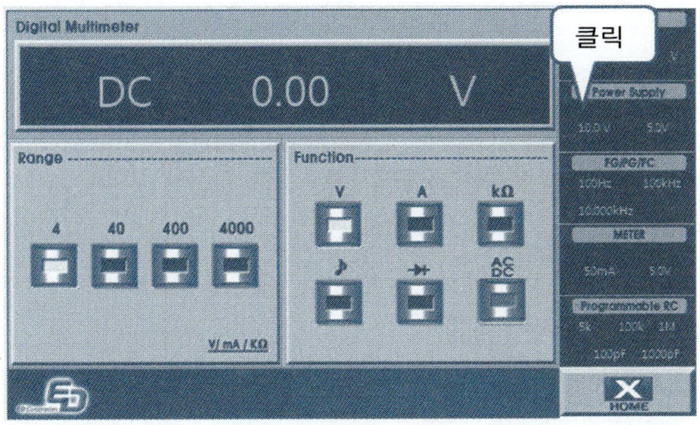

그림 8–8 ‹‹‹ 'Power Supply'를 클릭

⑬ 패널 좌측에 있는 전압조정 볼륨을 사용하여 E_{IN}의 전압이 +12V가 되게 한다. 이를 'Power Supply' 상에서 확인하라. 그리고 OUT을 누른다.

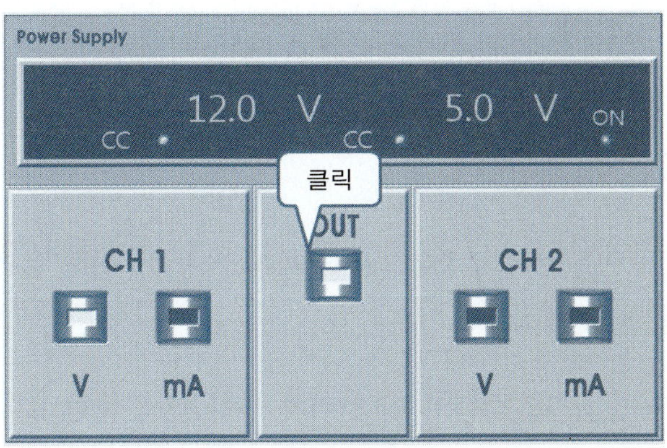

그림 8–9 ‹‹‹ E_{IN}의 전압이 +12V가 되게 한다

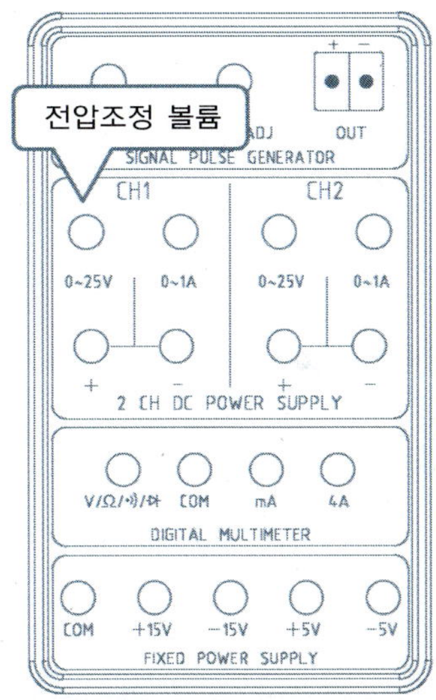

그림 8–10 ‹‹‹ 전압조정 볼륨을 사용

⑭ 1kΩ VR의 노브를 시계방향으로 끝까지(저항값 최대) 돌려놓는다.

⑮ LCD 화면의 'DMM'을 클릭하여 제너 다이오드 양단 전압(E_Z)를 측정하여 아래에 기록하라.

E_Z = ______________________ V

2장

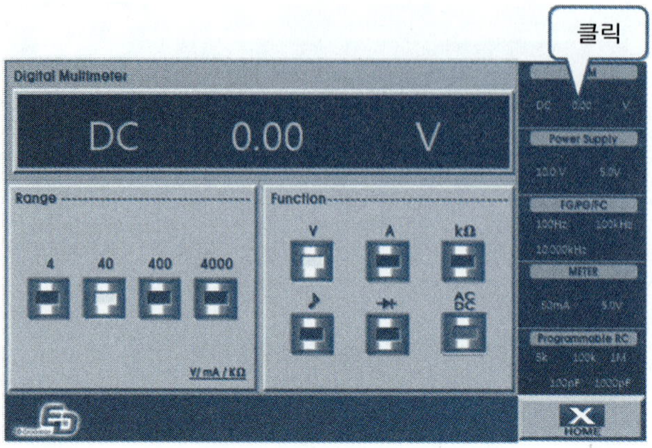

그림 8-11 ‹‹‹ 'DMM'을 클릭

16 트랜지스터의 베이스-이미터 접합 간의 양단 전압(V_{BE})을 측정하여 아래에 기록하라.

V_{BE} = ______________________ V

17 E_{OUT}을 측정하여 아래에 기록하라. 또 $E_{OUT} = E_Z - V_{BE}$가 되는지 관찰하라.

E_{OUT} = ______________________ V

18 E_{OUT}의 값을 그림 8-12의 (b)에 기록하라.

19 E_{IN}이 +12V일 때 1kΩ VR의 노브를 반시계방향으로 끝까지(저항값 최소) 돌려놓은 다음 E_{OUT}을 측정하여 그림 8-12의 (b)에 기록하라.

20 그림 8-12의 (b)의 각각의 E_{IN}의 값과 또 각각의 R_3(전위차계)의 값에 대한 E_{OUT}을 측정하여 표를 완성하라. 이 표에서 E_{OUT}의 값이 일정하게 잘 유지되는지 관찰해 보자.

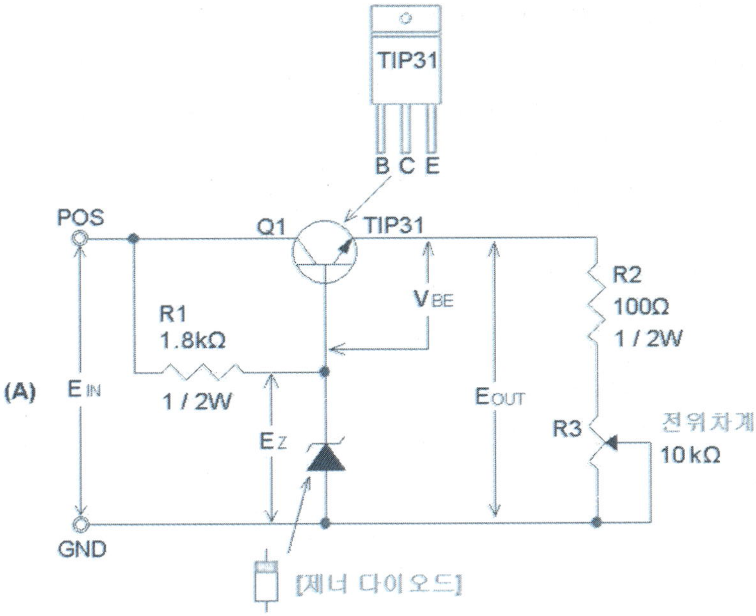

(a)

SET E_{IN} TO :	SET 1kΩ POTENTIOMETER TO :	MEASURE E_{OUT} (V)
9V	MAXIMUM	
9V	MINIMUM	
12V	MAXIMUM	
12V	MINIMUM	
15V	MAXIMUM	
15V	MINIMUM	

(b)

그림 8-12 ‹‹‹ 실험회로 및 표

6. 요점정리(실험순서 10~20)

Emitter follower regulator는 제너 다이오드로 하여금 자체가 조정할 수 있는 전류보다 더 높은 전류를 조정하여 기본 shunt regulator와 더불어 정전압을 유지하게 한다.

실험에서 출력전압은 항상 제너 전압보다 낮았고 이와 같은 현상은 $E_{OUT} = E_Z - V_{BE}$에서 입증하였다.

다음에는 E_{IN}의 값을 +9V에서 +15V까지 변화시켰으며 동시에 R_L의 값을 100Ω에서 1100Ω 변화시켰지만 E_{OUT}은 거의 일정하게 유지되었다. 전형적으로 E_{OUT}은 0.2V이상 변하지 않는다. 이런 형의 정전압기의 결점은 출력전압이 항상 제너 전압보다 낮아야 하기 때문에 이 결점을 보충하기 위해 사용되는 것이 궤환 정전압이다.

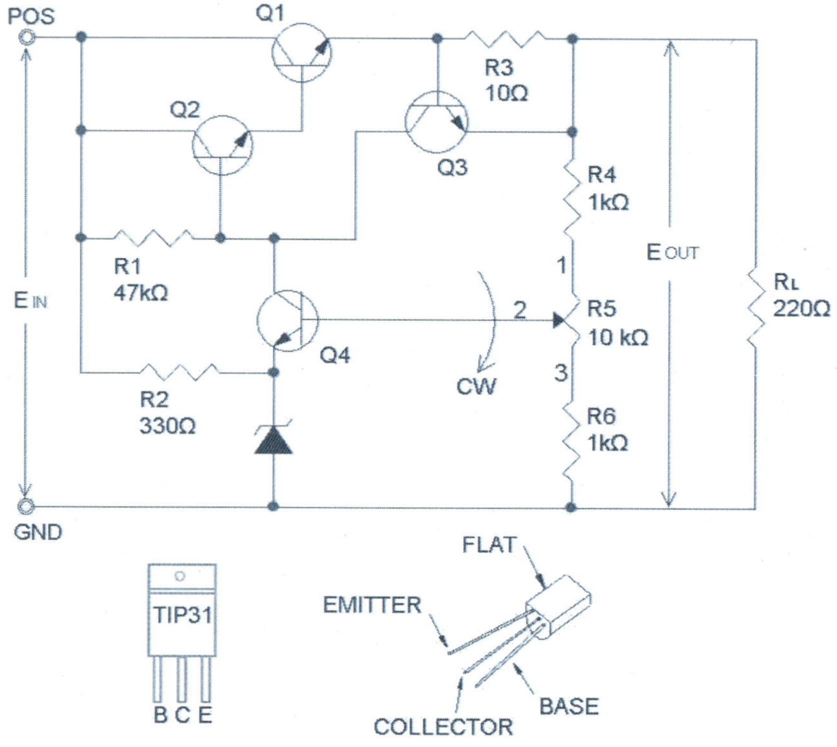

그림 8-13 ‹‹‹ 실험순서 15에서 30까지의 실험회로

7. 실험계속

21 ED-2110의 전원 스위치가 꺼져 있는 상태에서 그림 8-13의 회로를 배선한다.

22 ED-2110의 전원 스위치를 ON으로 한다. 패널 좌측 '2CH DC POWER SUPPLY'에 있는 0~25V 전압조정 볼륨을 반시계방향으로 끝까지 돌려 놓는다. 그리고 LCD 화면에 구성된 아이콘에서 'Measuring Instrument'를 클릭한다.

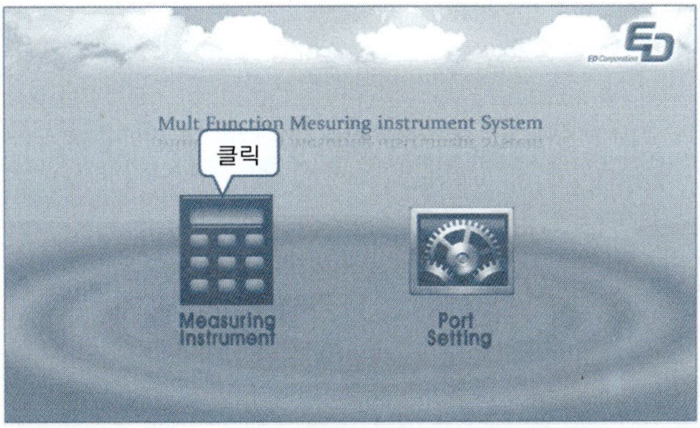

그림 8-14 ‹‹‹ 'Measuring Instrument'를 클릭

㉓ ED-2110에 전원을 넣고 LCD 화면에서 'Power Supply'를 클릭한다.

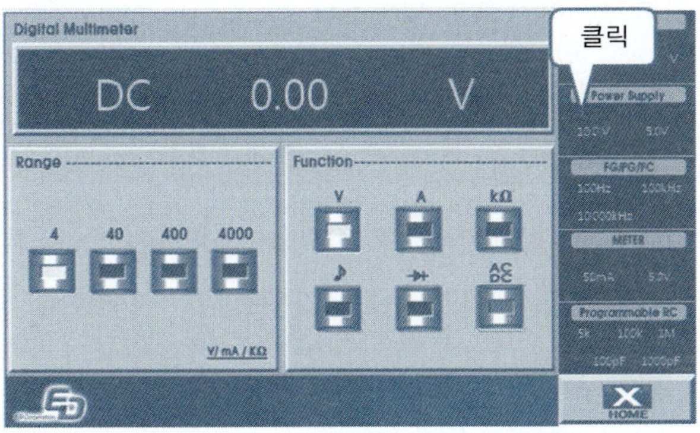

그림 8-15 ‹‹‹ 'Power Supply'를 클릭

㉔ 패널 좌측에 있는 전압조정 볼륨을 사용하여 E_{IN}의 전압이 +9V가 되게 한다. 이를 'Power Supply' 상에서 확인하라. 그리고 OUT을 누른다.

2장

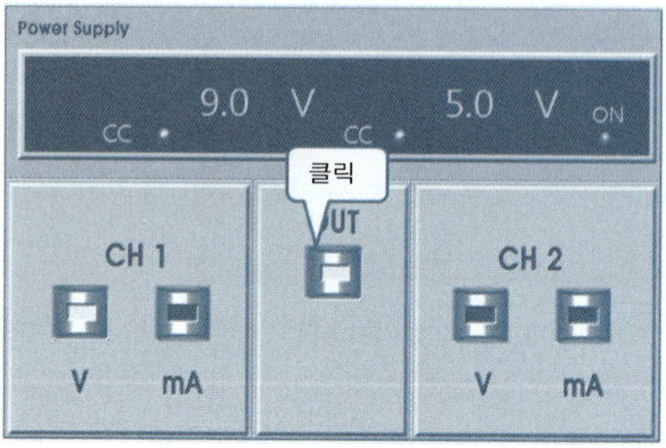

그림 8-16 ‹‹‹ E_{IN}의 전압이 +9V가 되게 한다

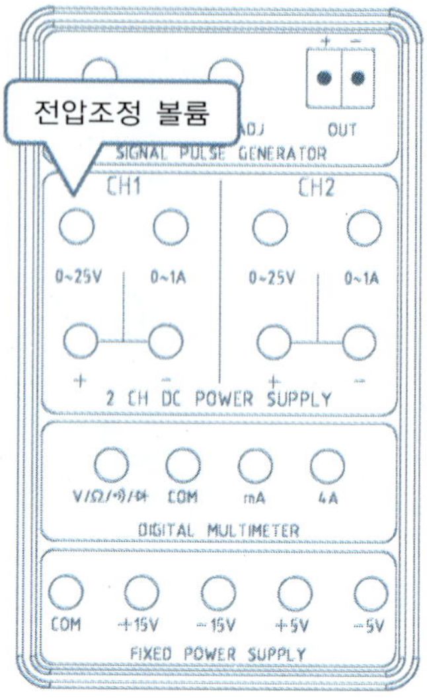

그림 8-17 ‹‹‹ 전압조정 볼륨을 사용

25 1kΩ VR의 노브를 돌려 E_{OUT}이 +6V가 되게 한다.

26 LCD 화면의 'DMM'을 클릭한다. 'DMM'을 이용하여 E_{OUT}을 관찰하고 부하저항 R_L의 한쪽 접속을 회로에서 떼어내 본다. 이때 E_{OUT}의 변화를 아래에 기술하고 다시 R_L을 원상태로 접속시킨다.

E_{OUT}의 값은 ______________________

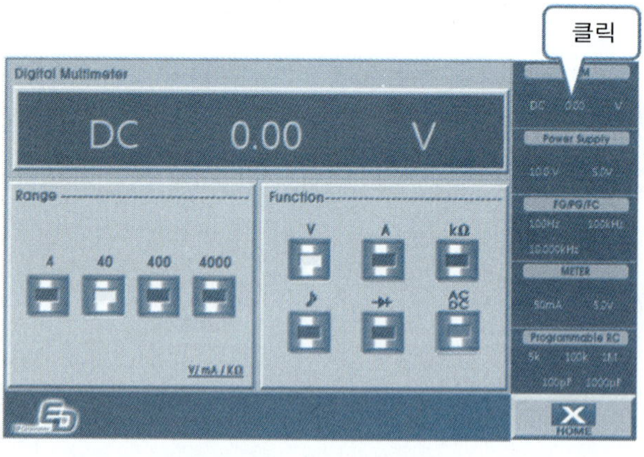

그림 8-18 ‹‹‹ 'DMM'을 클릭

27 전압조정 볼륨을 사용하여 E_{IN}의 전압이 +15V가 되게 한다. 이때 E_{OUT}을 측정한다.

E_{OUT}의 값은 ______________________

28 전압조정 볼륨을 사용하여 E_{IN}의 전압이 +12V가 되도록 한다. ED-2110의 1kΩ VR의 노브를 반시계방향으로 끝까지 돌려놓은 다음 E_{OUT}의 값을 측정하여 아래에 기록하라.

E_{OUT} = ______________________ V

29 1kΩ VR의 노브를 시계방향으로 끝까지 돌려놓은 후 E_{OUT}을 측정해 아래에 기록하라.

E_{OUT} = ______________________ V

30 VR의 노브를 조정하여 E_{OUT}이 +7V가 되게 한다.

31 R_3양단의 전압강하(E_{R3})를 측정하여 기록한다. 옴의 법칙을 이용하여 R_3에 흐르는 전류를 산출하여 아래에 기록하라.

E_{R3} = ______________ V $\qquad I_{R3} = \frac{E_{R3}}{R_3}$ = ______________ mA

32 일시적으로 jumpe wire를 이용하여 R_L을 단락시킨다.

33 R_L이 단락되었을 때 R_3의 전압강하는 몇 V로 증가되는지 측정하여 아래에 기록하고 jumper wire를 떼어낸다.

______________________ V

34 R_L이 단락되었을 때 R_3에 흐르는 전류는 얼마인가 아래에 기록하라.

$I_{R3} = \frac{E_{R3}}{R_3}$ = ______________ mA

35 회로에서 Q_3를 떼어내고 나머지 회로는 그대로 둔다.

36 R_3양단의 전압을 측정하여 아래에 기록하고 이때 이 전압을 실험순서 31에서 구한 전압과 비교해 보라.

E_{R3} = ______________________ V

37 다시 R_L 양단을 단락시킨 다음 R_3양단 전압을 측정하여 아래에 기록하고 jumper wire를 떼어낸다.

E_{R3} = ______________________ V

38 R_L이 단락되었을 때 R_3에 흐르는 전류(I_{R3})는 몇 mA인가 아래에 기록하라.

$$E_{R3} = \frac{E_{R3}}{R_3} = \underline{\qquad\qquad\qquad} \text{ mA}$$

39 Q_3을 회로에 그대로 두고 R_L을 단락시켰을 때 또 Q_3을 회로에서 떼어내고 R_L을 단락시켰을 때 단락회로의 전류는 어떻게 변하였는지 생각해 보라.

8. 요점정리(실험순서 21~39)

이 실험에서는 전류 제한회로를 가지는 궤환 정전압기 회로를 구성하였다. Q_1은 전류 통로 트랜지스터이고 Q_2는 Darlington식으로 Q_1양단에 접속되어 있다. Q_4는 오차 검류기와 직류 증폭기를 겸하고 있으며 Q_3과 R_3은 전류 제한회로를 구성하고 있다.

실험에서 처음에는 E_{IN}을 +9V로 또 E_{OUT}은 +6V 조정한 다음 R_L저항의 한쪽 단자를 떼어내어 등가적으로 부하전류가 최소로 흐르게 하였다. 이와 같이 했을 경우 E_{OUT}은 여전히 거의 +6V를 유지하였다. 다음에는 E_{IN}을 증가시켜 +15V로 하였고 이때 E_{OUT}은 미소하게 증가되었다. 그러나 이 증가분은 입력전압이 60%나 변화한데 비하여 극소의 양만큼 변화한 것에 지나지 않는다.

다음에는 전위차계로 E_{OUT}의 출력범위를 시험하였다. 처음에는 전위차계를 시계 반대방향으로 끝까지 돌렸을 때 E_{OUT}은 약 5.2V가 되었고 또 전위차계를 시계방향으로 끝까지 돌렸을 때는 9.2V가 되어 전위차계로 출력전압(E_{OUT})을 약 2배까지 조정할 수 있음을 보여준다.

다음에는 전류 제한회로의 동작에 대해서 조사하였다. 실험순서 31에서 R_3양단의 전압강하를 측정하여 R_3에 흐르는 전류를 구하였고 이 전류는 E_{OUT}이 +7V될 때 약 32mA가 된다. R_L을 단락시켰을 때 전류는 증가하였지만 기대한 것보다는 증가하지 않았다. R_3양단의 전압은 약 0.6V 증가하였고 이 전압은 Q_3을 도통시키기에 충분하다. Q_3이 도통되면 Q_1의 도통을 감소시켜 전류는 R_L이 단락되었어도 단지 60mA정도밖에 증가하지 않는다.

마지막으로 Q_3이 전류 제동작용을 하는 것을 증명하기 위하여 Q_3을 회로에서 떼어내어 전체 부하전류가 원래의 전류값(약 32mA)에 머물러 있음을 알았다. 그러나 R_L이 단락되었을 때는 전류는 증가하여 100mA이상까지 되었다.

09 Tank 회로실험

1. 목 적

LC Tank 회로를 구성하고 2kHz의 구형파로 충격 여진으로 발진하게 한다. 감폭 발진과 Tank 회로의 정현파를 관찰한다.

2. 서 론

Tank 회로는 단순히 콘덴서와 inductor가 병렬로 되어 있는 회로를 가리키며 이 회로는 짧은 기간 동안 전압을 인가함으로써 충격을 받아 발진을 하게 되며, 동조회로는 공진을 하게 되고 매 주기마다 진폭은 발진이 중지할 때까지 점점 감소된다. Tank 회로의 공진 주파수는 콘덴서의 용량과 inductor의 양에 따라 결정되며 다음의 식으로 산출된다.

$$f_O = \frac{1}{2\pi\sqrt{LC}} \fallingdotseq \frac{0.159}{\sqrt{LC}}[\mathrm{Hz}]$$

이 실험에서는 Tank 회로를 구성하고 구형파로 Tank 회로를 충격여진시켜 발진하게 하고 오실로스코프로 감폭 파형을 관찰한다.

➡ 필요 부품 및 기기

- ED-2110 : 1대
- 오실로스코프 : 1대
- inductor 305μF : 1개
- 콘덴서 0.1μF : 2개
- 트랜지스터(NPN) : 1개
- 저항 22kΩ, 1/4W 5% : 1개
- 저항 4.7Ω, 1/4W 5% : 1개

3. 실험순서

1 ED-2110의 전원 스위치를 끄고 그림 9-1의 회로를 배선한다. 이때 inductor의 3단자 중 양쪽 밖의 단자를 회로에 접속시켜 전체의 inductor를 사용한다.

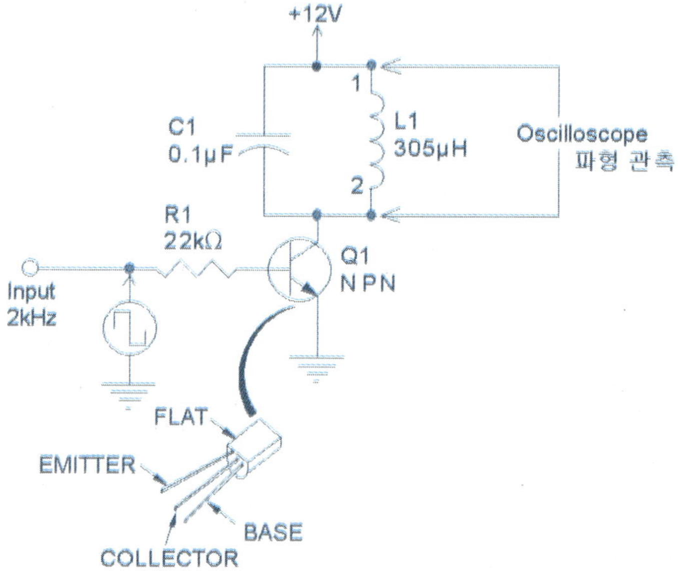

그림 9-1 ‹‹‹ 충격여진 LC Tank 실험회로

2 ED-2110의 전원을 켜고 LCD 화면에 구성된 아이콘에서 'Measuring Instrument'를 클릭한다.

그림 9-2 ‹‹‹ 'Measuring Instrument'를 클릭

3 LCD 화면에서 'FG/PG/GC'을 선택한다.

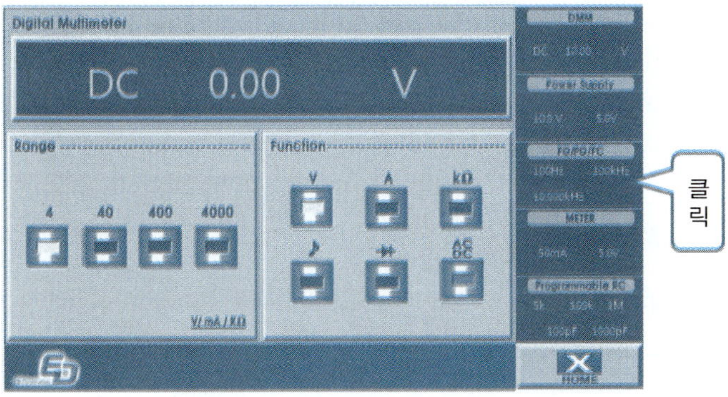

그림 9-3 ‹‹‹ 'FG/PG/GC'을 선택

4 패널 좌측의 주파수조정 볼륨을 이용하여 'Function Generator'에 표시되는 입력주파수가 구형파 2kHz가 되도록 조정한다. 구형파 신호를 SQUARE 단자에서 22kΩ의 트랜지스터 입력저항에 접속시킨다.

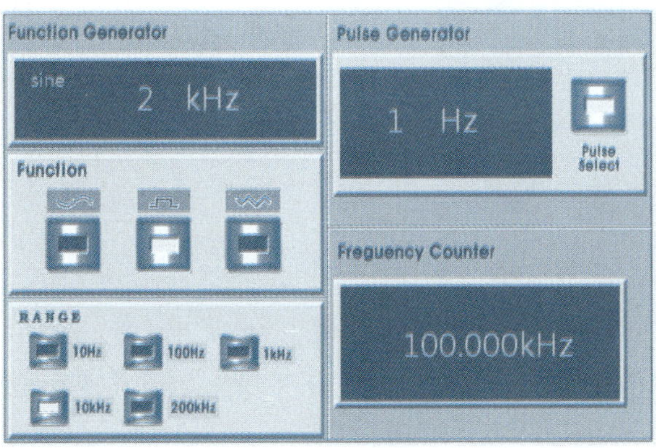

그림 9-4 ‹‹‹ Function Generator'에 표시되는 입력주파수가 구형파 2kHz가 되도록 조정

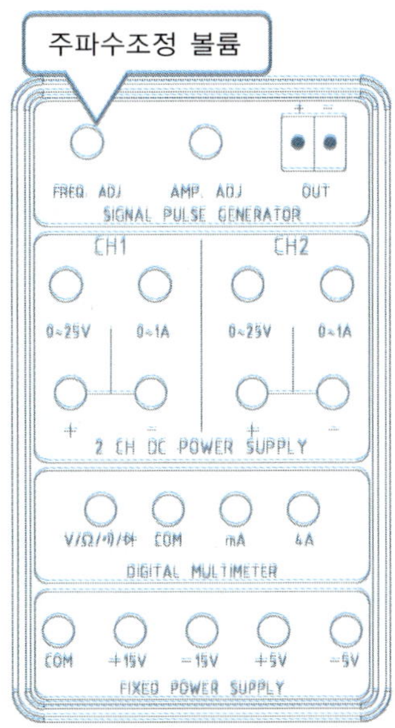

그림 9-5 ‹‹‹ 주파수조정 볼륨을 이용

5 LCD 화면에서 'Power Supply'를 클릭한다.

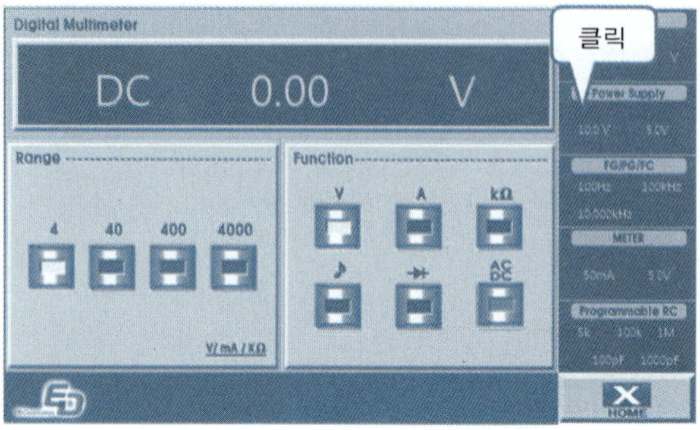

그림 9-6 ‹‹‹ 'Power Supply'를 클릭

6 패널 좌측에 있는 전압조정 볼륨을 사용하여 E_{IN}의 전압이 +12V가 되게 한다. 이를 'Power Supply' 상에서 확인한다. OUT을 누르고 회로에 접속한다.

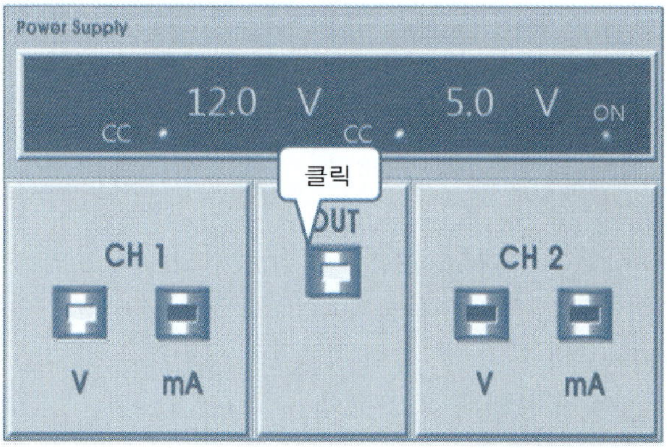

그림 9-7 ‹‹‹ E_{IN}의 전압이 +12V가 되게 한다

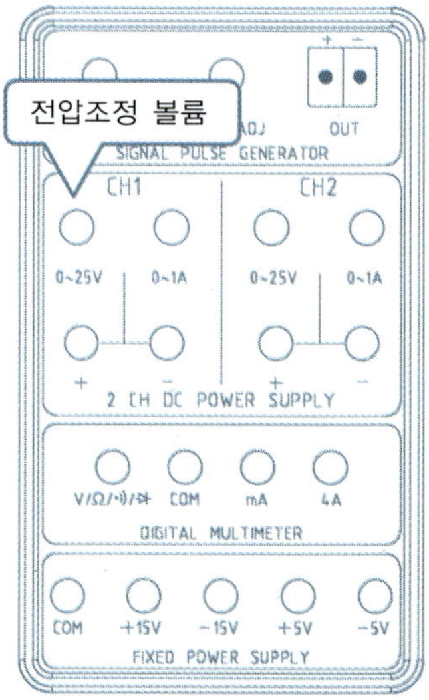

그림 9-8 ‹‹‹ 전압조정 볼륨을 사용

7 오실로스코프를 $1V_{P\text{-}P}$, 50μs로 조정하여 약 30kHz의 주파수 파형을 관찰할 수 있게 한 다음 오실로스코프를 Tank 회로 양단에 접속시킨다. 그리고 그림 9-9의 그래프에 출력파형을 그려라. 그래프에 그려진 파형은 GENERATOR로부터 2kHz의 구형파로 Tank 회로에 충격여진 시켰을 때 Tank 출력에 나타난 파형이 된다. 이 파형은 어떤 파형이며 출력은 어떻게 변화하는가?

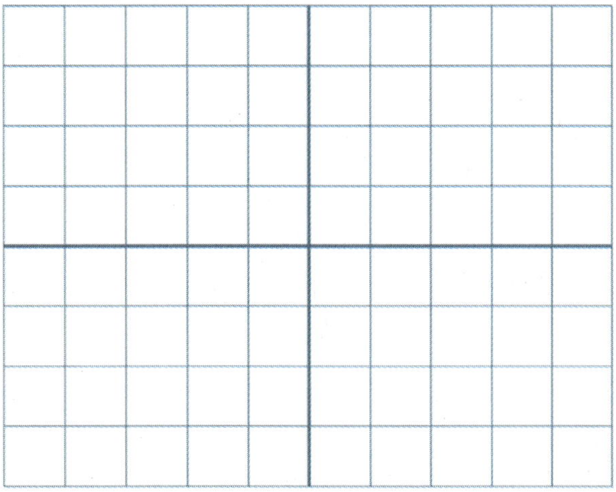

그림 9-9 ‹‹‹ Tank의 출력파형 그래프

파형의 모양 ______________ 이며 진폭은 ______________ 된다.
(구형파 / 정현파) (감폭 / 증폭 / 변화없이)

8 파형의 진폭은 매주기마다 변화하지만 주파수는 LC 회로에 공진되어 있으므로 일정하게 유지된다. 오실로스코프상에서 주파수를 측정하여 아래에 기록하라.

f_O = ______________ Hz

9 LC의 주어진 값으로 $f_O = \dfrac{0.159}{\sqrt{LC}}$ 의 식을 이용하여 Tank 회로의 공진 주파수를 산출하여 아래에 기록하라.

f_O = ______________ Hz

10 회로를 접속되어 있는 상태로 두고 이제까지의 실험에 대해 생각해 보라.

4. 요점정리(실험순서 1~10)

이 실험에서 LC Tank 회로의 flywheel 효과를 증명하였다. Tank 회로는 구형파에 의해서 충격여진 됐을 때 특정 주파수에서 발진을 한다. 그 결과로 감폭 파형은 회로 내부저항에 의한 영향을 나타내며 이 회로 내부저항은 지속적으로 에너지를 감쇠시킨다.

단순히 전원 스위치를 개방하고 단락시키면 Tank에 충격을 주어 발진하게 되지만 규칙적이고 지속적으로 스위치를 작동시키지 않으면 오실로스코프로 관찰하기가 곤란하다. 그러므로 위의 실험에서는 구형파로 이와 같은 작동을 지속적으로 시킴으로써 오실로스코프로 관찰할 수가 있었다.

그림 9-10은 구형파로 스위치의 ON 및 OFF 작용을 매초당 2000번의 일정 속도로 반복시킴으로써 Tank 회로에 나타난 파형이다. 회로를 매초당 2000번의 속도로 ON 및 OFF를 인위적으로 반복시키기는 불가능하다.

그러므로 그림 9-11에서와 같이 트랜지스터를 사용하여 2000Hz의 구형파로 이 트랜지스터를 같은 비율로 전류를 도통 및 차단을 시켰다.

여기서 구형파의 신호가 "+" 방향으로 되면 Q_1은 급속히 도통되어 Tank에 충격을 주어 발진된다. 이어서 구형파가 "−" 방향으로 되면 Q_1은 급속히 차단되어 역시 Tank에 충격을 주어 발진된다. 이어서 구형파가 "−" 방향으로 되면 Q_1은 급속히 차단되어 역시 Tank에 충격을 주어 발진이 된다.

오실로스코프로 출력파형을 2kHz주파수로 전개하여 관찰했을 때 감폭 발진파형(damped oscillation waveform)은 구형파에 겹쳐 나타난다. 또 오실로스코프의 수평 스위프 주파수를 조정하여 파형을 확대하여 관찰하면 그림 9-12와 같이 발진파형을 명확히 관찰할 수 있다.

여기서 분명히 할 것은 발진 주파수는 Tank 회로의 소자에 의해 결정되며 구형파의 주파수와는 무관하다. 다만 구형파는 발진을 위한 충격파로서 작용할 뿐이다.

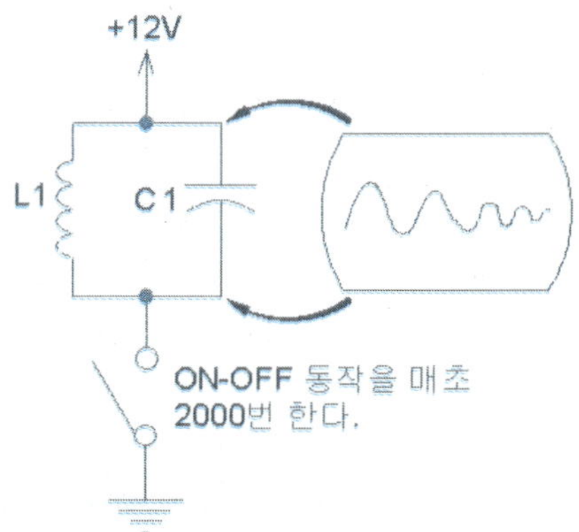

그림 9-10 ‹‹‹ 스위칭 작용에 의한 지속 파형

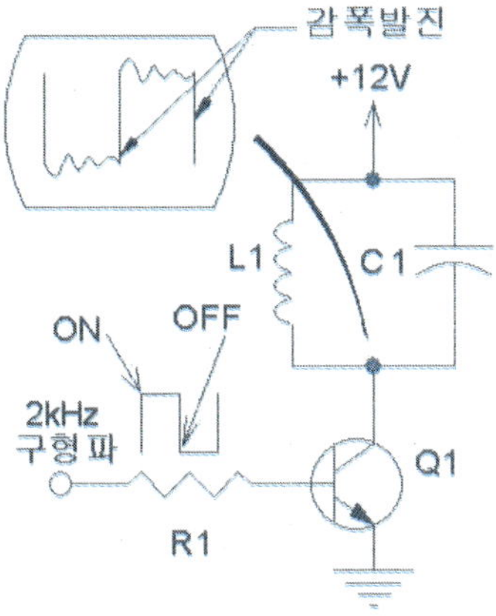

그림 9-11 ‹‹‹ 스위칭 작용을 TR로 했을 때

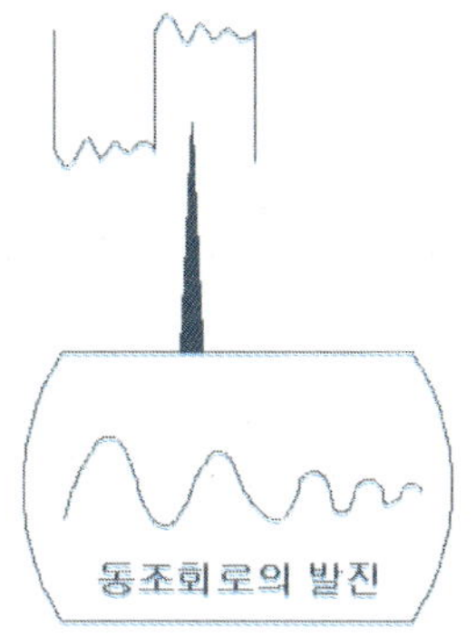

그림 9-12 ‹‹‹ Tank 파형을 확대했을 때

5. 실험계속

11 그림 9-13과 같이 0.1μF의 콘덴서를 Tank 회로에 병렬로 접속한다. 이렇게 되면 Tank 회로의 콘덴서 용량이 증가된다. 공진 주파수는 어떻게 되는가? 공진 주파수를 산출하여 아래에 기록하라.

f_O = ____________________ Hz

12 실험조건을 앞의 실험과 동일하게 설정하라.

13 오실로스코프로 파형을 관찰하여 주파수를 결정하고 실험순서 11에서 구한 것과 비교해 보라. 여기에서의 결과는 동조회로에 있어서의 발진 주파수가 L 및 C의 양에 의하여 직접적으로 결정됨을 증명하였다.

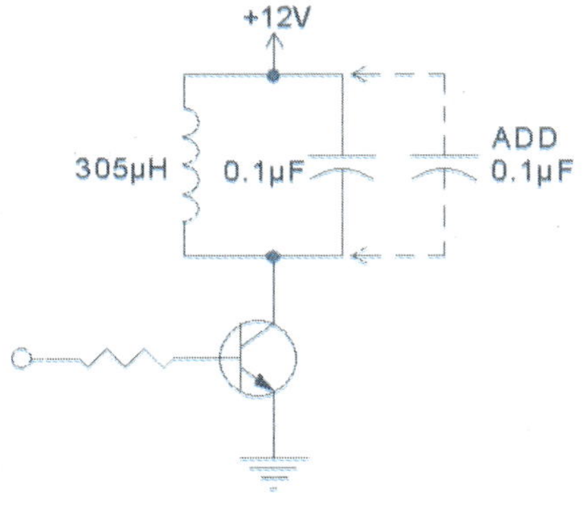

그림 9-13 ‹‹‹ 0.1μF 첨가 Tank 회로

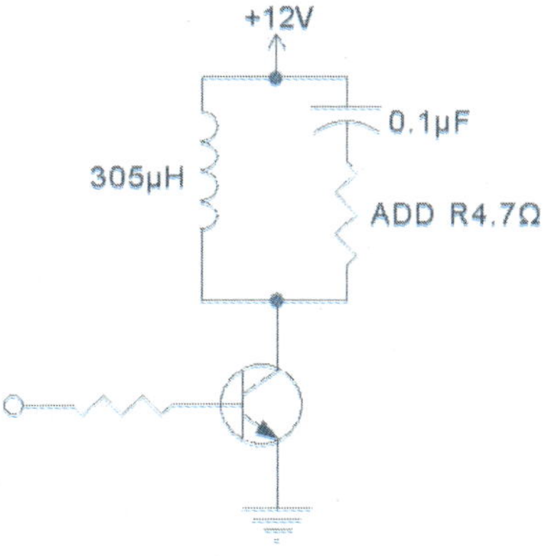

그림 9-14 ‹‹‹ Tank 회로의 저항증가

14 이번에는 0.1μF의 콘덴서를 떼어내어 원래의 실험회로로 배선한다. 오실로스코프로 파형을 관측하여 발진 세력이 없어질 때까지의 발진주기를 세어 아래에 기록하라.
발진주기 수 = ____________________ Hz

15 그림 9-14와 같이 4.7Ω저항을 Tank 회로내의 콘덴서와 직렬로 접속한다.

16 오실로스코프로 감폭 파형을 관찰하여 발진주기를 세어 아래에 기록하라.
발진주기 수 = ____________________ Hz

6. 요점정리(실험순서 11~16)

실험순서 11에서 콘덴서를 병렬로 접속함으로써 회로의 용량을 0.2μF로 증가시켰으므로 공진 주파수는

$$f_O = \frac{0.159}{\sqrt{LC}} = \frac{0.159}{\sqrt{305\mu H \times 0.2\mu F}} = \frac{0.159}{7.8 \times 10^{-6}} = 20{,}385\text{Hz}$$

가 된다. 그러므로 Tank내의 용량 증가는 발진 주파수를 감소시키고 또 인덕턴스에 대해서도 같다. Tank 회로의 발진 지속시간은 회로의 Q에 의해 결정된다. 회로의 Q가 크면 발진은 오래 지속되고 반대로 회로의 Q가 낮으면 발진은 매주기마다 감폭되어 곧 발진이 중단된다.

Tank 회로는 콘덴서와 인덕턴스로 구성되어 있으므로 이들의 조합은 전반적인 Q에 영향을 준다. 일반적으로 콘덴서는 아주 높은 Q를 가진 반면에 인덕턴스는 도선으로 되어 있으므로 도선의 선로저항의 열 발산으로 인한 손실이 있으므로 회로의 Q에 다음 식에 표시된 것과 같이 큰 영향을 준다.

$$Q = \frac{X_L}{R} \qquad X_L : \text{유도성 리액턴스},\ R : \text{코일 저항}$$

실험순서 15에서 4.7Ω의 저항을 회로에 직렬로 콘덴서와 접속시켰을 때 Tank의 전반적인 저항은 증가되어 Q가 감소되었다.

$$\downarrow Q = \frac{X_L}{R\uparrow}$$

발진 주파수와 인덕턴스가 변화하지 않았으므로 유도성 리액턴스는 일정하고 더 많은 전력이 발진하고 있는 동안 저항에서 소모되었으며, 오실로스코프로 파형의 진폭의 감소와 발진주기의 수가 감소됨을 관찰하였다. 만약에 내부저항이 너무 높았다면 회로는 전혀 발진하지 않을 수도 있다. 발진회로에서 내부 회로저항은 가능한 범위 내에서 낮게 하여 상대적으로 Q를 높게 해야 한다.

7. 실험계속

17 ED-2110의 전원을 끄고 4.7Ω 저항을 떼어낸다. 0.1μF 콘덴서를 inductor 양쪽에 직접 접속하여 원래의 실험회로대로 한다.

18 ED-2110에 전원을 넣고 LCD 화면에 구성된 아이콘에서 'Measuring Instrument'를 클릭한다.

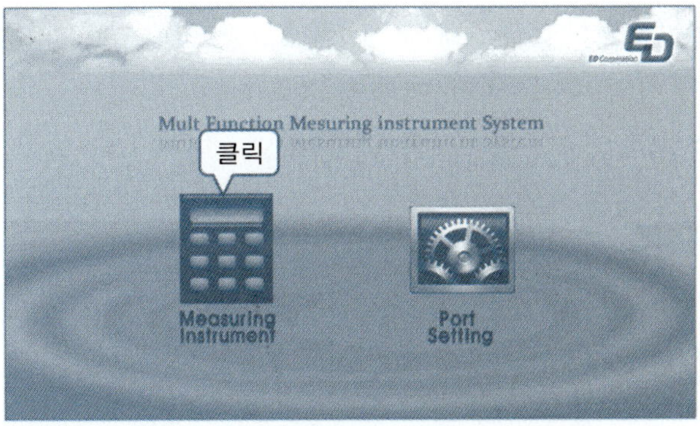

그림 9-15 ‹‹‹ 'Measuring Instrument'를 클릭

19 LCD 화면에서 'DMM'을 클릭하고 전압을 측정한다. inductor의 3단자 중 가장 적은 저항(0.5Ω)을 나타내는 단자를 확인한 다음 표시해 둔다.

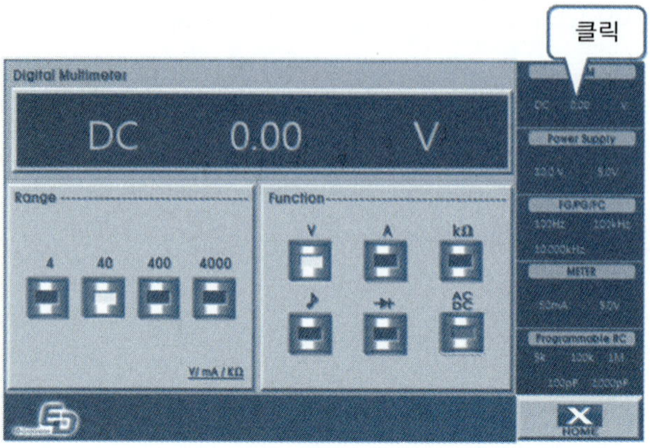

그림 9-16 ‹‹‹ 'DMM'을 클릭하고 전압을 측정

20 오실로스코프로 감폭 파형을 관찰하여 발진주기의 수를 세어 아래에 기록하라.

발진주기의 수 = ______________ Hz

21 오실로스코프를 관찰하면서 실험순서 14에서 표시한 inductor의 두 단자를 단락시킨 다음 발진주기의 수를 세어 아래에 기록한다.

발진주기의 수 = ______________ Hz

22 ED-2110의 전원을 끄고 회로를 떼어낸다.

8. 요점정리(실험순서 17~22)

앞의 실험에서 Tank 회로에 저항을 첨가하여 Tank의 발진주기의 수가 감소된 것을 알았고 또 저항이 Q가 감소됨을 알았다.

실험순서 21에서 동조회로의 inductor의 작은 부분을 단락시켰고 그 결과 회로에 저항을 첨가시켰을 때 보다도 더 많은 Q의 감소와 발진에 감소를 가져왔다. 회로에서 저항(0.5Ω)이 제거되었으므로 $A = \frac{X_L}{R}$ 식에서 Q가 증가하리라 생각되지만 실험순서 21에서 inductor의 한 부분이 단락되면 유도성 리액턴스는 더욱 낮아져 저항에 의한 감소보다 더욱 크게 감소된다. 이미 배운 바와 같이 유도성 리액턴스는 주파수 및 인덕턴스의 함수이므로 $X_L = 2\pi fL$이 된다. 그러므로 inductor의 작은 한 부분을 단락시키면 뚜렷하게 유도성 리액턴스를 감소시켜 회로의 전반적인 Q를 감소시킨다.

$$\downarrow Q = \frac{X_L \downarrow}{R \downarrow}$$

이 실험은 실제로 실용적인 응용 분야이다.

그림 9-17(a)는 좋은 트랜스가 높은 Q를 가지고서 그렇게 크지 않은 감폭 발진파형을 나타내고 반면에 트랜스의 부분단락에 의한 Q의 저하로 발진이 급격히 꺼져있는 파형이 그림 9-17(b)에 보인 것이다.

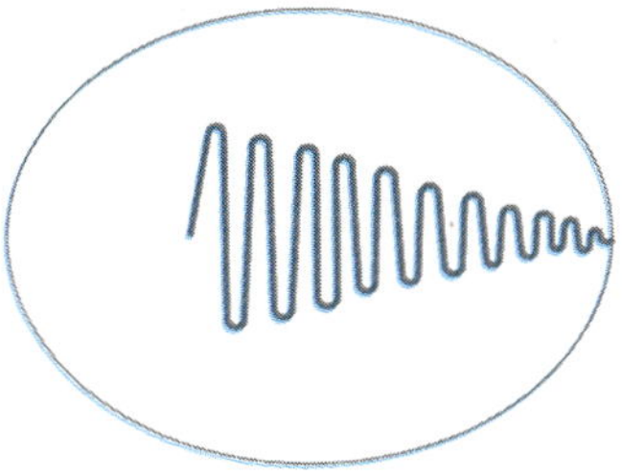

(a) high Q, good transformer

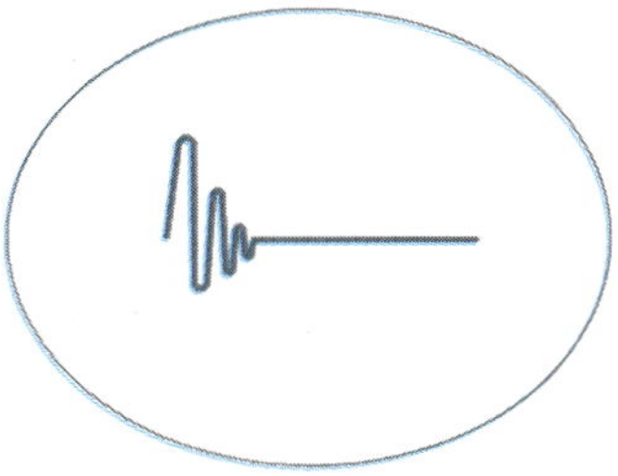

(b) low Q, bad transformer

그림 9-17 ‹‹‹ 트랜스의 부분단락 실험

10 LC 발진기

1. 목 적

콜피츠 및 하틀레이 발진기를 구성한다.

주파수변화를 하기 위한 소자의 결정 및 주파수변화를 관찰한다.

2. 서 론

네 가지 기본 궤환 발진기에는 암스트롱(Armstrong), 하틀레이(Hartley), 콜피츠(Colpitts) 및 클랩(clapp) 발진회로가 있으며 이들 모두가 공통적으로 LC동조회로를 가지고 있다. 이 실험에서는 이중에서 직렬궤환 하틀레이 및 콜피츠 발진기에 대해 실험한다.

하틀레이 발진회로에서 shunt 콘덴서를 변화시켜 가며 주파수변화를 관찰한다. 하틀레이 발진기는 충격 여진으로 발진하게 되므로 처음 발진을 시키기 위해서는 시동 바이어스가 필요하다. 여기서는 바이어스 저항으로 발진을 시킨 다음 저항을 떼어 내고서 발진을 지속시킨다.

또한 발진에 저해되는 부유용량(stray capacity)의 작용에 대해 관찰한다.

콜피츠의 측면 효과는 콘덴서의 한쪽 분기를 궤환조정에 영향을 미치는 반면에 다른 한쪽은 Tank 회로의 주파수에 더 많은 영향을 주는 것이다.

여기서 두 용량의 비는 궤환량을 조정하므로 발진기의 정상 동작에 중요한 역할을 한다.

필요 부품 및 기기

- ED-2110 : 1대
- 오실로스코프 : 1대
- inductor 305μH : 1개
- 트랜지스터 NPN : 1개
- 세라믹 콘덴서 100pF : 2개

- 세라믹 콘덴서 47pF : 1개
- 마일러 콘덴서 0.001μF : 2개
- 마일러 콘덴서 0.01μF : 2개
- 저항 10kΩ, 1/4W 5% : 1개

3. 실험순서

1 그림 10-1의 직렬궤환 하틀레이 발진기회로를 ED-2110에 배선한다. 이때 도선은 가능한 한 짧게 하고 코일은 회로와 같이 접속한다.

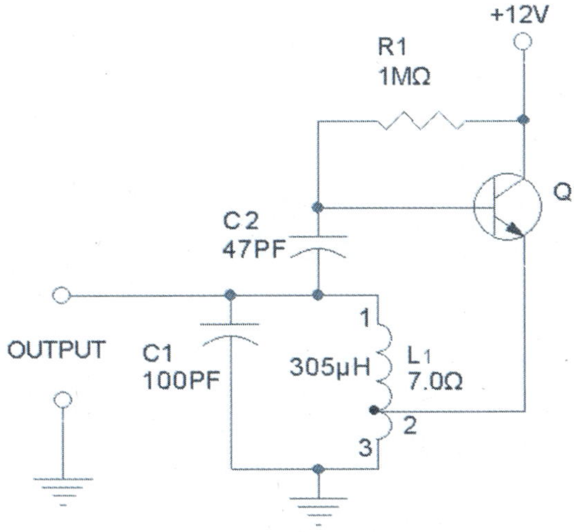

그림 10-1 ‹‹‹ 기본 직렬궤환 하틀레이 발진기

2 ED-2110에 전원을 넣고 LCD 화면에서 'Measuring Instrument'를 클릭한다.

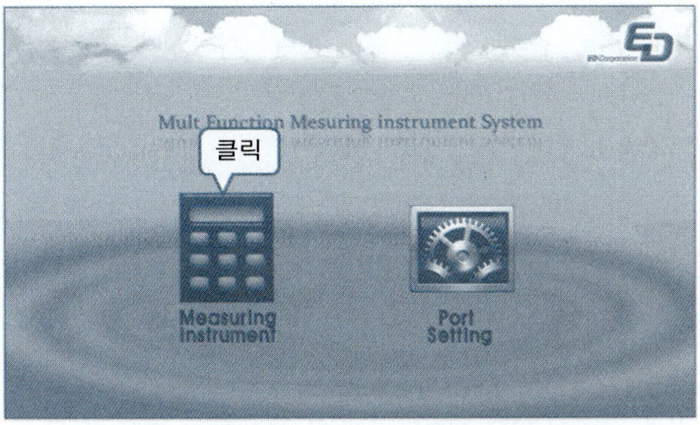

그림 10-2 ‹‹‹ 'Measuring Instrument'를 클릭

3 저항값을 설정하기 위해 LCD 화면에서 'Programmable RC'를 클릭한다.

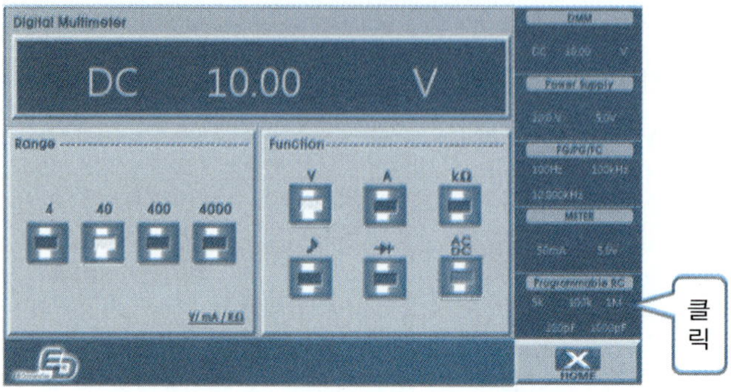

그림 10-3 ‹‹‹ 'Programmable RC'를 클릭

4 LCD 화면에서 실험에 사용될 값에 해당하는 범위의 화면을 클릭한다.

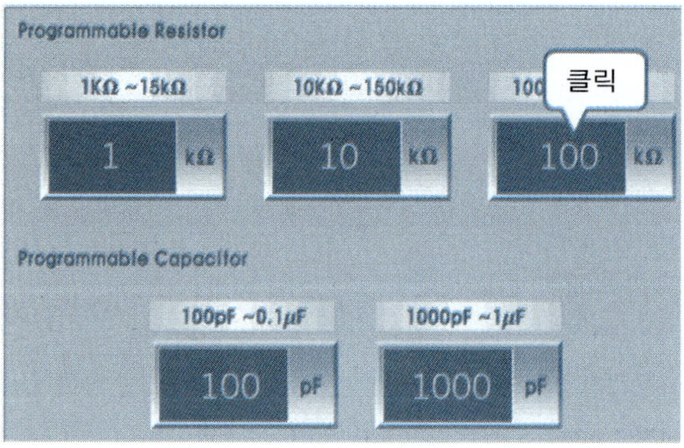

그림 10-4 ‹‹‹ 실험에 사용될 값에 해당하는 범위의 화면을 클릭

5 실험에 사용된 저항값(1MΩ)을 설정한 후 OK 버튼을 클릭한다.

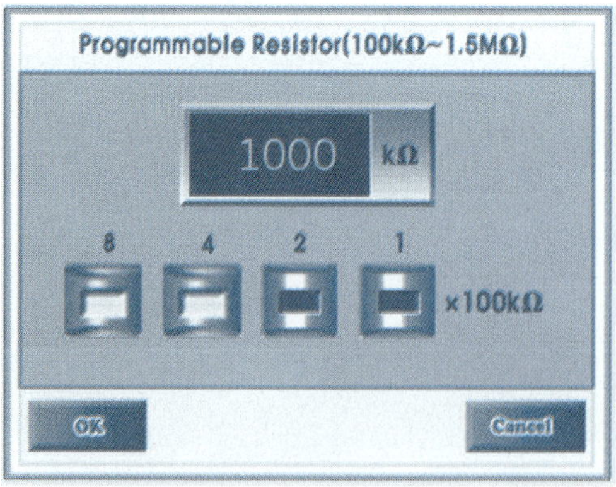

그림 10-5 ‹‹‹ 사용된 저항값(1MΩ)을 설정한 후 OK 버튼을 클릭

6 회로의 L 및 C의 값으로 공진 주파수를 산출하여 아래에 기록하라.

f_O = ______________________ Hz

7 오실로스코프를 Tank 회로에 접속한 다음 정현파형을 관찰하며 주파수를 구하여 아래에 기록하라.

f_O = ______________________ Hz

8 또 한 개의 100pF의 콘덴서를 C_1과 shunt시킨다. 즉, 200pF이 되는 것이다. 이때 주파수는 어떻게 변하는가?

주파수는 ______________________ 한다.

(증가 / 감소)

또 오실로스코프로 주파수를 측정하여 아래에 기록하라.

f_O = ______________________ Hz

9 100pF의 shunt 콘덴서를 다시 떼어놓은 다음 회로에서 1MΩ 저항을 떼어낸다. 이때 회로는 다시 발진하는가 관찰하라.

10 1MΩ 저항을 Q_1의 컬렉터와 베이스 간에 접속하여 원래의 회로대로 한다. 발진기의 출력을 관찰하면서 발진기가 동작하고 있는 상태에서 1MΩ 저항 연결을 조심스럽게 분리한다. 이때 발진기는 계속 발진______________. 이 저항은 발진회로에서 어떠한 역할을 하는지 생각해 보라.

(한다 / 안한다)

4. 요점정리(실험순서 1~10)

실험순서 1에서 직렬궤환 하틀레이 회로를 구성하였고 이 발진기의 Tank 회로는 100pF의 콘덴서와 305μH의 inductor로 되어 있으므로 공진 주파수는 다음과 같이 결정된다.

$$f_O = \frac{0.159}{\sqrt{305\mu H \times 100PF}} = \frac{0.159}{1.746 \times 10^{-7}} \fallingdotseq 911kHz$$

그러나 회로가 일단 발진하게 되면 실제 주파수는 약 800kHz로 낮아진다.

2장

그 이유는 회로의 분포용량이 Tank 회로의 콘덴서에 첨가되기 때문이다. 그러므로 실제로 발진회로를 설계할 때는 이 부유용량을 최소로 하지 않으면 안된다.

발진 주파수는 L이나 C를 바꿈으로써 변화시킬 수 있으나 보통 C를 변화시켜 주파수를 바꾼다.

콘덴서 C_1이 100pF의 콘덴서를 shunt되면 200pF으로 C값이 증가되어 Tank의 합성용량은 증가되므로 주파수는 아래 나타낸 식에서 보인 것과 같이 감소하게 된다.

$$\downarrow f_O = \frac{0.159}{\sqrt{LC\uparrow}}$$

실제로 이 발진기에서는 주파수가 약 600kHz로 감소된다.

1MΩ 바이어스 저항 R_1을 회로에서 떼어냈을 때 발진은 하지 않았다. 그러나 발진기가 발진하고 있을 때 R_1을 제거하면 발진은 지속된다. 그러므로 이 실험에서 R_1저항은 발진기의 시동 바이어스로만 작용하며 발진기가 일단 발진하게 되면 이 저항은 회로동작에 근소한 영향을 미칠 따름이다.

5. 실험계속

11 1MΩ 저항을 다시 컬렉터와 베이스 간에 접속시킨다. 이때 회로는 다시 원래의 실험회로 그림 10-1이 된다.

12 100pF의 동조 콘덴서를 떼어내고 오실로스코프로 파형을 관찰하라. 여기서 발진기는 계속해서 기능을 발휘하지만 주파수는 불안정하고 파형은 찌그러진다. 이때 주파수를 측정하여 아래에 기록하라.

f_O = ______________ Hz

13 100pF의 동조 콘덴서를 다시 원상태로 접속시킨다.

14 오실로스코프를 관찰하면서 뜨거운 납땜용 인두를 100pF 동조용 콘덴서에 가깝게 15초 정도 가까이 접근시켜 본다. 이때 발진 주파수가 어떻게 변하는가 관찰하라.

15 지금까지의 실험에서 직렬궤환 하틀레이에 대해서 실험하였다. ED-2110의 전원을 끄고 회로를 ED-2110에서 분리해낸다.

6. 요점정리(실험순서 11~15)

100pF 콘덴서를 회로에서 떼어냈을 때 발진기는 계속해서 기능을 발휘한다. 여기서 특기할 만한 것은 주파수는 증가되었고 파형은 찌그러진 점이다.

이와 같은 발진은 분포용량에 의한 것이며 이 분포용량은 발진 주파수를 알면 다음과 같이 구할 수 있다.

$$f_O = \frac{0.159}{\sqrt{LC}} \text{에서 } C = \frac{0.0253}{L f_O^{\,2}}$$

이 분포용량은 발진회로를 설계하는데 문제점이 되며 회로를 설계할 때는 이 분포용량을 가능한 최소로 하여야 한다.

정현파 발진기의 중요한 특성은 출력 주파수의 안정이다. 발진기의 출력 주파수편이가 적을수록 이 발진기는 안정된다.

그림 10-6에 보인 것과 같이 불안정한 발진기의 출력 주파수는 변화하며 또한 실험순서 14에서와 같이 열에 의해서도 변한다. 그리고 회로의 인가전압 및 부하에 의해서도 출력 주파수에 영향을 받는다. 그러므로 이 모든 것은 발진기 설계에 고려되어야 한다.

7. 실험계속

16 그림 10-7의 회로를 ED-2110에 배선하고 이때 inductor의 전체 인덕턴스를 Tank에 접속시킨다.

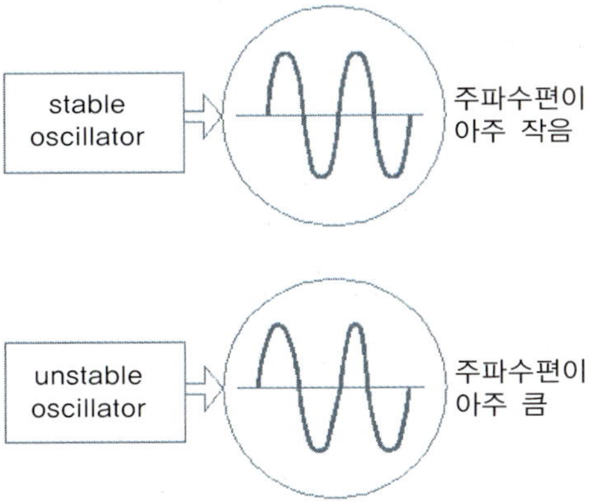

그림 10-6 ‹‹‹ 주파수편이

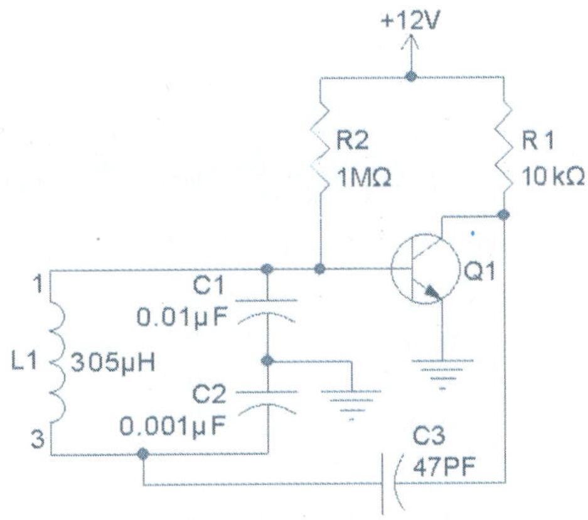

그림 10-7 ‹‹‹ 기본 콜피츠 발진기

17 ED-2110의 전원을 켜고 LCD 화면에 구성된 아이콘에서 'Measuring Instrument'를 클릭한다.

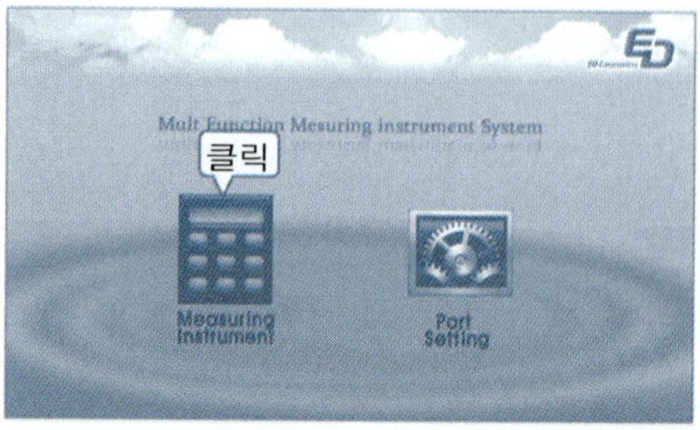

그림 10-8 ‹‹‹ 'Measuring Instrument'를 클릭

18 LCD 화면에서 'Power Supply'를 클릭한다.

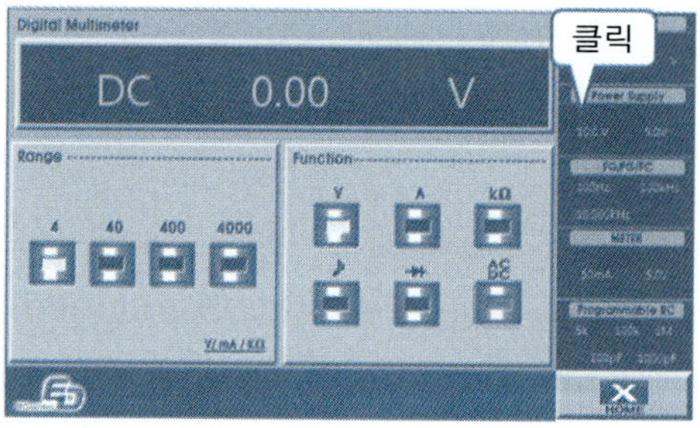

그림 10-9 ‹‹‹ 'Power Supply'를 클릭

19 패널 좌측의 전압조정 볼륨을 조정하여 회로 인가전압이 +12V가 되게 한다. 그리고 나서 OUT을 누른다.

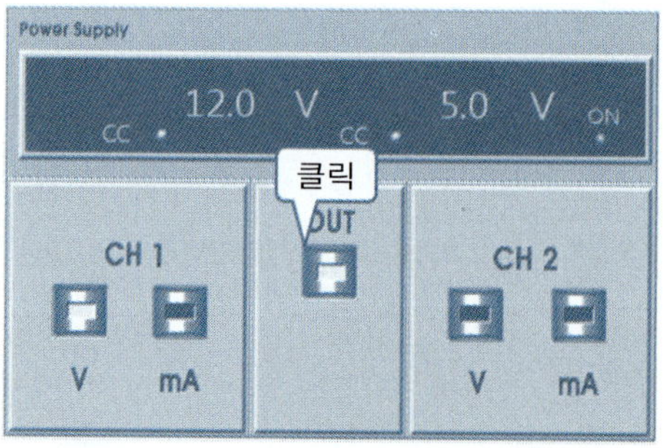

그림 10-10 ‹‹‹ 회로 인가전압이 +12V가 되게 한다

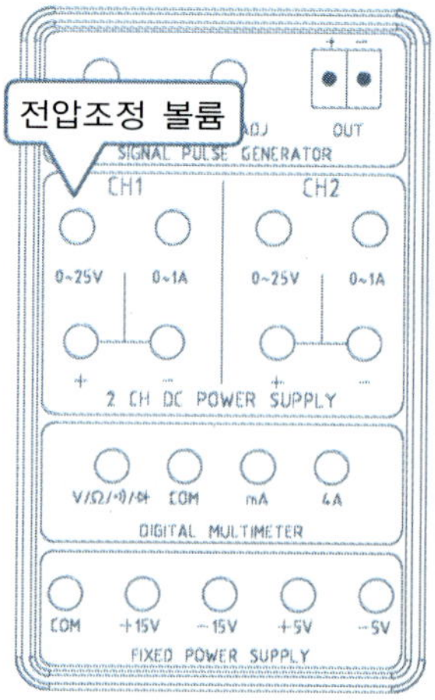

그림 10-11 ‹‹‹ 전압조정 볼륨을 조정

20 L 및 C의 값으로 공진 주파수를 산출하여 아래에 기록하라. 이때 C의 값은 C_1과 C_2의 합성용량임을 주의하라.

f_O = ______________________ Hz

21 회로가 동작하면 오실로스코프를 C_1(0.01μF)양단 (Output 단자)에 접속하여 발진 출력 주파수를 측정하여 아래에 기록하라.

f_O = ______________________ Hz

22 C_1 및 C_2의 직렬합성 콘덴서는 발진기에 정궤환 작용을 하며 0.01μF(C_1)는 궤환 콘덴서이다. 이 발진기의 궤환율(feedback factor)을 산출하여 아래에 기록하라.

궤환율 = ______________________ %

23 0.01μF(C_1) 콘덴서를 0.001μF 콘덴서로 교체한 후 파형을 관찰하여 다음을 구하라.

f_O = ______________________ Hz

$E_{OUT\ p-p}$ = ______________________ V

출력전압이 증가되면 파형은 왜곡이 적어진다. 여기서 C_1의 용량을 감소시키면 궤환율은 어떻게 되는가?

궤환율은 ______________________ 한다.

(증가 / 감소)

24 C_1(지금은 0.001μF임)을 100pF의 콘덴서로 다시 바꾼다. 실험조건은 이전 실험과 동일하게 설정하라. 그리고 파형을 관찰하여 다음을 구하라.

f_O = ______________________ Hz

$E_{OUT\ p-p}$ = ______________________ V

25 100pF의 콘덴서를 0.1μF의 콘덴서로 바꾸어 궤환 콘덴서 용량을 증가시킨다. 이렇게 되면 궤환량은 어떻게 되겠는가?

궤환량은 ______________________ 한다.

(증가 / 감소)

궤환율은 어떻게 되는지 산출하여 아래에 기록하라.

궤환율 = ______________________ %

발진기가 여전히 발진하는지 관찰하라.

2장

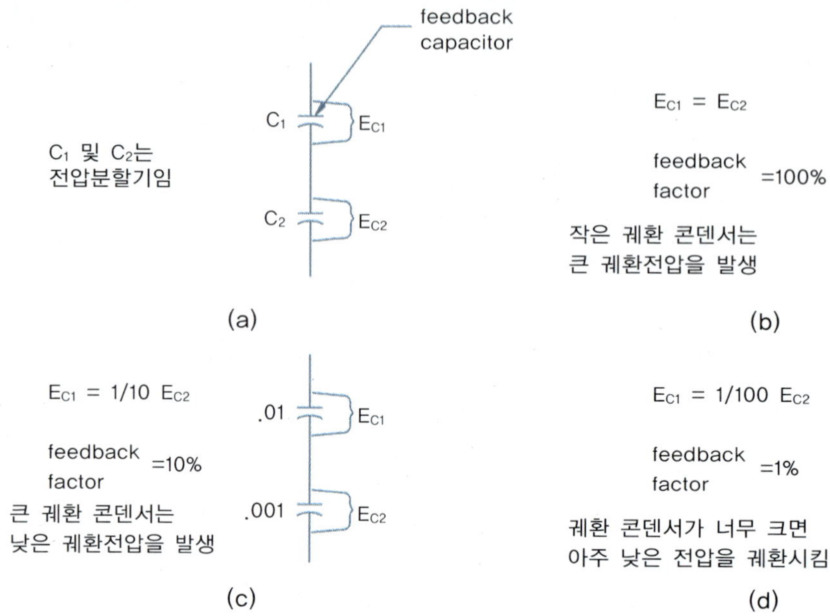

그림 10-12 ‹‹‹ 용량변화에 따른 궤환 변화

8. 요점정리(실험순서 16~25)

실험순서 16에서 구성한 콜피츠 발진기는 일종의 LC형 궤환 발진기이다.

Tank 회로 내에서 발진 주파수는 L과 C_1 및 C_2의 직렬 합성용량에 의하여 다음과 같이 산출된다.

$$C_T = \frac{C_1 \times C_2}{C_1 + C_2} = \frac{0.01 \times 0.001}{0.01 \times 0.001} = 0.00091\mu F$$

가 되므로 공진 주파수는

$$f_O = \frac{0.159}{\sqrt{L \cdot C_T}} = \frac{0.159}{\sqrt{(305 \times 10^{-6})(0.00091 \times 10^{-6})}} = 301.7kHz$$

가 된다. 또 위의 실험에서 측정된 주파수는 여기서 산출된 주파수와 거의 같게 된다.

콜피츠 발진기에서 콘덴서를 분할시킴으로써 Q_1의 컬렉터와 베이스 간에 180°의 위상 편이가 생겨 결과적으로 필요한 정궤환을 시키게 된다.

그림 10-7에서 C_1은 Q_1의 베이스-이미터 접합 양단에 직접 접속되어 있으므로 C_1에 나

타난 전압은 궤환전압이 되며 따라서 C_1은 궤환 콘덴서가 된다.

궤환율(feedback factor)을 산출할 때 그림 10-12(a)와 같이 C_1 및 C_2는 전압분할기로 작용하게 된다. 또 교류저항의 용량성 리액턴스는 주파수와 콘덴서의 용량에 의해 결정되며 다음의 식으로 표시된다.

$$X_C = \frac{1}{2\pi fC} = \frac{0.159}{fC}$$

이와 같이 두 콘덴서의 비는 각 콘덴서 양단의 전압비를 결정하게 되고 결과적으로 궤환율을 결정하게 된다.

만약에 C_1 및 C_2가 그림 10-12(b)에서와 같이 같은 값이면 리액턴스가 같게 되어 전압강하도 같게 된다. 따라서 궤환율은 100%가 된다.

$$\text{궤환율} = \frac{E_{C2}}{E_{C1}} = \frac{C_2}{C_1} = 100\%$$

만약에 C_1이 C_2보다 크게 되면 비율은 그림 10-12(c)에 보인 것과 같이 된다. 여기서 $0.01\mu F$의 콘덴서는 $0.001\mu F$ 콘덴서의 10배만큼 크고 리액턴스는 반대로 1/10이 되어 C_1의 전압강하는 C_2의 1/10이 된다. 따라서 궤환율은 10%가 된다.

$$\text{궤환율} = \frac{E_{C2}}{E_{C1}} = \frac{C_2}{C_1} = \frac{0.001}{0.01} \times 100 = 10\%$$

만약에 궤환 콘덴서가 그림 10-12(d)에 보인 것과 같이 너무 크게 되면 궤환전압이 너무 작아져서 발진을 지속할 수 없게 된다. 이와 같은 현상은 실험순서 25에서 입증하였다. 그러므로 정확한 궤환비를 결정하는 것은 발진기 설계에 대단히 중요하며 실험순서 23과 24에서 보였듯이 궤환량이 너무 많게 되면 파형의 찌그러짐을 유발한다.

2장

11 크리스탈 발진기

1. 목 적

콜피츠 발진기를 구성하여 궤환 통로에 크리스탈을 삽입하여 발진기의 안정도의 상승을 관찰한다.

또한 피어스(pierce)의 간단한 크리스탈 발진기를 구성하고 기본 주파수와 2배 주파수로 동작시킨다.

2. 서 론

하틀레이나 콜피츠 발진기는 간단한 LC 발진기로서 크리스탈을 이용함으로써 안정도를 높일 수가 있다. 피어스 발진기는 콜피츠의 일종으로 inductor 대신에 크리스탈을 사용하였다.

크리스탈은 직렬 또는 병렬 공진형(mode)으로 사용될 수 있으며 직렬형에서는 크리스탈은 공진점에서 최소의 임피던스를 부여하고 또 병렬형에서는 크리스탈은 최대의 임피던스가 되며 유도성으로 나타난다. 크리스탈의 병렬 공진 주파수는 직렬 공진 주파수보다 약간 높으므로 접속방법은 대단히 중요하다.

예를 들어서 직렬접속된 1MHz의 크리스탈은 만약에 병렬형으로 접속되면 1.02MHz에서 동작하게 된다. 이런 이유 때문에 크리스탈 제조회사에서는 각 크리스탈에 대해 직렬 및 병렬 주파수를 표시한다.

이 실험에서는 크리스탈을 직렬 공진형으로 접속하고 다음에 병렬 공진형으로 접속하여 실험한다. 두 발진기는 모두 좋은 안정도를 나타내지만 정현파 출력은 약간 찌그러질 수가 있다.

필요 부품 및 기기

- ED-2110 : 1대
- 오실로스코프 : 1대
- inductor 47μH : 1개
- 트랜지스터 NPN : 1개
- 크리스탈 3.58MHz : 1개
- 세라믹 콘덴서 4.7pF : 1개
- 세라믹 콘덴서 24pF : 1개
- 세라믹 콘덴서 47pF : 1개
- 마일러 콘덴서 0.01μF : 2개
- 마일러 콘덴서 0.001μF : 1개
- 저항 560Ω, 1/4W 5% : 1개
- 저항 1500Ω, 1/4W 5% : 1개
- 저항 8200Ω, 1/4W 5% : 1개
- 저항 47kΩ, 1/4W 5% : 1개
- 저항 100Ω, 1/4W 5% : 1개

3. 실험순서

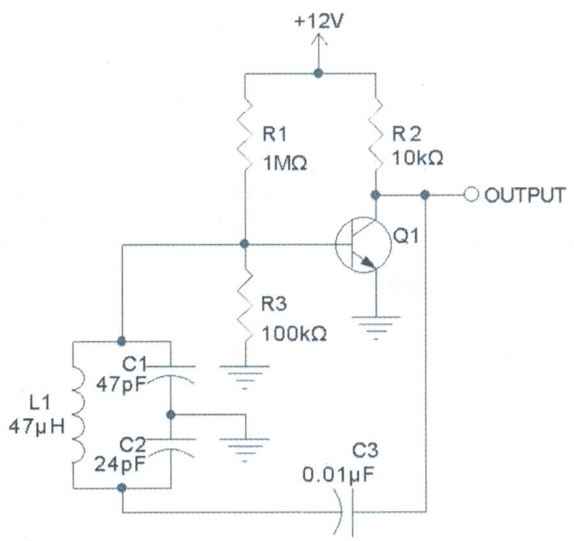

그림 11-1 ‹‹‹ 콜피츠 발진기

1 그림 11-1의 회로를 ED-2110에 배선한다. ED-2110에 전원을 넣고 LCD 화면에 구성된 아이콘에서 'Measuring Instrument'를 클릭한다.

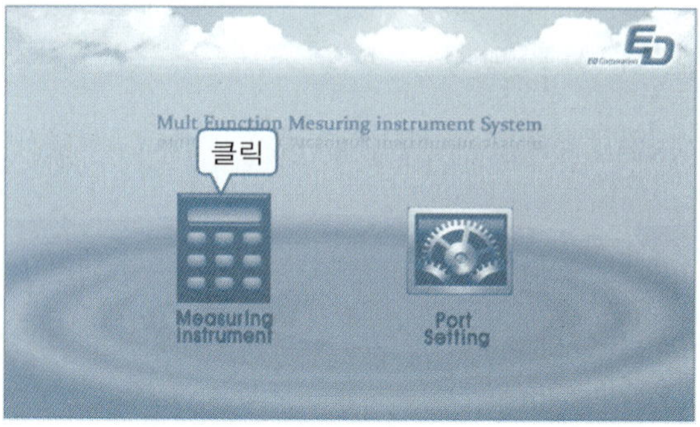

그림 11-2 ‹‹‹ 'Measuring Instrument'를 클릭

2 저항값을 설정하기 위해 LCD 화면에서 'Programmble RC' 아이콘을 선택한다.

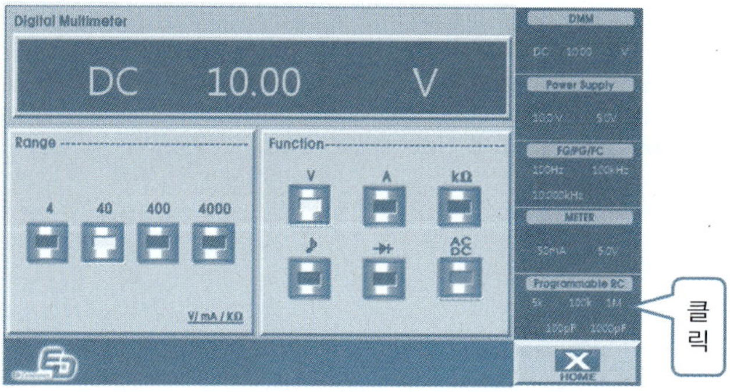

그림 11-3 ‹‹‹ 'Programmble RC' 아이콘을 선택

3 LCD 화면에서 실험에 사용될 값에 해당하는 범위의 화면을 클릭한다.

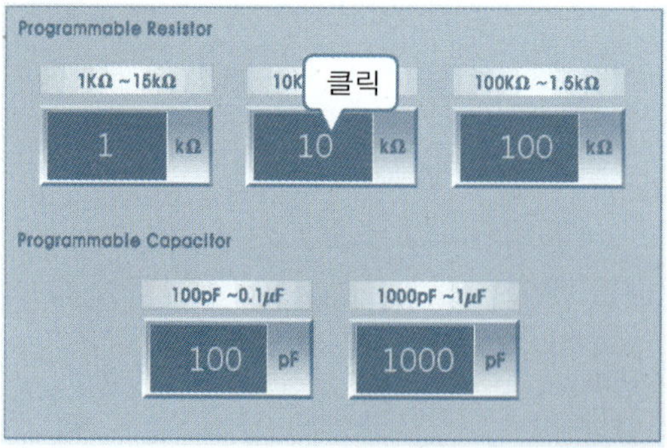

그림 11-4 ‹‹‹ 실험에 사용될 값에 해당하는 범위의 화면(10kΩ)

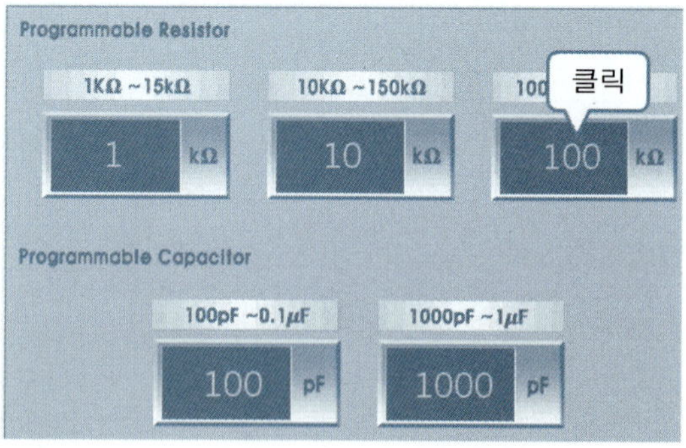

그림 11-5 ‹‹‹ 실험에 사용될 값에 해당하는 범위의 화면(100kΩ)

4 실험에 사용된 저항값(10kΩ, 1MΩ)을 설정한 후 OK 버튼을 클릭한다.

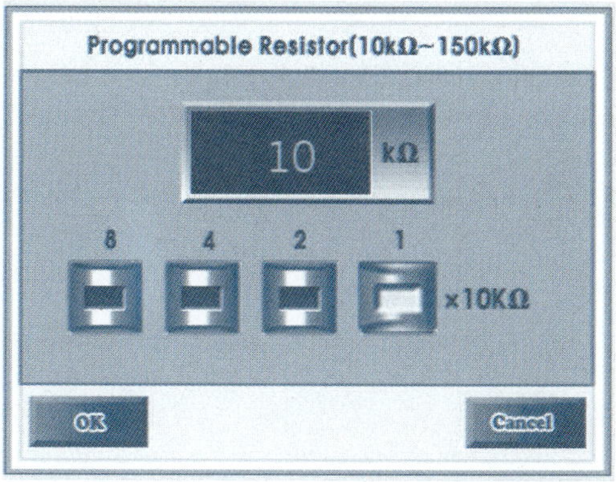

그림 11-6 ‹‹‹ 사용된 저항값(10kΩ)을 설정한 후 OK 버튼을 클릭

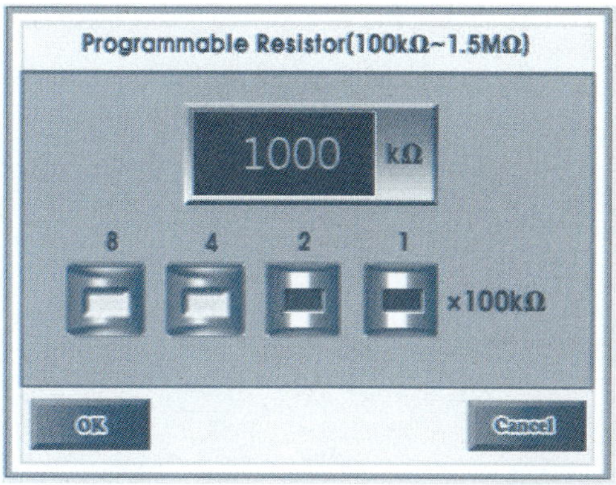

그림 11-7 ‹‹‹ 사용된 저항값(1MΩ)을 설정한 후 OK 버튼을 클릭

5 오실로스코프를 출력(OUTPUT)과 접지 간에 접속하고 출력파형을 관찰하여 주파수를 측정한다. 정현파가 찌그러질지도 모르나 여기서는 고려하지 않는다. 주파수를 아래에 기록하라.

f = ____________________ Hz

6 출력파형을 관찰하면서 24pF의 콘덴서를 엄지와 검지손가락으로 꼭 눌러 잡고서 주파수를 측정하고 아래에 기록하라. 이때 손가락이 콘덴서의 리드선에 닿지 않도록 한다.

f = ____________________ Hz

실험순서 **5**에서 구한 주파수와 여기서 구한 주파수의 차를 아래에 기록하라.

주파수 차 = ______________ Hz

7 그림 11-8에 보인 것과 같이 크리스탈을 궤환 통로에 삽입한다. 이렇게 되면 이 크리스탈은 어떤 형(mode)으로 동작하는가?

________________________ mode이다.

(직렬 / 병렬)

8 출력파형을 관찰하라. 여기서 크리스탈은 지금 발진기의 공진 주파수를 조정하게 된다. 주파수를 측정하여 아래에 기록하라.

f = ____________________ Hz

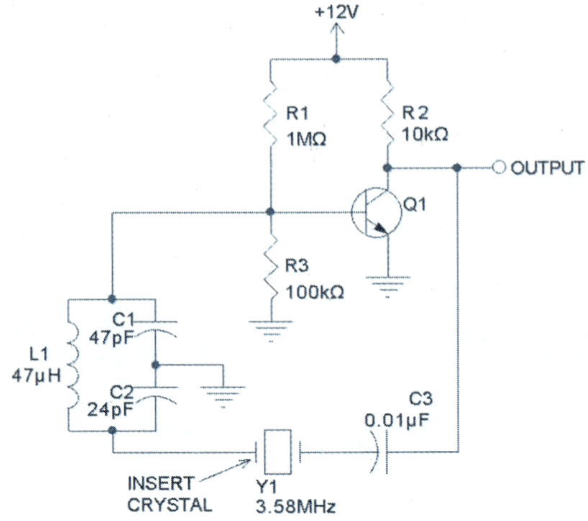

그림 11-8 ‹‹‹ 직렬 공진 콜피츠 크리스탈 발진기

9 다시 24pF콘덴서를 엄지와 검지손가락으로 꼭 쥐고 있으면서 출력파형을 관찰하면서 주파수를 측정하여 아래에 기록하라.

f = ______________________ Hz

이때 주파수가 변화하는지 관찰하라.

10 그림 11-9에 보인 것과 같이 47μH의 inductor를 떼어내고 크리스탈을 그 자리에 접속시킨다. 실험조건을 이전과 동일하게 설정한다. 출력파형을 관찰하면서 주파수를 측정하여 아래에 기록하라.

f = ______________________ Hz

지금 크리스탈은 어떤 형으로 동작하는가?

______________________ mode이다.

(직렬 / 병렬)

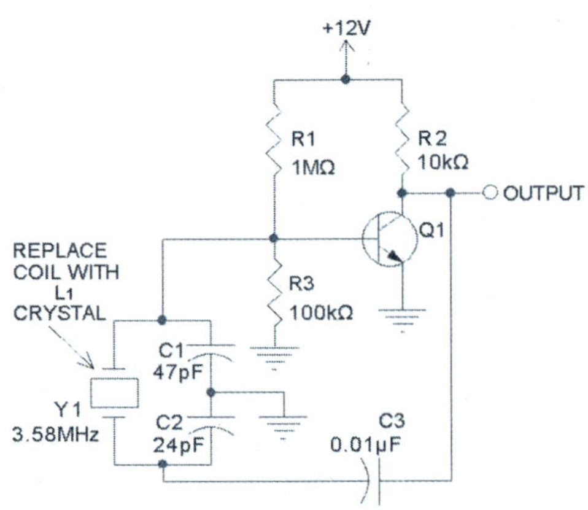

그림 11-9 ‹‹‹ 병렬 공진 크리스탈 발진기의 변형

4. 요점정리(실험순서 1～10)

실험순서 1과 2에서 앞단의 실험에서와 비슷한 기본 콜피츠 발진기를 구성하였다. 이 발진기의 주파수는 약 4.3MHz가 되고 이 주파수는 일차적으로 L_1과 직렬 콘덴서 C_1 및 C_2에 의해 결정된다. 그러나 이 정도의 높은 주파수에서는 분포용량과 트랜지스터의 접합점의 용량으로 공진 주파수에 큰 영향을 준다. 이미 콘덴서 C_2가 C_1보다 발진기의 주파수에 더 많은 영향을 주는 것을 알았다. 그렇기 때문에 실험순서 3에서 이 콘덴서에 손을 떼었을 때 회로에 부유용량을 부가시킴으로써 발진기 주파수를 편이시켰다. 여기서 주파수편이량은 신체의 용량에 따라 다르며 대략 180kHz가 보통이다. 이 양은 $4\%\left(\frac{180,000\text{Hz}}{4,300,000} = 0.04\right)$의 주파수변화를 나타내며 안정도의 결핍을 나타낸다.

실험순서 7에서 3.58MHz의 크리스탈을 직렬로 궤환 루프(feedback loop)에 삽입하였다. 이 회로에서 이 크리스탈은 직렬 공진형으로 동작한다. 이 실험에서 크리스탈이 발진기의 주파수를 조정하여 주파수가 3.58MHz(크리스탈 주파수)까지 감소시킨다.

그림 11-10은 크리스탈이 직렬 공진형으로 동작하는 것을 보여준다. 직렬 공진점(3.58MHz)의 위와 아래에서 이 크리스탈은 정궤환에 높은 임피던스를 갖게 하여 동조회로에 극히 적은 궤환을 시키고 직렬 공진 주파수에서는 이 크리스탈이 궤환에 최소의 임피던스를 갖게 하여 최대의 궤환을 시킨다.

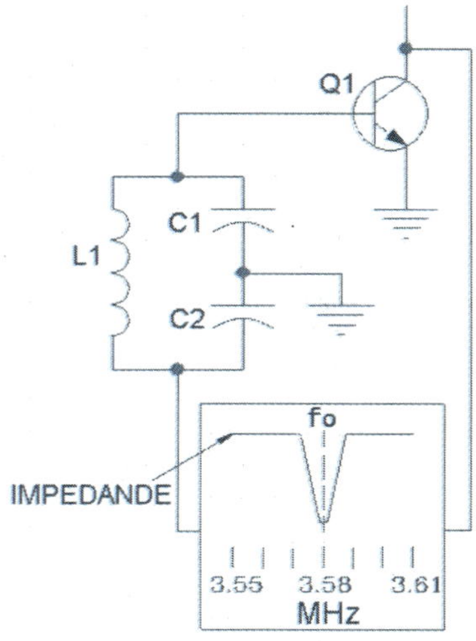

그림 11-10 ‹‹‹ 직렬 접속 크리스탈

그러므로 크리스탈은 발진기로 하여금 크리스탈 공진 주파수에 공진하도록 이끌어간다. 콘덴서 C_2에 손을 대어 크리스탈 주파수가 편이되도록 시도하여 보았다.

여기서 아주 적은 위상편이만 있었을 뿐 발진기의 주파수는 일정하게 유지되었다. 크리스탈은 높은 주파수 선택성을 가지고 있기 때문에 주파수편이가 힘들고 또한 일정한 출력을 유지시킨다.

실험순서 10에서 47μH inductor를 크리스탈로 바꿈으로서 그 결과 회로는 병렬 공진형으로 크리스탈이 동작하여 크리스탈이 동조회로의 inductor를 대신하였다. 그림 11-11은 결과 회로를 나타낸다. 병렬 공진에 있어서 크리스탈은 유도성으로 나타나므로 inductor를 대신하여 C_1과 C_2와 함께 공진하게 된다. 또한 병렬 공진 주파수는 크리스탈의 직렬 공진 주파수보다 약간 높지만 이 주파수차가 극히 적으므로 오실로스코프로 관찰하기는 곤란할 것이다.

그림의 아래 부분에 보인 임피던스 대 주파수 곡선은 병렬 공진형에 있어서의 크리스탈 조정발진기의 주파수에 대한 것이다. 공진점의 위와 아래에서 크리스탈 임피던스는 낮아서 효과적으로 궤환회로의 C_1 및 C_2를 shunt시킨다. 그러나 공진점에서는 크리스탈의 임피던스가 높아져서 최대의 궤환을 시킨다. 크리스탈의 높은 선택성은 발진기로 하여금 크리스탈의 병렬 공진 주파수에서 동작하도록 한다. 이와 같이 크리스탈 발진기에 있어서 크리스탈은 정궤환량을 조절하게 되고 그렇게 함으로써 발진기의 주파수를 조절하게 된다.

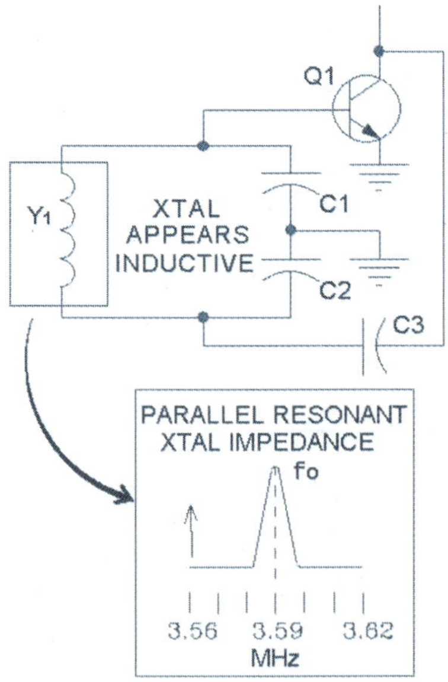

그림 11-11 ‹‹‹ 병렬 접속 크리스탈

5. 실험계속

11 ED-2110의 전원을 끄고 그림 11-12의 크리스탈 발진기회로를 배선한다. 배선이 완료되면 ED-2110에 전원을 넣고 실험조건을 이전과 동일하게 설정한다.

12 출력파형을 관찰하면서 주파수를 측정하여 아래에 기록하라.

f = ______________________ Hz

13 그림 11-13과 같이 회로를 변형한다. 또 1.5kΩ 부하저항(R_4)은 inductor L_1(47μH)과 콘덴서 C_4(4.7pF)로 구성된 동조회로와 바꾸어 놓았다. 동조회로의 주어진 값으로 공진 주파수를 산출하여 아래에 기록하라.

f_O = ______________________ Hz

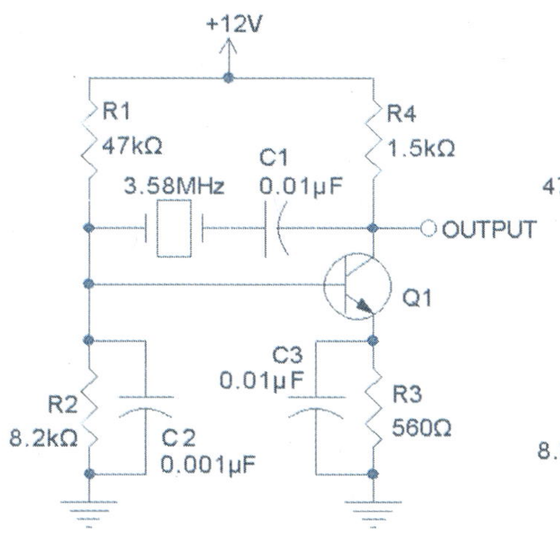

그림 11-12 ‹‹‹ 3.58MHz pierce 발진기

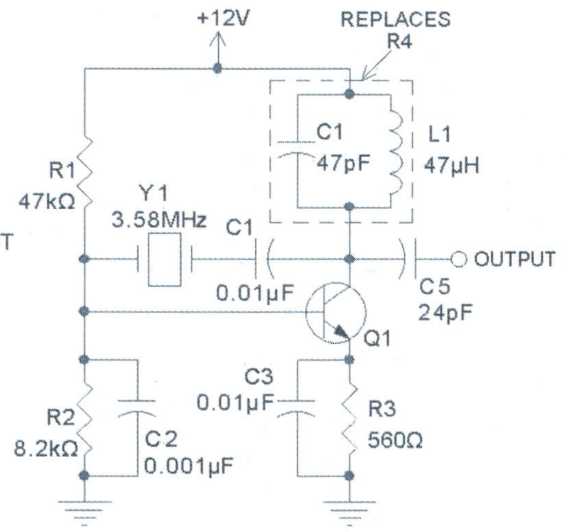

그림 11-13 ‹‹‹ 컬렉터 동조 overtone Pierce

14 ED-2110에 전원을 넣고 오실로스코프로 출력파형을 관찰하면서 주파수를 측정하여 아래에 기록하라.

f = ______________________ Hz

크리스탈은 기본 주파수의 harmonic이나 overtone 발진기로 동작시킨다. 예를 들면 2.0MHz의 크리스탈로 기본파의 2배 주파수인 4.0MHz의 첫째 overtone으로 동작시킬 수 있고 또 같은 크리스탈로 기본파의 3배인 6.0MHz의 둘째 overtone으로 동작시킬 수가 있다.

2장

3.58MHz의 셋째 overtone을 산출하여 아래에 기록하라.

f2nd overtone = ____________________Hz

컬렉터 동조회로의 공진주파수(10.7MHz)는 3.58MHz의 셋째 overtone 주파수와 거의 같다.

콜렉터 부하회로의 주파수를 조정함으로써 크리스탈로 하여금 셋째 overtone과 같이 높은 주파수에서 동작하게 된다.

6. 요점정리(실험순서 11~14)

실험순서 11에서 구성한 피어스(pierce) 발진기는 콜피츠(colpitts) 발진기와 유사하다. 피어스 발진기에서는 3.58MHz의 크리스탈이 병렬 공진형에서 동작하여 유도성으로 나타난다. 이런 결과로 높은 Q의 간단한 발진기에서 inductor는 필요없게 되며 또 발진기의 단순성 때문에 출력 정현파는 일반적으로 찌그러져 나타난다.

실험순서 13에서 컬렉터의 부하저항을 동조 LC 회로로 바꾸어 기본 발진기를 변형시켰다. 이렇게 함으로써 컬렉터 회로를 10.7MHz로 동조시켰다. 병렬 공진회로는 10.7MHz에서 최대 임피던스가 되게 하고 그 밖의 주파수에서는 임피던스를 감소시킨다. 컬렉터 전압의 진폭에 따라 크리스탈이 여진하게 되면 10.7MHz에서 크리스탈은 최대의 여진을 하게 된다.

회로가 처음에 동작할 때는 크리스탈이 즉시 충격을 받아 10.7MHz에서 발진하게 되며 이 주파수가 크리스탈의 셋째 overtone 주파수이므로 크리스탈은 10.7MHz에서 진동하게 되고 주파수의 변화를 억제한다. 그러므로 크리스탈은 자신의 기본 주파수의 어떤 overtone에 발진할 수 있도록 조정할 수 있다.

12 윈 브릿지 발진기

1. 목 적

윈 브릿지(Wien Bridge) 발진기를 구성하고 정확한 감폭궤환(degenerative feedback) 하는데 필요한 저항비를 구하고 자동이득 조절회로를 삽입하여 발진기 동작에 주는 영향을 관찰한다. 또 lead-lag 회로망에서 저항과 콘덴서의 값을 변화시켜 가면서 그 결과로 인한 주파수변화를 관찰한다.

2. 서 론

윈 브릿지 발진기는 낮은 주파수에 잘 이용되는 안정된 RC 발진기이다. 여기서 lead-lag RC 회로망은 발진기의 주파수를 결정하고 또 발진기의 재생궤환량을 조정한다. 감폭궤환은 저항성 전압분할기에 의해 정해진다.

발진을 하기 위해서는 재생궤환이 감폭궤환 보다 커야 한다. 부품의 오차는 자주 변화하므로 감폭궤환을 조정할 수 있도록 전위차계를 일반적으로 감폭궤환 루프에 설치한다. 이렇게 하여 감폭궤환을 조정함으로써 발진의 시작점과 발진기의 포화점을 조정할 수 있게 된다.

이 실험에서는 감폭궤환량을 조정하고 발진을 일으키기 위해 필요한 저항비를 산출한다. 또 궤환저항을 백열램프로 교환하여 조정을 용이하게 하고 회로를 더 안정되게 한다.

Lead-lag 회로망에서의 RC소자를 바꾸어 가며 발진기의 주파수변화를 관찰한다.

➡ 필요 부품 및 기기

- ED-2110 : 1대
- 오실로스코프 : 1대
- 연산 증폭기 741C : 1개

- 백열 Lamp : 1개
- 콘덴서 0.001μF : 2개
- 콘덴서 0.01μF : 1개
- 저항 220Ω, 1/4W 5% : 1개
- 저항 10kΩ, 1/4W 5% : 1개
- 저항 100kΩ, 1/4W 5% : 1개
- 저항 1MΩ, 1/4W 5% : 1개

3. 실험순서

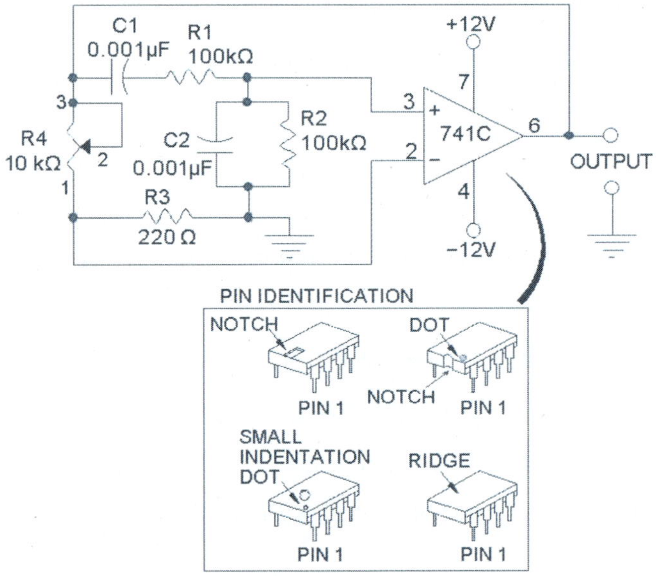

그림 12-1 ‹‹‹ 연산 증폭기 윈 브릿지 발진기

1 그림 12-1의 회로를 ED-2110에 배선한다. 이때 741 연산 증폭기의 pin 접속에 주의하라.

2 ED-2110에 전원을 넣고 LCD 화면에서 'Measuring Instrument'를 클릭한다.

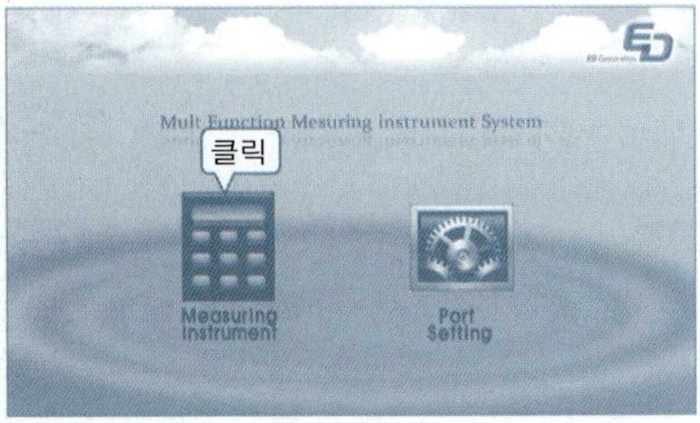

그림 12-2 ‹‹‹ 'Measuring Instrument'를 클릭

3 LCD 화면에서 'Power Supply' 아이콘을 클릭한다.

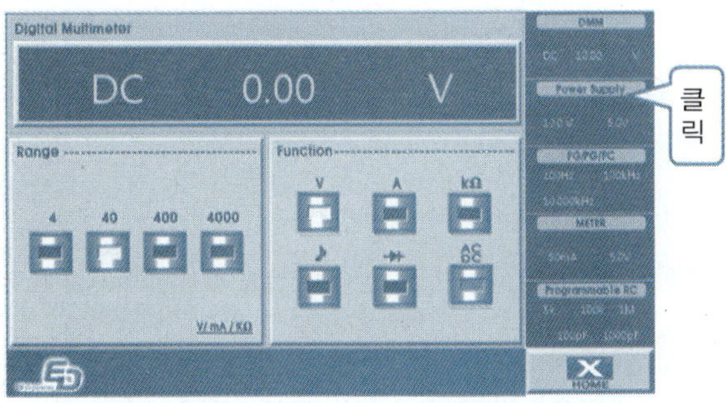

그림 12-3 ‹‹‹ 'Power Supply' 아이콘을 클릭

4 패널 좌측에 있는 0~25V 전압조정 볼륨을 이용해서 'Power Supply'에 표시되는 값이 ±12V가 되도록 한다. 이를 'Power Supply' 상에서 확인하고 OUT을 누른다.

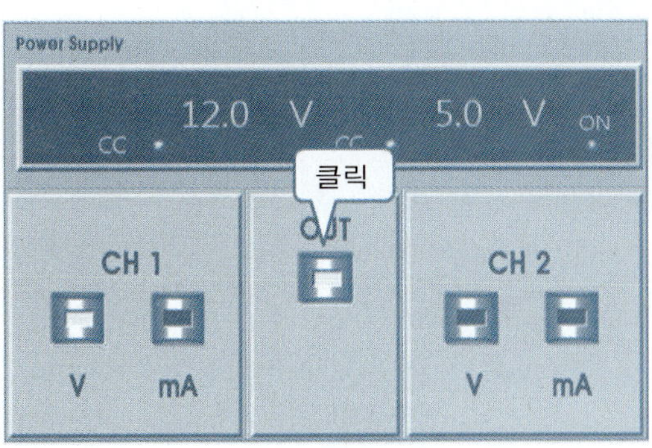

그림 12-4 ‹‹‹ 'Power Supply'에 표시되는 값이 ±12V가 되도록 한다

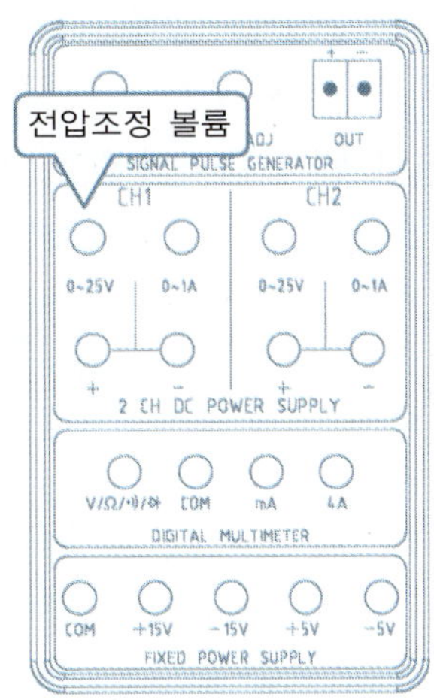

그림 12-5 ‹‹‹ 0~25V 전압 조정 볼륨을 이용

2장

5 저항값을 설정하기 위해 LCD 화면에서 ‘Programmble RC’ 아이콘을 선택한다.

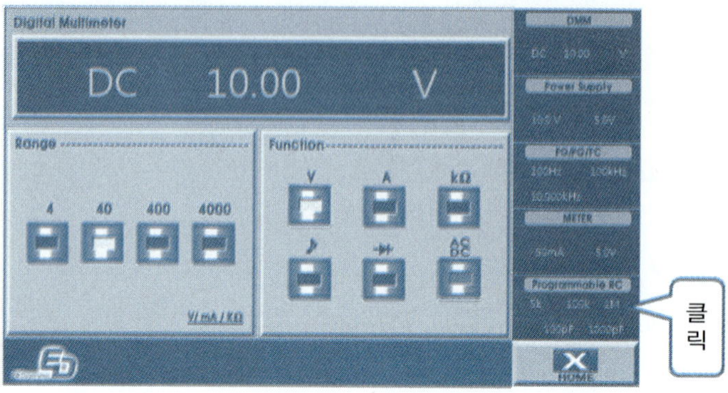

그림 12-6 ‹‹‹ ‘Programmble RC’ 아이콘을 선택

6 LCD 화면에서 실험에 사용될 값에 해당하는 범위의 화면을 클릭한다.

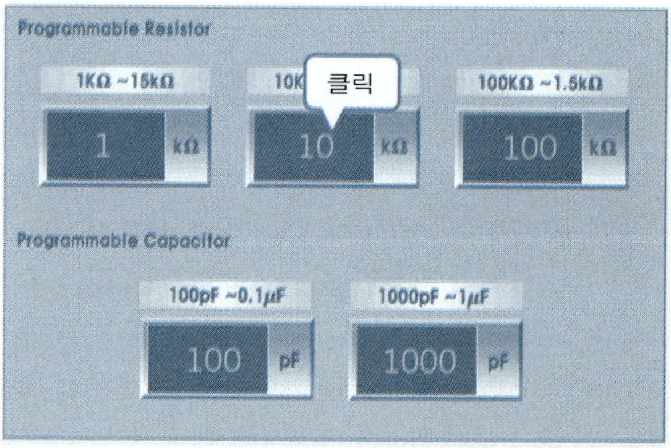

그림 12-7 ‹‹‹ 사용될 값에 해당하는 범위의 화면을 클릭

7 실험에 사용된 저항값(100kΩ)을 설정한 후 OK 버튼을 클릭한다.

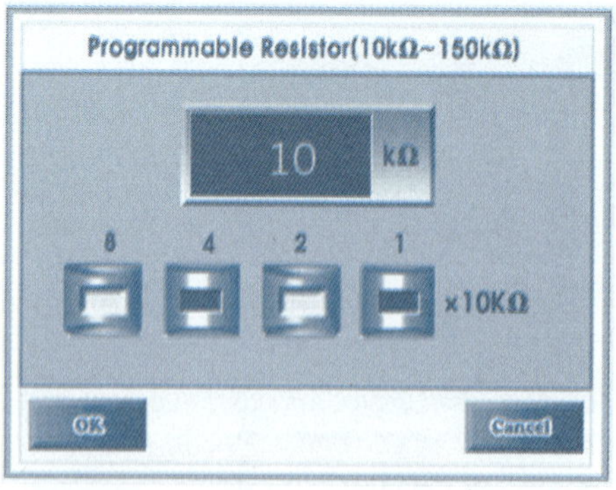

그림 12-8 ‹‹‹ 사용된 저항값(100kΩ)을 설정한 후 OK 버튼을 클릭

8 10kΩ VR의 노브를 반시계방향으로 끝까지 돌린다. 이렇게 되면 감폭궤환 회로(R_4 및 R_3)의 저항은 최소가 되며 최대의 감폭궤환이 공급되어 발진이 일어나지 않는다. 오실로스코프를 연산 증폭기의 출력단자 pin 6과 접지간에 접속하여 발진기의 출력을 관찰한다. 이때 발진기는 발진하는가?

발진기는 발진 ______________

(한다 / 안한다)

9 10kΩ VR의 노브를 시계방향으로 천천히 돌리면서 발진기의 출력을 관찰한다. VR의 노브를 계속 돌리면 발진기가 갑자기 동작하기 시작하는 것이 보이고, 또 계속해서 돌리면 발진기는 급속도로 포화상태가 된다. 노브를 반대쪽으로 돌리면 발진이 급속도로 정지한다. 출력 정현파형이 찌그러지지 않는 점까지 VR의 노브를 천천히 돌린다. 이 점은 대단히 정밀하기 때문에 경우에 따라서는 여러 번 조정해야 된다. 출력전압의 첨두치를 측정하여 아래에 기록하라.

$E_{OUT\ p-p}$ = ______________ V

10 이번에는 오실로스코프로 220Ω 양단의 첨두치를 측정하여 아래에 기록하라.

$E_{R3\ p-p}$ = ______________ V

11 다시 오실로스코프로 1kΩ 전위차계의 양단 첨두치를 측정하여 아래에 기록하라.

$E_{R4\ p-p}$ = ______________ V

12 10kΩ VR과 R_3 저항은 직렬로 접속되어 전압분할기로 작용하게 되고 이들 전압비는 곧 두 저항값의 비가 된다. VR R_4의 조정된 값을 알지 못해도 R_3(220Ω)의 값과 전압비를 알고 있으므로 R_4의 값을 산출할 수 있다. 아래의 식을 이용하여 전위차계의 저항값을 구하라. 또 저항비도 구하라.

$$\frac{E_{R4}}{E_{R3}} = \frac{R_4}{R_3} = \frac{R_4}{220\Omega}$$

$$R_4 = \frac{E_{R4}}{E_{R3}} \times 220\Omega = \underline{\qquad\qquad\qquad} \Omega$$

$$\text{저항비}\left(\frac{R_4}{R_3}\right) = \underline{\qquad\qquad\qquad}$$

2장

13 VR R_4의 노브를 조정하면 감폭궤환량이 변화한다. VR는 대단히 민감하기 때문에 저항을 조금만 증가시켜도 발진기를 포화상태로 이끌어가서 출력파형의 첨두치가 짤려 나타난다. 반대로 저항을 조금만 줄여도 발진기는 발진을 급속도로 정지한다. 또한 공급전압의 미소한 변화 또는 열이나 노휴로 인한 부품의 오차는 찌그러진 출력파형이나 전혀 출력을 내지 않는 결과를 초래한다. 이럴 경우 간단한 AGC 회로는 이와 같은 불리한 여건을 보상한다.

14 220Ω을 떼어내고서 이 자리에 백열램프를 그림 12-9와 같이 연결한다. 실험조건을 이전과 동일하게 설정한다.

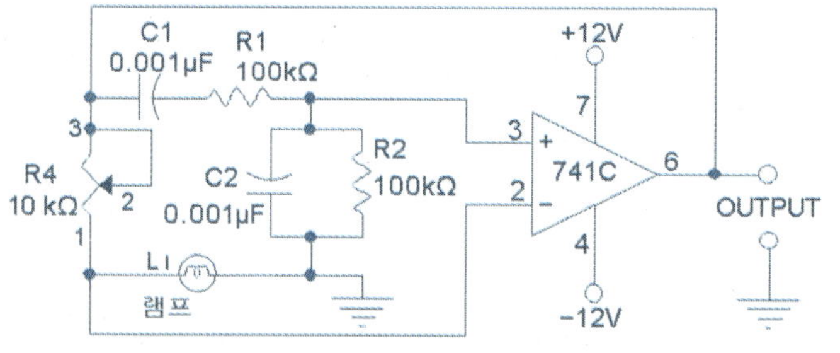

그림 12-9 AGC를 구비한 발진기

15 VR의 노브를 조정하여 발진이 시작하는 점에서 멈춘다. 다시 VR의 노브를 조정하여 저항을 증가시켰다 감소시켰다 하면서 오실로스코프로 파형을 관찰한다.

16 VR의 노브를 조정하여 출력이 찌그러지지 않은 정현파 진폭이 최대가 되는 점에서 멈춘다. 오실로스코프를 사용하여 전위차계 양단과 백열램프 양단의 첨두치 전압을 측정하여 아래에 기록하라.

$E_{R4\ p-p}$ = ______________________ V

$E_{L\ p-p}$ = ______________________ V

R_4와 L_1의 저항 비는 어떻게 되겠는가?

17 VR의 노브를 저항을 감소시키는 방향으로 1/8회전만큼 돌린다. 이때 발진기는 순간적으로 꺼졌다가 2~초 내에 다시 발진이 살아난다. 여기서 특기할 점은 진폭의 변화가 생기고 난 다음 발진기가 안정된다는 것이다. 다시 VR와 백열램프 양단의 첨두치 전압을 측정하여 아래에 기록하라.

$E_{R4\ p-p}$ = ______________________ V

$E_{L\ p-p}$ = ______________________ V

R_4와 L_1의 저항비를 구하여 아래에 기록하라.

$\frac{R_4}{L_1}$ = ______________________

전위차계의 저항이 감소되더라도 저항비는 일정하게 유지되므로 램프 저항은 비례량만큼 감소하지 않으면 안된다.

4. 요점정리(실험순서 1～17)

실험순서 1에서 윈 브릿지 발진기를 구성하였다. 브릿지의 감폭궤환 통로는 VR R_4와 220Ω 저항 R_3으로 구성되었다. 또 발진을 시키기 위해서는 재생궤환량을 감폭궤환량보다 약간 크게 하지 안으면 안되므로 VR의 노브를 조정하여 이를 만족시켰다. 궤환 회로의 전압을 측정하였을 때 R_3의 양단 전압은 약 $6V_{P\text{-}P}$가 되었고, 또 VR의 전압강하는 약 $12V_{P\text{-}P}$가 되었다. 이들 저항은 직렬 접속되어 있고 또 각 저항의 양단 전압은 각 저항값에 따라 변하기 때문에 저항비는 전압비와 같게 된다.

따라서 이 비례값과 R_3의 저항값을 알고 있으므로 R_4가 440Ω일 때 출력은 깨끗한 정현파가 됨을 알았다. 이 결과는 감폭궤환로에 대한 저항비가 2대 1임을 나타내고 이 비율은 윈 브릿지 발진기의 감폭궤환로의 저항값을 결정하는 비가 된다. 물론 산출된 실제 저항비는 약간의 차이가 있을 수 있으나 이것은 R_3 저항값의 오차에 기인된 것이며 여하튼 실제 저항비는 2대 1이 되어야 한다.

VR R_4는 민감하기 때문에 쉽게 발진기의 발진을 정지에서 포화로 이끌어 간다. 궤환 저항을 감소시키면 감폭궤환을 증가시켜서 부궤환을 너무 높게 하여 발진을 중단시킨다. 감폭궤환 저항을 증가시키면 감폭궤환량이 감소되고 발진기는 급속히 포화가 되어 출력 파형은 찌그러진다. 이와 같이 이 발진기는 전압변동, 온도변화, 장기사용, 부품노후 등에 민감하기 때문에 실제 사용에 문제점이 많다.

그러나 220Ω 저항을 백열램프로 교환했을 때 동작상태는 크게 향상되었다. 조정도 앞에서와 같이 까다롭지 않았고 발진기는 자동적으로 전위차계의 변화를 보상하였다. 여기서 램프는 자동 이득조절을 하여 감폭궤환 통로의 저항비를 2대 1로 유지시킨다. 이와 같이 작은 밸열램프의 고유특성으로 램프 저항은 램프의 필라멘트(filament)의 가열에 따라 변한다.

다시 말해서 램프에 높은 전류가 흐를수록 필라멘트(filament)에 열이 더 가해져 결과적으로 저항을 낮추고 반대로 적은 전류가 흐르면 램프 저항이 높아진다. 마찬가지로 VR의 저항이 증가하면 적은 전류가 램프에 흘러 램프 저항은 감폭궤환 저항비가 2대 1이 될 때까지 증가하게 되고 또 VR의 저항이 감소되면 결과적으로 램프에 더욱 많은 전류가 흘러 램프의 저항이 적어져서 저항비를 항상 2대 1로 유지한다.

그러나 램프가 조절할 수 있는 범위는 제한을 받게 된다. VR가 아주 낮은 값으로 됐을 때 램프는 낮은 저항의 한계에 도달하여 발진기는 동작하지 않았다. 반대로 높은 한계점에 저항이 도달하면 출력은 포화되어 찌그러진 구형파를 발생한다. 감폭궤환조정은 발진기의 출력에 최대 진폭의 일그러짐이 없는 정현파를 내는 점에 맞춘다.

5. 실험계속

18 감폭궤환 조절용 VR(R_4)의 노브를 조정하여 출력에 최대 진폭의 무의 정현파가 나타나게 한다.

19 윈 브릿지 발진기의 주파수를 산출하기 위하여 lead-lag 회로망의 콘덴서와 저항값을 식에 대입하면

$$f_O = \frac{1}{2\pi\sqrt{R_1R_2C_1C_2}}$$

가 된다. 그러나 저항값과 콘덴서값이 같아지면 위의 식은 간단히 다음과 같이 표시된다.

$$f_O = \frac{1}{2\pi R_1C_1}$$

Lead-lag 회로망의 부품의 값이 같으므로 위의 식을 이용하여 공진 주파수를 산출하여 아래에 기록하라.

f_O = ______________________ Hz

20 출력파형을 관찰하면서 주파수를 측정하여 아래에 기록하라.

f = ______________________ Hz

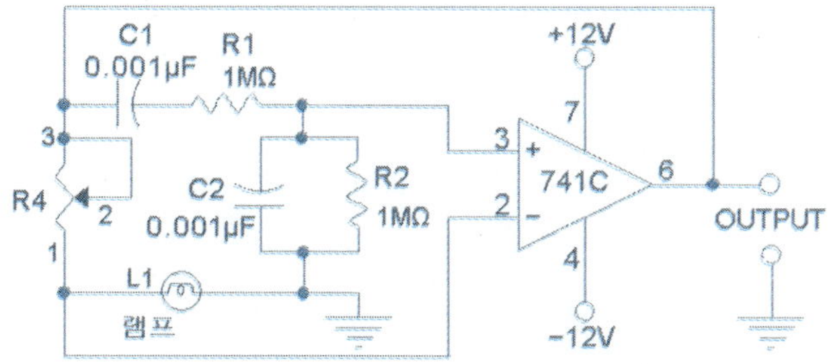

그림 12-10 ‹‹‹ 윈 브릿지 발진기의 주파수 감소

21 그림 12-10과 같이 100kΩ저항을 1MΩ저항으로 교체하여 회로를 개조하라. 저항값을 바꾸기 위해 LCD 화면에서 'Programmble RC' 아이콘을 선택한다.

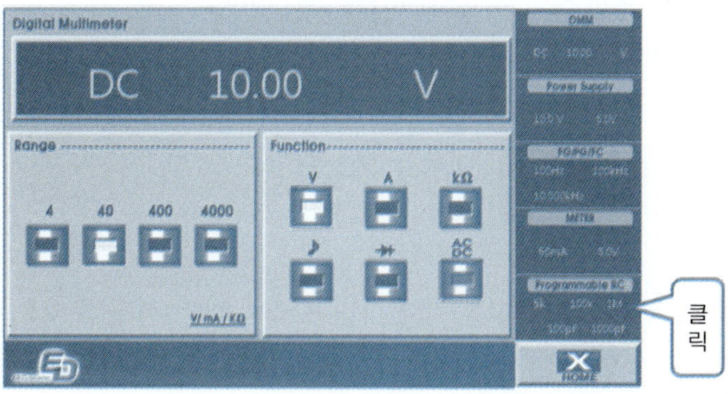

그림 12-11 ‹‹‹ 'Programmble RC' 아이콘을 선택

22 LCD 화면에서 실험에 사용될 값에 해당하는 범위의 화면을 클릭한다.

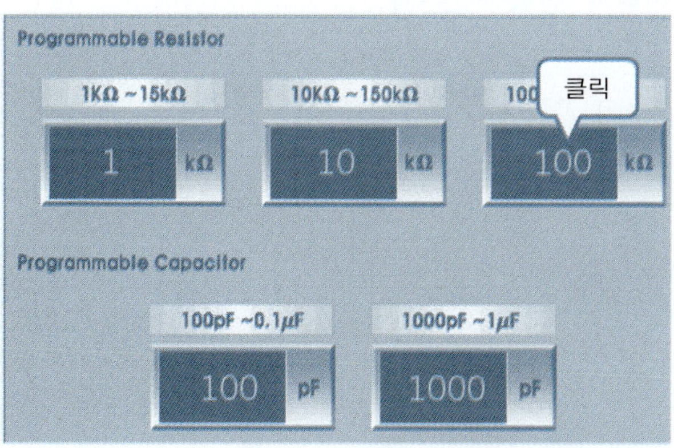

그림 12-12 ‹‹‹ 사용될 값에 해당하는 범위의 화면을 클릭

23 실험에 사용된 저항값(1MΩ)을 설정한 후 OK 버튼을 클릭한다.

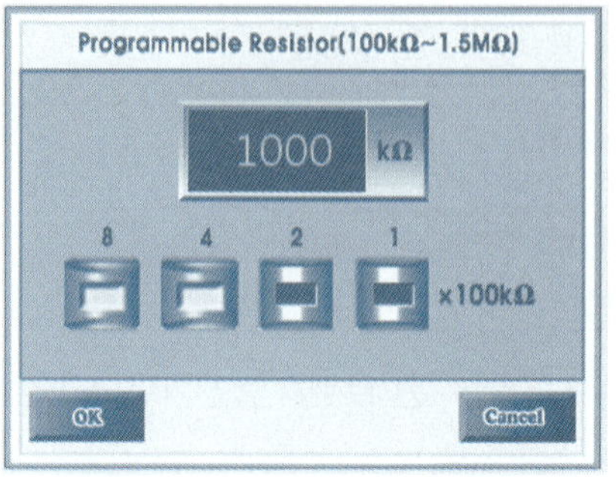

그림 12-13 ‹‹‹ 사용된 저항값(1MΩ)을 설정한 후 OK 버튼을 클릭

이렇게 되면 주파수는 어떻게 변화하겠는가?

주파수는 ________________ 한다.

(증가 / 감소)

공진 주파수를 산출하여 아래에 기록하라.

f_O = ________________ Hz

24 오실로스코프로 출력파형을 관찰하면서 감폭궤환 조절 VR(R_4)의 노브를 조정하여 출력에 왜곡이 없는 정현파가 나타나도록 한다. 주파수를 측정하여 아래에 기록하라.

f = ________________ Hz

25 실험순서 21~23과 같은 방법으로 이제는 1MΩ저항을 10kΩ 저항으로 교체한다. 이때 주파수는 어떻게 변화하겠는가?

주파수는 ________________ 한다.

(증가 / 감소)

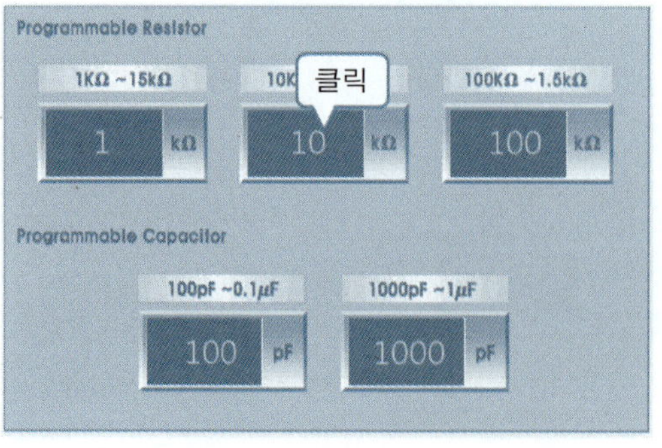

그림 12-14 ‹‹‹ 1MΩ 저항을 10kΩ 저항으로 교체

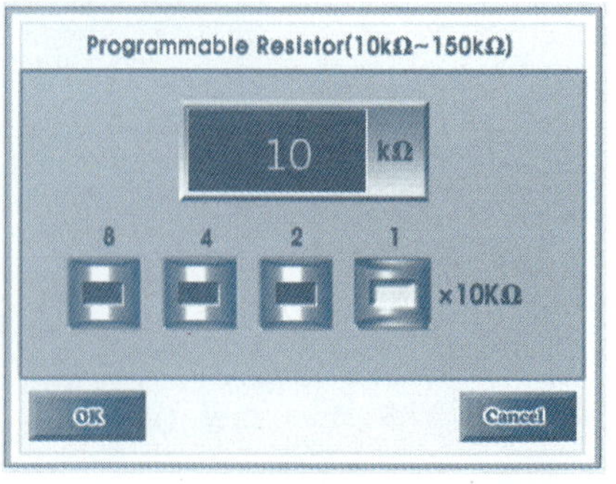

그림 12-15 ‹‹‹ 10kΩ 저항 설정

26 오실로스코프로 다시 출력파형을 관찰하면서 감폭궤환 조절 VR(R_4)의 노브를 조정하여 출력에 무의 정현파가 나타나도록 한 다음 주파수를 측정하여 아래에 기록하라.

f_O = ______________ Hz

27 지금까지의 실험은 저항값이 어떻게 발진기 주파수에 영향을 주는지 보여주었다. 다음에는 콘덴서의 값을 변화시켜 주파수에 영향을 준다. 콘덴서 C_1(직렬 콘덴서)을 0.01μF 콘덴서로 교환한다. 이와 같이 콘덴서 용량을 증가시키면 발진 주파수는 어떻게 되겠는가?

발진 주파수는 __________ 한다.

(증가 / 감소)

발진 주파수를 산출하여 아래에 기록하라. 여기서 발진 주파수를 산출할 때 C_1이 C_2와 같지 않으므로 $f_O = \frac{1}{2\pi RC}$의 식은 이용될 수 없음에 유의하라.

f_O = ______________ Hz f = ______________ Hz

6. 요점정리(실험순서 18~26)

이 부분의 실험에서 lead-lag 회로망에서 저항을 바꾼 다음 주파수의 변화를 관찰하였다. 실험순서 19에서 회로망은 각각 2개의 100kΩ저항과 0.001μF의 콘덴서를 구비하고 있기 때문에 발진기의 주파수는 간단하게 다음과 같이 산출되었다.

$$f_O = \frac{1}{2\pi RC} = \frac{1}{2\pi 100\text{k}\Omega \times 0.001\mu\text{F}} = 1,592\text{Hz}$$

이 주파수는 실험순서 20에서 측정함으로써 입증되었다. 100kΩ저항을 1MΩ의 저항으로 바꾸었을 때 발진기의 주파수는 159Hz로 감소되었다. 실험순서 17에서 1MΩ 저항을 10kΩ으로 바꿈으로써 발진 주파수는 약 15,900Hz로 증가하였다.

보통 발진기의 주파수는 저항을 바꾸어 변화시키며 같은 값의 2련 VR를 고정저항 대신에 lead-lag 회로에 이용함으로써 주파수를 조정할 수 있게 한다. 주파수는 광범위하게 변화시킬 수 있으며 원 브릿지 발진기로부터의 출력파형은 순수한 정현파가 된다.

콘덴서의 용량을 바꾸면 역시 발진 주파수가 변화한다.

13 Wave shaping

1. 목 적

미분기, 다이오드 및 트랜지스터 클리퍼(clipper) 및 클램프(clamp) 회로의 동작을 시험한다.

2. 서 론

이 실험에서는 여러 개의 파형왜곡, 절단 및 입력파형 변형회로에 관한 실험회로를 구성한다.

필요 부품 및 기기

- ED-2110 : 1대
- 오실로스코프 : 1대
- 저항 10Ω, 3W 5% : 1개
- 저항 4.7kΩ, 1/4W 5% : 1개
- 저항 22kΩ, 1/4W 5% : 1개
- 트랜지스터 NPN : 1개
- 실리콘 다이오드 IN4002 : 1개
- 제너 다이오드 3V 1W : 1개
- 제너 다이오드 6V 1W : 1개

3. 실험순서

1 그림 13-1의 회로를 ED-2110에 배선한다. 배선이 완료되면 ED-2110에 전원을 넣는다.

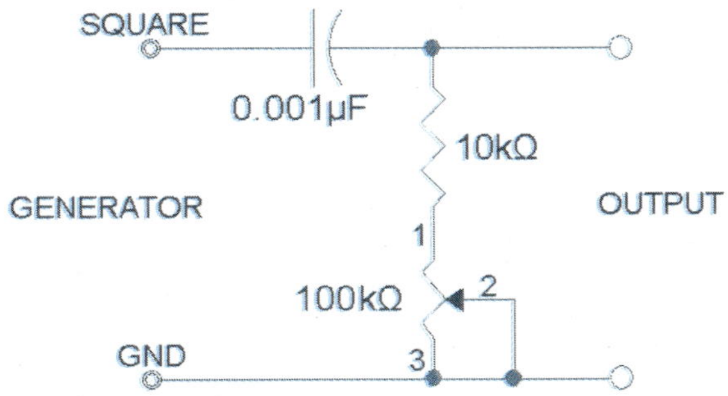

그림 13-1 ‹‹‹ 실험회로

2 ED-2110의 전원 스위치를 켜고 LCD 화면에 구성된 아이콘에서 'Measuring Instrument'를 클릭한다.

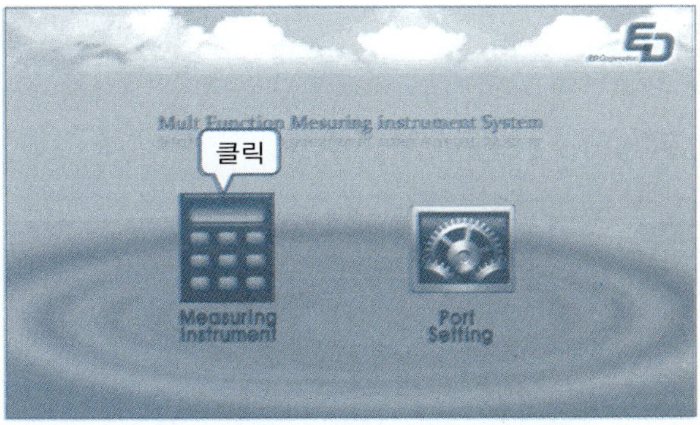

그림 13-2 ‹‹‹ 'Measuring Instrument' 클릭

3 저항값을 설정하기 위해 LCD 화면의 'Programmable RC'를 클릭한다.

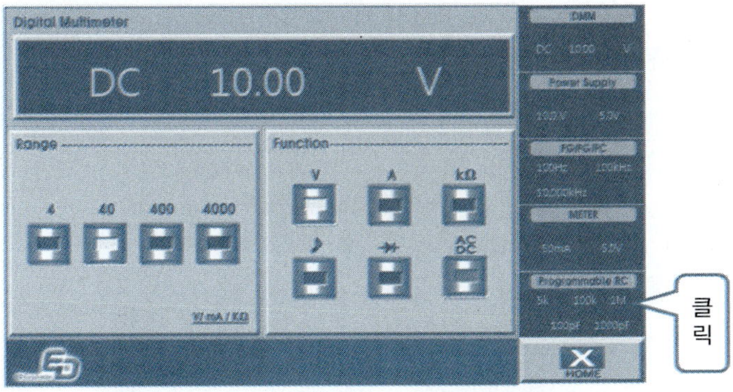

그림 13-3 ‹‹‹ 'Programmable RC'를 클릭

2장

4 LCD 화면에서 실험에 사용될 값에 해당하는 범위의 화면을 클릭하고 실험에 사용된 저항값(10kΩ)을 설정한 후 OK 버튼을 클릭한다.

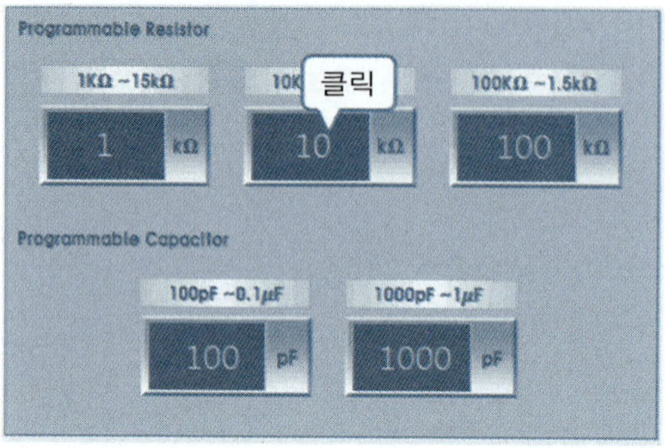

그림 13-4 ‹‹‹ 실험에 사용될 값에 해당하는 범위의 화면을 클릭

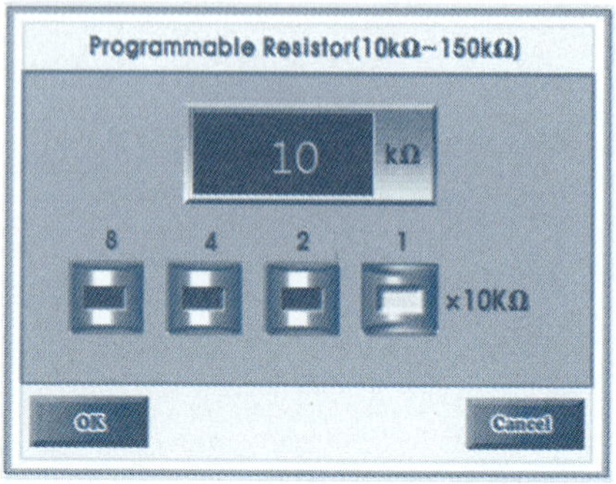

그림 13-5 ‹‹‹ 실험에 사용된 저항값(10kΩ)을 설정한 후 OK 버튼을 클릭

5 실험순서 **3**과 같은 방법으로 LCD 화면에서 실험에 사용될 커패시터값에 해당하는 범위의 화면을 클릭한다.

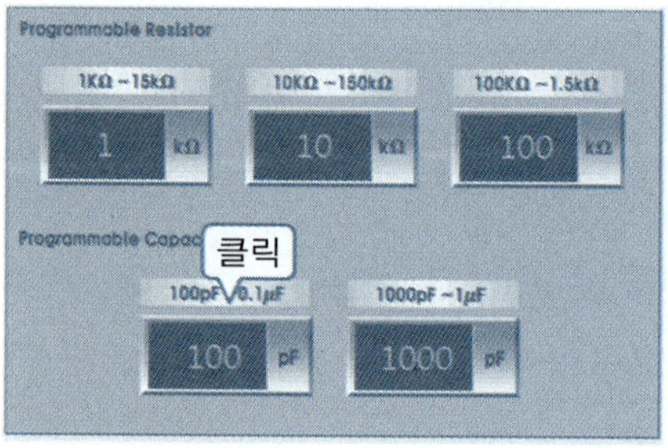

그림 13-6 ‹‹‹ 실험에 사용될 커패시터값에 해당하는 범위의 화면을 클릭

6 실험에 사용된 커패시터값(0.001μF)을 설정한 후 OK 버튼을 클릭한다.

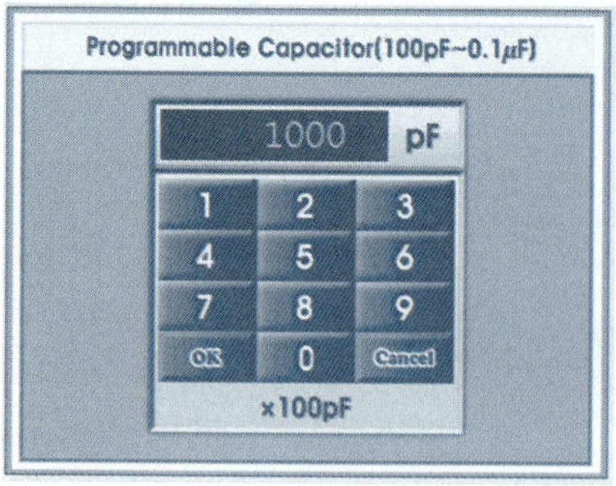

그림 13-7 ‹‹‹ 커패시터값(0.001μF)을 설정한 후 OK 버튼을 클릭

7 주파수를 조정하기 위해 LCD 화면에서 ‘FG/PG/GC’을 선택한다.

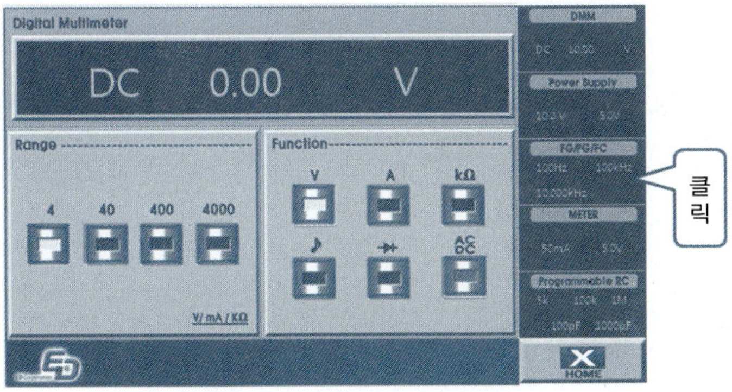

그림 13-8 ‹‹‹ ‘FG/PG/GC’을 선택

8 패널 좌측의 주파수조정 볼륨을 이용하여 주파수값이 1kHz가 되도록 조정한다.

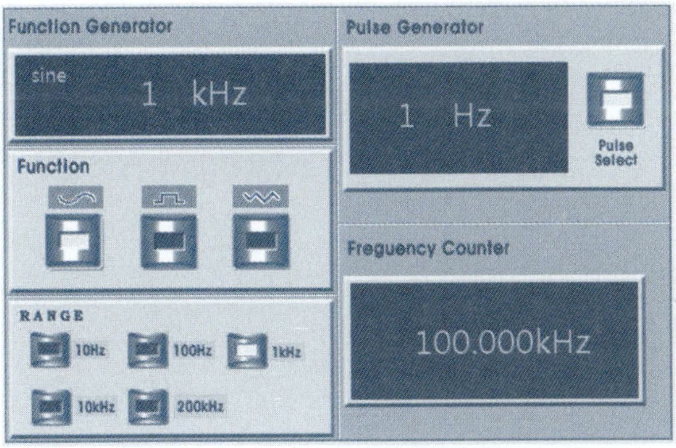

그림 13-9 ‹‹‹ 주파수값이 1kHz가 되도록 조정

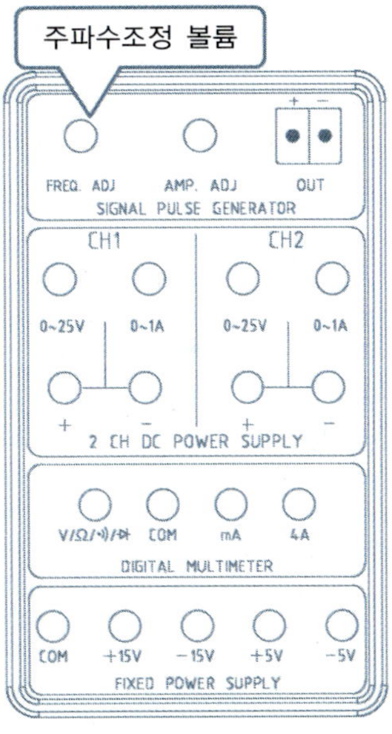

그림 13-10 ‹‹‹ 주파수조정 볼륨을 이용

9 VR의 노브를 시계방향으로 끝까지 돌려 놓은 다음 오실로스코프를 사용하여 RC회로의 입력 구형파를 관찰한다. 그림 13-11(a)의 그래프에 2주기의 파형을 그리고 1,000Hz의 1주기 파형의 시간을 측정하여 아래에 기록하라.

1주기 =____________________ μs

또 파형의 정방향의 시간은 얼마인지 측정하여 다음에 기록하라.

1주기 = ______________ μs

10 VR의 노브를 반시계방향으로 끝까지 돌린 다음 출력파형을 관찰하여 그림 13-11(b)에 2주기의 파형을 그린다. 콘덴서와 직렬로 된 저항값을 측정하고 RC 시정수를 구하여 아래에 기록하라.

직렬저항값 = ______________ Ω

RC 시정수 = ______________ μs

이때 정방향의 구형파가 진행되는 동안 콘덴서는 구형파의 첨두치까지 충전할 시간이 있는지 생각해 보라. 또 입력파형과 출력파형을 비교해 보라.

11 VR의 노브를 시계방향으로 끝까지 돌린 다음 출력파형을 관찰하여 그림 13-11(c)에 2주기의 파형을 그려라. 콘덴서와 직렬로 된 저항값을 측정하고 또 RC 시정수를 산출하여 아래에 기록하라. 또 이때 콘덴서는 입력파형의 첨두치까지 충전되는가?

그림 13-11 ‹‹‹ 파형 그래프

직렬저항값 = ______________________ Ω

RC 시정수 = ______________________ μs

콘덴서는 입력파형의 첨두치까지 충전 ______________________

(된다 / 안된다)

출력파형을 입력파형과 비교하고 또 실험순서 10에서의 출력파형과도 비교하라.

12 0.001μF 콘덴서를 0.1μF 콘덴서와 바꾼다. 이렇게 하기 위하여 LCD 화면에 구성된 아이콘에서 'Programmable RC'를 클릭한다.

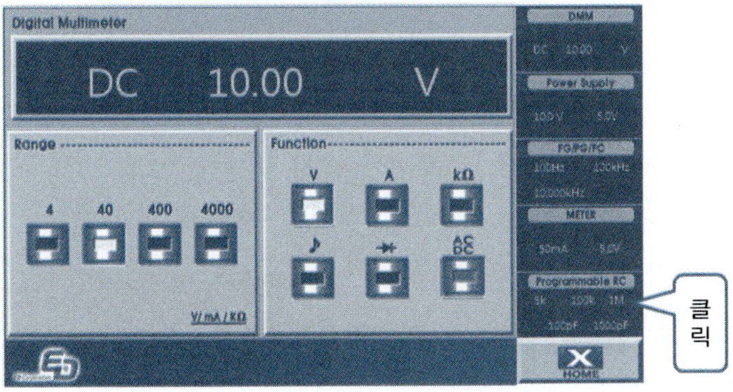

그림 13-12 ‹‹‹ 'Programmable RC'를 클릭

13 LCD 화면에서 실험에 사용될 커패시터값에 해당하는 범위의 화면을 클릭한다.

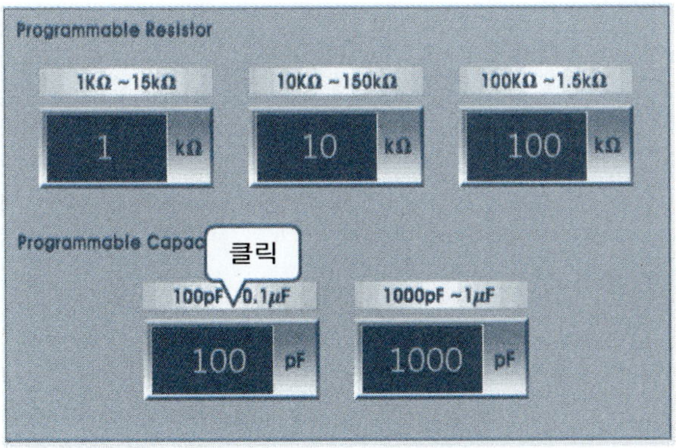

그림 13-13 ‹‹‹ 실험에 사용될 커패시터값에 해당하는 범위의 화면을 클릭

14 실험에 사용된 커패시터값(0.1μF)을 설정한 후 OK 버튼을 클릭한다.

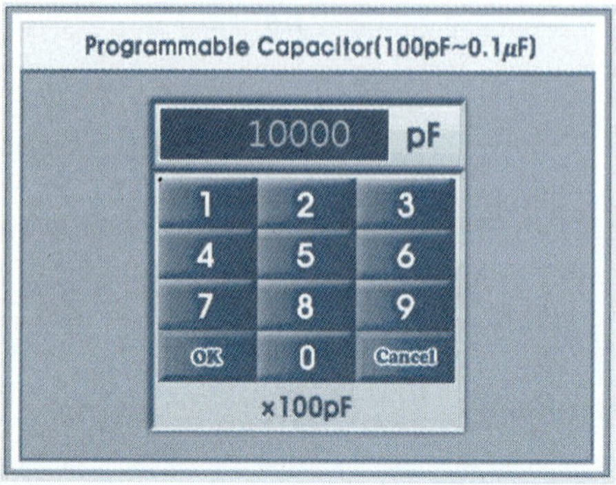

그림 13-14 ‹‹‹ 사용된 커패시터값(0.1μF)을 설정한 후 OK 버튼을 클릭

15 VR의 노브를 반시계방향으로 끝까지 돌려 놓는다. 그림 13-11(d)에 출력파형의 2주기를 그려라. 이때의 RC 시정수를 구하여 아래에 기록하라.

RC 시정수 = ______________ μs

또 이때 콘덴서가 입력파형의 첨두치까지 충전시킬 시간이 있는지 생각해 보라.

콘덴서 충전시간 ______________

(있다 / 없다)

16 VR의 노브를 시계방향으로 끝까지 돌린 다음 출력파형의 2주기를 그림 13-11(e)에 그려라.

17 위의 실험에서 구형파는 RC 시정수가 어떻게 될 때 찌그러지는가? 또 RC 결합 증폭단의 찌그러짐을 방지하기 위해서 어떻게 해야 되는지 아래에 기록하라.

RC 시정수를 ______________해야 한다.

(크게 / 적게)

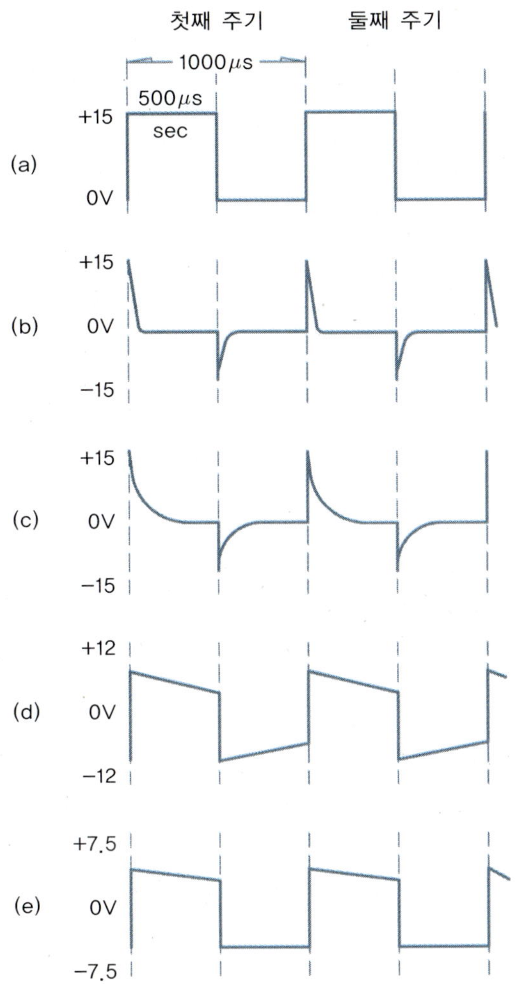

그림 13-15 ‹‹‹ 관측 파형

4. 요점정리(실험순서 1~17)

지금까지 실험한 회로는 간단한 RC 미분기이다. 입력파형의 주파수를 1000Hz로 맞추었을 때 그림 13-15(a)와 같은 파형이 된다.

실험순서 11에서 시계 반대방향으로 끝까지 돌려서 10kΩ저항만이 콘덴서와 직렬로 접속되게 하였고 이렇게 함으로써 시정수(TC)는

$$TC = RC$$

$$TC = 10k\Omega \times 0.001\mu F$$

$$TC = 10\mu s$$

가 된다. 이와 같이 여기서 산출된 시정수는 정방향의 입력 펄스 지속시간에 비하여 너무 짧아서 콘덴서는 전체 입력전압에 이르기까지 충전할 시간을 가진다. 시정수가 너무 짧기 때문에 충전전류는 다만 잠깐 동안 흐르게 되어 저항에 나타나는 출력은 순간적인 정방향의 스파이크(spike)가 된다. 전형적인 출력파형은 그림 13-15(b)와 같다.

실험순서 4에서는 콘덴서와의 직렬저항을 증가시켜 110kΩ으로 하여 시정수를 다음과 같이 증가시켰다.

$$TC = RC$$
$$TC = 110k\Omega \times 0.001\mu F$$
$$TC = 110\mu s$$

콘덴서는 더욱 천천히 충전되어 전류는 오랫동안 저항을 통해 흐르게 되며 정방향의 스파이크 길이는 그림 13-15(c)에 보인 것과 같이 늘어난다.

실험순서 15에서는 0.001μF 콘덴서를 0.1μF 콘덴서로 바꾸어 놓고 직렬저항을 10kΩ으로 하여 결과적으로 시정수를 다음과 같이 되게 하였다.

$$TC = RC$$
$$TC = 10k\Omega \times 0.1\mu F$$
$$TC = 1000\mu s$$

여기서 시정수는 입력 펄스의 정방향으로의 지속시간보다 길기 때문에 콘덴서는 전체의 정방향의 펄스를 충전하게 되며 전류는 정방향의 펄스 끝부분에 다 다를 때까지 감소되므로 출력파형은 그림 13-15(d)와 같이 경사로 나타난다.

실험순서 16에서는 시정수를 더 많이 증가시켜

$$TC = RC$$
$$TC = 110k\Omega \times 0.1\mu F$$
$$TC = 11,000\mu s$$

가 되게 하였다. 상대적으로 정방향의 짧은 입력 펄스기간에 콘덴서는 인가전압의 오로지 적은 부분만 충전할 수 있게 된다. 그러므로 저항을 통하여 흐르는 전류는 정방향의 전체 펄스 기간동안 거의 일정하게 된다.

결과적으로 출력은 입력파형과 거의 같고 그림 13-15(e)에 보인 것과 약간의 찌그러짐이 있을 뿐이다.

5. 실험계속

18 그림 13-18(a)의 회로를 배선한다.

19 오실로스코프를 사용하여 입력파형을 관찰하고 그림 13-19(a)의 그래프에 2주기의 입력파형을 그려라.

20 출력파형을 관찰하여 그림 13-19(b)의 그래프에 2주기의 출력파형을 그려라.

21 다이오드의 접속방향을 바꾸어 그림 13-18(b)의 회로와 같이 개조한다.

22 출력파형을 관찰하여 그림 13-19(c)의 그래프에 2주기의 출력파형을 그려라.

23 LCD 화면의 'Power Supply'를 클릭한다. 1kΩ VR의 단자 1을 POS 단자와 연결한다. 패널 좌측에 있는 0~25V 전압조정 볼륨을 이용해서 'Power Supply'에 표시되는 값이 ±12V가 되도록 한다.

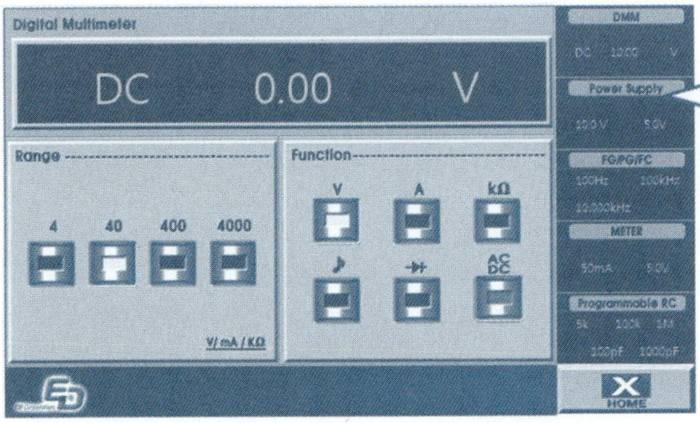

그림 13-16 ‹‹‹ 'Power Supply'를 클릭

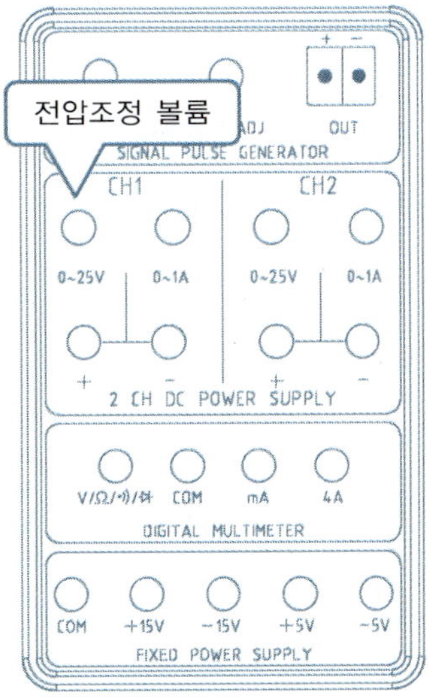

그림 13-17 ‹‹‹ 0~25V 전압조정 볼륨을 이용

2장

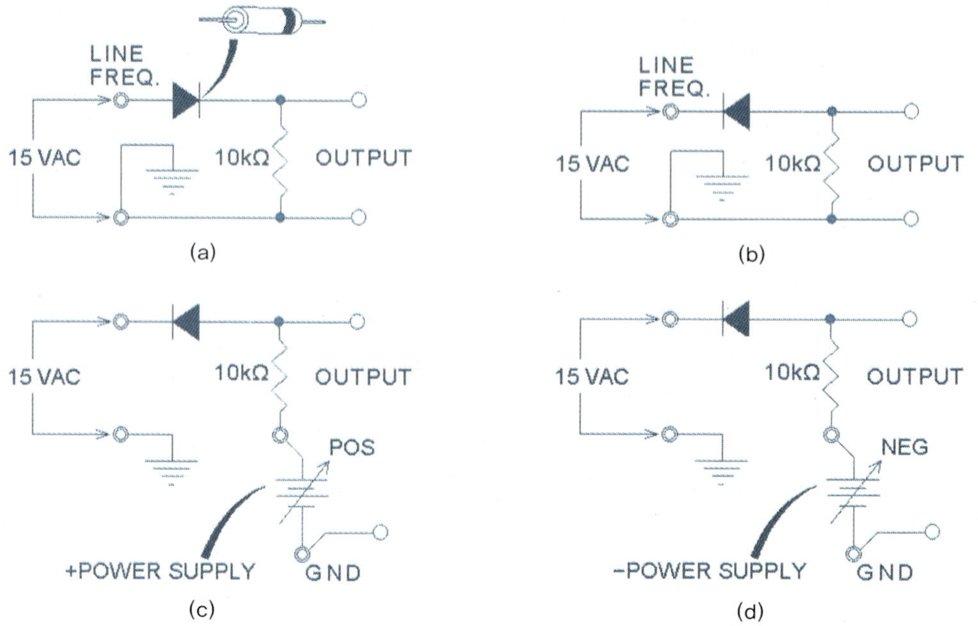

그림 13-18 ‹‹‹ 실험회로

24 회로를 그림 13-18(c)와 같이 배선한다.

25 출력파형을 관찰하여 그림 13-19(d)에 2주기의 파형을 그린다. 전압조정 볼륨을 이용하여 전압을 최소에서 최대로 조정하면서 출력파형에 미치는 영향을 관찰하라.

26 실험순서 23에서와 같은 방법으로 NEG와 GND 단자 간에 −12V가 되도록 한다. 이때 GND에 걸리는 전압이 NEG에 걸리는 전압보다 12V 높으면 된다.

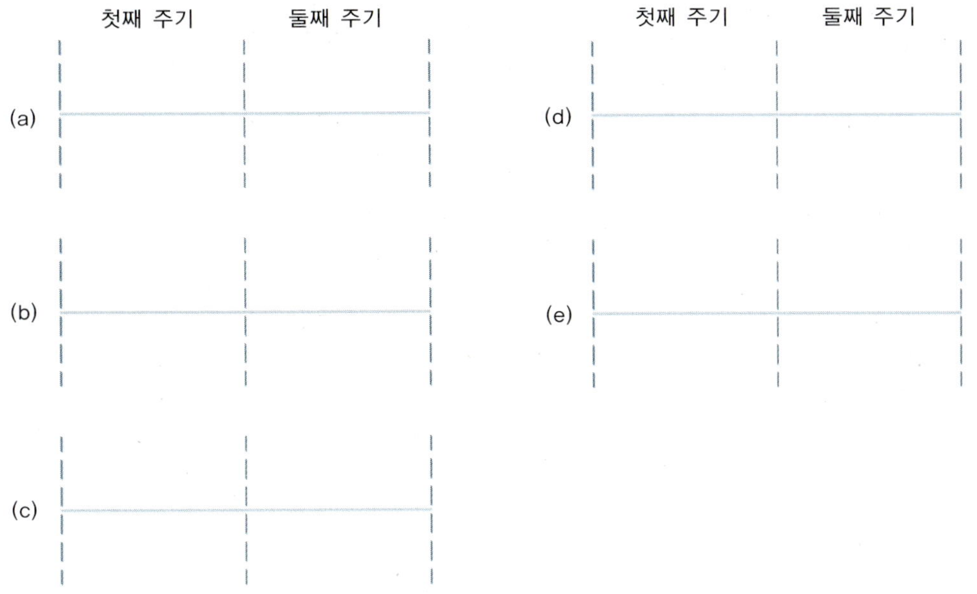

그림 13-19 ‹‹‹ 파형 그래프

27 회로를 그림 13-18(d)와 같이 개조한다.

28 출력파형을 관찰하여 그림 13-19(e)에 2주기의 출력파형을 그린다. 전압조정 볼륨을 이용하여 전압을 최소에서 최대로 조정하면서 출력파형에 미치는 영향을 관찰하라.

6. 요점정리(실험순서 18~28)

이 실험에서는 직렬 다이오드 클리퍼(clipper)의 동작에 대해서 알아보았다. 그 결과는 그림 13-20에서 보인 것과 거의 일치한다.

여기서 중요하게 기억해야 할 점은 다이오드가 차단될 때 직렬 다이오드는 파형을 깎는다. 또 다이오드가 바이어스되지 않았을 때는 깎인 전압은 0V가 된다.

그러나 다이오드를 직류전압으로 바이어스를 걸면 깎인 전압은 입력파형의 어떤 점에서도 조정될 수 있다. 실험순서 19에서 관찰한 파형은 정현파의 첨두치에서 평탄하게 깎이어 나타난다. 그 원인은 ED-2110의 전력 트랜스의 손실 때문이며 다이오드에 의하여 깎인 것이 아님을 명심하라.

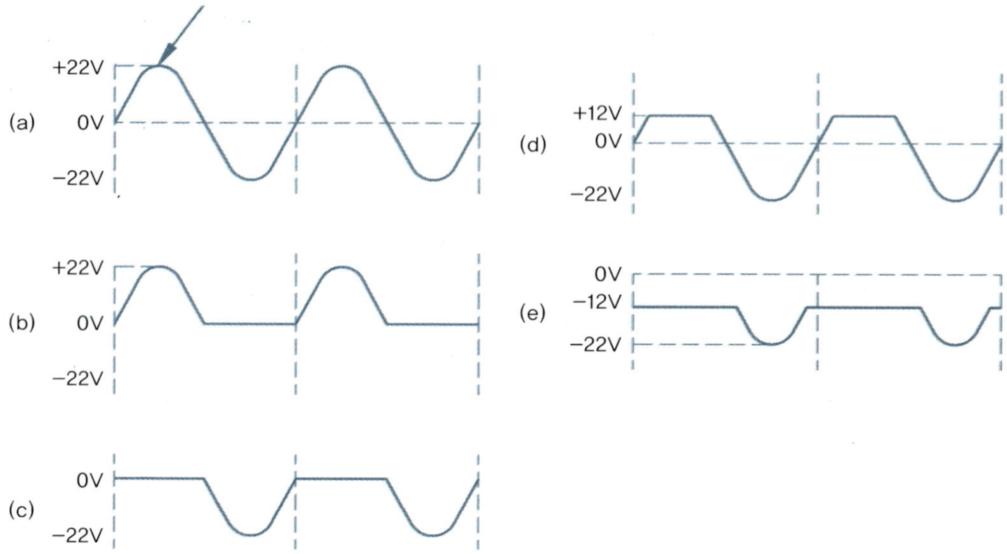

그림 13-20 ‹‹‹ 실험순서 10에서 19까지의 관측파형

출력파형에 직류성분이 있음을 의심할 여지는 없으며 사실 파형은 AC라기 보다 펄스화된 직류이다. 실제로 정확히 파형의 0V의 점을 결정하려면 오실로스코프의 입력 선택 스위치를 DC로 함으로써 알 수 있다.

7. 실험계속

29 그림 13-21(a)의 회로를 배선한다.

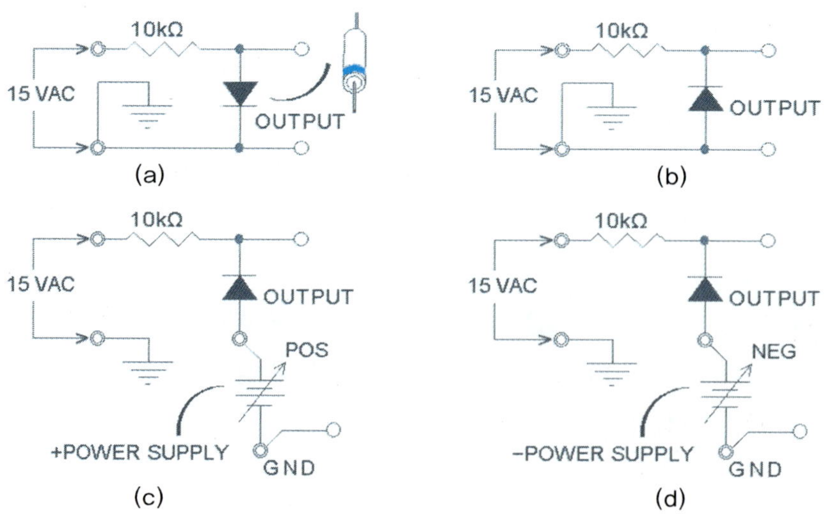

그림 13-21 ‹‹‹ 실험순서 20에서 30까지의 실험회로

30 오실로스코프를 사용하여 입력파형을 관찰하여 2주기의 파형을 그림 13-24(a)의 그래프에 그려라.

31 출력파형을 관찰하여 2주기의 파형을 그림 13-24(b)에 그려라.

32 다이오드 극성을 반대로 접속하여 그림 13-21(b)의 회로와 같이 개조한다. 출력파형을 관찰하여 2주기의 파형을 그림 13-24(c)에 그려라.

33 LCD 화면의 아이콘에서 'Power Supply'를 클릭한다. 패널 좌측의 0~25V 전압조정 볼륨을 이용하여 POS와 GND 단자 간에 +12V가 되도록 한다. 이때 POS에 걸리는 전압이 GND에 걸리는 전압보다 12V 높으면 된다.

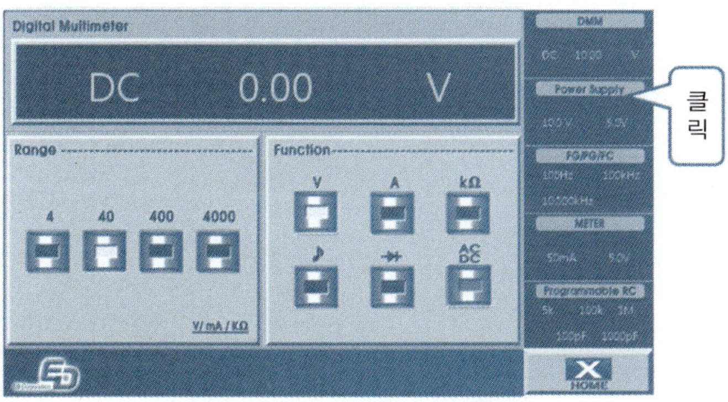

그림 13-22 ‹‹‹ 'Power Supply'를 클릭

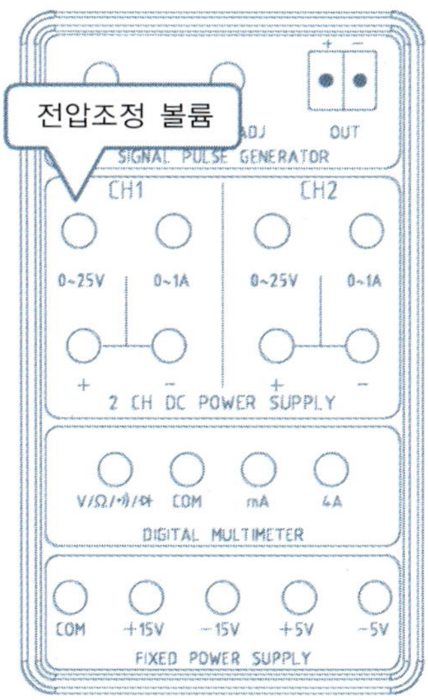

그림 13-23 ‹‹‹ 0~25V 전압조정 볼륨을 이용하여 POS와 GND 단자 간에 +12V가 되도록 한다

34 그림 13-21(c)와 같이 회로를 배선한다.

35 출력파형을 관찰하여 그림 13-24(d)에 2주기의 파형을 그린다. 전압조정 볼륨을 이용하여 전압을 최소에서 최대까지 조정하면서 출력파형에 미치는 영향을 관찰하라.

36 NEG와 GND 단자 간에 −12V가 되도록 한다. 이때 GND에 걸리는 전압이 NEG에 걸리는 전압보다 12V 높으면 된다.

37 회로를 그림 13-21(d)와 같이 개조한다.

38 출력파형을 관찰하여 그림 13-24(e)에 2주기의 파형을 그린다. 전압조정 볼륨을 이용하여 전압을 최소에서 최대까지 조정하면서 출력파형에 미치는 영향을 관찰하라.

그림 13-24 ‹‹‹ 파형 그래프

8. 요점정리(실험순서 29~38)

이 실험에서 shunt 다이오드 clipper의 동작에 대해서 시험하였다. 그 결과는 그림 13-25에 보인 것과 거의 일치한다. 이들 파형으로부터 다이오드가 도통할 때 shunt 다이오드가 제한하는 것을 알았다. 여기서도 마찬가지로 파형의 깎인 레벨은 다이오드에 바이어스를 적당히 함으로써 임의 점에서 정할 수가 있다.

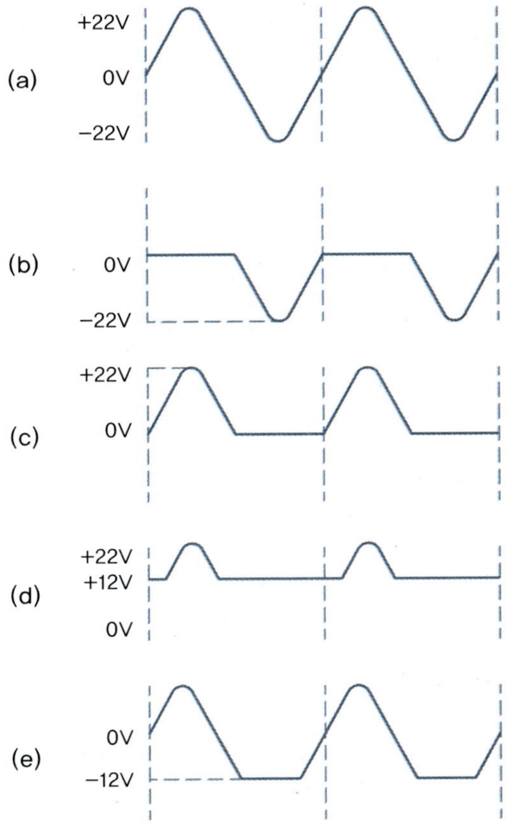

그림 13−25 ‹‹‹ 파형 그래프

9. 실험계속

39 ED-2110의 전원을 끄고 그림 13-26(a)의 회로를 배선하라. 배선이 완료되면 ED-2110의 전원 스위치를 ON한다.

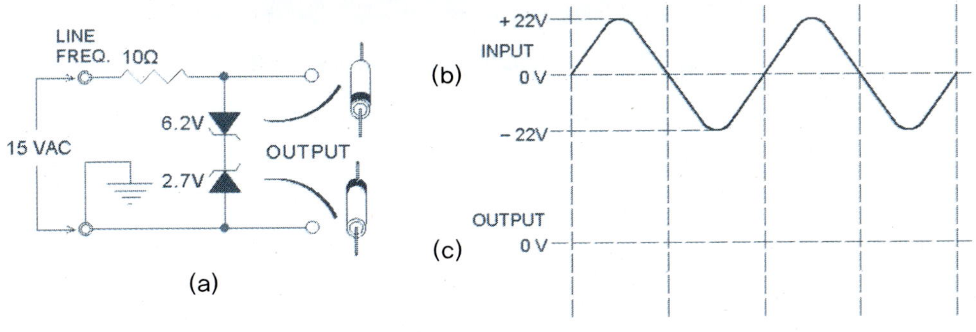

그림 13−26 ‹‹‹ 회로 및 파형

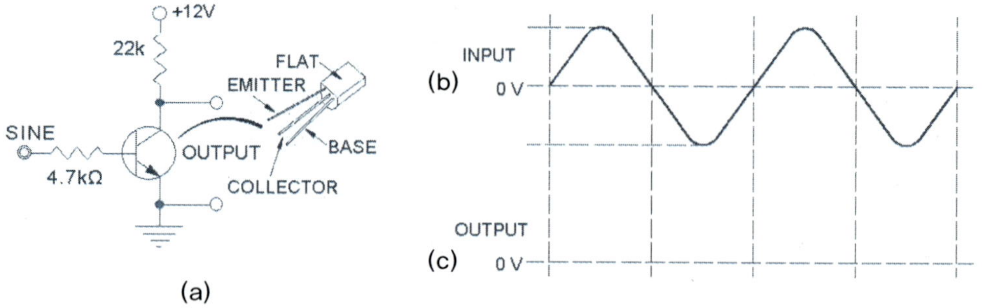

그림 13-27 ‹‹‹ 회로 및 파형

40 실험조건을 이전과 동일하게 설정하라. 오실로스코프를 사용하여 입력파형을 관찰하고 이 파형이 그림 13-26(b)에 보인 파형과 같음을 확인한다.

41 출력파형을 관찰하여 그림 13-26(c)의 그래프에 2주기의 파형을 그려라.

42 ED-2110의 전원을 끄고 그림 13-27(a)의 회로를 배선한다. 배선이 완료되면 ED-2110의 전원 스위치를 ON으로 한다.

43 LCD 화면에 구성된 아이콘에서 ‘Measuring Instrument’를 클릭한다.

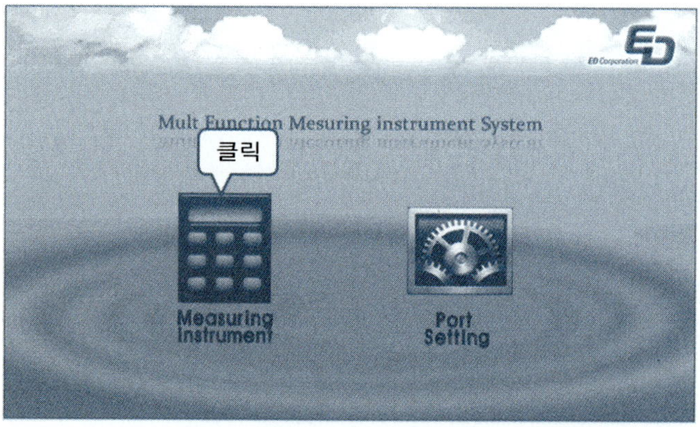

그림 13-28 ‹‹‹ ‘Measuring Instrument’를 클릭

44 주파수를 조정하기 위해 LCD 화면에 구성된 아이콘에서 'FG/PG/FC'을 클릭하고 'Function Generator'에서 주파수를 1000Hz로 설정한다.

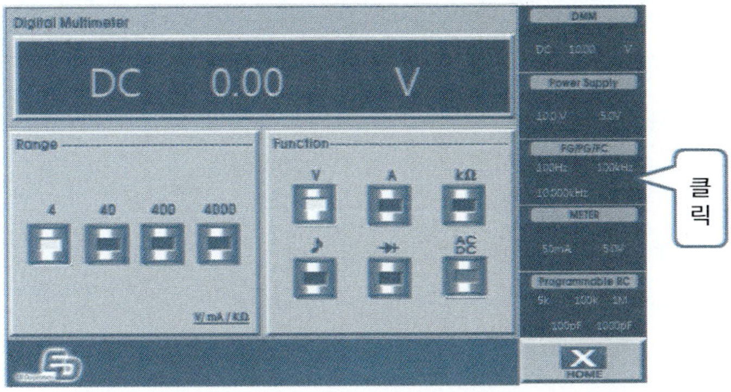

그림 13-29 ‹‹‹ 'FG/PG/FC'을 클릭

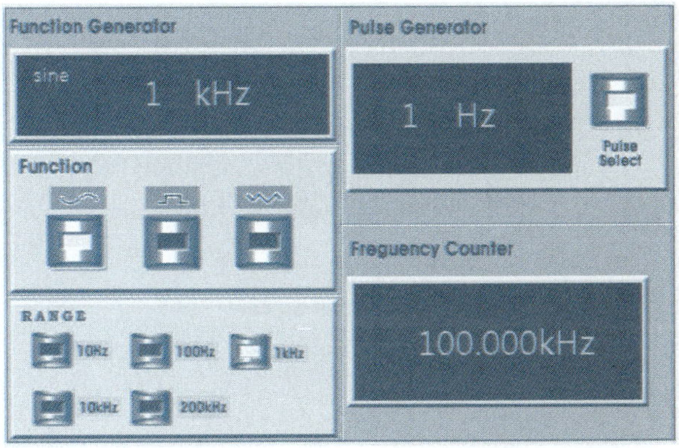

그림 13-30 ‹‹‹ 'Function Generator'에서 주파수를 1000Hz로 설정

45 Vcc를 +12V로 조정하라.

46 입력파형을 관찰하여 이 파형이 그림 13-27(b)에 보인 것과 같음을 확인하라.

47 출력파형을 관찰하여 그림 13-27(c)의 그래프에 2주기의 파형을 그려라.

2장

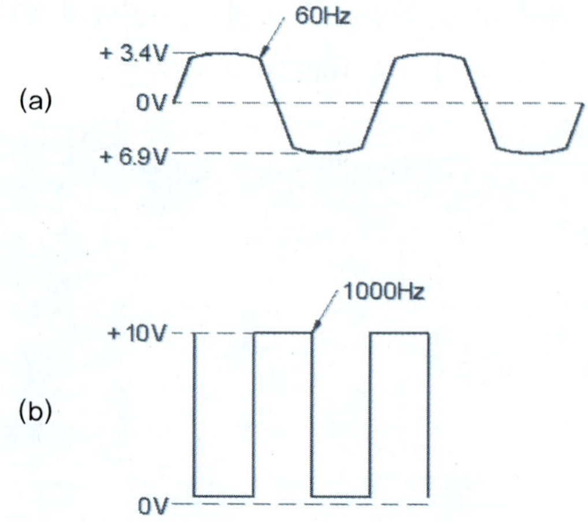

그림 13-31 ‹‹‹ 관측 파형

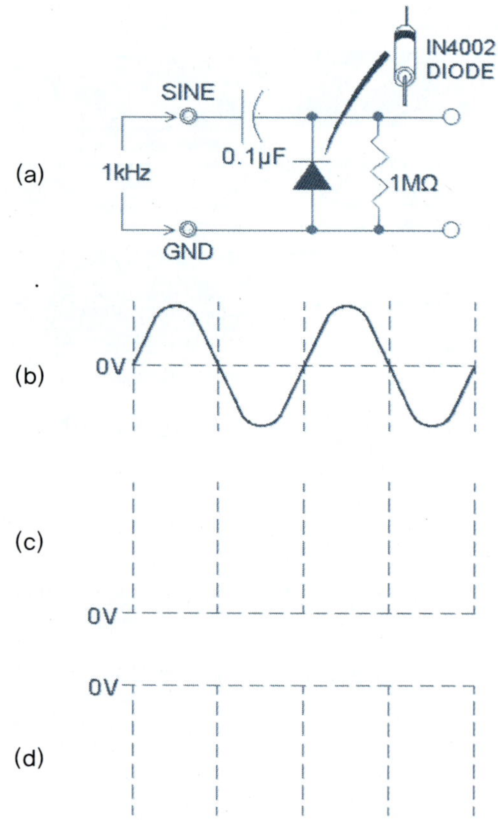

그림 13-32 ‹‹‹ 회로 및 파형

10. 요점정리(실험순서 39~47)

실험순서 39에서 제너 slicer 회로를 구성하였고 이 회로는 입력파형의 정 및 부의 첨두치를 잘라냈다. 제너 다이오드의 깎는 레벨은 0.7V의 제너 순방향 바이어스 전압에 제너 전압을 더한 값이 된다. 그렇기 때문에 깎인 레벨은 그림 13-31(a)와 같이 된다.

실험순서 42에서 오버 드라이브 증폭기를 구성하여 역시 정 및 부의 입력 첨두치를 제한시켰다. 여기서 극한의 부의 전압은 트랜지스터를 차단시켰고 또 극한의 정의 전압은 트랜지스터를 포화시켜 출력파형은 그림 13-31(b)와 같이 나타나게 된다.

11. 실험계속

48 ED-2110의 전원을 끄고 그림 13-32(a)의 회로를 배선한다. 배선이 완료되면 ED-2110의 전원 스위치를 ON으로 한다.

49 ED-2110에 전원을 넣고 LCD 화면에 구성된 아이콘에서 'Measuring Instrument'를 클릭한다.

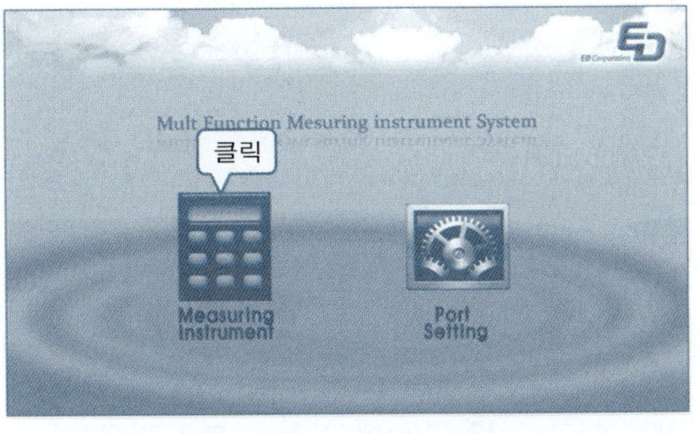

그림 13-33 <<< 'Measuring Instrument'를 클릭

50 주파수를 조정하기 위해 LCD 화면에 구성된 아이콘에서 'FG/PG/FC'을 클릭한다.

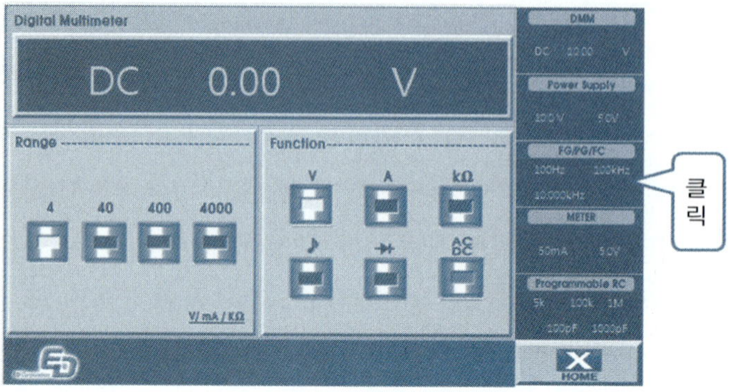

그림 13-34 ‹‹‹ 'FG/PG/FC'을 클릭

51 'Function Generator'에서 주파수를 1000Hz로 설정한다.

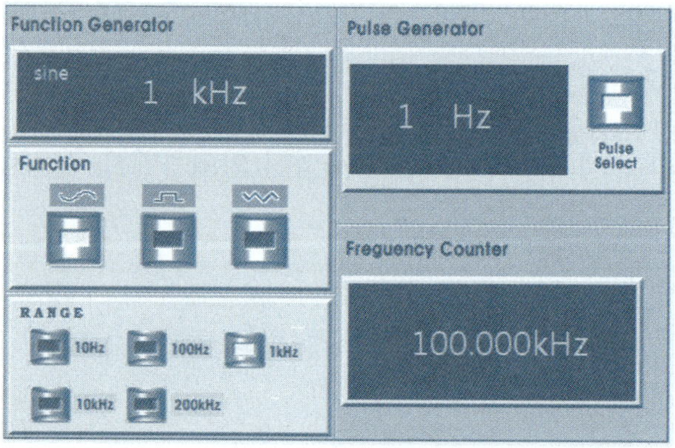

그림 13-35 ‹‹‹ 'Function Generator'에서 주파수를 1000Hz로 설정

52 입력파형을 관찰하여 파형이 그림 13-32(b)와 같은가 확인하라.

53 출력파형을 관찰하여 그림 13-32(c)에 파형을 그리고 0V점을 표시하라.

54 다이오드의 극성을 반대로 접속하여 회로의 회로를 개조한다. 새로운 출력파형을 그림 13-32(d)에 그리고 0V점을 표시하라.

12. 요점정리(실험순서 48~54)

여기서 실험한 회로는 간단한 clamper 회로이다. 다이오드의 접속방향에 따라서 부(−) 또는 정(+)쪽의 정현파를 0V까지 자른다.

실험순서 52에서 출력파형은 그림 13-36(a)와 같이 나타난다. 실험순서 54에서 관찰된 파형은 그림 13-36(b)와 같이 된다. 또 여기서 0V점을 결정하기 위해서는 오실로스코프의 입력선택 스위치를 DC에 놓지 않으면 안됨을 상기하라.

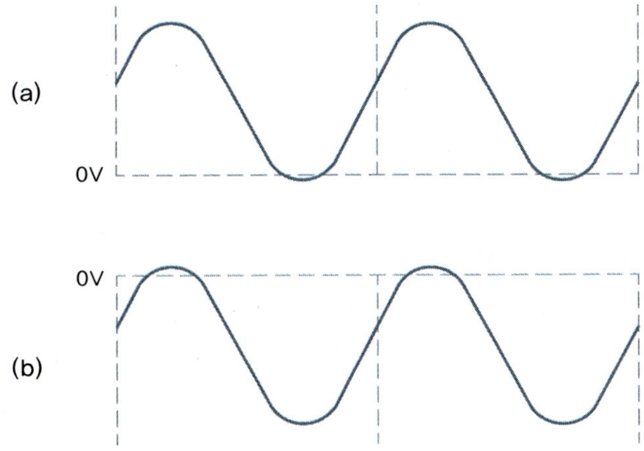

그림 13-36 ‹‹‹ 관측 파형

14 구형파 발진기

1. 목 적

비안정(Astable) Multivibrator, 단안정(Monostable) Multivibrator, 쌍안정(Bistable) Multivibrator, Schmitt triger 회로 및 "555 Timer" IC의 특성 및 동작에 대해 조사한다.

2. 서 론

이 실험에서는 위에 열거한 여러 가지 회로를 구성해 가면서 관찰하고 측정함으로써 이들 회로의 특성 및 동작에 대해 더욱 상세히 알도록 한다.

➡ 필요 부품 및 기기

- ED-2110 : 1대
- 오실로스코프 : 1대
- 실리콘 트랜지스터 NPN : 2개
- 실리콘 다이오드 1N 4002 : 2개
- Timer. IC NE 555 : 1개
- 저항 100Ω, 1/4W 5% : 1개
- 저항 1kΩ, 1/4W 5% : 2개
- 저항 1.5kΩ, 1/4W 5% : 1개
- 저항 3.3kΩ, 1/4W 5% : 2개
- 저항 10kΩ, 1/4W 5% : 1개
- 마일러 콘덴서 0.1μF : 2개
- Str 콘덴서 0.001μF : 1개
- 마일러 콘덴서 0.033μF : 1개

3. 실험순서

1 ED-2110의 전원이 꺼져 있는가를 확인한 다음 전원 플러그를 꽂고 그림 14-1의 회로를 ED-2110에 배선한다.

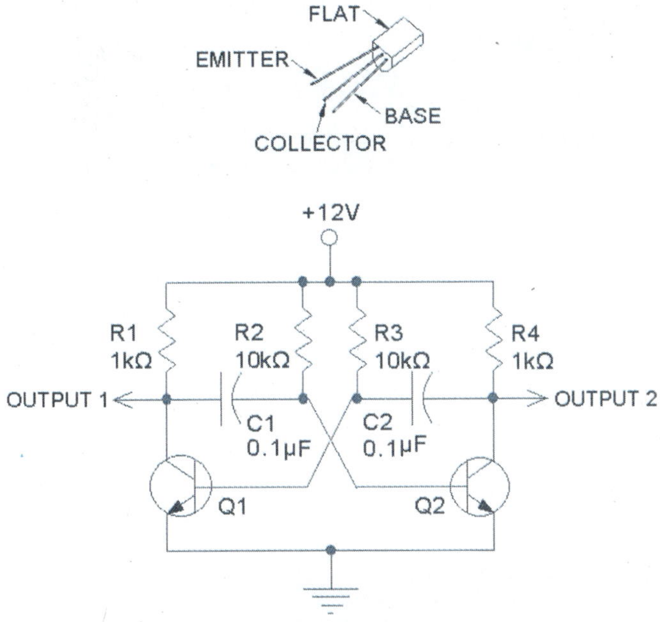

그림 14-1 ‹‹‹ 비안정 멀티바이브레이터

2 ED-2110의 전원 스위치를 켜고 LCD 화면에서 'Measuring Instrument'를 클릭한다.

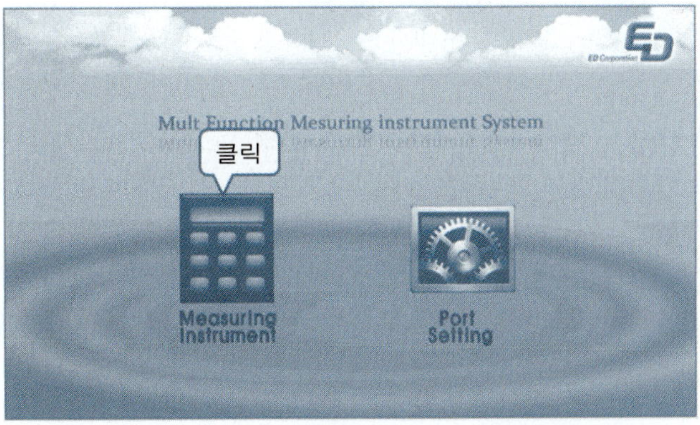

그림 14-2 ‹‹‹ 'Measuring Instrument'를 클릭

3 LCD 화면에서 'Power Supply' 아이콘을 선택한다.

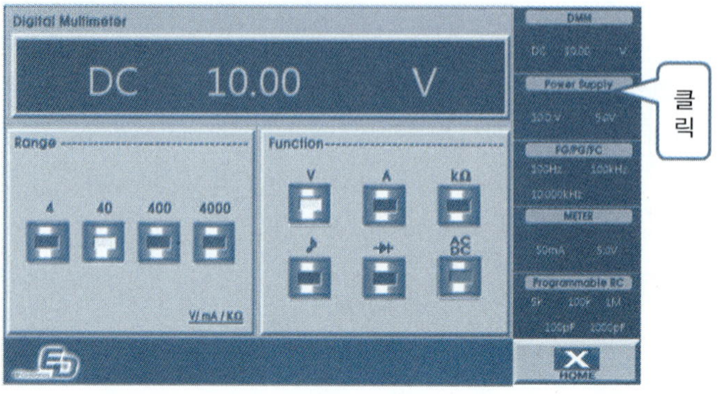

그림 14-3 ‹‹‹ 'Power Supply' 아이콘을 선택

4 패널 좌측 '2CH DC POWER SUPPLY'에 있는 0~25V 전압조정 볼륨을 이용하여 Power Supply상에 표시되는 값이 12V가 되도록 조절한다. 그리고 OUT을 누른다.

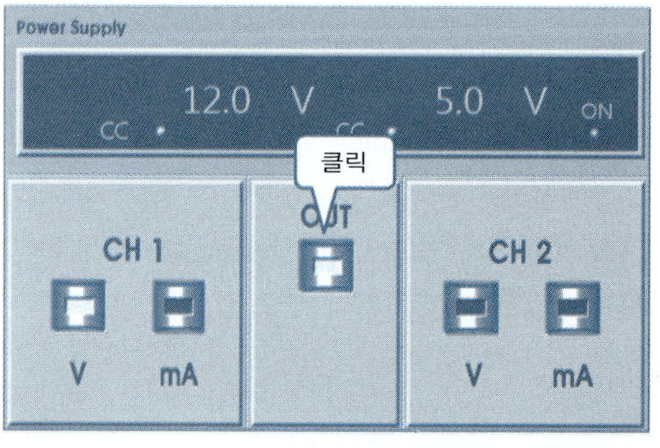

그림 14-4 ‹‹‹ Power Supply상에 표시되는 값이 12V가 되도록 조절

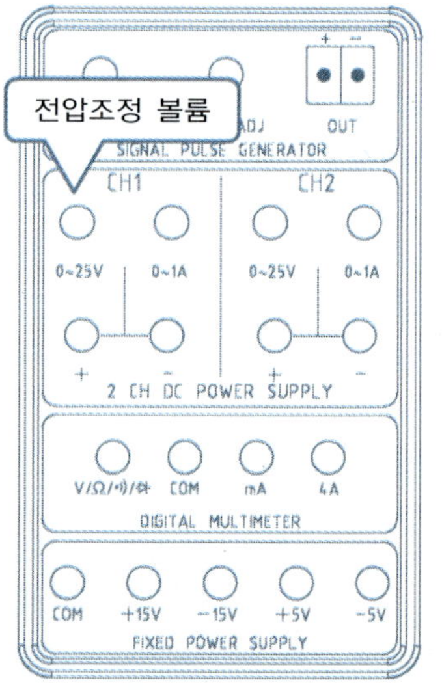

그림 14-5 ‹‹‹ 0~25V 전압조정 볼륨을 이용

5 다음의 식을 이용하여 자유 주행 주파수(free running frequency)를 산출하라.

$$f = \frac{1}{1.4RC} = \underline{\qquad\qquad\qquad} \text{ Hz}$$

6 오실로스코프를 사용하여 Q_1의 컬렉터에서의 파형을 관찰하고 파형의 1주기에 대한 시간을 측정하여 주파수를 산출하라.

$f = \frac{1}{T} =$ ______________________ Hz

여기서 구한 주파수와 실험순서 5에서 구한 주파수는 대략 같은지 비교하라.

7 정방향의 반 cycle의 시간을 측정하여 이 시간을 완전한 1cycle의 시간과 비교하라. 그리고 duty cycle을 구하여 아래에 기록하라.

duty cycle = ______________________ %

8 콘덴서 C_1을 0.33μF로 바꾸고 Q_2의 컬렉터에서의 파형을 관찰한다. 정방향으로 진행하는 펄스의 시간을 측정하고 또 duty cycle을 구하여 기록하라.

duty cycle = ______________________ %

9 Q_1의 컬렉터에서의 파형을 관찰하고 이 점에서 폭이 좁은 펄스는 부방향으로 진행함을 알게 된다. 여기서 두 컬렉터의 파형은 ______________________ 이다.

(동상 / 180°반대위상)

4. 요점정리(실험순서 1~9)

이 실험에서는 비안정 멀티바이브레이터를 구성하였고 또 이것의 자유주행 주파수는 약 714Hz이었다. 실제 동작 주파수는 부품의 오차로 인하여 10% 높거나 낮을 수가 있다. 처음에 $C_1 = C_2 = 0.1\mu$F와 $R_2 = R_3 = 10k\Omega$으로 하여 그 결과로서 대충 duty cycle이 50%인 파형을 나타냈다. 그러나 C_1을 0.33μF로 바꾸었을 때 C_1 R_2의 시정수는 증가되어 duty cycle은 약 80%가 되었다. 이 회로는 두 개의 출력을 가지고 있으며 이들 출력 간에는 180°의 위상차를 갖는다.

5. 실험계속

10 ED-2110의 전원을 끄고 그림 14-6의 회로를 배선한다. 배선이 완료되면 ED-2110에 전원을 넣고 실험순서 2~4를 반복한다.

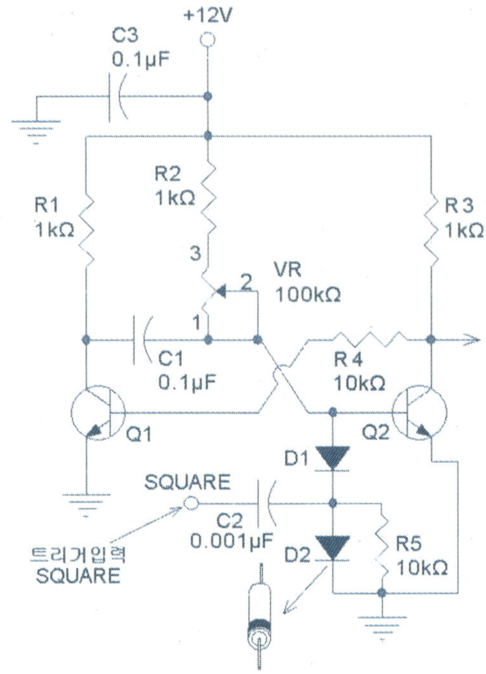

그림 14-6 ‹‹‹ 단안정 멀티바이브레이터

11 ED-2110의 전원 스위치를 켜고 LCD 화면에서 'Measuring Instrument'를 클릭한다.

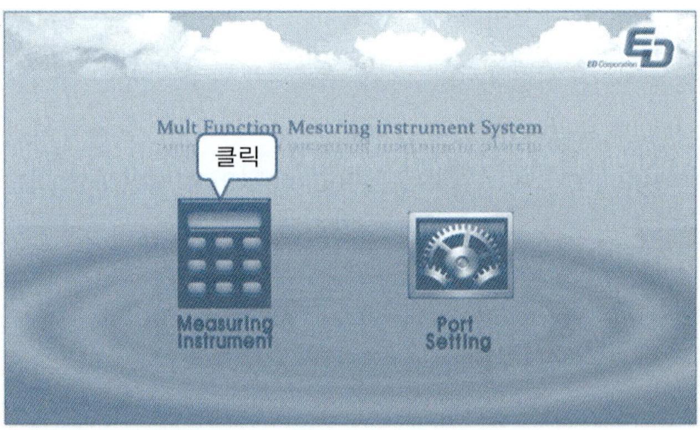

그림 14-7 ‹‹‹ 'Measuring Instrument'를 클릭

LCD 화면의 아이콘에서 'FG/PG/FC'을 클릭한다. 가장 낮은 주파수가 되도록 좌측 패널에 있는 주파수조정 볼륨을 반시계방향으로 끝까지 돌려 놓는다.

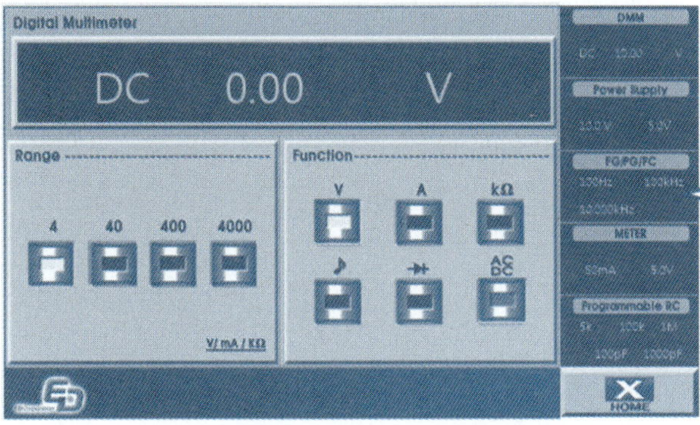

그림 14-8 ‹‹‹ 'FG/PG/FC'을 클릭

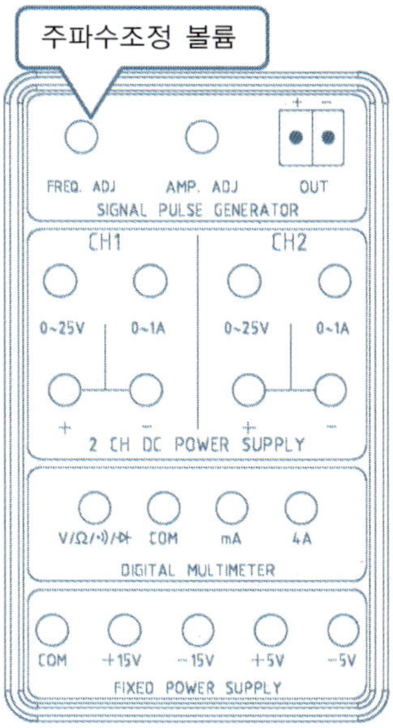

그림 14-9 ‹‹‹ 주파수조정 볼륨을 반시계방향으로 끝까지 돌려놓는다

12 ED-2110에 있는 SQUARE 단자에 오실로스코프의 외부 트리거 입력단자와 접속한다. ED-2110의 SQUARE 단자에서의 파형을 관찰하면서 오실로스코프를 조정하여 완전한 2주기의 구형파가 오실로스코프상에 나타나게 한다. 이때 구형파 부방향의 끝부분이 발생하는 점을 스크린에 표시해 둔다.

13 100kΩ VR의 노브를 시계방향으로 끝까지 돌린 다음 1kΩ만 남은 Q_2의 컬렉터에서의 파형을 관측한다. 출력 펄스의 선행단(leading edge)이 발생하는 점을 오실로스코프의 스크린에 표시하라. 이 점들은 입력 펄스의 부방향단(negative-going edge)과 일치한다.

14 Q_2의 컬렉터에서의 파형을 관찰하는 동안 100kΩ VR의 노브를 반시계방향으로 천천히 돌려 출력 펄스폭을 관찰한다.

이때 펄스폭은 ____________________한다.

(증가 / 감소)

15 VR의 노브를 반시계방향으로 돌려놓은 다음 펄스폭을 측정하여 아래에 기록하라.

펄스폭 = ____________________μs

2장

또 다음의 식을 이용하여 펄스폭을 산출하여 기록하라.

PW = 0.7 RC = ________________ μs

16 VR의 노브를 시계방향으로 펄스가 출력되는 최소값까지 돌린다. 출력 펄스폭을 측정하여 아래에 기록하라.

펄스폭 = ________________ μs

또 식을 이용하여 펄스폭을 구하라.

PW = 0.7 RC = ________________ μs

6. 요점정리(실험순서 10~16)

단발 멀티바이브레이터는 입력 구형파의 부방향의 펄스 끝부분에 의해 점화된다. C_2와 R_5는 구형파를 미분하여 "정"에서 "부" 스파이크로 변화시킨다. D_2는 정스파이크에서 도통하여 이들을 Q_2의 베이스로 통과시킨다. 출력 펄스폭은 C_1, R_2 및 VR에 의해 결정되며 방전통로에 저항을 증가시킬수록 펄스폭은 커진다. VR를 시계방향 끝정도까지 돌려 놓았을 때 C_1의 방전통로의 저항은 1kΩ 정도밖에 되지 않으므로 이때 펄스폭은 약 70μs밖에 되지 않는다. 반대로 VR를 시계 반대방향으로 끝까지 돌려놓았을 때 방전통로의 저항은 101kΩ이 되어 펄스폭은 약 7070μs가 된다.

7. 실험계속

17 ED-2110의 전원을 끄고 그림 14-10의 회로를 배선한다.

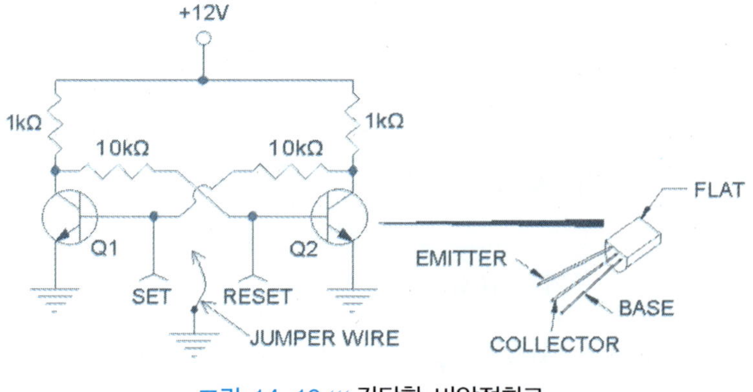

그림 14-10 ‹‹‹ 간단한 비안정회로

18 ED-2110에 전원을 넣고 실험순서 2~4를 반복하여 +12V의 전압을 인가하라. 그림 14-10에 보인 것과 같이 점퍼선의 한쪽 끝을 실험기의 접지단자에 접속하고 다른 한쪽은 임시로 그대로 접속이 안된 상태로 둔다.

19 점퍼선의 접속 안된 한쪽을 SET 입력에 접속한 다음 Q_1의 컬렉터 전압을 측정하라. 여기서 Q_1은 __________ 되었다.

(도통 / 차단)

Q_2의 컬렉터 전압을 측정하라. 이때 Q_2는 어떤 상태인가?

Q_2는 __________ 상태이다.

(도통 / 차단)

20 점퍼선을 SET 입력에서 떼어낸 다음 Q_1의 컬렉터 전압을 측정하라. 이때 Q_1 은 어떤 상태인가?

Q_1은 __________ 상태이다.

(도통 / 차단)

Q_2의 컬렉터 전압을 측정하라. 이때 Q_2는 어떤 상태인가?

Q_2는 __________ 상태이다.

(도통 / 차단)

21 Q_1의 컬렉터 전압을 관찰하면서 반복하여 점퍼선의 한쪽 단을 SET 입력에 댄다. 이때 Flip-flop에는 어떤 변화가 생기는지 아래에 기술하라.

22 점퍼선의 접속안된 한쪽을 RESET 입력에 접속한 다음 Q_1의 컬렉터 전압을 측정하라. 이때 Q_1은 어떤 상태인가?

Q_1은 __________ 상태이다.

(도통 / 차단)

Q_2의 컬렉터 전압을 측정하라. 이때 Q_2는 어떤 상태인가?

Q_2는 __________ 상태이다.

(도통 / 차단)

23 점퍼선을 RESET 입력에서 떼어낸 다음 Q_1 및 Q_2의 컬렉터 전압을 측정하라. 이때 Q_1과 Q_2는 어떤 상태인가?

Q_1은 __________ 상태, Q_2는 __________ 상태

2장

24 Q_1의 컬렉터 전압을 관찰하면서 반복해서 점퍼선의 한쪽 단을 RESET 입력에 댄다. 이때 Flip-flop에는 어떤 변화가 생기는가 아래에 기술하라.

25 Q_1의 컬렉터 전압을 관찰하면서 점퍼선의 한쪽 단을 교대로 SET와 RESET의 입력단에 댄다.

26 Q_1의 컬렉터 전압을 관찰하면서 점퍼선의 한쪽 단을 교대로 Q_1과 Q_2의 컬렉터에 댄다. 이렇게 하면 Flip-flop은 Q_2의 컬렉터를 순간적으로 접지시키므로 SET될 수 있고 Q_1의 컬렉터를 순간적으로 접지시킴으로써 RESET될 수 있다.

8. 요점정리(실험순서 17~26)

Flip-flop은 SET 입력을 순간적으로 접지시킴으로써 SET된다. 이 상태에서 Q_1은 차단되고 Q_2는 포화(도통)되고 회로상태는 SET 입력에서 접지를 떼어낸 다음에도 그대로 유지된다. Flip-flop은 RESET 입력을 순간적으로 접지시킴으로써 RESET이 되고 이렇게 되면 Q_2는 차단되고 Q_1은 포화(도통)된다. 실험순서 22에서 해당 Q_1 및 Q_2의 컬렉터를 접지 시킴으로써 Flip-flop을 SET 또는 RESET을 시킬 수 있음을 입증하였다.

9. 실험계속

27 ED-2110의 전원을 끄고 그림 14-11의 회로를 배선한다. 배선이 완료되면 ED-2110에 전원을 넣은 다음 실험순서 2~4를 반복하여 +12V의 전압을 인가하라.

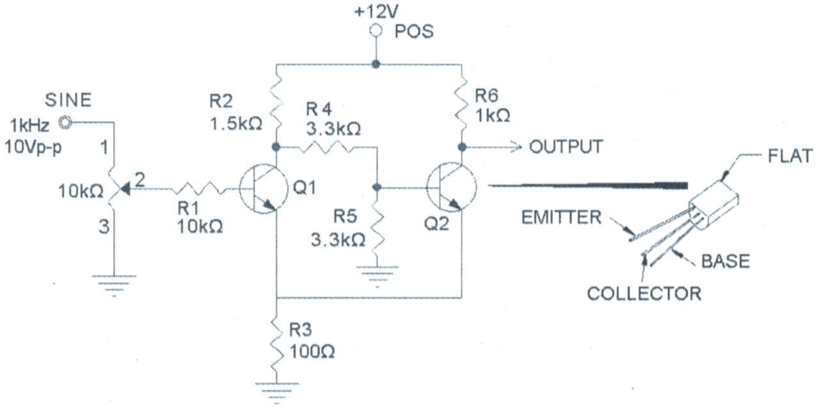

그림 14-11 ‹‹‹ Schmitt trigger 회로

28 LCD 화면에서 'FG/PG/GC'을 선택한다.

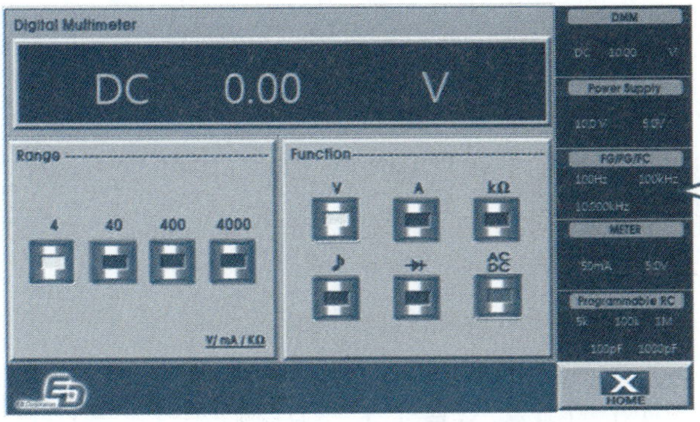

그림 14-12 ‹‹‹ 'FG/PG/GC'을 선택

29 패널 좌측의 주파수조정 볼륨을 이용하여 Function Generator에 표시되는 주파수값이 1kHz가 되도록 조정한다.

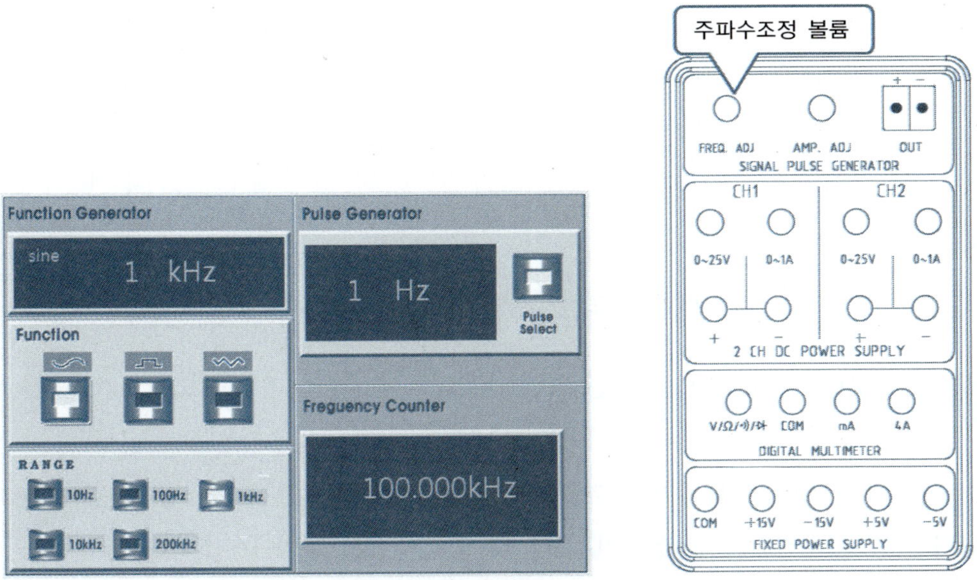

그림 14-13 ‹‹‹ 주파수조정 볼륨을 이용하여 Function Generator에 표시되는 주파수값이 1kHz가 되도록 조정

30 100kΩ VR의 노브를 시계방향으로 끝까지 돌려놓는다. 오실로스코프를 Q_2의 컬렉터에 접속한다.

31 Q_2의 컬렉터에서 펄스 파형이 나타날 때까지 VR의 노브를 시계방향으로 돌린다. 이때 계속해서 VR의 노브를 시계방향으로 돌리면 정 펄스폭은 어떻게 되는가?

2장

펄스폭은 ____________________ 한다.

(증가 / 감소)

32 VR의 노브를 시계방향으로 끝까지 돌린다. 오실로스코프의 외부 트리거를 사용하도록 스위치를 EXT에 놓고, 트리거 신호를 ED-2110의 SQUARE 단자에서 오실로스코프의 트리거 입력에 접속하고, 오실로스코프의 Slope 스위치를 "+"에 놓는다.

33 입력파형 2주기를 그림 14-14(a)에 그려라.

34 Q_2의 컬렉터 출력에서 파형을 관찰하여 그림 14-14(b)에 2주기의 파형을 그려라.

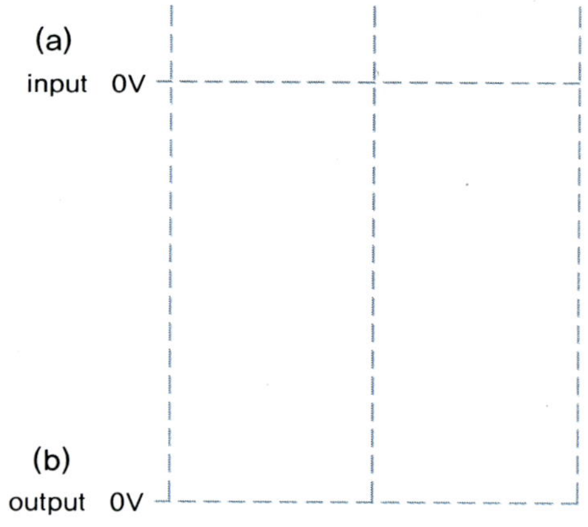

그림 14-14 ‹‹‹ 파형 그래프

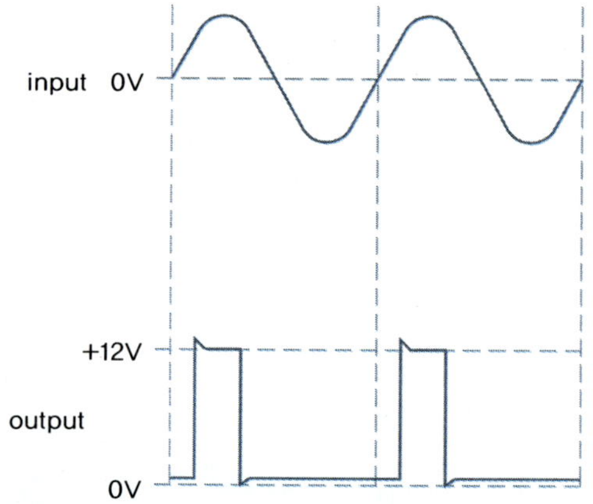

그림 14-15 ‹‹‹ 파형

10. 요점정리(실험순서 27~34)

이 실험에서 Schmitt 트리거 회로를 구성하였고 여기서 이 회로가 정현파를 구형파로 변환시키는 것을 알았다. 전형적인 입력 및 출력파형은 그림 14-15와 같다.

이 단원의 마지막 실험에서는 "555 Timer"의 동작에 대하여 알아보기로 한다.

여기서 이 회로는 자유주행 발진기(free-running oscillator), 단발 멀티바이브레이터(one-shot multivibrator) 또는 N분할기로서 접속될 수 있음을 알 수 있게 된다. 이 회로를 사용할 때는 다음 사항에 주의하라.

인가전압(Vcc)은 4.5V보다 낮아서는 안되며 또 16V보다 높아서도 안된다. 또한 여러 입력(control voltage, trigger, threshold 등)에서의 전압은 선정 Vcc전압을 초과해서는 안되며 마지막으로 출력 전류는 200mA를 초과해서도 안된다.

11. 실험계속

35 ED-2110의 전원을 끄고 그림 14-16의 회로를 배선한다. 3.3kΩ을 R_A 및 R_B로 사용한다.

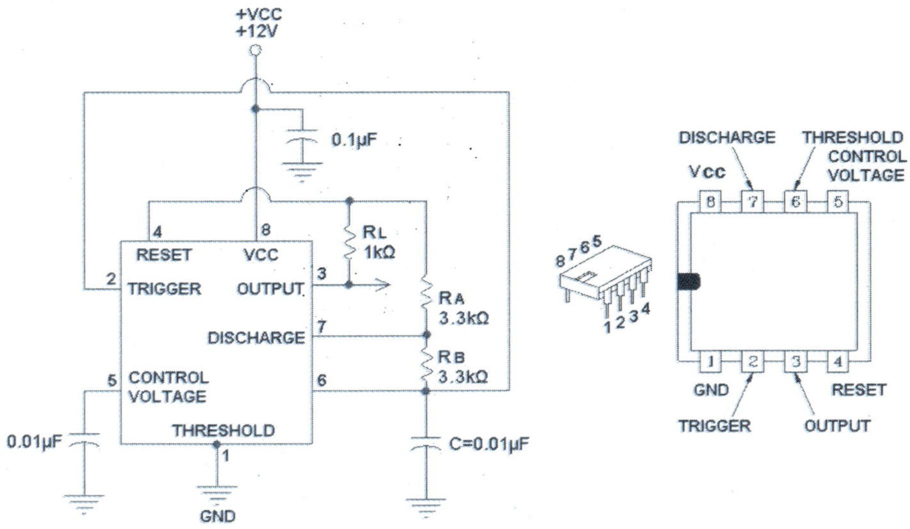

그림 14-16 ‹‹‹ "555 Timer"를 비안정으로 접속 운영한 회로

36 ED-2110의 전원을 켜고 실험순서 2 ~ 4를 반복하여 +12V의 전압을 인가하라.

37 타이머의 Pin 3에서 출력파형을 관찰하여 그림 14-17(a)의 그래프에 2주기의 파형을 그려라.

38 타이머의 Pin 6에서 출력파형을 관찰하여 그림 14-17(b)의 그래프에 2주기의 파형을 그려라. 이것은 콘덴서 양단 전압이 된다.

39 Pin 3에서 정(High)방향으로 진행하는 시간을 측정하여 아래에 기록하라.

T_A = ______________ μs

40 $T_{A6} = 0.7C(R_A + R_B)$의 식을 이용하여 T_A를 산출하여 아래에 기록하라.

T_A = ______________ μs

여기서 산출된 T_A의 값과 실험순서 32에서 측정한 값과 비교하여 이들 값이 거의 일치하는가 비교해 보라.

41 부(Low)의 방향으로 진행하는 펄스의 시간을 측정하여 아래에 기록하라.

T_B = ______________________ μs

42 $T_B = 0.7CR_B$의 식을 이용하여 T_B를 산출하여 아래에 기록하라.

T_B = ______________________ μs

여기서 산출된 T_B의 값과 실험순서 34에서 측정한 값과 비교하여 이들 값이 거의 일치하는가 비교해 보라.

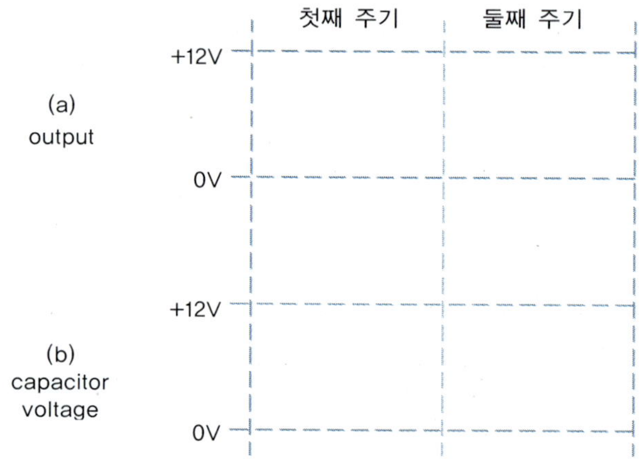

그림 14-17 ⟪ 비안정회로의 파형 그래프

43 완전한 1cycle의 주기를 측정하여 아래 기록하고 또 이 주기로 주파수를 산출하여 이를 아래에 기록하라.

T = ______________________ μs, f = ______________________ Hz

44 $f = \dfrac{1.43}{C_1(R_A + 2R_B)}$의 식을 이용하여 주파수를 산출하여 아래에 기록하라.

f = ______________________ Hz

45 $\text{duty cycle} = \dfrac{T_A}{T}$의 식을 이용하여 duty cycle을 산출하여 아래에 기록하라.

duty cycle = ______________ %

46 R_B를 10kΩ으로 바꾸어라. 이렇게 하기 위하여 LCD 화면에서 'Programmable RC'를 클릭한다.

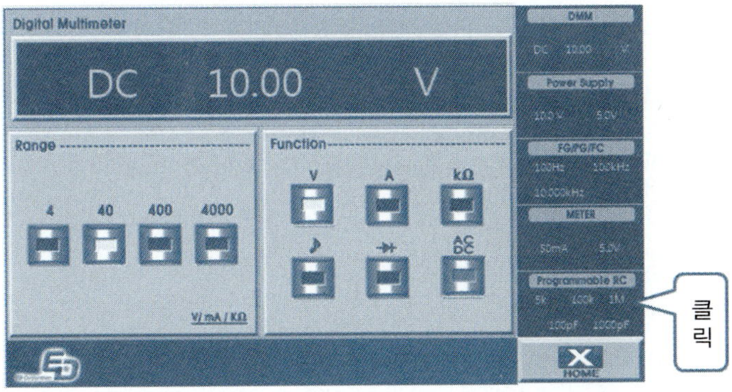

그림 14-18 ‹‹‹ 'Programmable RC'를 클릭

47 LCD 화면에서 실험에 사용될 값에 해당하는 범위의 화면을 클릭한다. 그리고 실험에 사용된 저항값(10kΩ)을 설정한 후 OK 버튼을 클릭한다.

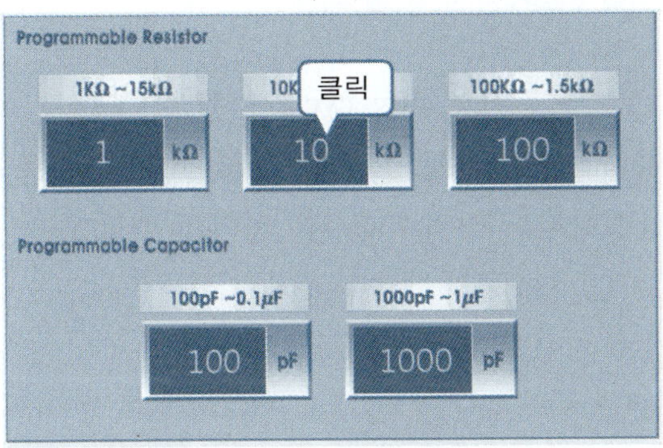

그림 14-19 ‹‹‹ 실험에 사용될 값에 해당하는 범위의 화면을 클릭한다

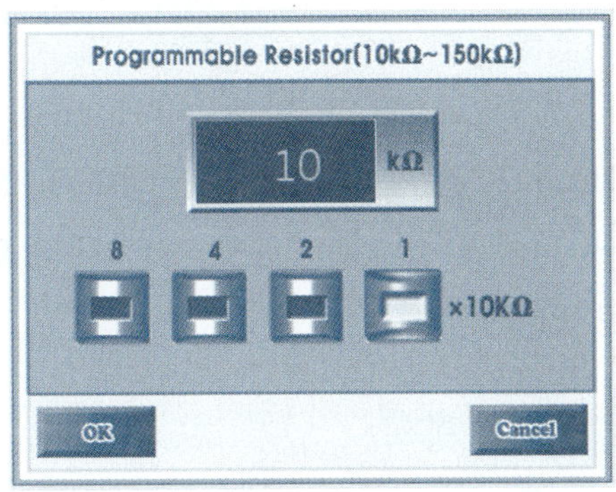

그림 14-20 ‹‹‹ 실험에 사용된 저항값(10kΩ)을 설정한 후 OK 버튼을 클릭

48 R_B를 10kΩ으로 바꾼 후 다음의 각 값을 구하라.

T_A = ________ μs, T_B = ________ μs, T = ________ μs,

f = ________ Hz, Duty Cycle = ________ %

12. 요점정리(실험순서 35~48)

비안정회로는 구형파를 발생시킨다. 전형적인 파형과 시간은 그림 14-21과 같다. 위의 실험에서 산출되고 측정된 값은 약 ±10%이내의 오차로 일치한다. 출력 주파수는 14430Hz이고 duty cycle은 약 66.7%가 된다.

실험순서 39에서는 R_B를 10kΩ으로 바꿈으로써 회로의 동작은 다음과 같이 변하였다.

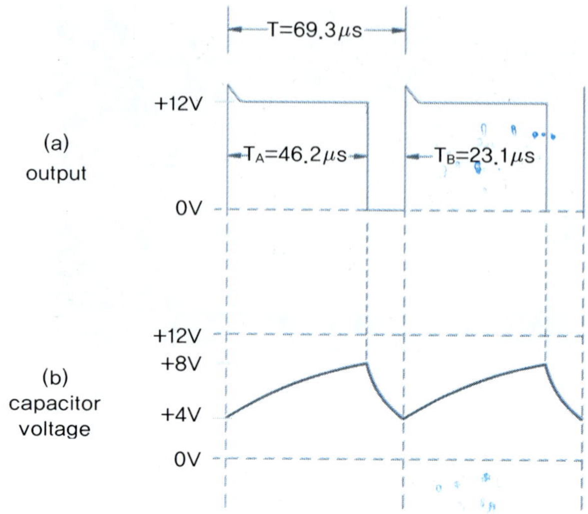

그림 14-21 ‹‹‹ 비안정회로의 전형적인 파형 및 시간

$T_A = 93\mu s$, $T_B = 70\mu s$, $T = 163\mu s$, $f = 6134Hz$, duty cycle = 57%

Timer IC는 또한 단안정 멀티바이브레이터(monostable multivibrator)로도 사용될 수 있다. 더구나 펄스를 충분히 길게 하면 단안정회로는 입력주파수를 임의의 수로 나눌 수가 있다.

13. 실험계속

49 ED-2110의 전원을 끄고 그림 14-22의 회로를 배선한다.

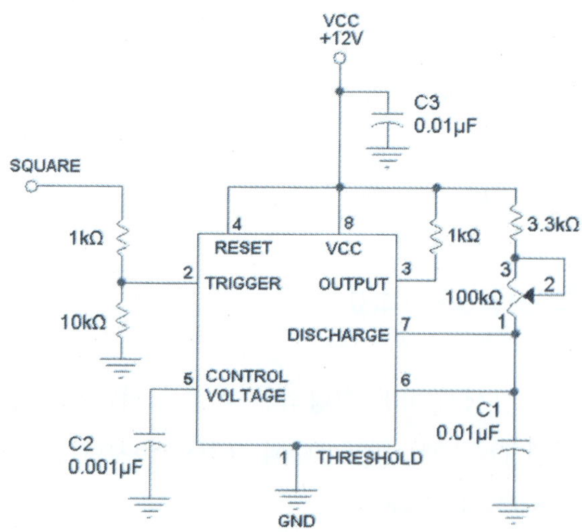

그림 14-22 ‹‹‹ 단안정회로로 "555 Timer"를 이용

50 ED-2110에 전원을 넣고 LCD 화면에서 'Measuring Instrument'를 클릭한다.

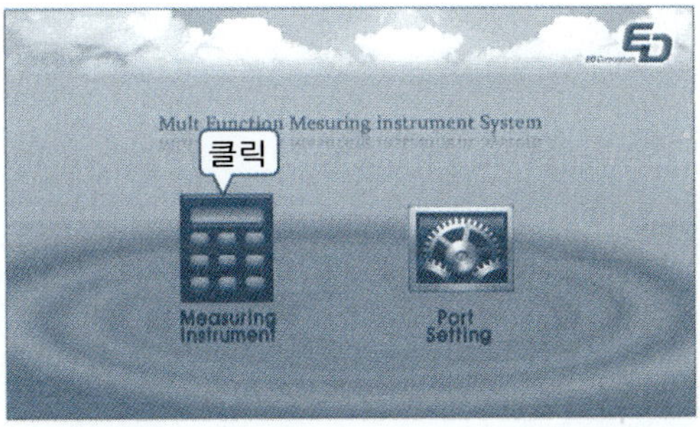

그림 14-23 ‹‹‹ 'Measuring Instrument'를 클릭

51 LCD 화면에서 'Power Supply' 아이콘을 클릭한다.

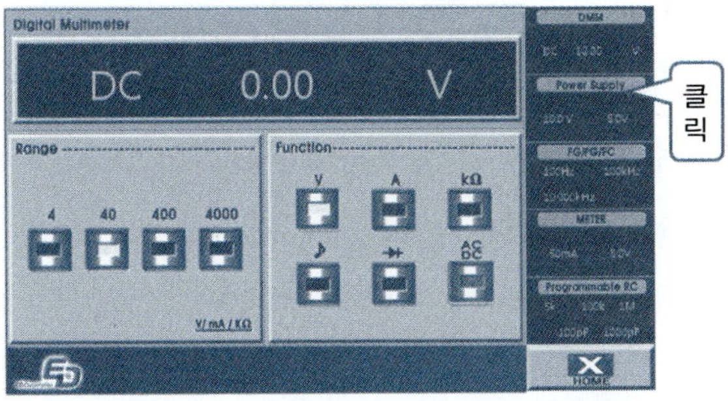

그림 14-24 ‹‹‹ 'Power Supply' 아이콘을 클릭

52 패널 좌측의 전압조정 볼륨을 조정하여 회로 인가전압이 12V가 되게 한다. 그리고 나서 OUT을 누른다.

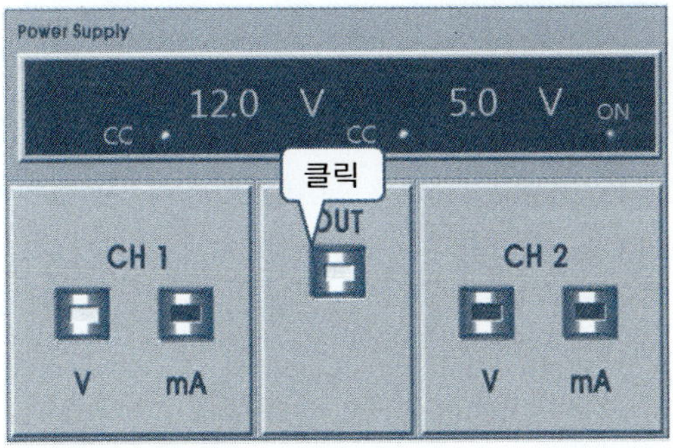

그림 14-25 ‹‹‹ 회로 인가전압이 12V가 되게 한다

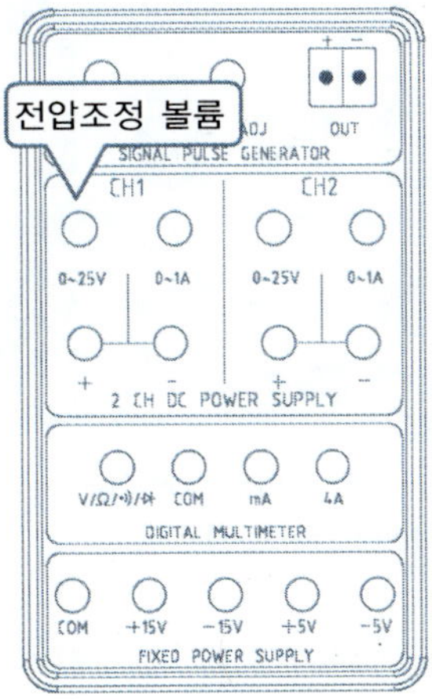

그림 14-26 ‹‹‹ 전압조정 볼륨을 조정

53 100kΩ VR의 노브를 시계방향으로 끝까지 돌려놓는다.

54 LCD 화면에서 'FG/PG/GC'을 선택한다.

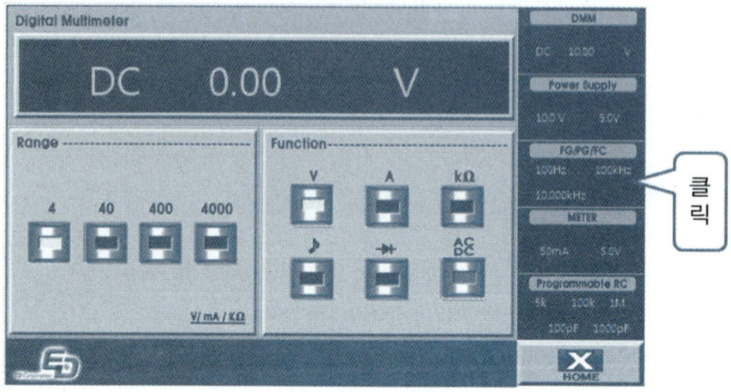

그림 14-27 ‹‹‹ 'FG/PG/GC'을 선택

55 패널 좌측의 주파수조정 볼륨을 이용하여 Function Generator에 표시되는 주파수값이 1kHz가 되도록 조정한다.

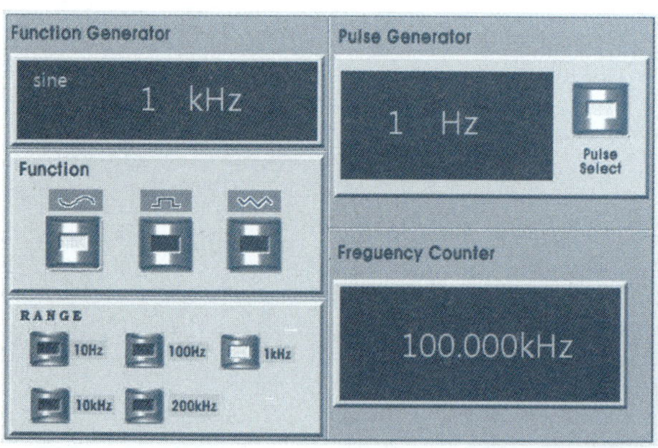

그림 14-28 ‹‹‹ Function Generator에 표시되는 주파수값이 1kHz가 되도록 조정

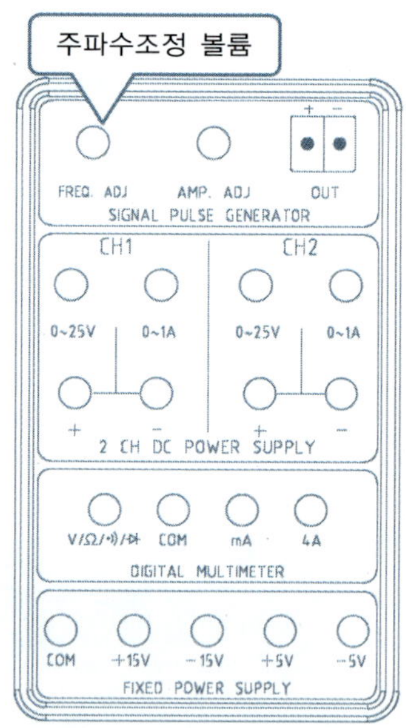

그림 14-29 ‹‹‹ 주파수조정 볼륨을 이용

56 오실로스코프를 조정하여 정확히 완전한 10cycle의 입력파형이 나타나게 한다.

57 타이머의 Pin 3에서 파형을 관찰하면서 출력 주파수가 입력주파수와 같은지 확인한다.

58 100kΩ VR의 노브를 반시계방향으로 아주 천천히 돌리면서 정방향의 펄스폭이 증가하는지 확인한다.

59 펄스폭이 입력의 1cycle에 대한 시간보다 커질 때까지 VR의 노브를 계속해서 반시계방향으로 돌린다. 이때 오실로스코프의 파형의 불안정이 생길 수 있으므로 이럴 때는 오실로스코프의 동기를 조정하여 안정된 파형이 나타나게 한다. 이때 오실로스코프의 time-base는 닫히지 않도록 주의하라. 지금 오실로스코프에 나타난 펄스가 몇 개인지 확인하여 아래에 기록하라.

펄스수 = ____________________개

입력과 출력 주파수의 관계는 어떠한가?

60 VR의 노브를 반시계방향으로 계속해서 돌리면서 입력주파수가 3 및 4등으로 나누어지는지 관찰하라.

14. 요점정리(실험순서 49~60)

보통 단안정회로는 각 입력 펄스에 대해 한 개의 출력 펄스를 발생한다. 실험순서 44에서 보인 것과 같이 출력의 펄스폭은 저항(이 저항을 통하여 C_1이 충전됨)값을 증가시킴으로써 변화될 수 있다. 만약에 펄스폭이 증가되어서 입력의 1cycle보다 길어지면 주파수가 분할된 결과가 된다. 처음에 주파수는 둘로 나누어졌고 펄스폭이 계속 넓혀짐에 따라 3, 4, 5 및 그 이상으로도 분할이 가능하다.

15 RAMP GENERATOR

1. 목 적

직선 ramp(경사파) 신호를 발생할 수 있는 회로의 동작에 대해서 보여준다.

2. 서 론

직선 ramp 신호를 발생하는 두 가지 기본 방법이 있다. 첫째 방법은 일정한 전압으로부터 콘덴서를 충전하는 것이 포함되고 이 방법을 사용하면 ramp는 다만 만약에 콘덴서의 충전이 제한된다면 충전 곡선의 작은 부분에서만 직선적이 된다. 둘째 방법은 일정한 전류로 콘덴서를 충전하는 것이 포함되며 여기서 만약 전류가 일정하면 충전은 직선적으로 이루어진다. 그러므로 콘덴서의 양단 전압은 직선적인 ramp 신호가 된다.

이 실험은 ramp 신호를 형성하는 이들 두 방법을 보여준다.

필요 부품 및 기기

- ED-2110 : 1대
- 오실로스코프 : 1대
- 연산 증폭기 741C : 1개
- 트랜지스터 NPN : 1개
- 트랜지스터 PNP : 1개
- 전해 콘덴서 0.68μF : 1개
- 마일러 콘덴서 0.1μF : 1개
- 마일러 콘덴서 0.0022μF : 1개
- 저항 10kΩ, 1/4W 5% : 1개
- 저항 100kΩ, 1/4W 5% : 1개
- 저항 100Ω, 1/4W 5% : 1개

3. 실험순서

1 ED-2110의 전원이 꺼져 있는가를 확인한 다음 전원 플러그를 연결하고 그림 15-1의 회로를 배선한다.

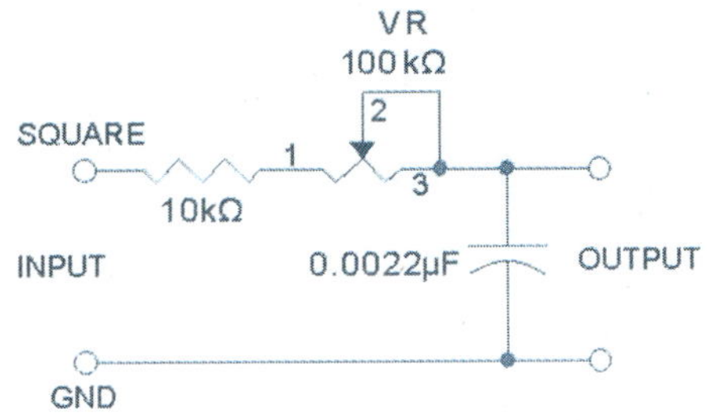

그림 15-1 ‹‹‹ 실험회로

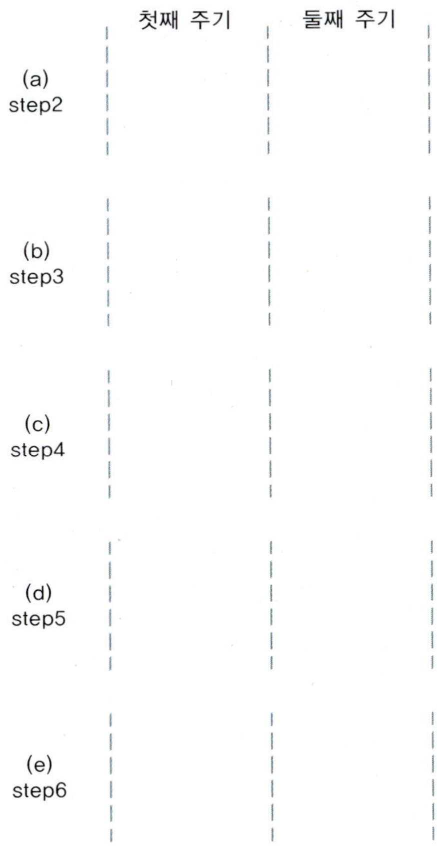

그림 15-2 ‹‹‹ 파형 그래프

2 ED-2110에 전원을 넣고 LCD 화면에 구성된 아이콘에서 'Measuring Instrument'를 클릭한다.

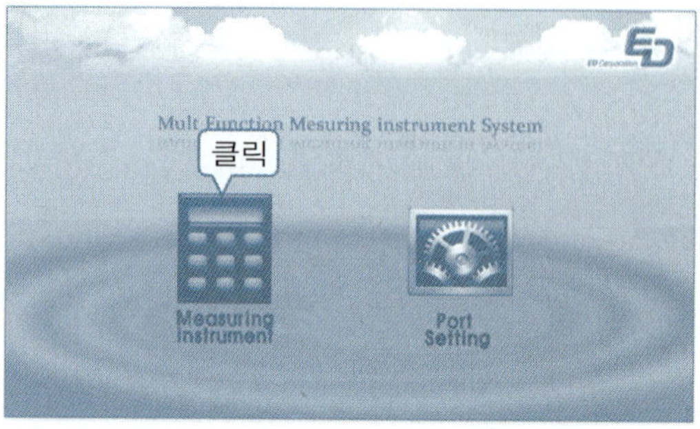

그림 15-3 ‹‹‹ 'Measuring Instrument'를 클릭

3 저항값을 설정하기 위해 LCD 화면의 'Programmable RC'를 클릭한다.

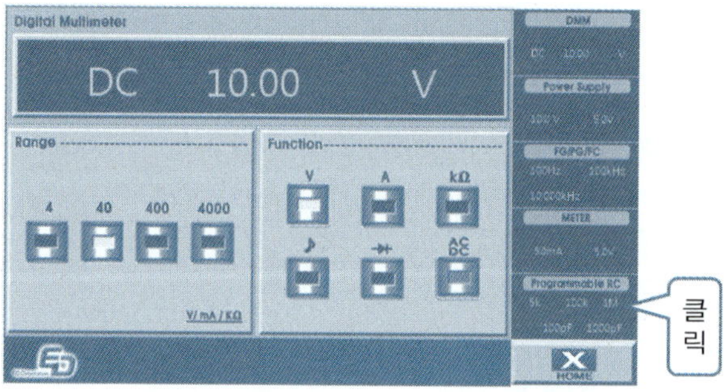

그림 15-4 ‹‹‹ 'Programmable RC'를 클릭

4 LCD 화면에서 실험에 사용될 값에 해당하는 범위의 화면을 클릭하고 실험에 사용된 저항값(10kΩ)을 설정한 후 OK 버튼을 클릭한다.

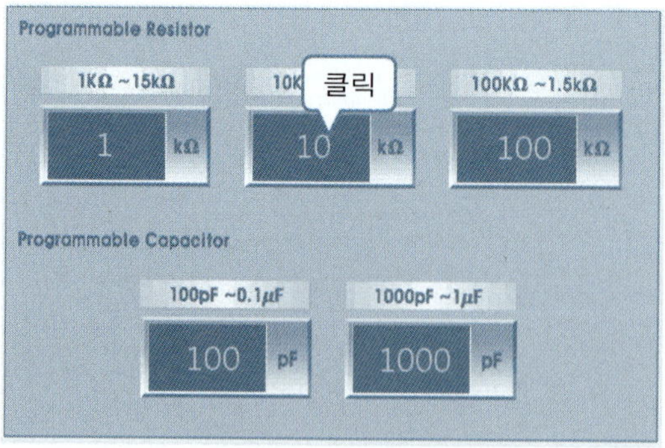

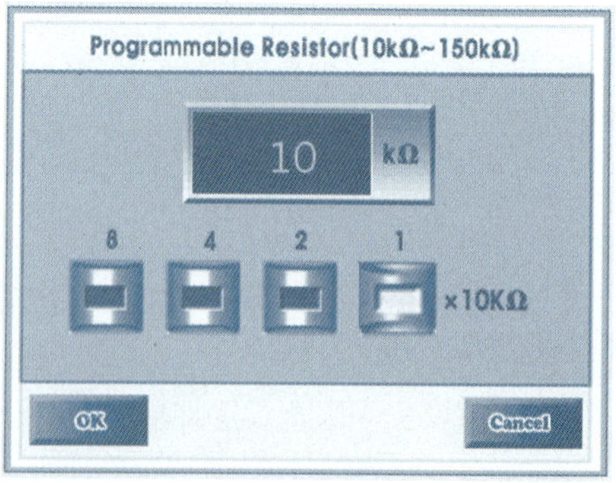

그림 15-5 ‹‹‹ 실험에 사용될 값에 해당하는 범위의 화면을 클릭

그림 15-6 ‹‹‹ 실험에 사용된 저항값(10kΩ)을 설정한 후 OK 버튼을 클릭

5 주파수를 조정하기 위해 LCD 화면에서 'FG/PG/GC'을 클릭한다.

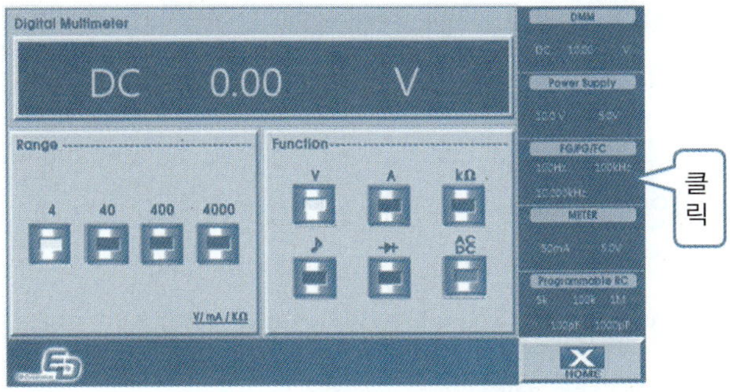

그림 15-7 ‹‹‹ 'FG/PG/GC'을 클릭

6 패널 좌측의 주파수조정 볼륨을 이용하여 Function Generator에 표시되는 주파수값이 1kHz가 되도록 조정한다.

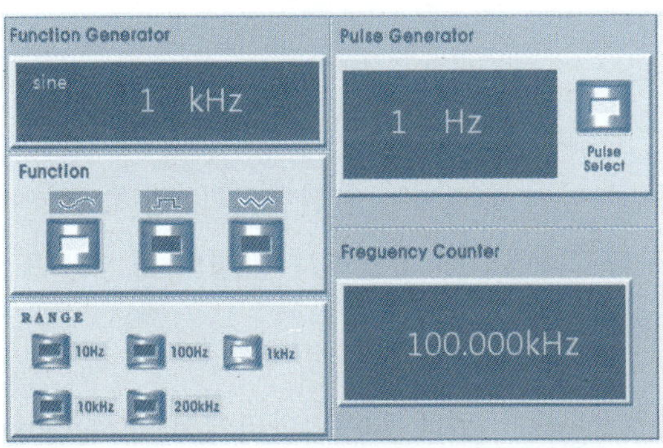

그림 15-8 ‹‹‹ Function Generator에 표시되는 주파수값이 1kHz가 되도록 조정

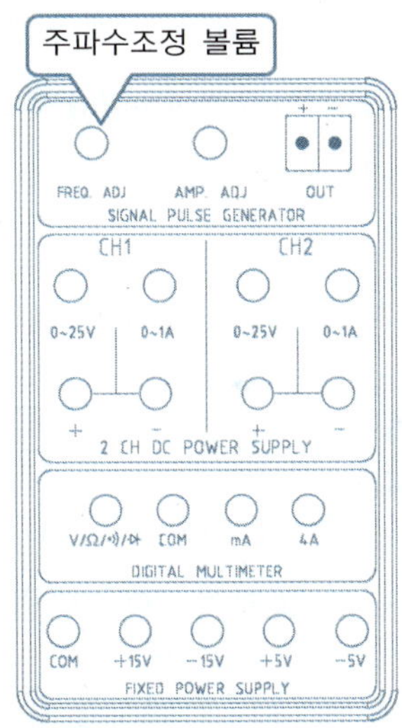

그림 15-9 ‹‹‹ 주파수조정 볼륨을 이용

7 VR의 노브를 시계방향으로 끝까지 돌려 놓는다. 오실로스코프를 사용하여 RC회로의 입력 구형파를 관찰하면서 2주기의 파형을 그림 15-2(a)의 그래프에 그려라. 또 1kHz의 1 cycle의 시간은 몇 초인지 아래에 기록하고 다음에 "+" 부분의 파형의 시간을 구하여 아래에 기록하라.

1 cycle 시간 = ______________________ μs

"+" 부분의 시간 = ____________________ μs

8 VR의 노브를 반시계방향으로 끝까지 돌린다. 출력파형을 관찰하여 2주기의 출력 파형을 그림 15-2(b)에 그리고 이때 콘덴서와 직렬로 된 저항의 값은 얼마인지 아래에 기록하라.

직렬저항 = ______________________ Ω

또 시정수를 구하여 아래에 기록하라.

시정수 = ______________________ μs

여기서 콘덴서가 입력파형의 "+" 부분이 진행하는 동안 구형파의 첨두치까지 충전된 시간이 있는지 생각해 보라.

충전된 시간이 ____________________

(있다 / 없다)

입력파형과 출력파형을 비교해 보라.

9 VR의 노브를 시계방향으로 끝까지 돌려 놓는다. 출력파형을 관찰하면서 2주기의 파형을 그림 15-2(c)에 그리고 콘덴서와 직렬로 되어 있는 저항값을 구하여 아래에 기록하라.

직렬저항값 = ______________________ Ω

시정수를 산출하여 아래에 기록하라.

시정수 = ______________________ μs

여기서 콘덴서가 입력파의 정의 첨두치까지 충전되는지 관찰하라. 입력파형의 진폭과 출력파형의 진폭을 비교하고 또 출력파형의 모양을 입력파형의 모양과 또 실험순서 **3**에서 그린 출력파형의 모양과 비교하라.

10 0.0022μF 콘덴서를 0.1μF 콘덴서로 바꾸기 위해 LCD 화면에서 'Programmable RC'를 클릭한다.

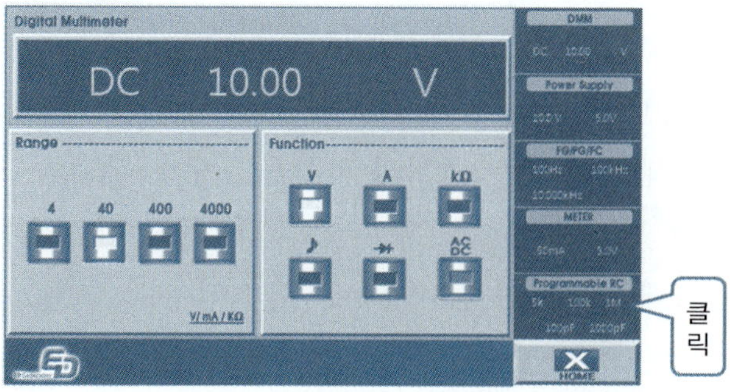

그림 15-10 ‹‹‹ 'Programmable RC'를 클릭

11 LCD 화면에서 실험에 사용될 값에 해당하는 범위의 화면을 클릭하고 실험에 사용된 콘덴서의 값(0.1μF)을 설정한 후 OK 버튼을 클릭한다.

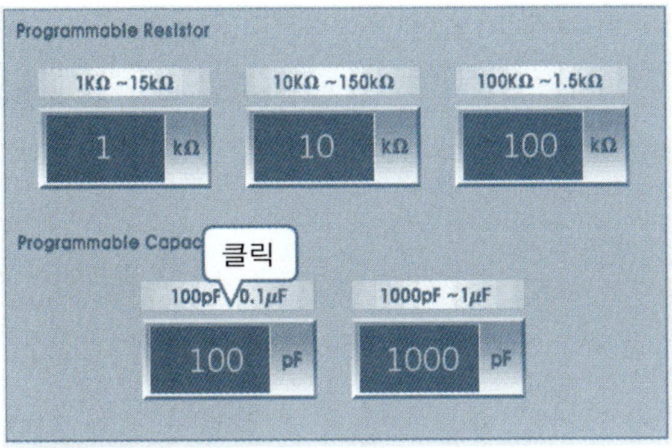

그림 15-11 ‹‹‹ 실험에 사용될 값에 해당하는 범위의 화면을 클릭

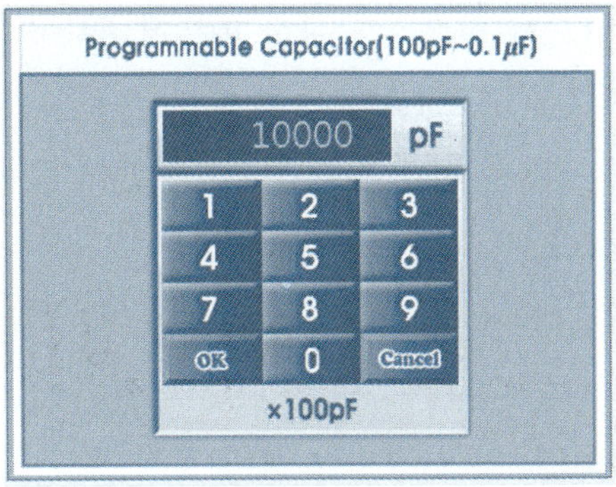

그림 15-12 ‹‹‹ 실험에 사용된 콘덴서의 값(0.1μF)을 설정한 후 OK 버튼을 클릭

12 0.0022μF 콘덴서를 0.1μF 콘덴서와 바꾼 후 VR의 노브를 반시계방향으로 돌려놓는다. 2주기의 파형을 그림 15-2(d)의 그래프에 그려라. 시정수를 구하여 아래에 기록하라.

시정수 = ______________ μs

여기서 콘덴서가 입력파형의 첨두치까지 충전할 시간이 있는지 생각해 보라.

충전될 시간이 ______________

(있다 / 없다)

출력파형의 진폭을 실험순서 7, 8 및 9에서 그린 파형의 진폭과 비교하라. 또 출력의 직선성을 실험순서 7, 8 및 9에서 그린 파형의 직선성과 비교하라.

13 전위차계의 노브를 시계방향으로 끝까지 돌린 다음 2주기의 출력파형을 그림 15-2(e)에 그려라. 시정수를 구하여 아래에 기록하라.

시정수 = ______________ μs

출력의 진폭과 직선성을 위의 실험순서에서 그린 파형과 비교하라.

14 위의 실험순서에서 RC 시정수가 증가되면 출력의 진폭과 ramp의 직선성은 어떻게 되는지 생각해 보라.

출력의 진폭은 ______________ 하고 ramp의 직선성은 ______________ 된다.

(증가 / 감소) (증가 / 감소)

2장

4. 요점정리(실험순서 1~14)

이 실험회로는 간단한 RC 적분기이다. 입력파형이 1kHz로 맞추어 놓았을 때 그 파형은 그림 15-13(a)와 같이 되고 구형파의 "+" 부분의 시간은 전형적이다. 실험순서 8에서는 VR를 시계 반대방향으로 끝까지 돌리면 콘덴서와 직렬로 10kΩ의 저항만 남게 하여 시정수는

$$TC = RC = 10k\Omega \times 0.0022\mu F = 22\mu s$$

가 된다. 이 시정수는 정의 입력 펄스에 비하여 너무 짧기 때문에 콘덴서는 전체 입력전압에까지 충전될 시간을 가진다. 시정수가 너무 짧기 때문에 입력 구형파의 끝부분에 약간의 곡선을 이루게 할 뿐이다. 전형적인 출력파형은 그림 15-13(b)와 같다.

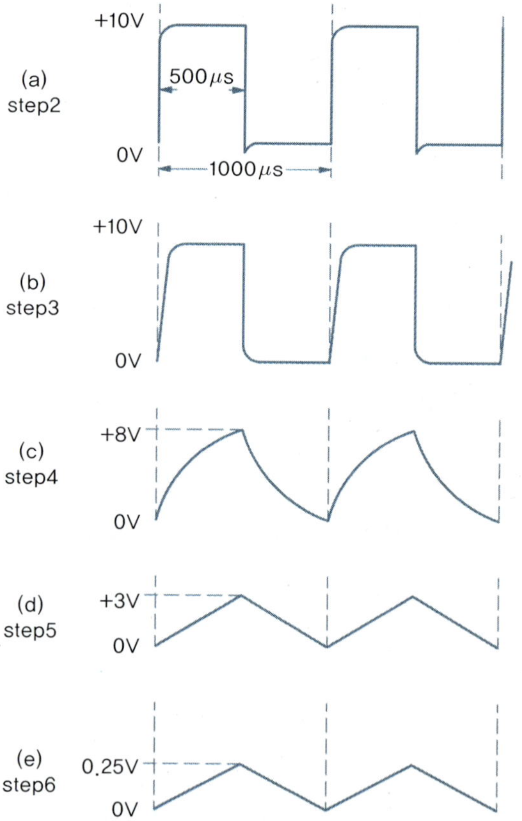

(매우 직선적이며 출력 진폭 감소)

그림 15-13 ‹‹‹ 실험순서 1에서 6까지의 관측 파형

실험순서 9에서는 콘덴서와의 직렬저항을 110kΩ으로 증가시켰다.

$$TC = RC = 110k\Omega \times 0.0022\mu F = 242\mu s$$

시정수는 정의 펄스의 시간에 가깝기 때문에 콘덴서는 주어진 시간안에 "+" 입력전압에까지 완전히 충전할 수 없으므로 출력진폭은 입력진폭보다 약간 적어진다. 그림 15-13(c)에 보인 것과 같이 출력 ramp는 일반적인 RC 시정수 곡선 비슷한 모양을 갖는다.

실험순서 12에서는 0.0022μF의 콘덴서를 0.1μF 콘덴서를 바꾸었다. 또 직렬저항을 10kΩ으로 하여 그 결과 시정수는

$$TC = RC = 10k\Omega \times 0.1\mu F = 1000\mu s$$

가 되었다. 여기서 시정수는 +입력 펄스보다 길기 때문에 콘덴서는 단지 입력전압의 일부만 충전되어 출력의 진폭을 감소시킨다. 그러나 콘덴서의 충전이 충전곡선의 적은 부분으로 제한됨으로써 ramp의 직선성은 증가된다. 전형적인 출력파형은 그림 15-13(d)와 같다. 실험순서 13에서 시정수를 더욱 증가하여

$$TC = RC = 110k\Omega \times 0.1\mu F = 11,000\mu s$$

가 되었다.

상대적으로 짧은 정의 입력 펄스가 지속되는 동안 콘덴서는 인가전압의 적은 일부만 충전될 수 있어서 출력진폭은 다시 줄어들지만 직선성은 더욱 개선된다. 그림 15-13(e)는 앞에서 그린 파형보다 다른 눈금으로 그려진 마지막 출력파형이다. 여기서 알아둘 것은 정 및 부방향의 rmap 신호가 모두 대단히 직선적인 것이다.

지금까지의 방법에 대한 결점은 출력의 진폭이 너무 낮은 것이다. 더욱 좋은 방법은 콘덴서를 정전류로 충전하는 것이다.

5. 실험계속

15 ED-2110의 전원을 끄고 그림 15-14의 회로를 배선하라.

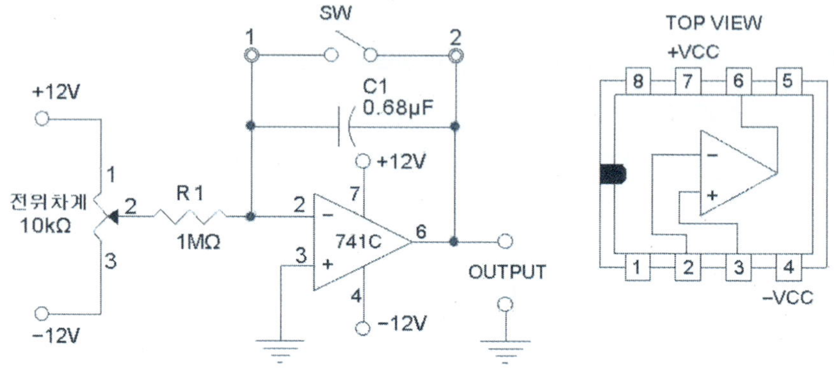

그림 15-14 ‹‹‹ 실험회로

16 ED-2110의 전원을 켜고 LCD 화면에서 ‘Measuring Instrument’를 클릭한다.

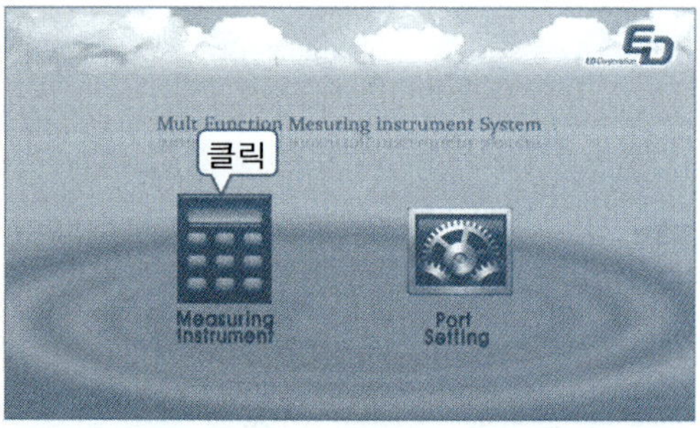

그림 15-15 ‹‹‹ ‘Measuring Instrument’를 클릭

17 저항값을 설정하기 위해 LCD 화면에서 ‘Programmable RC’를 클릭한다.

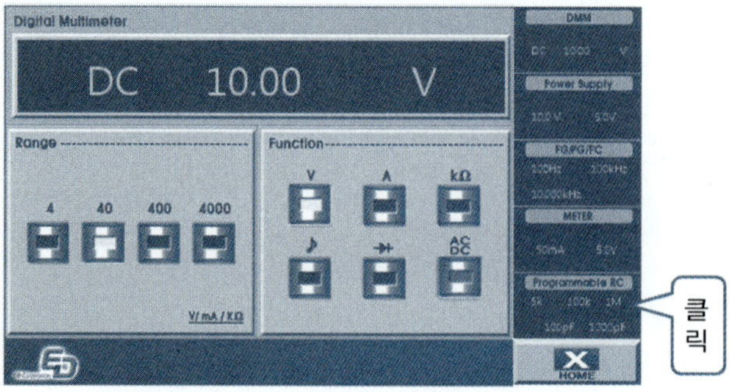

그림 15-16 ‹‹‹ ‘Programmable RC’를 클릭

18 LCD 화면에서 실험에 사용될 값에 해당하는 범위의 화면을 클릭한다.

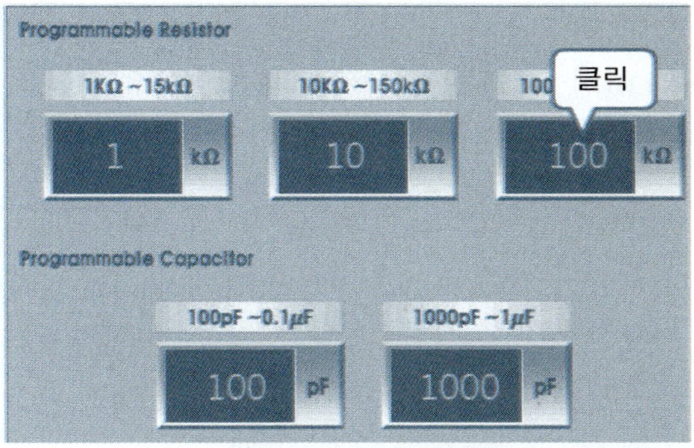

그림 15-17 ‹‹‹ 사용될 값에 해당하는 범위의 화면을 클릭

19 실험에 사용된 저항값(1MΩ)을 설정한 후 OK 버튼을 클릭한다.

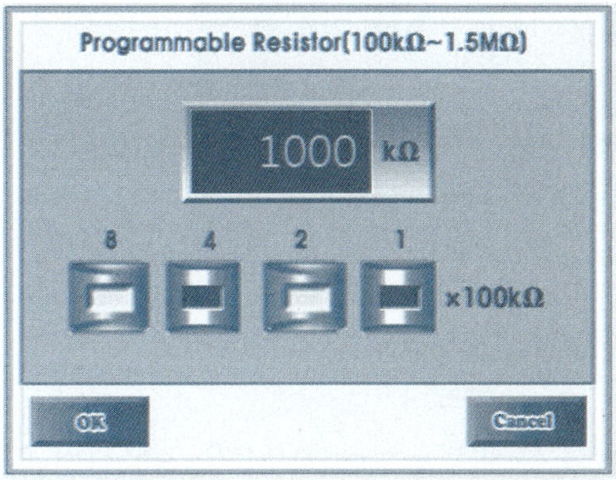

그림 15-18 ‹‹‹ 저항값(1MΩ)을 설정한 후 OK 버튼을 클릭

20 LCD 화면에서 'Power Supply'를 클릭한다.

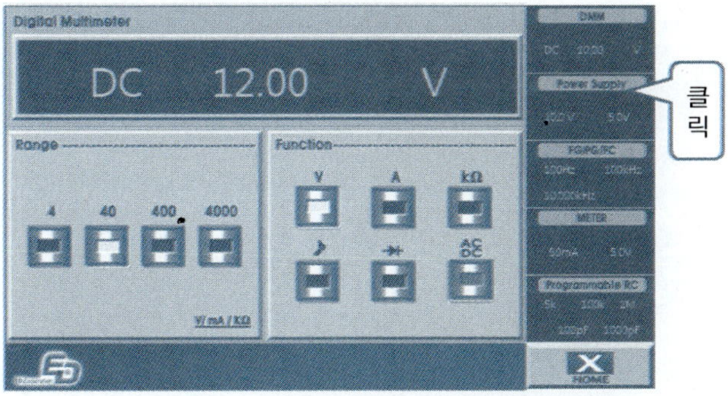

그림 15-19 ‹‹‹ 'Power Supply'를 클릭

21 패널 좌측에 있는 0~25V 전압조정 볼륨을 이용해서 'Power Supply'에 표시되는 값이 ±12V가 되도록 한다. 이를 'Power Supply' 상에서 확인하고 OUT을 누른다. 여기서 C_1을 ED-2110의 스위치로 단락시켜 놓는다.

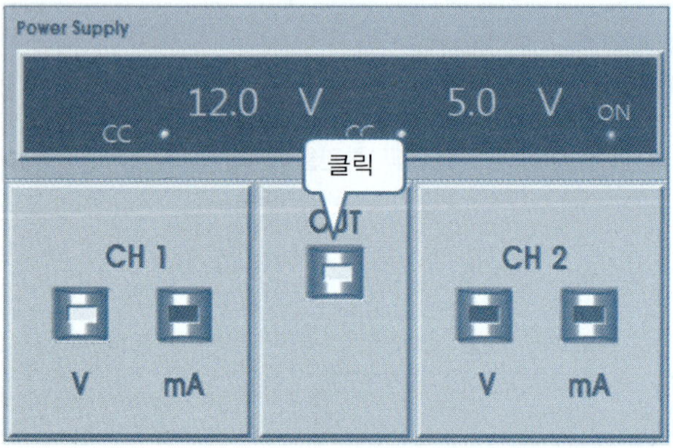

그림 15-20 ‹‹‹ 'Power Supply'에 표시되는 값이 ±12V가 되도록 한다

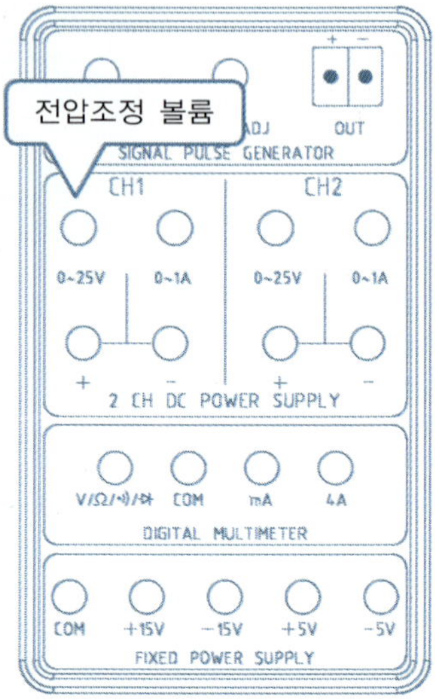

그림 15-21 ‹‹‹ 0~25V 전압조정 볼륨을 이용

22 1kΩ VR의 노브를 조정하여 VR의 단자 2와 전압이 정확히 +1V가 되게 한다.

23 LCD 화면에서 'DMM'을 클릭한다. 'DMM'을 사용하여 R_1을 통해 흐르는 전류량이 얼마인지 구하라. 그리고 그 값을 아래에 기록하라.

I_{R1} = ______________________ μA

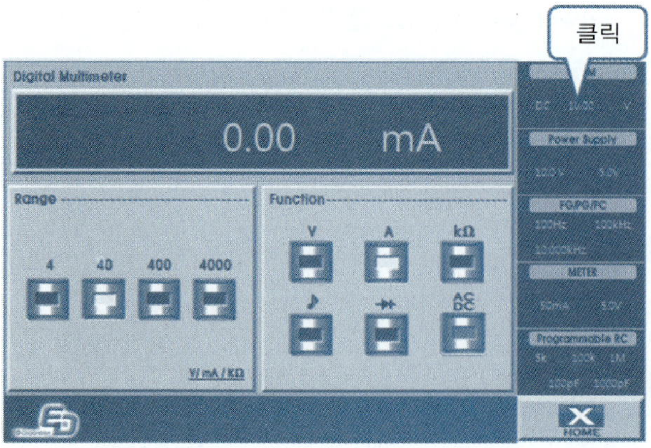

그림 15-22 ‹‹‹ 'DMM'을 클릭

24 오실로스코프의 Sweep 속도를 조정하여 가장 낮은 Sweep으로 조정한다. 오실로스코프의 수직입력을 연산 증폭기의 Pin 6과 접지 간에 접속한다. 오실로스코프의 수직이득을 조정하여 약 12V의 직류신호를 관찰할 수 있게 한다.

25 ED-2110의 스위치를 열어 C_1의 단락을 개방하여 주고 파형을 관찰하라.

26 C_1양단이 접속된 스위치를 단락시켰다가 다시 개방한 다음 파형의 편향시간을 근사적으로 관측하여 아래에 기록하라.

편향시간 = ______________________ 초

27 스위치를 다시 단락시킨 다음 VR의 노브를 조정하여 VR의 단자 2와 접지 간에 +2V가 되게 한다. 스위치를 다시 개방하고 이때의 편향시간을 근사적으로 관측하여 아래에 기록하라.

편향시간 = ______________________ 초

여기서 입력전압을 증가시킴으로써 ramp의 경사에 어떠한 영향을 주었는가 생각해 보라.

28 스위치를 다시 단락하고 VR의 단자 2와 접지 간의 전압이 −2V가 되도록 전압을 조정하고 나서 스위치를 개방한다. 이때 오실로스코프상의 주사편향(trace deflection)의 방향은 어느 쪽으로 진행하는가?

주사편향 방향은 __________________ 의 방향이다.

(+ / −)

29 1MΩ(R_1)저항을 100kΩ으로 바꾸기 위해 LCD 화면의 'Programmable RC'를 클릭한다.

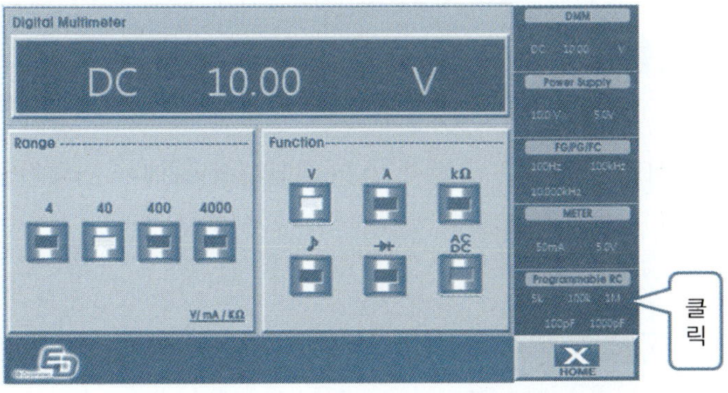

그림 15-23 ‹‹‹ 'Programmable RC'를 클릭

2장

30 LCD 화면에서 실험에 사용될 값에 해당하는 범위의 화면을 클릭한다.

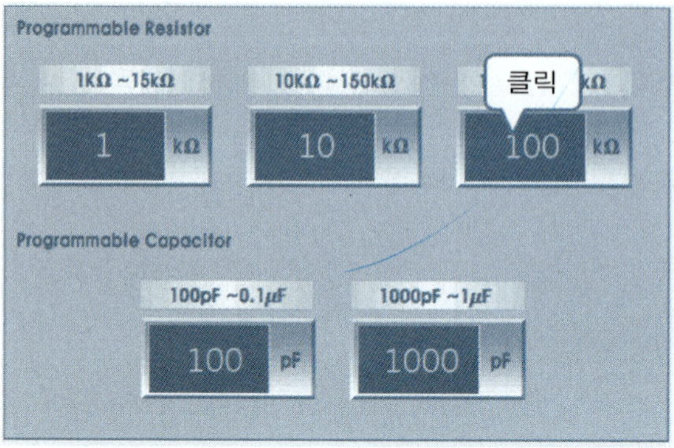

그림 15-24 ‹‹‹ 실험에 사용될 값에 해당하는 범위의 화면을 클릭

31 저항값(10kΩ)을 설정한 후 OK 버튼을 클릭한다. 그리고 실험순서 28을 반복하라. 이때 ramp의 경사에 어떠한 영향을 주는지에 대해서 설명하라.

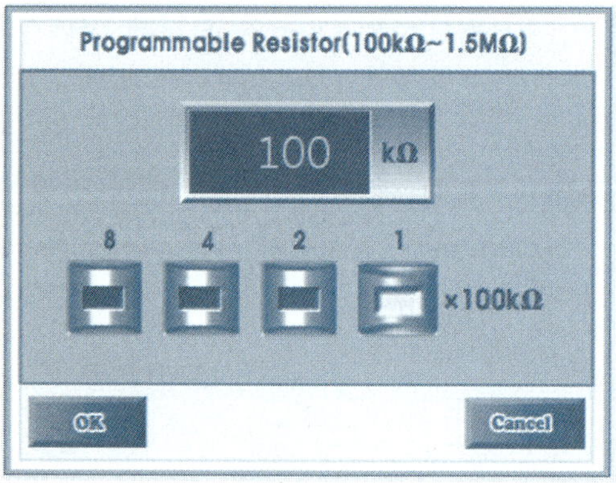

그림 15-25 ‹‹‹ 저항값(10kΩ)을 설정한 후 OK 버튼을 클릭

6. 요점정리(실험순서 15~31)

이 실험에서 콘덴서를 정전류로 충전하였다. 실험순서 22에서 입력전압을 +1V로 조정하였다. 이로 인하여 흐르는 전류는

$$I = \frac{E}{R} = \frac{1V}{1M\Omega} = 1\mu A$$

가 되며 이 전류는 연산 증폭기의 출력단자로부터 C_1의 단락 스위치와 R_1을 통하여 흘러

입력전압에 이른다. C_1의 단락 스위치가 개방되면 전류는 C_1을 통하여 흐르게 되어 접지에 대해 부(−)방향으로 콘덴서를 천천히 충전하게 된다.

부의 ramp는 연산 증폭기의 출력이 부의 최고값에 도달할 때까지 계속된다. 1μA의 전류는 이 출력에 도달할 때까지 약 7초 동안 C_1을 충전시킨다.

실험순서 27에서 입력전압을 +2V로 증가시켜 충전전류를 2배로 하였고 따라서 충전시간을 반으로 감소시켰다.

실험순서 28에서는 입력전압의 극성을 반대로 하여 C_1을 통하여 흐르는 전류방향이 반대로 되게 하였다. 결과적으로 정(+)방향의 ramp가 형성되었다.

마지막으로 R_1의 값을 100kΩ으로 감소시킴으로써 충전전류를 증가시켰고 반면에 충전시간은 10분의 1로 감소시켰다.

이 실험에서 ED-2110에 있는 스위치를 사용하여 C_1을 단락 및 개방시켰다. 만약에 스위치의 개방과 단락을 규칙적인 간격으로 작동시키면 반복되는 톱니파형이 된다. 실제 회로에서는 기계적 스위치를 전자적 스위치로 한다. 회로구성을 변화시킴으로써 구형파로부터 ramp를 발생시킬 수 있다.

7. 실험계속

32 ED-2110의 전원을 끄고 그림 15-26의 회로를 배선한다.

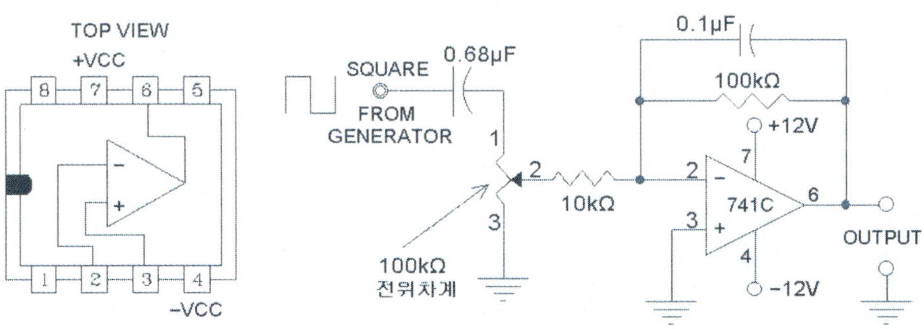

그림 15-26 ‹‹‹ 실험회로

33 ED-2110의 전원 스위치를 ON으로 한다. LCD 화면에 구성된 아이콘에서 'Measuring Instrument'를 클릭한다.

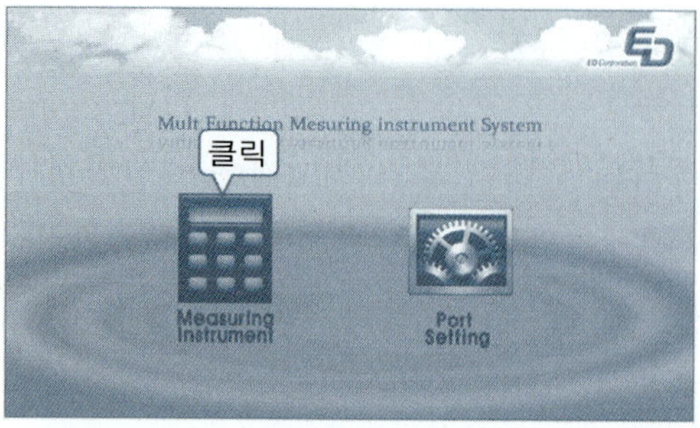

그림 15-27 ‹‹‹ 'Measuring Instrument'를 클릭

34 LCD 화면에서 'Power Supply'를 클릭한다.

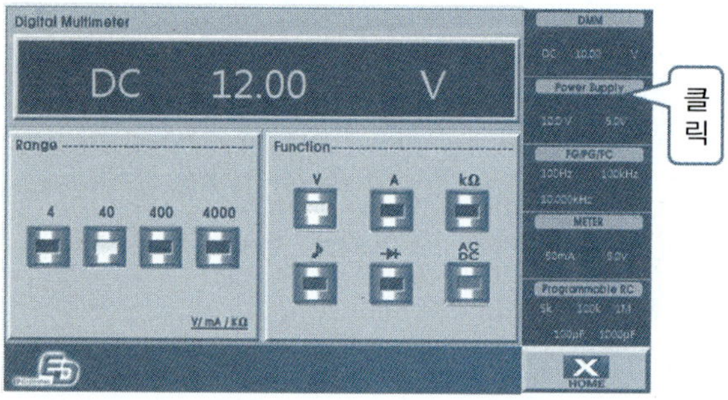

그림 15-28 ‹‹‹ 'Power Supply'를 클릭

35 패널 좌측에 있는 0~25V 전압조정 볼륨을 이용해서 'Power Supply'에 표시되는 값이 ±12V가 되도록 한다. 이를 'Power Supply' 상에서 확인하고 OUT을 누른다. 여기서 C_1을 ED-2110의 스위치로 단락시켜 놓는다.

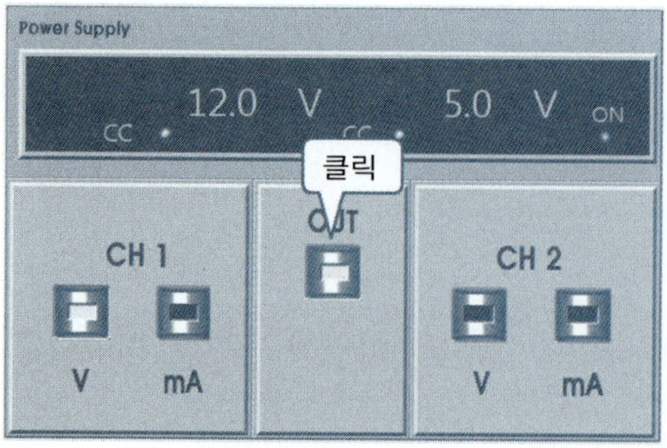

그림 15-29 ‹‹‹ 'Power Supply'에 표시되는 값이 ±12V가 되도록 한다

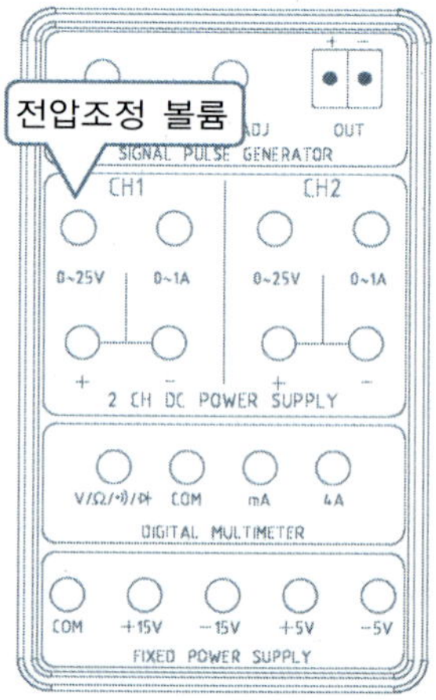

그림 15-30 ‹‹‹ 0~25V 전압조정 볼륨을 이용

36 주파수를 조정하기 위해 LCD 화면에서 'FG/PG/GC'을 선택한다.

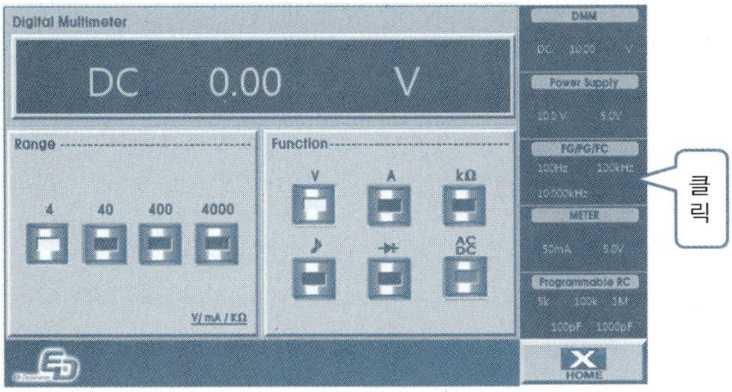

그림 15-31 ‹‹‹ 'FG/PG/GC'을 선택

37 패널 좌측의 주파수조정 볼륨을 이용하여 'Function Generator'에 표시되는 입력주파수가 구형파 1kHz가 되도록 조정한다.

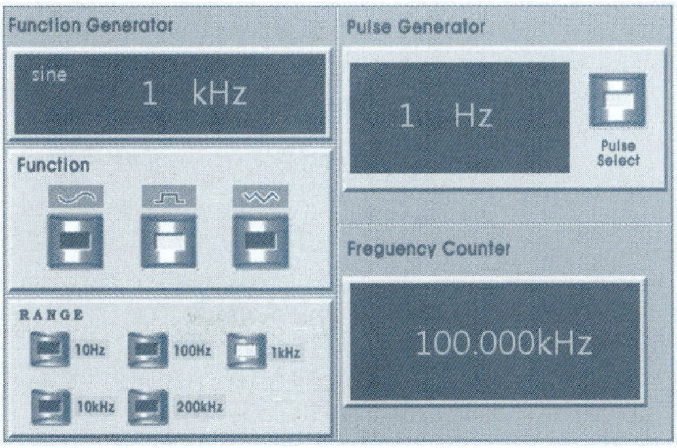

그림 15-32 ‹‹‹ 'Function Generator'에 표시되는 입력주파수가 구형파 1kHz가 되도록 조정

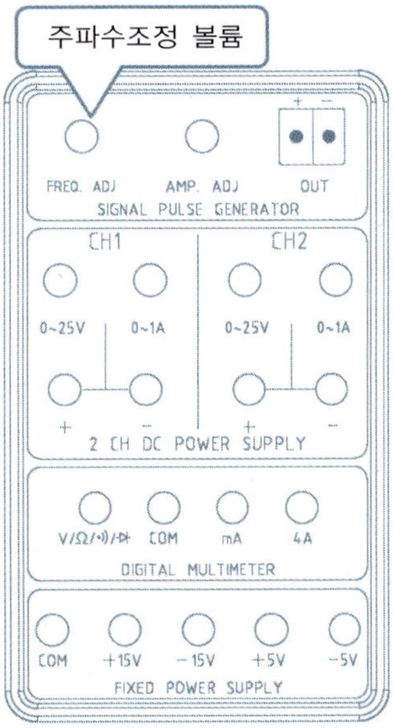

그림 15-33 ‹‹‹ 주파수조정 볼륨을 이용

38 오실로스코프의 수직입력 리드를 VR의 2번 단자와 접지단자 간에 접속하고 100kΩ VR의 노브를 조정하여 구형파의 첨두치 전압이 7V_{P-P}가 되게 하라.

39 그림 15-34(a)의 그래프에 입력파형의 2주기 파형을 그려라.

2장

40 오실로스코프의 수직입력 리드를 연산 증폭기의 Pin 6과 접지단자 간에 접속하고 출력파형의 2주기를 그림 15-34(b)에 그려라.

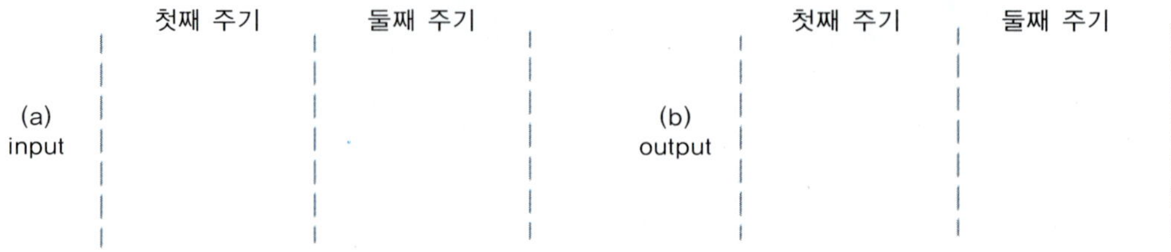

그림 15-34 ‹‹‹ 입력 및 출력파형 그래프

8. 요점정리(실험순서 32~40)

이 회로는 입력 구형파를 대단히 직선적인 삼각파로 변환시킨다.

입력이 정의 방향으로 진행될 때 연산 증폭기의 Pin 6으로부터 C_1을 통하여 일정한 전류가 흐르게 된다. 이 전류는 C_1을 충전하여 출력에 부방향의 ramp 신호를 발생시킨다. 반대로 입력이 부의 방향으로 진행될 때 C_1을 통하여 흐르는 전류를 반대방향으로 하기 위해서는 출력은 정방향의 ramp 신호가 되어야 한다. 그림 15-35에 전형적인 입력 및 출력파형을 보여준다.

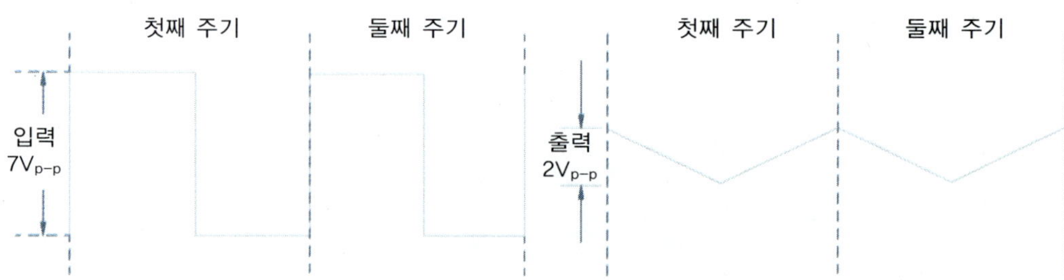

그림 15-35 ‹‹‹ 전형적인 입력 및 출력파형

9. 실험계속

41 ED-2110의 전원을 끄고 그림 15-36의 회로를 배선한다.

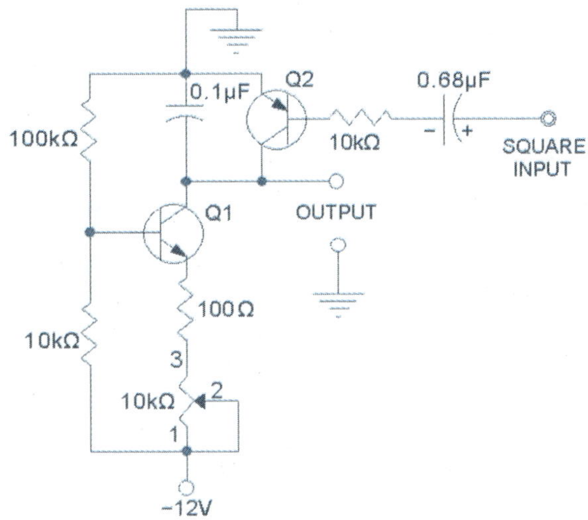

그림 15-36 ‹‹‹ 실험회로

42 실험순서 33~36을 반복하여 전압과 주파수를 설정하라.

43 1kΩ VR의 노브를 시계방향으로 끝까지 돌린 다음 오실로스코프로 입력파형을 관찰하고 그림 15-37(a)의 그래프에 2주기의 입력파형을 그려라.

44 출력파형을 관찰하면서 2주기의 파형을 그림 15-37(b)에 그려라.

45 출력파형을 관찰하면서 1kΩ VR의 노브를 반시계방향으로 천천히 돌린다. 이때 출력파형에 미치는 영향을 아래 기술하고 또 이유를 아래에 기술하라.

미치는 영향 : ____________________

이유 : ____________________

46 트랜지스터의 방향을 바꾸어 그림 15-38에서와 같이 회로를 개조하라. 그리고 전압조정 볼륨을 사용하여 +12V가 출력단자에 나타나게 하고 발진기의 주파수는 그대로 1kHz에 둔다.

47 1kΩ VR의 노브를 시계방향으로 끝까지 돌려놓은 다음 2주기의 출력파형을 그림 15-37(c)의 그래프에 그려라. 또 두 회로의 입력 및 출력파형을 비교한다.

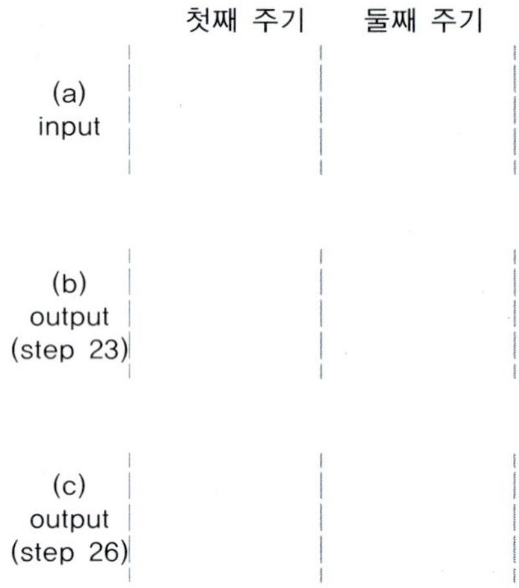

그림 15-37 ‹‹‹ 입력 및 출력파형 그래프

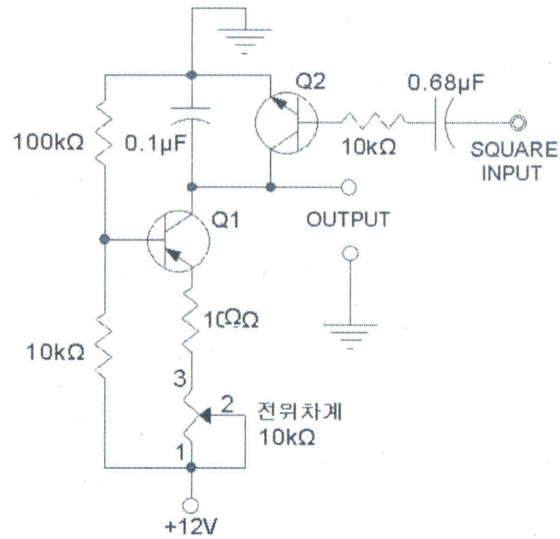

그림 15-38 ‹‹‹ 실험회로

10. 요점정리(실험순서 41~47)

이 실험에서 두 개의 톱날파 발진기를 구성하였다.

처음의 것은 부(−)방향의 ramp 신호였다. 출력 주파수는 입력주파수에 의해 결정됨을 입증하였고 충전전류는 Q_1의 이미터 회로에 있는 저항을 변화시킴으로써 조정될 수 있음을 알았다. 또 이 저항은 ramp의 경사 및 진폭을 변화시킨다.

두 번째의 톱날과 발진기는 이것이 정(+)방향의 ramp 신호를 발생시키는 것을 제외하고는 처음의 발진기와 아주 흡사하다.

16 진폭변조

1. 목 적

헤테로다인(heterodyne)의 효과, 변조 및 복조에 대해서 실험을 통하여 알아본다.

2. 서 론

이 실험은 세 부분으로 구분된다. 첫 부분에는 AM방송 band에 있어서의 고주파 신호를 발생하는 발진기를 구성하고, 이 고주파 신호가 송신될 수 있게 하여 인접해 있는 AM 라디오에 간섭을 주도록 해 본다. 또한 발진기에서 발생된 고주파 신호가 변조되어 있지 않더라도 이것을 수신 고주파 방송파와 비트(beat)시켜 가청 tone을 발생시킨다.

둘째 부분에서는 발진기 신호를 진폭변조시킴으로써 정보를 고주파 신호에 첨가시킨다. 이 회로는 인접해 있는 라디오에 송신될 수 있는 소형 송신기가 된다.

마지막으로는 고주파 반송파로부터 정보를 되찾아 낼 수 있는 AM 검파회로를 구성하여 실험한다.

필요 부품 및 기기

- ED-2110 : 1대
- 오실로스코프 : 1대
- AM 라디오 : 1대
- 트랜지스터 NPN : 2개
- 게르마늄 다이오드 1N60 : 1개
- 트랜스 360μH 가변 : 1개
- 저항 100kΩ, 1/4W 5% : 1개
- 저항 68kΩ, 1/4W 5% : 1개

- 저항 10kΩ, 1/4W 5% : 1개
- 마일러 콘덴서 0.1μF : 1개
- 마일러 콘덴서 0.0022μF : 1개
- 세라믹 콘덴서 100pF : 1개
- 세라믹 콘덴서 3pF : 1개
- 조정봉 : 1개

3. 실험순서

1 이 실험에서는 표준 AM 라디오를 사용하여 고주파 반송파의 존재를 검출한다. 대부분의 라디오는 ED-2110에 있는 구형파로부터 간섭을 받을만큼 충분한 감도를 가지고 있기 때문에 이것을 막기 위해서 구형파의 발진을 중단시켜야 한다. 이렇게 하기 위해서 5cm정도의 점퍼선을 구형파 발진기 출력단자 SQUARE와 GND 간을 단락시킨다. 여기서 구형파 출력을 위에서와 같이 단락시켜도 실험기를 손상시키지 않는다.

2 ED-2110의 전원을 끄고 그림 16-1의 회로를 배선한다.

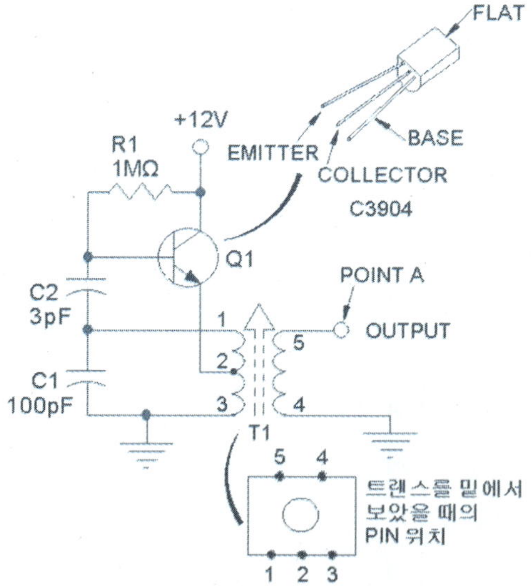

그림 16-1 ‹‹‹ 실험회로

3 ED-2110에 전원을 넣고 LCD 화면에서 'Measuring Instrument'를 클릭한다.

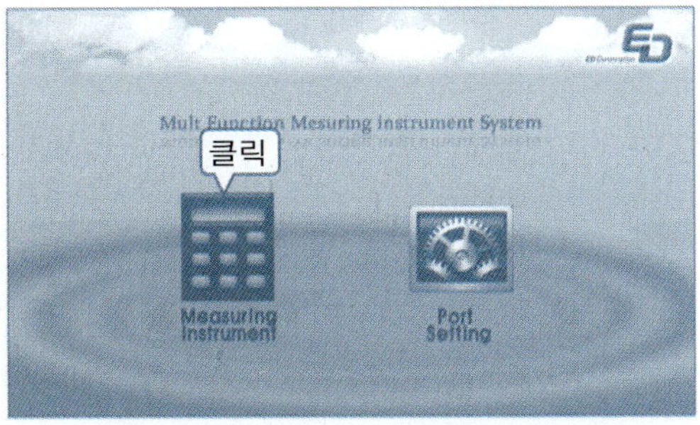

그림 16-2 ‹‹‹ 'Measuring Instrument'를 클릭

4 LCD 화면에서 'Power Supply' 아이콘을 선택한다.

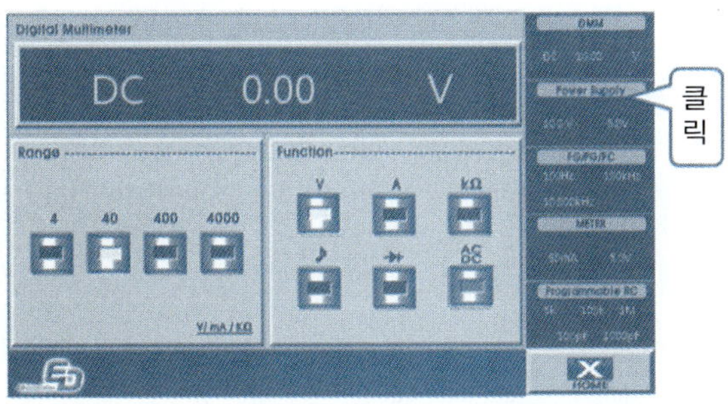

그림 16-3 ‹‹‹ 'Power Supply' 아이콘을 선택

5 패널 좌측 '2CH DC POWER SUPPLY'에 있는 0~25V 전압조정 볼륨을 이용해 Power Supply 표시값이 12V가 되도록 조절한다. LCD 화면에서 OUT 버튼을 클릭한다.

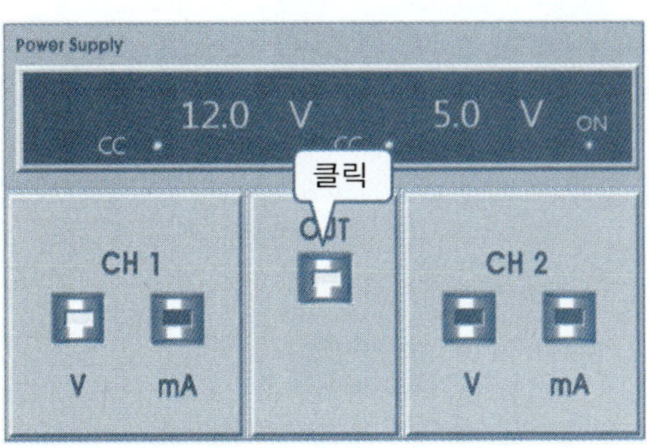

그림 16-4 ‹‹‹ Power Supply 표시값이 12V가 되도록 조절

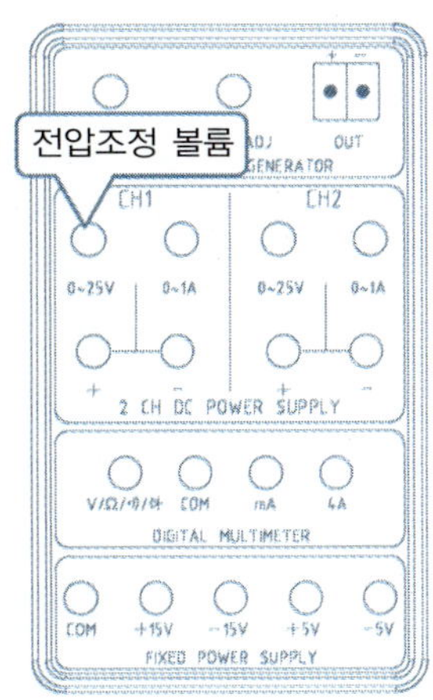

그림 16-5 ‹‹‹ 0~25V 전압조정 볼륨을 이용

6 저항값을 설정하기 위해 LCD 화면에서 ‘Programmable RC’를 클릭한다.

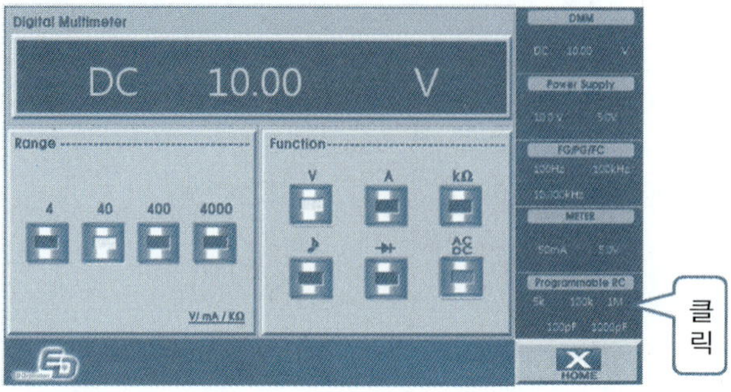

그림 16–6 ‹‹‹ ‘Programmable RC’를 클릭

7 LCD 화면에서 실험에 사용될 값에 해당하는 범위의 화면을 클릭한다.

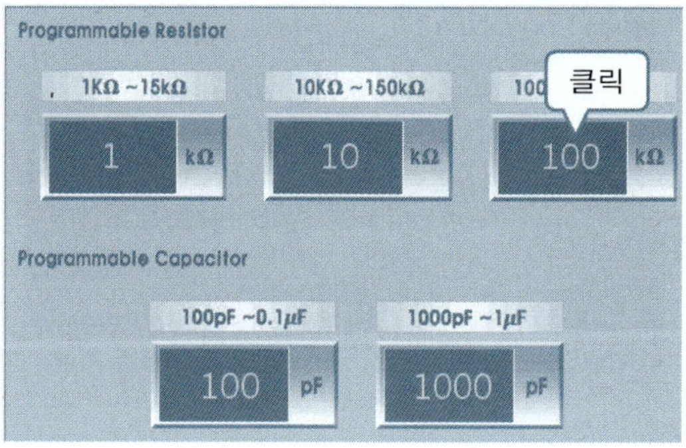

그림 16–7 ‹‹‹ 실험에 사용될 값에 해당하는 범위의 화면을 클릭

8 저항값(1MΩ)을 설정한 후 OK 버튼을 클릭한다.

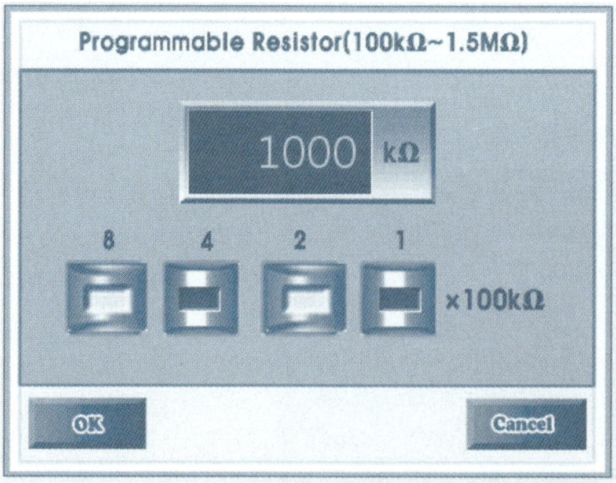

그림 16–8 ‹‹‹ 저항값(1MΩ)을 설정한 후 OK 버튼을 클릭

9 오실로스코프를 사용하여 A점에서의 파형을 관측하여 정현파의 주파수를 측정하여 아래에 기록하라.

A = ______________ kHz

10 약 50cm정도의 점퍼선을 A점에 한쪽 단을 접속하고 다른 한쪽 단은 AM라디오에 걸친다.

11 라디오의 전원 스위치를 ON하고 나서 다이얼을 조정하여 실험순서 4에서 측정한 주파수 근처의 방송국에 맞춘다. 조정봉을 사용하여 트랜스의 코어를 조정하여 간섭 tone이 들릴 때까지 돌려 조정한다.

12 발진기에서 발생된 고주파 반송파는 변조되어 있지 않았는데도 라디오에 tone이 들리는 원인에 대하여 아래에 기술하라.

원인 : ______________________________

____

4. 요점정리(실험순서 1~12)

이 부분의 실험에서는 약 800kHz~900kHz의 주파수를 발진하는 간단한 하틀레이 발진기를 구성하였다. 라디오를 조정하여 이 주파수 근처의 방송국에 맞추었다. 가령 방송국의 주파수가 750kHz근처에 다이얼이 맞추어졌다면 트랜스의 코어를 조정하여 발진 주파수를 150kHz정도 낮추어 라디오 주파수에 접근시키면 두 신호가 서로 beat되어 두 주파수가 heterodyne된 주파수가 가청 주파수 범위에 들어가면 들을 수 있게 된다. 여기서 발진 주파수를 계속해서 조정하여 방송국 주파수에 접근해 가면 tone의 음색이 저하되고 더욱 나가서 두 주파수가 같아지면 두 주파수의 차이가 0Hz가 되므로 tone은 들리지 않게 된다.

5. 실험계속

13 ED-2110의 전원을 끄고 그림 16-9와 같이 회로를 배선한다. 여기서 배선된 부분은 사각형 둘레 밖의 회로이다. 배선이 완료되면 ED-2110의 전원 스위치를 ON으로 한다.

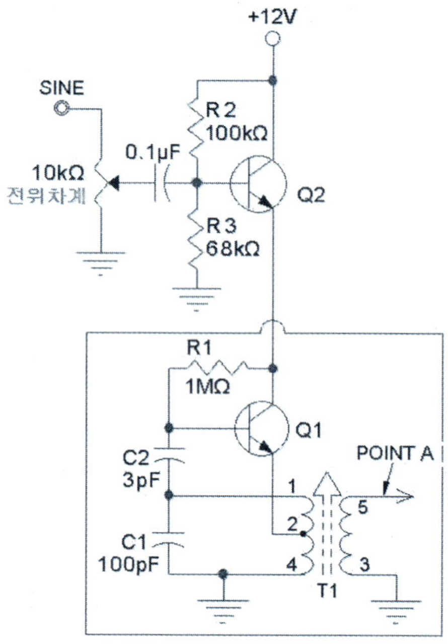

그림 16-9 ‹‹‹ 실험회로

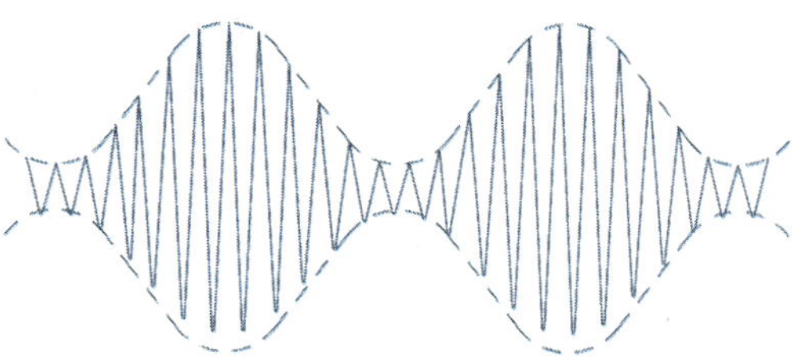

그림 16-10 ‹‹‹ 파형

14 1kΩ VR의 노브를 시계방향으로 끝까지 돌려 놓고 실험순서 3 ~ 5를 반복하여 $+V_{CC}$를 +12V가 되게 한다. A점에서의 파형을 관찰하여 회로가 계속 발진하고 있는지 확인한다. 발진기를 조정하여 실험순서 4에서 측정되었던 처음의 주파수로 맞추어 놓는다.

15 LCD 화면에서 'FG/PG/GC'을 클릭한다.

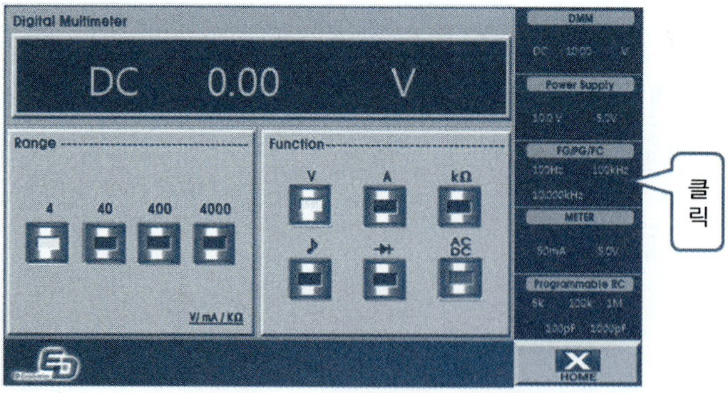

그림 16-11 ‹‹‹ 'FG/PG/GC'을 클릭

16 패널 좌측의 주파수조정 볼륨을 이용하여 Function Generator에 표시되는 주파수값이 1kHz가 되도록 조정한다.

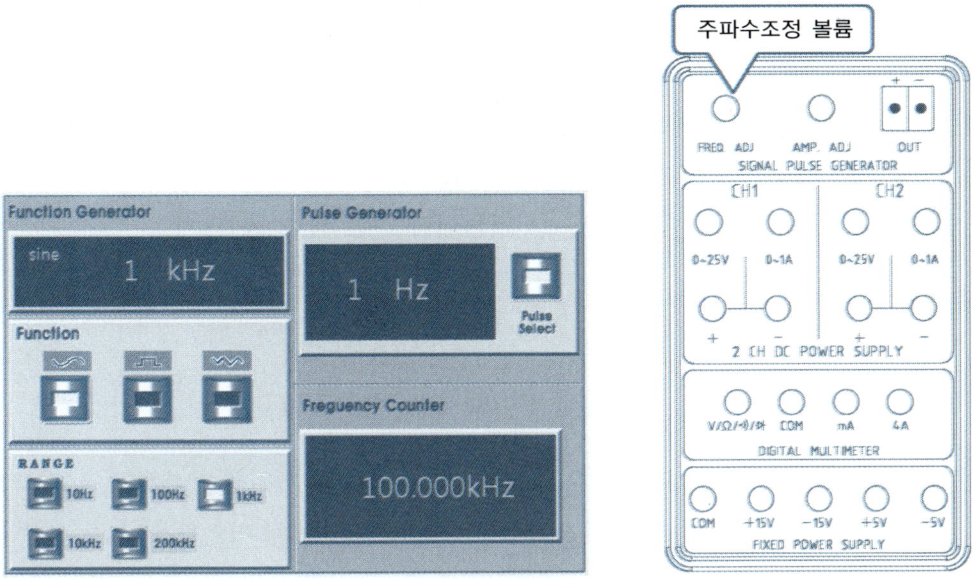

그림 16-12 ‹‹‹ 주파수조정 볼륨을 이용하여 Function Generator에 표시되는 주파수값이 1kHz가 되도록 조정

17 ED-2110의 SINE 단자에서 1kHz 정현파를 관찰하면서 오실로스코프를 조정하여 완전한 2cycle의 정현파가 나타나게 한다.

18 A점에서의 파형을 관찰하라.

19 1kΩ VR의 노브를 조정하여 A점에서의 파형이 그림 16-10과 같이 될 때까지 조정한다. 오실로스코프의 화면이 혹시 불안정하면 synch를 조정하여 안정시킨다. 그림에서 점선으로 표시된 것이 1kHz 정현파이다.

20 50cm의 점퍼선을 A점에 한쪽 단을 접속하고 다른 한쪽은 AM라디오에 걸친다.

21 라디오를 실험순서 9에서 측정한 주파수의 근처로 다이얼을 조정하여 접근시킨다. 이 근처의 어떤 점에서인지 1kHz의 tone이 들리게 된다. ED-2110에 있는 발진기의 주파수를 변화시켜 tone 주파수의 변화를 들어본다. 또한 1kΩ VR의 노브를 조절하면서 tone의 음량변화를 듣는다. 이렇게 되면 tone이 라디오로 송신되고 있음을 확인해 준 것이 된다.

22 만약에 tone이 기존 방송국과 더불어 간섭을 받고 있으면 라디오 다이얼을 사용되고 있지 않은 점에 돌려놓고 이 점에서 트랜스를 조정하여 tone을 수신한다.

23 A점에서 파형을 관찰하면서 라디오 tone을 듣는다.

24 A점에서 변조되지 않은 파형이 나타날 때까지 1kΩ VR의 노브를 돌려 조정한다. 이때 라디오에는 1kHz tone이 계속 들리는가?

________________ (들린다 / 안 들린다)

25 A점에서 50% 변조파형이 나타날 때까지 1kΩ VR의 노브를 조정한다. 이때 1kHz tone은 라디오에 들리는가?

________________ (들린다 / 안 들린다)

26 변조를 100%까지 증가시킨다. 여기서 100%변조를 하기 위해서 때로는 $+V_{CC}$의 전압을 약간 낮출 필요가 있을지도 모른다. tone의 세기는 어떠한가?

tone의 세기는 ____________되었다.

(증가 / 감소)

27 1kΩ VR의 노브를 조정하여 반송파가 과변조되도록 하는데 이때도 역시 과변조시키기 위해 $+V_{CC}$의 전압을 약간 낮춰준다. 이때 변조되어 나타난 정현파는 더 이상 완전한 정현파가 되지 못한다. 과변조가 되면 tone의 세기는 ____________한다.

(증가 / 감소)

6. 요점정리(실험순서 13~27)

이 실험에서 추가된 회로는 진폭변조기를 구성한다. 전체적인 회로는 기본 무선송신기가 된다. 이 부분의 실험에서 확인된 것은 수신 tone의 세기는 변조도와 더불어 변한다는 것이다. 0%의 변조에서는 tone이 들리지 않으며 50%변조에서는 tone은 들린다. 또 100%에서는 더욱 크게 들렸고 송신기가 과변조되었을 때는 tone은 가장 크게 들렸다.

A점에서의 신호는 AM 방송국에서 방송되는 것과 유사하다. 가장 큰 차이점은 송신전력 레벨이 다른 것이다. A점에서의 신호는 또한 라디오의 IF 증폭단의 출력에 나타나는 파형과도 유사하며 다만 반송파 주파수만이 다르다.

결과적으로 A점에서의 신호는 라디오에 수신되는 고주파 신호로 생각하면 이 신호를 검파단에 유도하여 사용하면 검파기가 어떻게 AM신호를 복조시키는지에 관해서 실험해 볼 수 있다.

7. 실험계속

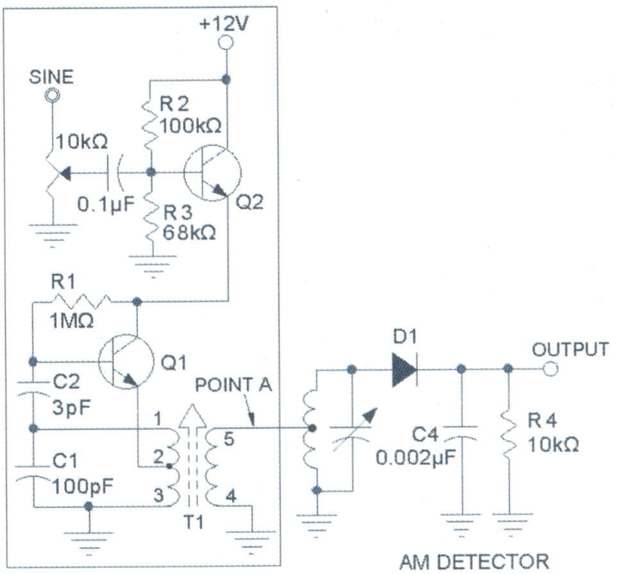

그림 16-13 ‹‹‹ 실험회로

그림 16-14 ‹‹‹ 변 · 복조된 파형 도시용 그래프

28 A점에서 점퍼선을 떼어내고 그림 16-13의 회로와 같이 ED-2110에 구성되어 있는 회로를 개조한다. 여기서 새로 개조된 부분은 사각형 둘레 밖의 부분이다. 우선적으로 C_4는 접속이 안된 상태로 둔다.

29 A점에 파형을 관찰하면서 반송파가 100%변조될 때까지 10kΩ VR의 노브를 조정하라. 이 파형을 그림 16-14(a)에 준비된 선상에 그려라.

30 B점의 파형을 관찰하면서 파형을 그림 16-14(b)에 준비된 선상에 그려라.

31 C_4를 R_4양단에 접속한 다음 B점에서의 파형을 관찰하여 그림 16-14(c)에 준비된 선상에 그려라.

32 10kΩ VR의 노브를 사용하여 A점에서의 변조도가 0%가 되게 조정한다. 이때 B점에서 여전히 1kHz의 파형이 나타나는가?

1kHz 파형은 ______________________

(나타난다 / 나타나지 않는다)

33 10kΩ VR의 노브를 조정하여 A점에서의 변조도가 100%가 되게 한 다음 B점에서의 1kHz 신호의 첨두치 값을 구하여 기록하라.

1kHz 첨두치 = ______________________ V_{P-P}

34 10kHz VR의 노브를 조정하여 반송파가 과변조되도록 한다. 이때 B점에서의 파형은 어떻게 나타나는가?

8. 요점정리(실험순서 28~34)

이 부분의 실험에서는 변조기의 출력에 검파기(복조회로)를 접속하였다. 실험순서 29에서 31을 통하여 각각 다른 점에서의 파형을 관측하여 이를 그렸다. 여기서 그린 파형은 피변조된 파형에서 검파회로에 의해 신호파를 분리시킨 파형으로 보여지게 될 것이다. 이 실험에서 검파된 출력의 진폭은 변조도에 과변조시켰을 때 검파출력은 찌그러져 나타남을 알았다.

저자 약력

■ 남 상 엽

- 공학박사
- 삼성종합기술원 정보시스템연구소 근무
- 모토로라 반도체통신(주) 기술연구소 근무
- (현) 국제대학 IT계열 교수

■ 신 종 렬

- 공학박사
- (현) 삼육대학교 카메카트로닉스과 교수

■ 박 정 석

- (주)ED 기술연구소 부장

전자회로실습응용

2011년 7월 20일 1판 1쇄 발행

저 자 남상엽 · 신종렬 · 박정석
발행인 남 승 우

발행처 도서출판 상尙 학學 당堂

서울시 동작구 사당로9가길 6(사당동 220-43)
TEL : 02) 595-1692 ~ 4
FAX : 02) 595-1394
E-mail : namdoo6@unitel.co.kr
신고 : 2-155호 (1968. 11. 29)

정가 24,000원

ISBN 978-89-6587-028-9 93560